中央财政支持提升专业服务产业发展能力项目
水利工程专业课程建设成果

水利工程管理

主　编　卜贵贤
参　编　宋　冰　高振兴　史朝辉
主　审　法天祥　张勤劳

中国水利水电出版社
www.waterpub.com.cn
·北京·

内 容 提 要

本书主要介绍了水利水电工程管理方面的实用技术、操作技能，全书共分水利工程维护与管理和水工建筑物安全监测两大模块。水利工程维护与管理模块包括水库的控制运用与库岸管理、土石坝的维护、混凝土坝和浆砌石坝的维护、溢洪道的维护、水闸的维护、渠系输水建筑物的维护、水利工程设备的维护、防汛抢险共八个项目；水工建筑物安全监测模块包括监测工作的认识、土石坝安全监测、混凝土坝安全监测、地下洞室安全监测、水力学监测、环境量及地震反应监测、监测资料的管理与分析、安全监测自动化八个项目。

本书可供高等职业院校农田水利、水利工程管理、水利水电工程建筑、水利工程、城市水利类专业使用，也可供从事水利水电工程基层管理工作的技术人员参考。

图书在版编目（CIP）数据

水利工程管理 / 卜贵贤主编. -- 北京 : 中国水利
水电出版社，2016.8（2021.6重印）
　　中央财政支持提升专业服务产业发展能力项目水利工
程专业课程建设成果
　　ISBN 978-7-5170-4624-0

　　Ⅰ. ①水… Ⅱ. ①卜… Ⅲ. ①水利工程管理 Ⅳ.
①F407.9

中国版本图书馆CIP数据核字(2016)第189712号

书　　名	中央财政支持提升专业服务产业发展能力项目水利工程专业课程建设成果 **水利工程管理** SHUILI GONGCHENG GUANLI	
作　　者	主编　卜贵贤　主审　法天祥　张勤劳	
出版发行	中国水利水电出版社 （北京市海淀区玉渊潭南路 1 号 D 座　100038） 网址：www. waterpub. com. cn E - mail：sales@waterpub. com. cn 电话：（010）68367658（营销中心）	
经　　售	北京科水图书销售中心（零售） 电话：（010）88383994、63202643、68545874 全国各地新华书店和相关出版物销售网点	
排　　版	中国水利水电出版社微机排版中心	
印　　刷	天津嘉恒印务有限公司	
规　　格	184mm×260mm　16 开本　21 印张　498 千字	
版　　次	2016 年 8 月第 1 版　2021 年 6 月第 3 次印刷	
印　　数	5001—8500 册	
定　　价	63.00 元	

中央财政支持提升专业服务产业发展能力项目
水利工程专业课程建设成果出版编审委员会

主　任　邓振义

副主任　陈登文　张宏辉　拜存有

委　员　刘儒博　郭旭新　樊惠芳　张春娟　赵旭升

　　　　张　宏　陈亚萍

秘　书　芦琴

前　言

按照《教育部 财政部关于支持高等职业学校提升专业服务产业发展能力的通知》（教职成〔2011〕11 号）要求，以提升专业服务产业发展能力为出发点，以整体提高高等职业学校办学水平和人才培养质量，提高高等职业教育服务国家经济发展方式转变和现代产业体系建设的能力为目标。教育部、财政部决定 2011—2012 年在全国独立设置公办高等职业学校中，支持一批紧贴产业发展需求、校企深度融合、社会认可度高、就业好的专业进行重点建设，以推动高等职业学校加快人才培养模式改革，创新体制机制，提高人才培养质量和办学水平，整体提高专业服务国家经济社会发展的能力，为国家现代产业体系建设输送大批高端技能型专门人才。

2009 年，杨凌职业技术学院在顺利通过国家示范院校项目验收和全国水利示范院校建设的基础上，决定把水利工程专业列入"高等职业学校提升专业服务产业发展能力"计划项目，并根据陕西省水利发展需求制定了专业建设方案，计划使用中央财政 425 万元用于水利工程专业人才培养方案制定与实施、课程与教学资源建设、实习实训条件改善、师资队伍与服务能力建设等四个二级项目建设，该项目于 2013 年 12 月顺利通过省级验收。

按照子项目建设方案，通过广泛调研，学院与行业企业专家共同研讨，在国家示范院校建设成果的基础上引入水利水电建筑工程专业"合格＋特长"的人才培养模式，以水利工程建设一线的主要技术岗位职业能力培养为主线，兼顾学生职业迁移和可持续发展需要，构建工学结合的课程体系，优化课程内容，实现"五个对接"，进行专业平台课与优质专业核心课的建设。同时，为了提升专业服务能力，在项目实施过程中积极承担地方基层水利职工的培训任务，通过校内、校外办班，长期和短期结合等方式先后为基层企事业单位培训职工 2000 多人次，经过三年的探索实践取得了一系列的成果。为了固化项目建设成果，进一步为水利行业职工服务，经学院会议审核，决定正式出版课程改革成果系列教材，共 7 本。

"水利工程管理"是水利工程专业在提升专业服务产业发展能力建设中确

立的专业优质核心课程，本书是水利工程专业提升服务能力建设形成的成果之一。根据专业提升服务能力需要确立的"水利工程管理"课程标准，组织了本书的内容。本书编写的主导思想是紧扣水利类专业的需求，遵循"够用为度"的原则，立足基本知识、基本技术应用、基本技能，吸纳新技术和新材料的应用成果，力争求实求新。作为水利系列教材的组成部分，为避免重复，对工程管理维护中涉及的施工技术与材料配制等问题，凡在施工技术和建筑材料等教材中有所阐述的，本书均不再列入陈述。为较好地适应各专业的需要，并更好地体现管理工作专业化的基本要求，在内容安排上，按水利工程中各典型代表建筑物以及各类工程设备，独立分项目进行叙述，以便各专业选用。本书主要适用于水利工程、水利工程管理、水利水电工程建筑、农田水利、城市水利等水利类各专业。

参加本书编写工作的有：杨凌职业技术学院卜贵贤（课程介绍、项目一、项目七、项目九、项目十五），杨凌职业技术学院宋兵（项目二至项目六）杨凌职业技术学院高正兴（项目十至项目十四、项目十六），陕西省宝鸡峡引渭灌溉管理局史朝晖（项目八）。全书由杨凌职业技术学院卜贵贤任主编，陕西省宝鸡峡引渭灌溉管理局法天祥教授级高工与中国电建集团西北勘测设计研究院有限公司张勤劳教授级高工主审了全稿，提出了许多宝贵的意见，在此一并表示诚挚的感谢。

限于水平，书中难免存在缺点和错误，在使用过程中，希望读者给予指正。

作者

2016 年 4 月

目　录

Contents

课　程　介　绍

※课程目标※

一、性质

1. 地位

水利工程管理是水利水电工程建设施工过程及已成工程管理涉及的一项重要工作，这门课程包含的内容具有双成性：一是它以工程管理为工作任务和学习目标；二是在施工过程中涉及工程管理所用观测设备的安装与维护问题。《水利工程管理》课程包含的相关技术内容能够直接服务于水利工程建设的生产实践，是水利类专业的一门重要课程。

2. 作用

水利工程管理技术是水利工程专业及其专业岗位群专业技术工作人员必备的职业能力。

3. 功能

水利工程管理课程主要是为培养水利工程管理生产一线从事各类水利工程管理技术工作人员岗位能力提供支撑。

二、课程目标

本课程立足于实际能力的培养，对课程内容作了根本性的改革与调整。

所需内容将主要涵盖并突现对学生岗位专业能力的训练，其理论知识的选取紧紧围绕工作任务完成的需要来进行，同时又充分考虑了高等职业教育对理论知识学习的需要，并融合了相关职业（如工程监测工）资格证书对知识、技能和素质的要求。

根据专业能力目标培养的需要，对水利水电工程施工技术课程内容进行了组合，保证课程内容覆盖全部能力目标。共分两个模块内容：水工建筑物安全检测（包括土石坝安全检测、混凝土坝安全检测），水工建筑物维护管理（包括土石坝、混凝土坝、隧洞、水电站建筑物、水闸、溢洪道），从而使内容在职业能力培养上更具针对性、指导性和操作性。

通过本课程的学习实现以下总体目标：

（1）利用和明白水利工程管理的基本词汇及专业用语。

（2）熟知主要水工建筑物工程管理的方法，能组织安排混凝土坝、土石坝、水闸、隧洞、倒虹等主要水工建筑物的维护与管理工作。

（3）能领会水工建筑物安全检测设计意图，读懂检测设计图。

（4）能根据设计图纸正确规范地安装检测设备，并能进行常用检测设备的测试与施工期的监测。

（5）培养在复杂环境中做事的能力、与人协作的能力，有规范意识、质量意识、团结协作和吃苦耐劳等良好的意识与态度以及自我学习和持续发展的能力。

※课程专业内容概要※

一、水利工程管理的含义

（一）水利及水利管理

水利在人类发展史中占有显著的地位。在中国的发展史中更起着特殊的作用，兴修水利，与水害作斗争历来是安邦治国的主要措施。水利是农业的命脉，是国民经济发展的基础设施和基础产业，也是社会安定的重要保障。

水利是指采取各种人工措施对自然界的水进行控制、调节、治导、开发、管理和保护，以免除水旱灾害，并利用水资源适应人类生产，满足人类生活需要的活动。水利的基本手段是建设各类水利工程设施。从事水利的事业称为水利事业，主要包括防洪、排水、灌溉、供水、水力发电、航运、水土保持以及水产、旅游和改善生态环境。

水利管理是指对水、水域和水利工程的管理，包括对水资源的开发、利用、节约、保护和对在建工程的建设管理以及对建成工程的运行维护和经营管理。

水利管理的任务是：合理配置、充分利用，有效保护水资源，防治水旱灾害，发挥水利效益，适应国民经济可持续发展和人民生活水平不断提高的需要。

水利管理工作主要包括行政管理、技术管理、经济管理和法制管理等方面，即开展这项工作时需采取各种行政、技术、经济和法律措施实现管理工作目标。

（二）水利工程及水利工程管理

1. 水利工程

水利工程是指对自然界的地表水和地下水进行控制和调配，为达到除害兴利的目的而修建的工程设施。它主要包括以下类型：①防止水灾害的防洪工程；②为农业生产服务的农田水利工程，也称灌溉排水工程；③将水能转化为电能的水力发电工程；④为水运服务的航道及港口工程；⑤为工业和生活用水排水以及废水和雨水处理服务的城乡供水与城镇排水工程；⑥防止水污染、维护生态平衡的环境水利工程；⑦防御海潮和涌浪的侵袭，保护沿海城市和农田的河口堤防与海塘工程。

水利工程主要由各类型的水工建筑物构成。

2. 水利工程管理

水利工程管理是指对水利工程进行科学合理的运用、控制、调度和保证其安全正常运行，以充分发挥工程综合效益的工作。水利工程管理是水利管理工作的一个重要内容，是通过检查、观测、养护、修理、控制运用等技术措施以及法律法规制度来实现管理目标的。

二、水利工程管理的任务及内容

（一）水利工程管理的基本任务

（1）保证水利工程安全运行，防止自然和人为的破坏。

（2）按照工程管理的各种法规和技术标准进行日常和特定的维护，保护工程完好和正常运行。

（3）运用工程手段实现防洪减灾、水资源合理调度和使用，满足国民经济和社会的需求，充分发挥工程应有的各种效益，如防洪、灌溉、发电、供水、排水、交通运输、渔业、环境保护、水土保护和旅游等。

（4）努力改善管理条件，进行技术革新和设备改造，不断提高管理水平。

（5）保持水域工程环境的蓄水、过水、排水、调水能力和使用条件。

（二）水利工程管理的工作内容

水利工程管理工作主要包括检查观测、养护修理和控制运用三个方面。

1. 检查观测

检查观测就是通过适当手段对完建后的工程状态进行的监视量测工作。检查观测包括工程检查和工程观测两个方面。

2. 养护修理

为了保持工程既有的功能正常发挥，在工程运行过程中应对工程设施进行保养，并对存在的缺陷进行修复处理。工程养护修理要按照"经常养护、随时维修、养重于修"的原则，以保持工程和设备完好。养护修理分为三种形式：①日常维修养护，根据经常性检查中发现的问题，进行定期保养维修和局部修补，保持工程完整；②岁修及大修，每年汛后或在适当时间对工程进行年度检查，针对存在的问题，编制修理计划，这种维修称为岁修；工程发生较大损毁需要进行专门的大范围的修复，则称为大修；③抢修或抢险，当发生突发事故，工程遭到破坏时，需要立即组织人力、物力并采取特殊方法和措施对其进行基本的修复工作。

3. 控制运用

控制运用就是在原规划设计基础上，根据当前水工建筑物的工程情况、上下游防洪要求、用水要求以及上级的规定，在保证工程安全的前提下，为充分发挥工程效益，对其在除害、兴利和综合利用水资源等方面进行的合理安排与优化。

三、水利工程管理的意义

水利工程的建设为工农业发展创造了有利条件，如何加强水利工程管理，确保工程的安全和完整，充分发挥工程的经济效益，必将成为今后水利工作的重点。对水利工程而言，建设是基础，管理是关键，使用是目的，"三分建、七分管"，工程管理的好坏直接影响效益的高低，如果管理不善，工程效益不能正常发挥，甚至可能造成严重的事故，给国家和人民的生命财产带来不可估量的损失。因此，加强水利工程管理，对确保工程的安全性和提高经济效益是十分必要的。

（1）由于人们对自然规律认识的局限性，对水工建筑物在使用过程中的监测管理是十分必要的。通过对水工建筑物实施监测管理，借助科学方法，反映水工建筑物在使用过程中的表现状态，一方面进一步验证设计的合理性和可靠性；另一方面积累资料，又为今后的设计提供更为充分的依据。

（2）水利工程在运行过程中，受外界环境各种因素的影响会逐渐发生状态的变化，所以对水工建筑物及设施的维修养护是十分必要的。水工建筑物长期处在水中工作，受到水的渗透压力、冲刷、气蚀、冻融和磨损等物理作用以及侵蚀、腐蚀等化学作用。这些作用一旦改变了建筑物的原有状态，就应及时维修，否则可能造成更为严重的损害。

（3）合理使用水利工程，进行工程控制运用，对保证工程安全、提高效益是十分必要的。对水利工程的运用，应根据其状态特点，按规律合理使用和有效控制。

（4）已往工程失事事故的教训证明，加强工程管理，对避免事故发生、减轻事故危害是十分必要的。水利工程一般规模大，影响范围广，一旦失事将造成很大损失，尤其是随着经济社会的发展，这种危害损失就越大。只有加强对工程的管理，及时发现工程设施存在的安全隐患，采取相应的措施，就可防范和避免事故的发生。

（5）实行水利工程目标管理对充分发挥水利工程效益是十分必要的。水利工程目标管理是指按照工程管理目标对水利工程进行管理的工作，工程管理目标是根据有关法律、法规、部门规章和技术标准制定的定量指标，实行目标管理，使其管理内容规范化，通过定量指标，体现管理水平，这样才能使水利工程充分发挥效益。

四、水利工程管理的展望

（1）水利具有的国民经济基础地位和经济社会的快速发展对水利工程管理提出了更高的要求。水利是国民经济的基础，在经济社会发展中占有极其重要的地位，必须以更快的发展速度和更高的质量支撑经济社会的发展。

中央政府提出了新的治水思路：从工程水利向资源水利，从传统水利向现代水利和可持续发展水利转变，以水资源的可持续利用保障经济社会的可持续发展。水利工程管理的指导思想是以确保工程安全运用和充分发挥工程效益为中心来为流域经济发展提供安全保障。所以，应全面做好工程管理工作，必须实现工程管理的改革与创新，必须按照市场经济的要求，不断提高职工队伍的业务素质，改善工程管理基础条件，完善法规制度建设，利用现代技术手段，实现水利工程管理的现代化。

（2）水利工程管理发展的有利条件。具体包括：

1）水利工程管理体制基本理顺，与社会主义市场经济相适应的新的运行机制正在逐步建立。

2）工程治理和维修养护资金来源渠道畅通。

3）随着我国经济建设的快速发展，经济社会发展为水利工程管理奠定了较好的基础。

（3）水利工程管理发展中应转变的观念。具体包括：

1）从重建轻管向建管并重转变。

2）从只重视技术管理向既重视技术管理又重视依法管理转变。技术管理是基础，依法管理是保障。彻底改变计划经济体制下单纯靠技术、行政手段进行管理的做法，实现水利工程安全管理的法制化。

3）从传统的单纯的工程维护向既注重工程维修养护又重视整个工程生态体系建设转变。

4）从只重视工程安全管理向既重视工程安全管理又重视发挥工程效益最大化转变。

5）从传统工程管理向现代水利工程管理转变。

（4）水利工程管理发展趋势。经济社会的快速发展无疑对水利工程管理有着促进作用，但对水利工程管理水平的现代化有着迫切的需要，今后水利工程管理将有一个新的更大的飞跃。主要体现在以下几个方面：

1）工程管理将全面实现现代化。现代化工程管理可以概括为用现代化设备装备工程，用现代化技术监控工程和用现代化管理方法管理工程。加快水利管理信息化步伐，是适应由传统型水利向现代水利及可持续发展水利转变的重要环节。今后一段时期的工程管理将会加强水利工程管理信息化建设工作，工程的监测手段会更加完善和先进，工程管理将基本实现自动化、信息化和高效化。

2）工程安全监测、评估与维护等模型将得到加强和完备。建立工程安全评估模型，开发相应的评估软件系统，并对各监测资料建立统计模型和灰色系统预测模型，对工程安全状态进行实时监测和预警。

通过研究与开发提出工程养护修理标准模型，实现工程维护业务的智能化处理，达到自动生成工程维护方案，为工程维护决策提供信息支持，提高工程维护决策水平，实现资源的最优化配置。各类工程的养护修理模型至少应包含维护方案策略生成、工程维护项目优先级排序和工程维护预算三个功能模块。

3）水利工程维修养护实用技术被进一步广泛应用，如工程隐患探测技术、维修养护机械设备的引进开发和除险加固新材料与新技术的应用，将使工程管理的科技含量逐步增加。

（5）工程管理基础设施将高度完善。完善管理基础设施，不断改善工程管理条件是工程管理制度化、规范化、科学化、现代化的物质基础，随着人们对工程运行管理基础性、长期性和重要性认识的提高，会逐渐把管理的基础设施建设放到与主体工程同等重要的位置。

（6）工程管理将科学化、规范化、标准化、制度化。工程管理要现代化的跨越发展，建立健全各种管理规章制度是一个重要环节，使水管单位工程管理维护有法可依、有章可循。

（7）对维护管理人员的技术水平、业务素质将会有更高的要求。

（8）形成稳定的投入保障机制。

（9）依法管理的观念将得到强化。

思 考 题

1. 什么是水利管理？什么是水利工程管理？
2. 水利工程管理的基本任务有哪些？

3. 水利工程管理的工作内容有哪些？

4. 为什么要进行水利工程管理？

5. 你对水利工程管理在今后的发展以及它在社会中的地位是怎么认识和理解的？

模块一　水利工程维护与管理

项目一　水库的控制运用与库岸管理

导学：水库的控制运用与库岸管理是保证水利水电枢纽工程安全与维持和提高水库使用效能的关键，库岸防护的工程措施、水库环境保护、水质污染防治及水土保持措施是必须熟知的知识，水库兴利运用控制的几种调度调节计算方法、水库防洪运用控制的方式是水库管理重要的技术内容，应知其机理，对水库泥沙淤积的形成机理与防淤排沙措施也应熟悉。通过本项目内容的学习，能初步进行水库管理与库岸防护的一般工作。

※**基本知识**※

任务一　认识水库管理

一、水库的类型及作用

1. 水库的类型

水库可以根据其总库容的大小划分为大、中、小型水库，其中大型水库和小型水库又各自分为两级，即大（1）型、大（2）型，小（1）型、小（2）型。因此，水库按其规模的大小分为五等，见表1-1。

表1-1　　　　　　　　　　　　　　　水库的分等指标

水库等级	Ⅰ	Ⅱ	Ⅲ	Ⅳ	Ⅴ
水库规模	大（1）型	大（2）型	中型	小（1）型	小（2）型
水库的总库容/亿 m^3	>10	10~1	1~0.1	0.1~0.01	0.01~0.001

注　总库容是指校核洪水位以下的水库库容。

水库具有防洪、发电、灌溉、供水、航运、养殖、旅游等作用，具有多种作用的水库为多目标水库，又称综合利用水库，只具有一种作用或用途的则为单目标水库。我国的水库一般都属于多目标水库。

根据水库对径流的调节能力，水库可分为日调节水库、周调节水库、季调节水库（或年调节水库）、多年调节水库。

根据水库在河流上位置的地形状况，水库可分为山谷型水库、丘陵型水库、平原型水库三类。

此外，水库还有地上水库和地下水库之分。

2．水库的作用

我国河流水资源受气候的影响，存在时空分布极不均衡的严重问题，水库是进行这种时空调节的最为有效的途径。水库具有调节河流径流，充分利用水资源发挥效益的作用。

水库能调节洪水，削减洪峰，延缓洪水通过的时间，保证下游泄洪的安全。

水库蓄水抬高水位，取得水头，可进行发电，并可改善河道航运和浮运条件，发展养殖业和旅游业。

二、水库与库区环境的关系

水库能给国民经济各个方面带来许多综合效益，也会对周围环境产生一定的影响，如造成淹没、浸没、库区坍岸、气候和生态环境变化等。

水库是人工湖泊，它需要一定的空间来储存水量和滞蓄洪水，因此会淹没大片土地、设施和自然资源，如淹没农田、城镇、工厂、矿山、森林、建筑物、交通和通信线路、文物古迹、风景游览区和自然保护区等。

水库建成蓄水后，周围地区的地下水位会随之抬高，在一定的地质条件下，可能会使这些地区被浸没，发生土地沼泽化、农田盐碱化，还可能引起建筑物地基沉陷、屋倒塌、道路翻浆、饮水条件恶化等问题。

河道上建成水库后，进入水库的河水流速降低，水中挟带的泥沙便在水库淤积，占据了一定的库容，影响水库的效益，缩短水库的使用年限。

通过水库下泄的清水，使下游河水的含沙量减少，引起河床的冲刷，从而危及下游桥梁、堤防、码头、护岸工程的安全，并使河道水位下降，影响下游的引水和灌溉。

随着水库的蓄水，水库两侧的库岸在水的浸泡下岩土的物理力学性质发生变化，抗剪强度减小；或者是在风浪和冰凌的冲击和淘刷下，致使库岸丧失稳定，产生坍塌、滑坡和库岸再造。

修建水库蓄水以后，特别是大型水库，形成了人工湖泊，扩大了水面面积，也会影响库区的气温、湿度、降雨、风速和风向。

修建水库蓄水以后，原有自然生态平衡被打破，水温升高，对一些水生物和鱼类的生存可能有利，但隔断了洄游鱼类的路径，对其繁殖不利。

水库能为人们提供优质的生活用水和美丽的生活环境，但水库的浅水区，杂草丛生，是疟蚊的潜生地。周围的沼泽地也是血吸虫中间宿主丁螺繁殖的良好环境。

修建水库后，由于水库中水体的作用，在一定的地质条件下还可能产生水库诱发地震。

三、水库管理的任务与工作内容

水库管理是指采取技术、经济、行政和法律的措施，合理组织水库的运行、维修和经营，以保证水库安全和充分发挥效益的工作。

1. 水库管理的主要任务

水库管理的主要任务包括：①保证水库安全运行、防止溃坝；②充分发挥规划设计等规定的防洪、灌溉、发电、供水、航运以及发展水产改善环境等各种效益；③对工程进行维修养护，防止和延缓工程老化、库区淤积、自然和人为破坏，延长水库使用年限；④不断提高管理水平。

2. 水库管理的工作内容

水库管理工作可分为水库控制运用、工程设施管理和经营管理等方面。

（1）水库控制运用。又称水库调度，是合理运用现有水库工程改变江河天然径流在时间和空间上的分布状况及水位的高低，以适应生产、生活和改善环境的需要，达到除害兴利、综合利用水资源的目的，是水库管理的主要生产活动。其内容包括：①掌握各种建筑物和设备的技术状况，了解水库实际蓄泄能力和有关河道的过水能力；②收集水文气象资料的情报、预报以及防汛部门和各用水户的要求；③编制水库调度规程，确定调度原则和调度方式，绘制水库调度图；④编制和审批水库年度调度计划，确定分期运用指标和供水指标，作为年度水库调节的依据；⑤确定每个时段（月、旬或周）的调度计划，发布和执行水库实时调度指令；⑥在改变泄量前，通知有关单位并发出警报；⑦随时了解调度过程中的问题和用水户的意见，据以调整调度工作；⑧搜集、整理、分析有关调度的原始资料。

（2）工程设施管理。工程设施管理包括：①建立检查观测制度，进行定期或不定期的工程检查和原型观测，并及时整编分析资料，掌握工程设施的工作状态；②建立养护修理制度，进行日常的养护修理；③按照年度计划进行工程岁修、大修和设备更新改造；④出现险情时及时组织抢护；⑤依靠政策、法令保护工程设施和所管辖的水域，防止人为破坏工程和降低水库蓄泄能力；⑥进行水库水质监测，防止水污染；⑦建立水库技术档案；⑧建立防汛预报、预警方案。

（3）经营管理。这部分内容本书不作介绍，对于工程设施管理涉及的主体建筑物的维护、修理、检查、观测、险情抢护等管理问题将在以后的项目中介绍，本项目对控制运用和水环境及库岸设施防护等问题作一讨论。

※基本知识※

任务二　库岸防护

水库蓄水之后，常常给库岸带来一系列的危害，例如库岸淹没、浸没、库岸坍塌以及水库岸区环境的恶化等问题，这些问题严重时会使水库丧失功能而"夭折"。所以在水库运行管理中应对库岸经常进行检查，对出现的危害应及时进行治理，并采取有效的防护措施减少和避免危害的发生。

库区常用的防护措施一般有修建防护堤、防洪墙、抽水排站、排水沟渠、减压沟井、防浪墙堤、护岸、护坡加固、副坝等工程措施，以及针对库岸水环境的保护所采取的水体水质保护，水土流失治理等。本任务就水库运用管理中通常涉及的库岸失稳的防治及水库水环境保护等问题进行讨论。

一、水库库岸失稳的防治

水库蓄水后，库岸在自重和水的作用下常常会发生失稳，形成崩塌和滑坡。

影响库岸稳定的因素很多，如库岸的坡度和高度、库岸线的形状、库岸的地质构造和岩性、水流的淘刷、水的浸湿和渗透作用、水位的变化、风浪作用、冻融作用、浮冰的撞击、地震作用以及人为的开挖、爆破等作用，均会造成库岸的失稳。

1. 岩质库岸失稳的防治

岩质库岸失稳的形态一般有崩塌、滑坡和蠕动三种类型。崩塌是指岸坡下部的外层岩体因其结构遭受破坏后脱落，使库岸上部岩体失去支撑，在重力或其他因素作用下而坠落的现象。滑坡是指库岸岩体在重力或其他力的作用下，沿一个或一组软弱面或软弱带作整体滑动的现象。蠕动现象可分为两种：对于脆性岩层，是指在重力或卸荷力作用下沿已有的滑动面或绕某点作长期而缓慢的滑动或转动；对于塑性岩层（如夹层），是指岩层或岩块在荷载作用下沿滑动面或层面作长期缓慢的塑性变形或流动。

最常见的岸坡失稳形态是滑坡，防治滑坡的方法有削坡、防漏排水、支护、改变土体性质、采用抗滑桩和锚固等措施。

（1）削坡。当滑坡体范围较小时，可将不稳定岩体挖除；如果滑坡体范围较大，则可将滑坡体顶部挖除，并将开挖的石碴堆放在滑坡体下部及坡脚处，以增加其稳定性。

（2）防漏排水。防漏排水是岸坡整治的一项有效措施，被广泛用于工程实践中。其具体措施是：在环绕滑坡体的四周设置水平和垂直排水管网，并在滑坡体边界的上方开挖排水沟，拦截沿岸坡流向滑坡体的地表水和地下水；对滑坡体表面进行勾缝、水泥喷浆或种植草皮，阻止地表水漏入滑坡体内。

（3）支护。支护措施通常有挡墙支护和支撑支护两种。当滑坡体由松散土层或坡积层组成，或者是裂隙发育的岩层时，可在坡脚处修建浆砌石、混凝土或钢筋混凝土的挡墙进行支护；如果滑坡体是整体性较好的不稳定岩层，也可采用钢筋混凝土框架进行支护。

（4）抗滑桩法。当滑动体具有明确的滑动面时，可沿滑动面方向用钻机或人工开挖的方法造孔，在孔内设钢管，管中灌注混凝土，形成一排抗滑桩，利用桩体的强度增加滑动面的抗剪强度，达到增强稳定性的目的。抗滑桩的截面有方形和圆形两种，其直径对于钻孔桩为 $30\sim50\text{cm}$，对于挖孔桩一般为 $1.5\sim2.0\text{m}$，桩长可达 20m。当滑动面上、下岩体完整时，也可采用平洞开挖的方法沿滑动面设置混凝土抗滑短桩或抗滑键槽，以增强滑动体的稳定性，也可取得良好的效果。

（5）锚固措施。锚固措施是用钻机钻孔穿过滑坡体岩层，直达下部稳定岩体一定深度，然后在孔中埋设预应力钢索或锚杆，以加强滑坡体稳定的方法。在许多情况下，滑坡的防治常常需要同时采取上述几种措施，进行综合整治。

例如，黄坛口水库的左坝肩为一古滑坡体，岩石极为破碎，其范围自坝线下游伸入水库约 300m，面积 2000m^2，厚度 $60\sim70\text{m}$。采取的整治措施（图 1-1）如下：

1）削坡。将滑坡体的上部岩体挖除一部分，回填至坡脚。

2）防渗措施。为防止库水渗入滑坡体内，在滑坡体的下部，沿边坡面修建了一道长300m、顶部高程超过水库正常高水位的黏土心墙（铺盖），心墙底部与基础岩石连接，墙脚与坝头混凝土重力式翼墙相接，将整个滑坡体包裹封闭。

3）排水措施。沿滑坡体边界上方开挖排水沟，将顺坡流向滑坡体的地表水拦截排走；同时在滑坡体坡脚处设置一排排水管，将通过黏土心墙渗入的库水排至水库下游。

4）防漏措施。对滑裂体表面裂隙用黏土进行勾缝，防止雨水渗入滑坡体。

5）监测工作。为掌握滑坡体的动态，沿滑坡体的滑动方向布置了观测断面，监测滑坡体的位移及其水文地质情况。

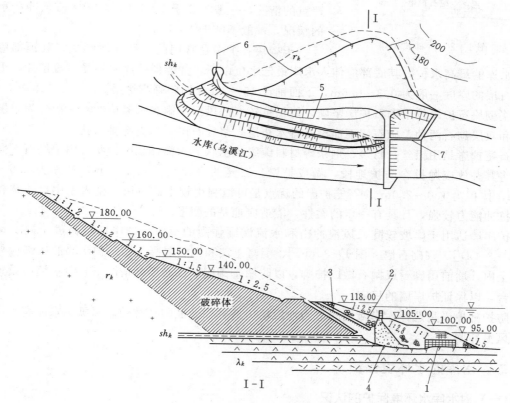

图 1-1 黄坛口水库西山滑坡整治图

1—围堰；2—堆石；3—黏土心墙；4—反滤层；5—排水管；6—阻水隧道；
7—翼墙；r_k—花岗斑岩；sh_k—紫色页岩；λ_k—凝灰石

2. 非岩质库岸失稳的防治

防治非岩质库岸破坏和失稳的措施有护坡、护脚、护岸墙和防波浪墙等。对于受主流顶冲淘刷而引起的塌岸，常采用抛石护岸；如果水下部分冲刷强烈，则可采用石笼或柳石枕护脚；对于受风浪淘刷而引起的塌岸，可采用干砌石、浆砌石、混凝土、土水泥等材料进行护坡；当库岸较高，上部受风浪冲刷，下部受主流顶冲，则可做成阶梯式的防护结构，上部采用护坡，下部采用抛石、石笼固脚，如图 1-2 所示；对于水库水位变化较大、风浪冲刷强烈的库岸，可采用护岸墙的防护方式；对于库岸较陡，在水的浸湿和风浪作用

图 1-2 阶梯式护岸

下有塌岸的危险，则可采用削坡的方法进行防护，当库岸较高时，也可采取上部削坡、下部回填，然后进行护坡的防护方法。

抛石护岸具有一定的抗冲能力，能适应地基的变形，适用于有石料来源和运输方便的情况。石料一般宜采用质地坚硬，直径 20～40cm，重量在 30～120kg 的石块，抛石厚约为石块直径的 4 倍，一般不小于 0.8～1.2m。抛石护坡表面的坡度，对于水流顶冲不严重的情况，一般不陡于 1:1.5；对于水流顶冲严重的情况，一般不陡于 1:1.8。

干砌块石护岸是常用的一种护岸形式，其顶部应高于水库的最高水位，其底部应伸入水库最低水位以下，并能保护库岸不受主流顶冲。干砌块石层的厚度一般为 0.3～0.6m，下面铺设 15～20cm 的碎砾石垫层。

浆砌块石护岸较干砌石护岸坚固，能抵抗较大的风浪淘刷和水流顶冲，一般分为单层砌石和双层砌石两种，砌石层下面设有排水垫层，浆砌石层上还设有排水孔。

石笼护岸是用铅丝、竹篾、荆条等材料编织成网状的六面体或圆柱状，内填块石、卵石，将其叠放或抛投在防护地段，做成护岸。石笼的直径在 0.6～1.0m，长度为 2.5～3.0m，体积为 1.0～2.0m³。石笼护岸的优点是可以利用较小的石块，抛入水中后位移较小，抗冲能力较强，且具有一定的柔性，能适应地基的变形。

护岸墙适用于岸坡较陡，风浪冲击和水流淘刷强烈的地段。护岸墙可做成干砌石墙 [图 1-3 (a)]、浆砌石墙 [图 1-3 (b)]、混凝土墙和钢筋混凝土墙。护岸墙的底部应伸入基土内，墙前用砌石或抛石做成护脚，以防墙基淘刷。在必要的情况下，可在墙底设置桩承台，以保证护岸墙的稳定。

防护林护岸是选择库岸滩地的适当地段植树造林，做成防护林带，以抵御水库高水位时的风浪冲刷。

二、水库的水环境保护

（一）对水库水环境保护的认识

水库水环境保护是现代经济社会赋予水库管理工作的一项全新内容，是现代水库管理的基本要求，是工程效益形成的基础保障，自然也是水利工程管理中一项不可忽视的重要工作。

水库水资源是指水库中蓄存的可满足水库兴利目标，即满足设计用途所需的所有水资源。水库水资源的兴利能力不仅取决于水库的建设任务和规模，水库所在河川径流在时间、空间上分布水量的变化，而且还取决于水质状况。然而，水库水资源却承受着库区工农业生产及旅游等产业带来的污染和水土流失引发淤积的威胁，并且，这些威胁在日趋加重，这类危害若继续并扩大，水库将面临功能丧失的危机。因此，为维护水库的安全，水库管理者应超脱狭隘的管理范围，"走上库岸"，加强防治污染和水土保持工作，做好库岸的水环境管理。

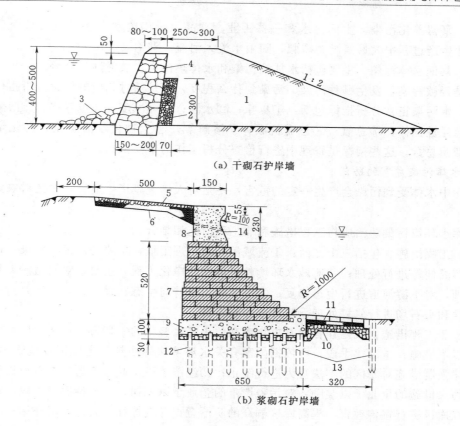

图 1-3　护岸墙

1—土；2—砾石层；3—堆石护脚；4—干砌石护岸墙；5—砌石护面；6—砾石垫层；
7—浆砌石墙体；8—混凝土墙顶；9—混凝土墙基；10—抛石；11—砌石护脚；
12—桩基；13—防冲板桩；14—排水孔

　　水库水环境的管理具有一定的广泛性、综合性和复杂性，应运用行政、法律、经济、教育和科学技术等手段对水环境进行强化管理。

（二）水库污染防治

1. 水库污染及其种类

　　水污染是指水体因某种物质的介入而导致其化学、物理、生物或者放射性等方面特性的改变，从而影响水的有效利用，危害人体健康或者破坏生态环境，造成水质恶化的现象。

　　水污染通常有以下几种类型：

　　（1）有机污染。有机污染又称需氧性污染，主要是指由城市污水、食品工业和造纸工业等排放含有大量有机物的废水所造成的污染。

　　（2）无机污染。无机污染又称酸碱盐污染，主要来自矿山、黏胶纤维、钢铁厂、染料工业、造纸、炼油制革等废水。

　　（3）有毒物质污染。有毒物质污染为重金属污染和有机毒物污染。

　　（4）病原微生物污染。病原微生物污染主要来自生活、畜禽饲养厂、医院以及屠宰肉类加工等污水。

（5）富营养化污染。生活污水和一些工业、食品业排出废水中含有氮、磷等营养物质，农业生产过程中大量氮肥、磷肥，随雨水流入河流、湖泊。

（6）其他水体污染。主要包括水体油污染和水体热污染、放射性污染等。

水是否被污染，发生哪种污染、污染到什么程度，都是通过相应的污染分析指标判定衡量的。水污染正常分析指标包括：①臭味；②水温；③浑浊度；④电导率；⑤溶解性固体；⑥悬浮性固体；⑦总氧；⑧总有机碳；⑨溶解氧；⑩生物化学需氧量；⑪化学需氧量；⑫细菌总数。这些指标是管理中进行检查分析工作的重要依据。

2. 水库污染危害的防治

水库中水体受到污染会产生一定的危害：一是对人体健康产生危害；二是对农业造成危害。

水库水环境污染防治应将工程措施和非工程措施相结合。

（1）工程措施。包括三个方面：①流域污染源治理工程，主要是对工业污染、镇区污水、村落粪便等进行处理；②流域水环境整治与水质净化工程，主要是对河道淤泥和垃圾进行清理，对下游河道进行生态修复；③流域水土保持与生态建设工程，主要是对一些废弃的矿区和采石场进行修复处理，栽种水源涵养林。

（2）非工程措施。就是让各种有害物质和使水环境恶化的一切行为远离库区，为此可以采取以下措施：①法律手段，可依据国家有关水环境法律法规制定库区环境管理条例，通过法律强制措施对库区的不法行为进行制止；②经济手段，通过奖惩办法对积极采取防治库区污染措施的企业予以奖励，对污染严重的企业予以惩罚；③宣传教育手段，采取多种形式在库区进行宣传教育，提高库区群众的防治意识并发挥社会公众监督作用；④科技手段，应用科学技术知识，加强库区农业生产的指导工作，改善产业结构，减少和避免有害环境的生产方式。科学地制定水资源的检测、评价、标准，推广先进的生产技术和管理技术，制定综合防治规划，使环境建设和防治工作持久不懈。

（三）水库水土保持

1. 水土保持及其作用

水库水土保持是一项综合治理性质的生态环境建设工程，是指在水库水土流失区，为防止水土流失，保护改良与合理利用水土资源而进行的一系列工作。

水土保持工作以保水土为中心，以水蚀为主要防治对象，必然对水库水资源生态环境产生更为全面的显著作用和影响，主要体现在以下几个方面：①增加蓄水能力，提高降水资源的有效利用；②削减洪水，增加枯水期流量，提高河川水资源的有效利用率；③控制土壤侵蚀，减少河流泥沙；④改善水环境，促进区域社会经济可持续发展。

2. 水土保持的措施

水土流失的原因有水力侵蚀、重力侵蚀、风力侵蚀三种形式。水力侵蚀概括地说是地表径流对地面土壤的侵蚀和搬移。重力侵蚀是斜坡上的土体因地下水渗透力或因雨后土壤饱和引起抗剪强度减小，或因地震等原因使土体因重力失去平衡而产生位移或块体运动并堆积在坡麓的土壤侵蚀现象，主要形态有崩塌、滑坡、泄流等。风力侵蚀是由风力磨蚀、吹扬作用，使地表物质发生搬运及沉积的现象，其表现有滚动、跃移和悬浮三种方式。

水土流失对水库水资源有极大的影响，主要包括：①加剧洪涝灾害；②降低水源涵养能力；③造成水库淤积，降低综合能力；④制约地方经济发展。

搞好水土保持应主要采取三个方面的措施：

（1）水土保持的工程措施。在合适的地方修筑梯田、山边沟、撩壕等坡面工程，合理配置蓄水、引水和提水工程，主要作用是改变小地形，蓄水保土，建设旱涝保坡、稳定高产的基本农田。

（2）水土保持林草措施。在荒山、荒坡、荒沟、沙荒地、荒滩和退耕的陡坡农地上，采取造林、种草或封山育草的办法增加地面植被，保护土壤免受暴雨侵蚀冲刷。

（3）水土保持农业措施。通过采取合理的耕作措施，在提高农业产量的同时达到保水保土的目的。

任务三　水库控制运用

※基本知识※

一、水库控制运用的意义

水库的作用是调节径流、兴利除害。但是，由于水库功能的多样性和河川未来径流的难以预知性，使水库在运用中存在一系列的矛盾问题，概括起来主要表现在四个方面：①汛期蓄水与泄水的矛盾；②汛期弃水发电与防汛的矛盾；③工业、农业、生活用水的分配矛盾；④在水资源的配置和使用过程中产生用水部门及地区间的不平衡而发生的水事纠纷问题。这就要求对水库应加强控制运用，合理调度。只有这样，才能在有限的水库水资源条件下较好地满足各方面的需求，获得较大的综合效益。如果水库调度同时结合水文预报进行，实现水库预报调度，这种情况所获得的综合效益将更大。

二、水库调度工作要求

水库调度包括防洪调度与兴利调度两个方面。在水情长期预报还不可靠的情况下，可根据已制订的水库调度图与调度准则指导水库调度，也可参考中短期水文预报进行水库预报调度，对于多沙河流上的水库，还要处理好拦洪蓄水与排沙关系，即做好水沙调度。水库群调度中，要着重考虑补偿调节与梯级调度问题。为作好调度的实施工作，应预先制定水库年调度计划，并根据实际来水与用水情况，进行实时调度。

水库年调度计划是根据水库原设计和历年运行经验，结合面临年度的实际情况而制订的全年调度工作的总体安排。

水库实时调度水库实时调度是指在水库日常运行的面临时段，根据实际情况确定运行状态的调度措施与方法，其目的是实现预定的调度目标，保证水库安全，充分发挥水库效益。

三、水库控制运用指标

水库控制运用指标是指那些在水库实际运行中作为控制条件的一系列特征水位，它是拟定水库调度计划的关键数据，也是实际运行中判别水库运行是否安全正常的主要依据之一。

水库在设计时，按照有关技术标准的规定选定了一系列特征水位，如图1-4所示，主要有校核洪水位、设计洪水位、防洪高水位、正常蓄水位、防洪限制水位、死水位等。它们决定水库的规模与效益，也是水库大坝等水工建筑物设计的基本依据。水库实际运行中采用的特征水位，在水利部颁布的《水库管理通则》中规定有：允许最高水位、汛末蓄水位、汛期限制水位、兴利下限水位等。它们的确定，主要依据原设计和相关特征水位，同时还须考虑工程现状和控制运用经验等因素。当情况发生较大变化，不能按原设计的特征水位运用时，应在仔细分析比较与科学论证的基础上，拟定新的指标，这些运行控制指标因实际情况需要随时调整。

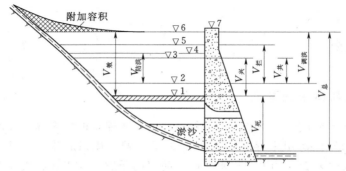

图1-4　水库水位与库容特征

1—死水位；2—防洪限制水位；3—正常蓄水位；4—防洪高水位；
5—设计洪水位；6—校核水位；7—坝顶高程

（1）允许最高水位。水库运行中，在发生设计的校核洪水时允许达到的最高库水位，它是判断水库工程防洪安全最重要的指标。

（2）汛期限制水位。水库为保证防洪安全，汛期要留有足够的防洪库容而限制兴利蓄水的上限水位。一般根据水库防洪和下游防洪要求的一定标准洪水，经过调洪演算推求而得。

（3）汛末蓄水位。综合利用的水库，汛期根据兴利的需要，在汛期限制水位上要求充蓄到的最高水位。这个水位在很大程度上决定了下一个汛期到来之前可能获得的兴利效益。

（4）兴利下限水位。水库兴利运用在正常情况下允许消落到的最低水位。它反映了兴利的需要及各方面的控制条件，这些条件包括泄水及引水建筑物的设备高程，水电站最小工作水头，库内渔业生产、航运、水源保护及其他要求等。

※技术应用※

四、水库兴利控制运用

水库兴利控制运用的目的，是在保证水库及上下游城乡安全及河道生态条件的前提下，使水库库容和河川径流资源得到充分运用，最大限度地发挥水库的兴利效益。

水库兴利控制运用是水库管理的重要内容，其依据是水库兴利控制运用计划。

（一）编制控制运用计划的基本资料

编制水库兴利控制运用计划需收集下列基本资料：①水库历年逐月来水量资料；②历年灌溉、供水、发电、航运等用水资料；③水库集水面积内和灌区内各站历年降水量、蒸发量资料及当年长期气象水文预报资料；④水库的水位与面积、水位与库容关系曲线；⑤各种特征库容及相应水位，水库蒸发，渗漏损失资料。

（二）水库年度供水计划的编制

1. 编制年度供水计划的内容

编制年度供水计划的内容主要是估算来水、蓄水、用水，通过水量平衡计算拟定水库供水方案。

2. 编制的方法

目前常用的方法有两种：一是根据定量的长期气象及水文预报资料估算来水和用水过程，编制供水计划；二是利用代表年与长期定性预报相结合的方法。其中以前一种方法最为常用，其计算方法如下。

（1）水库来水量估算。

1）降雨径流相关法。根据预报的各月降雨量 b，由月降雨径流相关图查得月径流深度 h，即可按下式计算各月来水量：

$$W = 0.1hF \qquad (1-1)$$

式中　W——月来水量，万 m^3；

　　　h——月径流深度，mm；

　　　F——水库集水面积，km^2。

2）月径流系数法。根据预报的各月降雨量 b 和各月的径流系数 α，按下式计算各月来水量

$$W = 0.1\alpha bF \qquad (1-2)$$

式中　b——预报的月降雨量，mm；

　　　α——径流系数；

　　　其他符号意义同上。

3）具有长期水文预报的水库，可直接预报各月径流量。

（2）水库供水量估算。

1）灌溉用量的计算。

a）逐月耗水定额法。

$$W = \frac{(M\ 0.667\beta c)}{\eta A} \qquad (1-3)$$

式中　W——各月灌溉用水量，万 m^3；

　　　M——作物月耗水定额，m^3/亩；

　　　A——灌溉面积，万亩；

β——降雨的田间有效利用系数；

c——田间月降雨量，mm；

η——渠系水有效利用系数。

b）固定灌溉用水量法。对于北方地区的旱作物，各年灌溉用水量差别不大，各年同一月的灌溉用水量可以采用一常量。

2）发电用水量和保证出力的计算。

$$Q_p = (W + V W_f W_c)/T \tag{1-4}$$

$$N_p = \lambda Q_p H_p \tag{1-5}$$

式中　Q_p——水电站供水期的调节流量，m^3/s；

W——供水期天然来水量，m^3；

V——水库兴利库容，m^3；

W_f——水库的损失（渗漏、蒸发）水量，m^3；

W_c——由于其他用途（灌溉、航运）引走的水量，m^3；

T——供水期，s；

N_p——水电站在供水期的保证出力；

H_p——水电站在供水期的平均水头；

λ——出力系数，根据机组类型及其传动方式来确定，对于一般小型水电站，$\lambda = 6.5 \sim 7.5$。

（3）水库损失水量估算。

1）水库损失水量估算。

$$W_0 = 1000(h_w - h_e)(A - \alpha) \tag{1-6}$$

式中　W_0——水库月蒸发损失水量，m^3；

h_w——月水面蒸发水层深度，mm；

h_e——原来陆地面蒸发水层深度，mm；

A——水库月平均水面面积，km^2；

α——建库前库区原有水面面积，km^2。

2）水库的渗漏损失量。水库的渗漏损失与水库的水文地质条件有极大关系，可按表1-2进行估算。

表1-2　　　　　　　　　　水库渗漏损失水量估算表

水库水文地质条件	月渗漏量 $W_S/(\text{m}^3/月)$	年渗漏量 $W_S/(\text{m}^3/\text{a})$
优越	$(0 \sim 1.0\%)W$	$(0 \sim 10\%)W_a$
一般	$(1.0\% \sim 1.5\%)W$	$(10\% \sim 20\%)W_a$
较差	$(1.5\% \sim 3.0\%)W$	$(20\% \sim 40\%)W_a$

注　W为水库的月蓄水量，m^3；W_a为水库的年蓄水量，m^3。

（4）兴利调节计算。水库兴利调节计算的基本原理是：某时段的入库水量与出库水量（包括各部门的用水量，汛期的弃水量和损失水量）之差，应等于该时段水库增蓄的水量。即

$$\Delta W_e - \Delta W_u - \Delta W_f = \pm \Delta W \tag{1-7}$$

式中　ΔW_e——某计算时段水库的来水量，m^3；

　　　ΔW_u——同一时段的出库水量（包括各部门用量和汛期弃水量），m^3；

　　　ΔW_f——同一时段水库的损失量，m^3；

　　　ΔW——同一时段水库蓄水量的变化，m^3，其中"＋"号表示蓄水量增加，"－"号表示蓄水量减少。

（三）水库兴利调度图

为了进行水库调度，必须利用径流的历时特性资料和统计特性资料，按水库运行调度的一定准则，预先编制由一组控制水库工作的蓄水指示线（调度线）组成的水库调度图。如当年有长期气象预报资料，估算出当年的来水、用水量，在水库已有蓄水量的情况下，通过调节计算绘制的水库兴利水位过程线，就是当年的兴利调度线。在缺乏长期水文、气象预报资料或水文气象预报精度尚不能满足要求的条件下，最常用的方法是绘制统计调度图来进行水库的兴利调度。

1. 年调节兴利调度图

年调节水库兴利基本调度线如图1-5所示，图中线Ⅰ为防破坏线（保证供水线），线Ⅱ为限制供水线，线Ⅰ与线Ⅱ系在水库保证正常供水前提下，相应设计枯水年份的各种可能出现的库水位的外包线和内包线，线Ⅲ为防弃水线，系在水库按最大需水量（或电站最大过水能力）工作的条件下，相应丰水年可能出现的库水位的内包线，以上三条基本调度线将水库以年度为周期的范围划分为四个运行区，并规定了相应的调度方式。线Ⅰ与线Ⅱ之间（A区）为保证正常供水区，水库按保证运行方式工作；线Ⅱ与死水位之间（C区）为降低供水区，水库按降低供水区或天然入库径流量供水，以减轻破坏程度或缩短破坏时间；线Ⅰ与线Ⅲ之间（B区）为加大供水

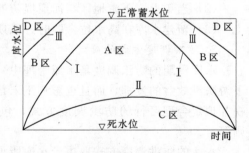

图1-5　水库兴利基本调度线示意图

区，水库按加大供水方式工作，以充分利用余水量，减少弃水量；线Ⅲ与正常蓄水位之间（D区）为最大供水区，水库按最大需水量或供水设备的最大过水能力供水。在实际运行中，不考虑水文预报时，由面临时段初的库水位所在区域决定水库的供水量（或发电出力）；若结合面临时段的入库径流量预报，可由时段来预计可以达到的库水位所在区域，决定水库供水量。

2. 多年调节水库兴利调度

多年调节水库的调节周期一般为由若干连续枯水年组成的枯水段。实用上一般仍绘制以年度为单位的调度图。其基本调度线图和辅助调度线图的形式，与年调节水库类似，如

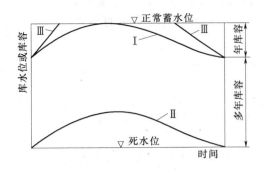

图 1-6 多年调节水库兴利调度线示意图

图 1-6 所示。与年调节水库调度图的差别为：①防破坏线 Ⅰ 位于多年库容蓄满点以上，说明多年库容未蓄满以前，水库不应加大供水量；②限制供水线 Ⅱ 最低点为死水位，最高点水位至死水位所相应的库容一般应等于年库容。

五、水库防洪控制运用

水库防洪调度是指利用水库的调蓄作用和控制能力，有计划地控制调节洪水，以避免下游防洪区的洪灾损失和确保水库工程安全。

为确保水库安全，充分发挥水库对下游的防洪效益，每年在汛前应编制好水库汛期控制运用计划。防汛控制运用计划应根据工程实际情况，对防洪标准、调度方式、防洪限制水位进行重新确定，并重新绘制防洪调度图。

1. 防洪标准的确定

对实际工程状况符合原规划设计要求的，应执行原规划设计时的防洪标准。对由于受工程质量、泄洪能力和其他条件的限制，不能按原规划设计标准运行时，就应根据当年的具体情况拟定本年度的防洪标准和相应的允许最高水位，在拟定时应考虑以下因素：

（1）当年工程的具体情况和鉴定意见，水库建筑物出现异常现象时对规定的最高洪水位应予以降低。

（2）当年上、下游地区与河道堤防的防洪能力及防汛要求。

（3）新建水库在高水位考验时，汛期最高洪水位需加以限制。

2. 防洪调度方式的确定

水库汛期的防汛调度是水库管理中一项十分重要的工作。它不但直接关系水库安全和下游防洪效益的发挥，而且也影响汛末蓄水和兴利效益的发挥。要做好防汛调度，必须重视并拟定合理可行的防洪调度方式，包括泄流方式、泄流量、泄流时间、闸门启闭规则等。

水库的防洪调度方式取决于水库所承担的防洪任务、洪水特性和各种其他因素。按所承担的防洪任务要求分为：①以满足下游防洪要求的防洪调度方式；②以保证水库工程安全而无下游防汛任务要求的防洪调度方式。

（1）下游有防洪要求的调度。

包括固定泄洪调度方式、防洪补偿调度方式、防洪预报调度方式三种。

1）固定泄洪调度。对于下游防洪区（控制点）紧靠水库，水库至防洪区的区间面积小，区间流量不大或者变化平稳的情况，区间流量可以忽略不计或看作常数。对于这种情况，水库可按固定泄洪方式运用。泄流量可按一级或多级形式用闸门控制。当洪水不超过防洪标准时，控制下游河道流量不超过河道安全泄量。对防洪区只有一种安全泄量的情况，水库按一种固定流量泄洪，水库下游有几种不同防洪标准与安全泄量时，水库可按几个固定流量泄洪的方式运用。一般多按"大水多泄，小水少泄"的原则分级。有的水库按水位控制分级，有的水库按入库洪水控制流量分级。当判断来水超过防洪标准时，应以水工建筑物的安全为主，以较大的固定泄量泄水，或将全部泄洪设备敞开泄洪。

例如，某水库距下游防洪保护区 3.5km，区间洪水较小，调洪时将频率为 2% 以下的洪水分三级固定泄量下泄，其判别条件和分级泄量见表 1-3。

表 1-3   分 级 泄 量 表

判别条件 入库流量 $Q/(\text{m}^3/\text{h})$	泄流方式	备　　注
<2500	$q=Q$	q 为泄流量
2500~4000	$q=2500\text{m}^3/\text{s}$	多余滞蓄
4000~6100	$q=2500\text{m}^3/\text{s}$	多余滞蓄
>6100	自由泄流	为保大坝安全

2）防洪补偿调度（或错峰调度）。当水库距下游防洪区（控制点）较远，区间面积较大，如图 1-7（a）所示，则对区间的来水就不能忽略，要充分发挥防洪库容的作用，可采用补偿调度（或错峰调度）方式。所谓补偿调节，就是指水库的下泄流量加上区间来水，要小于或等于下游防洪控制点允许的安全泄流量 $q_安$。为使下游防洪控制点的泄流量不超过 $q_安$，水库就必须在区间洪水通过防洪控制点时减少泄流量，如图 1-7（b）所示。图中 Q_B-t 为区间洪水过程线，Q_A-t 为入库洪水过程线，区间 B 点的洪水到达防洪控制点 C 的传播时间为 t_{BC}，水库泄流到达 C 点的传播时间为 t_{AC}，两者之差 $t=t_{BC}-t_{AC}$。在图 1-7 中将 Q_B-t 移后 t，倒置于 $q_安$ 之下，则水库的下泄流量过程如图 1-7（b）中的 $abcd$ 线所示。图中 $q_安$ 以上的水库入库过程线与 bcd 曲线所包围的面积，即为满足下游防洪要求所需的防洪库容，图中的斜线面积为补偿库容。这种补偿调节，在无预报的情况下，必须使水库泄流量到达防洪控制点的时间小于或等于区间洪水到达防洪控制点的时间，即 $t_{AC}\leqslant t_{BC}$。若区间洪水能预报，且预见期 $t_预$ 与 t_{BC} 之和能大于或等于 t_{AC} 时，也可进行补偿调节。

错峰调节是指当区间洪水汇流时间太短，水库无法根据预报的区间洪水过程，逐时段地放水时，为了使水库的安全泄流量与区间洪水之和不超过下游的安全流量，只能根据区间预报可能出现的洪峰，在一定时间内对水库关闸控制，错开洪峰，以满足下游的防洪要求。这实际上是一种经验性的补偿。例如，大伙房水库就曾经按照抚顺站的预报关闸错峰，即当连续暴雨 3h，雨量超过 60mm，或不足 3h，雨量超过 50mm 时，关闸错峰。

3）防洪预报调度。是利用准确预报资料进行调度工作的一种方式。对已建成的水库，考虑预报进行预泄，可以腾空部分防洪库容，增加水库的抗洪能力，或更大地削减洪峰，保证下游的安全。对具有洪水预报技术和设备条件，洪水预报精度和准确性高，且蓄泄运用较灵活的水库，可以采用防洪预报调度。短期水文预报一般指降雨径流预报或上下站水位流量关系的预报，其预见期不长，但精度较高，合格率较高，一般考虑短期水文预报进

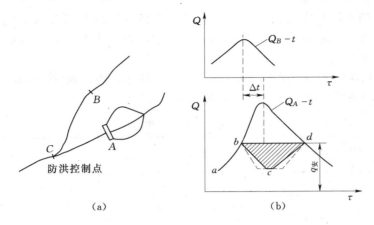

(a)　　　　　　　　　　　　(b)

图 1-7 补偿调节示意图

行防洪调度比较可靠。

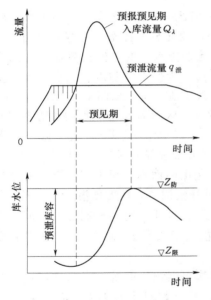

图 1-8 预报防洪调度

根据防洪标准的洪水过程，按照采用的洪水预报预见期及精度，进行调洪演算。调洪演算所用的预泄流量是在水库泄流能力范围内且不大于下游允许泄流量。如果下游区间流量比较大时，应该是不超过下游允许泄量与区间流量的差值。通过调洪演算即可求出能够预泄的库容及调洪最高水位，如图 1-8 所示。

（2）下游无防洪要求的调度。

当下游无防洪要求时，应以满足水库工程安全为主进行调度。包括正常运用方式和非常运用方式两种情况的泄流方式，可采用自由泄流或变动泄流的方式进行。

1）正常运用方式。可以采用库水位或者入库流量作为控制运用的判别指示。按照预先制定的运用方式（一般为变动泄流，闸门逐渐打开）蓄泄洪水，控制库水位不高于设计洪水位。

2）非常运用方式。当库水位已达到设计洪水位并超过时，对有闸门控制的泄洪设施，可打开全部闸门或按规定的泄洪方式泄洪（多为自由泄流方式或启动非常溢洪道等方式），以控制发生校核洪水时库水位不超过校核洪水位。

（3）闸门的启闭方式。

1）集中开启。就是一次集中开启所需的闸门数量及相应开度。这种方式对下游威胁较大，只有在下游防洪要求不高或水库自身安全受到威胁时才考虑采用。

2）逐步开启。有两种情况：一种是对全部闸门而言，分序开启；另一种是对单个闸门而言，是部分开启。如何开启主要根据下泄洪水流量大小来决定。

3. 防洪限制水位的确定

防洪限制水位在规划设计时虽已明确，但水库在汛期控制运用阶段，还必须根据当年的情况予以重新确定调整。一般应考虑工程质量、水库防洪标准、水文情况等因素来确定。

对于质量差的应降低防洪限制水位运行；问题严重的要空库运行；对于原设计防洪标准低的水库在汛期应降低防洪限制水位，以便提高防洪标准；对于库容较小，而上游河道枯季径流相对较大，在汛后短期内可以蓄满，则防洪限制水位可定得低一些。

对在汛期内供水有明显的分期界限，为了充分发挥水库的防洪及综合效益，在一定的条件下使防洪库容与兴利库容相结合使用，并根据预报信息提前预泄洪水或拦蓄洪尾等，对此可以采取分期防洪限制水位进行分期调度，即将汛期分为不同的阶段，分别计算各阶段洪量和留出不同的防洪库容，进而确定各阶段的防洪限制水位，分期蓄水，逐步抬高防洪限制水位。

例如，丹江口水库从气象上看，可划分为7—8月与9—10月两个明显的时期，而且，所采用的下游允许泄流量也不同，7—8月下游受长江水位顶托的可能性大，允许泄流量相对较小，9—10月洪水主要来自上游，流程较长，故洪水预报预见期也长一些，因此，两期所要求的防洪库容与汛限水位均可不同，见表1-4及图1-9。

表 1-4　　　　　　　　　　　　分 期 防 洪 限 制 水 位

时段	防洪库容 /亿 m³	防洪高水位 /m	汛前限制水位 /m
7—8 月	78	160	149
9—10 月	58	160	152.2

分期防洪限制水位的确定方法有两种：

（1）从设计洪水位反推防洪限制水位。将汛期划分为几个时段后，根据各分期的设计洪水，从设计洪位（或防洪高水位）开始按逆时序进行调洪计算，反推各分期的防洪限制水位及调节各分期洪水所需的防洪库容。

（2）假定不同的分期防洪限制水位，计算相应的设计洪水位，经综合比较后确定各分期的防洪限制水位。对每一个分期设计洪水拟定几个防洪限制水位，然后对每一个防洪限制水位按规定的防洪限制条件和调洪方式，对分期设计洪水进行顺时序的

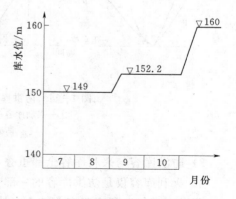

图 1-9　丹江口水库分期防洪限制水位

调洪计算，求出相应的设计洪水位、最大泄流量和调洪库容。最后经综合分析后确定各分期的防洪限制水位。

4. 汛期防洪调度图

水库汛期防洪调度图是防洪调度工作的工具，只要根据库水位在调度图中所处的位

置，就可以按相应的调度规则来决定该时刻水库的下泄流量。防洪调度图可以决定整个汛期的调洪方式。防洪调度图由防洪限制水位线、防洪调度线、各种标准洪水的最高调洪水位线和由这些线所划分的各级调洪区所组成，根据调洪库容与兴利库容结合的情况，可分为三种。

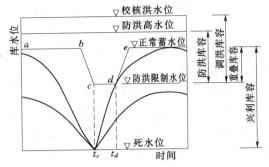

图 1-10 防洪库容与兴利库容部分结合的调度线

（1）调洪库容与兴利库容部分结合的调度图。如图 1-10 所示防洪调度线，由线 $abcdef$ 组成，其中 $abef$ 的高程为正常蓄水位，线段的高程为汛期限制水位，t_c-t_d 为由水文气象特性和实测洪水资料确定的主汛期，线段 de 为遭遇各种可能洪水经水库调蓄后的库水位的内包线，线段 bc 为汛期初减少弃水和保证下游安全而需控制的库水位的下包线。在实际运行时，水库因兴利要求的蓄水位不得超过线 $abcdef$。此线以上按大坝调洪和下游防洪调度方式运用，以下按兴利调度方式运用，其中正常蓄水位和汛期限制水位之间称为重叠库容，在主汛期放空，用于防洪滞洪，在汛后利用余水充蓄，用于兴利。

（2）防洪库容和兴利库容完全结合的调度图。可分为以下三种情况：

1）防洪库容是兴利库容的一部分（部分重叠），如图 1-11（a）所示。

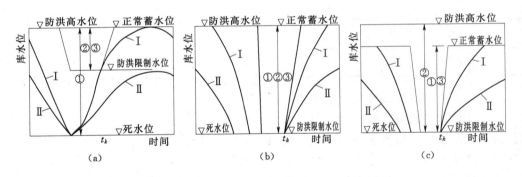

图 1-11 防洪库容与兴利库容完全结合的调度图
①—兴利库容；②—防洪库容；③—重叠库容
Ⅰ—防破坏线；Ⅱ—限制供水线

2）防洪库容与兴利库容全部重叠，如图 1-11（b）所示。

3）兴利库容仅是防洪库容的一部分，如图 1-11（c）所示。

调洪库容与兴利库容完全结合，故正常蓄水位与设计洪水位或防洪高水位相同，或低于设计洪水位或防洪高水位，如图 1-11 所示，而防洪限制水位可能等于死水位也可能高于死水位，如图 1-11（a）所示。图中的防洪调度线是根据设计洪水过程线从洪水出现时刻 t_k（洪水出现可能最迟时间）开始，由防洪限制水位进行调洪计算所求得的水库蓄水位过程线，它也表示汛期各个时刻为满足防洪要求所必须预留库容的指导线。上基本调度线（Ⅰ线）是根据设计枯水年的来水，经调节计算，在满足发电及其他兴利要求情况下绘制成的水库水位过程线，因此，它必须位于防洪调度线的下侧。在汛前水库的兴利蓄水位不得超过防洪限制水位和防洪调度线，如果洪水时期水库的水位被迫超过防洪限制水位和防洪调度线，则应根据一定标准确定的调洪规则来控制水库的泄流量，使水库水位回落到防洪限制水位和防洪调度线上来。

（3）调洪库容与兴利库容不结合的调度图。这种方法适用于水库控制流域面积较小，洪水出现的时期和洪水的大小无规律的情况，此时调洪库容与兴利库容分别设置，汛期防洪限制水位位于水库正常蓄水位上，预留全部调洪库容以拦蓄随时可能出现的洪水，其调度图如图 1-12 所示。

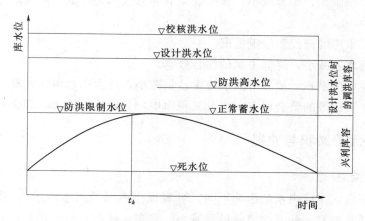

图 1-12　调洪库容与兴利库容不结合的防洪调度图

5. 做好水文气象预报工作

做好水文气象预报工作对于汛期的防汛调度十分重要，比如采用预泄或延泄措施，则要依据预报有无大洪水发生来确定；提前预泄或蓄水，也应根据预报的预见期，结合当时库水位及下游允许泄量来确定。

汛期水库水位应按规定的防洪限制水位进行控制。为了减少弃水，可根据水情预报条件、洪水传播时间和泄洪能力大小，使库水位稍高于当时防洪限制水位，通过兴利用水逐渐消落，但要确有把握在下次洪水到来前将库水位消落到防洪限制水位，对于没有预报条件、洪水传播时间短和泄洪能力小的水库，不宜这样运行。

任务四　水库泥沙淤积的防治

※基本知识※

一、水库泥沙淤积的成因及危害

1. 水库泥沙淤积的成因

河流中挟带泥沙，按其在水中的运动方式，常分为悬移质泥沙、推移质泥沙和河床质泥沙，它们随着河床水力条件的改变，或随水流运动，或沉积于河床。

河流上修建水库以后，泥沙随水流进入水库，由于水流流态变化，泥沙将在库内沉积形成水库淤积。水库淤积的速度与河水中的含沙量、水库的运用方式、水库的形态等因素有关。

2. 水库泥沙淤积的危害

水库的淤积不仅会影响水库的综合效益，而且对水库上下游地区会造成严重的后果。其表现为：

（1）由于水库淤积，库容减小，水库的调节能力也随之降低，从而降低甚至丧失防洪能力。

（2）加大了水库的淹没和浸没范围。

（3）使有效库容减小，降低了水的综合效益。

（4）泥沙在库内淤积，使其下泄水流含沙量减小，从而引起河床冲刷。

（5）上游水流挟带的重金属有害成分淤积库中，会造成库中水质恶化。

二、水库泥沙淤积与冲刷

（一）淤积类型

水流进入库内，因库内水的影响不同，可表现出不同的流态形式：一种为壅水流态，即入库水流由回水端到坝前其流速将沿程减小，呈壅水状态；另一种是均匀流态，即挡水坝不起壅水作用时，库区内的水面线与天然河道相同时的流态。均匀流态下水流的输沙状态与天然河道相同，称为均匀明流输沙流态。均匀明流输沙状态下发生的沿程淤积称为沿程淤积；在壅水明流输沙状态下发生的沿程淤积称为壅水淤积。对于含沙量大、细颗粒多，进入壅水段后，潜入清水下面沿库底继续向前运动的水流称为异重流，此时发生的沿程淤积称为异重流淤积。当异重流行至坝前而不能排出库外时，则浑水将滞蓄在坝前清水下形成浑水水库。在壅水明流输沙流态中如果水库的下泄流量小于来水量，则水库将继续壅水，流速继续减小，逐渐接近静水状态，此时未排出库外的浑水在坝前滞蓄，也将形成浑水水库，在浑水水库中，泥沙的淤积称为浑水水库淤积。

（二）水库中泥沙淤积形态

泥沙在水库中淤积呈现出不同的形体（纵剖面及横剖面的形状）。纵向淤积有三种，即三角洲淤积、带状淤积和锥体淤积。

1. 三角洲淤积

泥沙淤积体的纵剖面呈三角形的淤积形态，称为三角洲淤积，如图 1-13 所示，一般由回水末端至坝前呈三角状，多发生于水位较稳定，长期处于高水位运行的水库中。按淤积特征分为四个区段，即三角尾部段、三角顶坡段、三角前坡段、坝前淤积段。

2. 带状淤积

淤积物均匀地分布在库区回水段上，如图 1-14 所示，多发生于水库水位呈周期性变化，变幅较大，而水库来沙不多、颗粒较细、水流流速又较高的情况下。

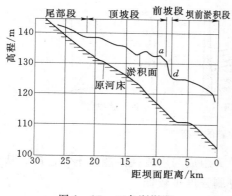

图 1-13　三角洲淤积

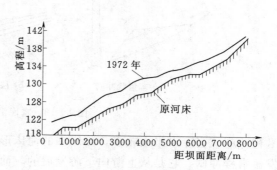

图 1-14　带状淤积

3. 锥体淤积

在坝前形成淤积面接近水平为一条直线，形似锥体的淤积，如图 1-15 所示，多发生于水库水位不高、壅水段较短、底坡较大、水流流速较高的情况下。

影响淤积形态的因素有水库的运行方式、库区的地形条件和干支流入库的水沙情况等。

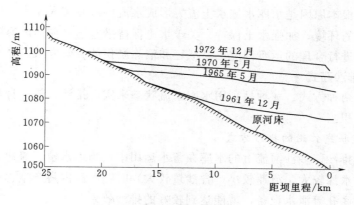

图 1-15　锥体淤积

（三）水库的冲刷

水库库区的冲刷分溯源冲刷、沿程冲刷和壅水冲刷三种。

1. 溯源冲刷

当水库水位降至三角洲顶点以下时，三角洲顶点处形成降水曲线，水面比降变陡，流速加快，水流挟沙能力增大，将由三角顶点起由下游向上游逐渐发生冲刷，这种冲刷称为溯源冲刷。溯源冲刷有辐射状冲刷、层状冲刷和跌落状冲刷三种形态，如图 1-16 所示。当水库水位在短时间内下降到某一高程后保持稳定或当放空水库时会形成辐射状冲刷；如果冲刷过程中水库水位不断下降，历时较长，会形成层状冲刷；如果淤积为较密实黏性涂层时，会形成跌落状冲刷。

2. 沿程冲刷

在不受水库水位变化影响的情况下，由于来水来沙条件改变而引起的河床冲刷，称为

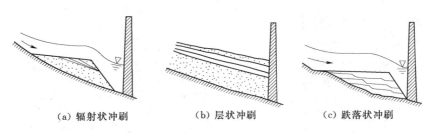

（a）辐射状冲刷　　　　　（b）层状冲刷　　　　　（c）跌落状冲刷

图 1-16　水库溯源冲刷的形态

沿程冲刷。当库水来水较多，而原来的河床形态及其组成与水流挟沙能力不相适应，从而发生沿程冲刷。它是从上游向下游发展的，而且冲刷强度也较低。

3. 壅水冲刷

在水库水位较高的情况下，开启底孔闸门泄水时，底孔周围淤积的泥沙，随同水流一起被底孔排出孔外，在底孔前逐渐形成一个最终稳定的冲刷漏斗，这种冲刷称为壅水冲刷。壅水冲刷局限于底孔前，且与淤积物的状态有关。

三、水库淤积防治措施

水库淤积的根本原因是水库水域水土流失形成水流挟沙并带入库内。所以根本的措施是改善水库水域的环境，加强水土保持。关于水土保持措施已在前述内容中作了介绍。除此之外，对水库进行合理的运行调度也是减轻和消除淤积的有效方法。

（一）减淤排沙方式

减淤排沙有两种方式：一种是利用水库水流状态来实现排沙；另一种是借助辅助手段清除已产生的淤积。

1. 利用水流状态作用的排沙方式

（1）异重流排沙。多沙河流上的水库在蓄水运用中，当库水位、流速、含沙量符合一定条件（一般是水深较大、流速较小、含沙量较大）时，库区内将产生含沙量集中的异重流，若及时开启底孔等泄水设备，就能达到较好的排沙效果。

（2）泄洪排沙。在汛期遭遇洪水时，库水位壅高，将造成库区泥沙落淤，在不影响防洪安全的前提下，及时加大泄流量，尽量减少洪水在库内的滞洪时间，也能达到减淤的效果。

（3）冲刷排沙。水库在敞泄或泄空过程中，使水库水流形成冲刷条件，将库内泥沙冲起排出库外。有沿程冲刷和溯源冲刷两种方法。

2. 辅助清淤措施

对于淤积严重的中小型水库，还可以采用人工、机械设备或工程设施等措施作为水库清淤的辅助手段。机械设备清淤是利用安在浮船上的排沙泵吸取库底淤积物，通过浮管排出库外；也有借助安在浮船上的虹吸管，在泄洪时利用虹吸作用吸取库底淤积泥沙，排到下游，如图 1-17 所示。工程设施清淤是指在一些小型多沙水库中，采用一种高渠拉沙的方式，即于水库周边高地设置引水渠，在库水位降低时利用引渠水流对库周滩地造成强烈冲刷和滑塌，使泥沙沿主槽水流被排出水库，恢复原已损失的滩地库容。

（二）水沙调度方式

上述的减淤排沙措施应与水库的合理调度配合运用。在多泥沙河道的水库上将防洪兴利调度与排沙措施结合运用，这就是水沙调度。包括以下几种方式。

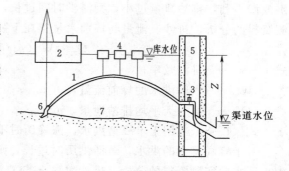

图 1-17　虹吸清淤装置示意图
1—输泥管；2—操作船；3—连接装置；4—浮筒；
5—放水设备；6—吸头；7—淤泥面

1. 蓄水拦洪集中排沙

蓄水拦洪集中排沙又称水库泥沙的多年调节方式，即水库按防洪和兴利要求的常用方式拦洪和蓄水运用，待一定时期（一般为 2～3 年）以后，选择有利时机泄水放空水库，利用溯源冲刷和沿程冲刷相结合的方式清除多年的淤积物，达到全部或大部分恢复原来的防洪与兴利库容。在蓄水运用时期，还可以利用异重流进行排沙，这种方式适宜于河床比降大、滩地库容所占比重小、调节性能好、综合利用要求高的水库。

2. 蓄清排浑

蓄清排浑又称泥沙的年调节方式，即汛期（丰沙期）降低水位运用，以利排沙，汛后（少沙期）蓄水兴利。利用每年汛初有利的水沙条件，采用溯源冲刷和沿程冲刷相结合的方式，清除蓄水期的淤积，做到当年基本恢复原来的防洪和兴利库容。

3. 泄洪排沙

泄洪排沙即在汛期水库敞开泄洪，汛后按有利排沙水位确定正常蓄水位，并按天然流量供水。这种运行方式可以避免水库大量淤积，能达到短期内冲淤平衡，但综合效益发挥将受到限制。

根据我国水库的运用经验，水库的运用方式可根据水库的容积砂量比 $K_s = V_o / V_s$（V_o 为水库容积，V_s 为水库的年末水量）和容积水量比 $K_w = V_o / W$（W 为年末水量）来初步确定。

当 $K_s > 50$，$K_w > 0.2$ 时，宜采用拦洪蓄水运用方式。

当 $K_s < 30$，$K_w < 0.1$ 时，宜采用蓄清排浑运用方式或泄洪排沙。

当 $K_s \geqslant 30～50$，$K_w = 0.1～0.2$ 时，可采用前期拦洪蓄水、后期蓄清排浑的运用方式或采用拦洪蓄水与蓄清排浑交替使用的运用方式。

一般以防洪季节灌溉为主的水库，由于水库的主要任务与水库的排沙并无矛盾，故可采用泄洪排沙或蓄清排浑运用方式；对于来沙量不大的以发电为主的水库，可采用拦洪蓄水与蓄清排浑交替使用的运用方式。

※技术应用※

四、水库的泄洪排沙

（一）泄洪排沙泄量的选择

排沙泄量的大小对滞洪排沙效果有很大影响，排沙泄量过大，泄洪时间短，对下游行洪放淤不利，排沙泄量过小，则滞洪时间过长，将会造成水库大量淤积。根据一些水库实测资料的分析，排沙、泄量与峰前水量存在下列关系：

$$Q_{sw} = W_w(\eta_{so}/4000)^{1/0.37} \tag{1-8}$$

式中　η_{so}——排沙效率；

$\quad W_w$——入库洪水的峰前流量，万 m^3/s；

$\quad Q_{sw}$——第一天平均排沙泄量，m^3/s。

式（1-8）适用于单峰型洪水，涨峰历时不超过 12h 的情况。

对于峰高量大的洪水，若滞洪历时过长，则漫滩淤积量就大，排沙率就低，根据一些中小型水库实测资料的分析，排沙效率 η_{so} 与滞洪历时 t（h）之间存在下列关系：

$$\eta_{so} = 258t^{1/3} \tag{1-9}$$

（二）泄洪排沙期淤积量计算

滞洪排沙期间的淤积量 ΔW_s 为

$$\Delta W_s = W_s - W_{so} \tag{1-10}$$

其中

$$W_{so} = \eta W_s \tag{1-11}$$

$$\eta = (\eta_w)^{1.5} \tag{1-12}$$

式中　W_s——一次洪水的入库沙量，m^3；

$\quad W_{so}$——该次洪水的排沙量，m^3；

$\quad \eta$——排沙比，等于出库沙量与入库沙量之比；

$\quad \eta_w$——排水比，即出库水量 W_o 与入库水量 W_w 之比。

五、水库的异重流排沙

1. 异重流排沙的形成条件

当 $L \geqslant Q_s J_o$ 时，异重流中途消失；当 $L < Q_s J_o$ 时，形成异重流排沙。其中，L 为水库回水长度，km；Q_s 为洪峰的平均输沙率，kg/s；J_o 为库底比降，‰。

2. 异重流排沙计算

异重流的淤积和排沙计算有两类方法：一类是挟沙能力计算法；另一类是经验统计法。这里介绍经验统计法。经验统计法是在水库运行管理中，应按实测资料建立的异重流传播时间、异重流排沙泄量和异重流排沙比的经验关系式，估算水库的异重流排沙情况，是比较简便而迅速的方法，在中小型水库管理中被普遍采用。

（1）异重流的传播时间。异重流的传播时间是指异重流从潜入断面运行至坝前的时间，能否准确地掌握这一时间关系，并且能否充分发挥异重流的排沙效果，是水库管理中的重要问题。如果在异重流到达坝前的时刻，能及时开闸泄水，则可将异重流挟带的大部分泥沙排出库外。若开闸过晚，则异重流到坝前受阻，泥沙将在库内落淤；若开闸过早，则使库内储存的清水泄出库外，造成浪费。

异重流传播时间与洪峰流量和水库前期蓄水量的关系如下：

$$T_o = 2.2(W_o^{1/2}/Q)^{0.48} \tag{1.13}$$

式中　T_o——从洪峰通过入库水文站到异重流运行至坝前的历时，h；

$\quad W_o$——水库前期蓄水量，万 m^3；

Q——洪峰流量，m^3/s。

（2）异重流的排沙泄量。异重流排沙泄量的选择，直接影响水库的排沙效果。据有关工程实测资料的分析可知，异重流排沙泄量与入库洪水的峰前水量，水库的前期蓄水量和排沙比存在下列关系：

$$q_o \leqslant W_1(\eta e^{0.006W_o}/4000)^{2.7} \tag{1-14}$$

式中　q_o——异重流第一日的平均排沙量，m^3/s；

　　　W_1——入库洪水的峰前水量，万 m^3；

　　　η——排沙比（%），即水库排出的总沙量（m^3）与入库总沙量（m^3）之比的百分率。

（3）异重流的排沙比。据有关资料分析得异重流的平均排沙比与河底比降的关系为

$$\eta = 6.4J^{0.64} \tag{1-15}$$

式中　η——平均排沙比；

　　　J——原河底比降。

思　考　题

1. 水库有哪些类型？水库的作用有哪些？

2. 水库蓄水之后对环境有哪些影响？环境状况对水库的功能和寿命有何影响？

3. 水库管理的工作包括哪些内容？

4. 水库调度包括哪几个方面？对水库调度工作有何要求？

5. 水库控制运用指标有哪些？这些指标在水库控制运用中有何意义和作用？

6. 水库兴利控制运用的目的是什么？

7. 什么是兴利调度图？

8. 年调节兴利调度图包括哪些内容？各有何意义？

9. 各年调节水库兴利调度图与年调节水库兴利调度图有何异同？

10. 什么是防洪控制运用？年度防洪控制运用计划编制中主要应做哪些工作？

11. 什么是防洪调度方式？包含哪几种调度方式？

12. 在确定防洪限制水位时应考虑哪些因素？

13. 防洪限制水位的确定方法有哪些？

14. 防洪调度图包括哪些内容？

15. 防洪调度图有几种形式？不同形式的调度图各自的作用是什么？如何应用？

16. 水库泥沙淤积与冲刷有哪些不同类型？

17. 什么是溯源冲刷、沿程冲刷和壅水冲刷？

18. 什么是异重流？

19. 水库淤积防治的措施有哪些？

20. 水沙调度的方式有几种？

21. 泄洪排沙泄流量如何计算？

22. 异重流排沙泄流量如何计算？

技术应用能力提升

一水库工程，最大坝高 135m，有效库容 5000 万 m³，库底比降 0.5%，库容在一洪水期，入库前的流量为 20m³/s，洪峰流量 300m³/s，滞洪时间为 12h，水库前期蓄水量 3000m³，洪峰平均输沙率 9000kg/s，水库回水长度 35km。请设计排沙方案，并确定排沙流量。

项目二 土石坝的维护

导学： 土石坝巡视检查的内容和要求，检查的方式与频次，检查报告的内容与资料要求是最基本的知识，必须熟悉。土石坝的养护范围、养护要求也是做好维护的必备知识，白蚁防治则是一种技能，应该熟练。土坝裂缝、渗漏、滑坡及护坡与混凝土面板的破坏是土石坝运行过程中几种主要的病害形式，对其病害的类型、特征、产生的原因是维护土石坝安全运行应具备的基础知识，病害的处理方法是应具备的基本技能，都应熟悉。

土石坝泛指由当地土料、石料或混合料，经过抛填、碾压等方法堆筑而成的挡水建筑物。

土石坝所用材料是松散颗粒，土粒间的联结强度低，抗剪能力低，颗粒间孔隙较大，因此易受到渗流、冲刷、沉降、冰冻、地震等的影响。在运用过程中，常常会因渗流而产生渗透破坏和蓄水的大量损失；因沉降导致坝顶高程不够和产生裂缝；因抗剪能力低、边坡不够平缓，渗流等而产生滑坡；因土粒间联结力小，抗冲能力低，在风浪、降雨等作用下而造成坝坡的冲蚀、侵蚀和护坡的破坏。土石坝的病害主要有裂缝、渗漏、滑坡、护坡损坏等类型。故要求土石坝有稳定的坝身、合理的防渗体和排水体、坚固的护坡及适当的坝顶构造，并应在水库的运用过程中加强监测和维护。

任务一 土石坝的巡视检查

※基本知识※

巡视检查是监视工程安全运行的一种重要方法和手段，历史经验证明，很多工程失事前异常征兆的出现，多是由巡视检查人员，尤其是有工程经验的技术人员在巡视检查工作中首先发现的。即使监测仪器布置再多、自动化监测系统再齐全，也离不开技术人员的现场巡视检查。

每个工程的巡视检查工作应按 SL 551—2012《土石坝安全监测技术规范》的要求进行，根据工程的具体情况和特点，制定巡视检查的程序，程序应包括检查项目、检查顺序、记录格式、编制报告的要求及检查人员的组成职责等内容。

一、巡视检查内容

巡视检查应包括对坝体与监测设施进行的检查。

1. 坝体检查

（1）坝顶有无裂缝、异常变形、积水或植物滋生等现象，防浪墙有无开裂、挤碎、架空、错断、倾斜等情况。

（2）迎水坡或护坡（面板）是否损坏，有无裂缝、剥落、滑动、隆起、塌坑、冲刷或植物滋生等现象，近坝水面有无冒泡、变浑或漩涡等异常现象。

（3）背水坡及坝趾有无裂缝、剥落、滑动、隆起、塌坑、雨淋沟、散浸、积雪不均匀融化、冒水、渗水坑或流土、管涌等现象，排水系统是否通畅。

（4）坝基排水设施的工况是否正常，渗漏水量、颜色、气味及浑浊度、酸碱度、温度有无变化，基础廊道是否有裂缝、渗水等现象。

（5）坝体与岸坡连接处有无裂缝、错动、渗水等现象，两岸坝端区有无裂缝、滑动、崩塌、溶蚀、隆起、塌坑、异常渗水和蚁穴、兽洞等。

（6）坝趾近区有无阴湿、渗水、管涌、流土或隆起等现象，排水设施是否完好。

（7）坝端岸坡的绕坝渗水是否正常，有无裂缝、滑动迹象，护坡有无隆起、塌陷或其他损坏现象。

2. 监测设施检查

监测设施主要检查以下内容：①边角网及视准线各观测墩；②引张线的线体、测点装置及加力端；③垂线的线体、浮体及浮液；④激光准直的管道、测点箱及波带板；⑤水准点；⑥测压管、量水堰等表露的监测设施；⑦各测点的保护装置、防潮防水装置及接地防雷装置；⑧埋设仪器电缆、监测自动化系统网络电缆及电源；⑨其他监测设施。

二、巡视检查要求

1. 巡视检查一般要求

（1）从施工期到运行期均需进行巡视检查。

（2）巡视检查应根据工程规模、特点及具体情况，制定巡视检查程序，携带必要的检查工具或具备一定的检查条件进行。

（3）巡视检查中发现工程出现损伤，或原有缺陷有进一步发展，以及不安全征兆或其他异迹象，应立即向上级领导及有关部门汇报，并分析原因。

2. 巡视检查频次

（1）日常巡视检查。

1）在施工期：宜每周两次。

2）水库第一次蓄水期或提高水位期间：宜每天一次或两次（依库水位上升速率而定）。

3）正常运行期：可逐次减少次数，但每月不宜少于一次。

4）汛期：应增加巡视检查次数；水库水位达到设计洪水位前后，则每天至少应巡视检查一次。

（2）年度巡视检查。每年汛期前后或枯水期（冰冻严重地区的冰冻期）及高水位低气温时，对大坝、边坡、地下洞室及其他水工建筑物等进行全面的巡视检查。

年度巡视检查除按规定程序对大坝各种设施进行外观检查外，还应审阅大坝运行、维护记录和监测数据等资料档案，每年不少于两次。

（3）特殊情况巡视检查。在坝区及其附近区域发生有感地震、大坝遭受大洪水或库水位骤降、骤升，以及发生其他影响大坝、边坡、地下洞室等各种设施安全的特殊情况时，应及时进行巡视检查。

三、巡视检查方法

检查的方法主要依靠目视、耳听、手摸、鼻嗅、脚踩等直观方法，可辅以锤、钎、量尺、放大镜、石蕊试纸、望远镜、照相机、摄像机等工器具进行；如有必要，可采用坑（槽）探挖、钻孔取样或孔内电视、注水或抽水试验、化学试剂、水下检查或水下电视摄像、超声波探测及锈蚀检测、材质化验或强度检测等特殊方法进行检查。

四、巡视检查报告

每次巡视检查应做好记录，如发现异常情况，除应详细记述时间、部位、险情和绘出草图外，必要时应测图、摄影或录像。

现场记录必须及时整理，还应将本次巡视检查结果与以往巡视检查结果进行比较分析，如有问题或异常现象，应立即进行复查，以保证记录的准确性。

针对不同的检查采用不同的报告方式。

日常巡视检查中发现异常现象时，应立即采取应急措施，并上报主管部门。

年度巡视检查和特别巡视检查结束后，应提出简要报告，并对发现的问题及时采取应急措施，然后根据设计、施工、运行资料进行综合分析比较，写出详细报告，并立即报告主管部门。

年度巡视报告的内容包括：①检查日期；②本次检查的目的和任务；③检查组参加人员名单及其职务；④对规定项目的检查结果（包括文字记录、略图、素描和照片）；⑤历次检查结果的对比、分析和判断；⑥不属于规定检查项目的异常情况发现、分析及判断；⑦必须加以说明的特殊问题；⑧检查结论（包括对某些检查结论的不一致意见）；⑨检查组的建议；⑩检查组成员的签名。

各种巡视检查的记录、图件和报告等均应整理归档。

任务二　土石坝的养护

※基本知识※

一、土石坝养护范围

土石坝养护的范围主要为坝顶及坝端的养护、坝坡的养护、排水设施的养护和观测设施的维护。

二、土石坝养护的基本要求

（1）严禁在对土石坝安全有影响的范围内进行随意挖坑、取土、打井、建塘、爆破、炸鱼、种植作物、放牧、堆放重物、建筑房屋、行驶重车、敷设水管、修建渠道、停靠船只、装卸货物及高速行船等一切对工程安全有害的行为和活动。坝外表应保持整洁、美观，随时清除杂草和其他废弃物。

（2）坝体构造各组成部分应经常保持完好。坝顶路面应平整，不应有坑洼，要有一定的排水坡度，以免积水。发现路面、防浪墙及坝肩的路缘石、栏杆、台阶等有损坏情况，应随时修复。坝顶上的灯柱如有歪斜、照明设备和线路损坏，要及时修补和调整。

（3）上下游护坡应注意经常养护。块石护坡若发现石块有松动、翻动和滚动现象，以及反滤垫层有流失现象，应及时更换；若护坡石块尺寸过小难以抵抗风浪和淘刷，可在石块间部分缝隙中充填水泥砂浆或用水泥砂浆勾缝，以增强其抵抗力；混凝土护坡伸缩缝内的充填料若有流失，应将伸缩缝冲洗干净后按原设计补充填料；草皮护坡若有局部损坏，应在适当季节补植或更换新草皮。若有较大的漂浮物和树木应及时打捞，以免坝坡受到冲撞和损坏。

（4）坝面排水系统、土坝与岸坡连接处的排水沟、山坡上的截水沟及其他导渗排水减压措施应经常保持完好，应防止土坝的导流和排水设备受下游浑水倒灌或回流冲刷，减压井的井口应高于地面，防止地表水倒灌。若有淤积、堵塞和损坏，应及时清除和修复。

（5）按设计要求正确控制水库水位的降落速度，以免因水位骤降而产生滑坡。对于坝上游设有铺盖的土石坝，水库一般不宜放空，以防铺盖干裂或冻裂。

（6）对各种观测设备和埋设仪器要妥善保护，禁止人为摇动、碰撞或拴系船只等，以保证各种设备能及时和准确地进行各项观测。

（7）发现土坝坝体上有兽洞和蚁穴时，应分析原因，设法捕捉害兽和白蚁，并对兽洞及蚁穴进行适当处理。

（8）在严寒地区，应采取适当破冰措施，以防冬季冰凌和冰盖对坝坡的破坏，对因冰冻作用而损坏的部分应及时更换。

※基本技能操作※

三、土石坝白蚁的防治

当水库水位上升时，坝体中若有白蚁巢和蚁道将可能成为渗漏水流的通道，进而引起坝体塌陷和滑坡。故在此对土石坝白蚁的防治进行简要介绍。

白蚁分布极广，危害大，种类很多，我国发现的有200多种，按其生活习性大体可分为土栖、木栖和土木两栖白蚁三种类型，主要分布在南方各省。坝体中的主要是土栖白蚁。

要消灭白蚁，首先要了解白蚁的活动规律，发现蚁路，找出蚁巢，然后才能采取有效措施加以消灭。

白蚁喜潮湿、阴暗、不通风、有植物纤维食物的地方，是一种群居昆虫。其活动具有季节性，还有分群的特性。在坝体中的分布规律有：坝体背水坡多，迎水坡少；上半部多，下半部少；浸润线以上多，以下少；黏土及黏壤土中多，砂性土质少；荒野处多，人烟密集处少；早建的坝多，新建的少；两岸山坡有枯木、杂草处多，下游有坑塘的少。

1. 白蚁的查找

（1）普查法。根据白蚁的生活习性，在坝体中的分布规律，在每年白蚁活动的旺盛季节（一般为3—6月和9—11月），组织人员有计划地寻找蚁道、泥线和泥被，翻开附近枯树、牛粪、木材等仔细察看，做好标记。找出蚁巢，认真处理。

（2）引诱法。在有白蚁的地方打入一根长50cm的松、杉、刺槐、柏或桉树的带皮木桩，深入土中约1/3，或挖掘多个长40cm、宽40cm、深50cm的坑，坑距5～15m，在坑内堆放桉树皮、甘蔗渣、茅草根、新鲜玉米和高粱茎，上面盖上松土，每天早晚定时检查桩上有无白蚁筑的泥被，定期检查坑内是否有白蚁，并跟踪查找主巢位置。

（3）锥探法。利用钢锥锥探坝体，下插时看坝体中是否有空洞，以判断坝内有无白蚁巢。

2. 白蚁的预防

（1）严格控制上坝土料，彻底清基和清岸坡，做到无蚁窝、无树皮树根、无杂草，杜绝白蚁繁殖的条件。

（2）保护和利用鸡群、青蛙、蝙蝠、蚂蚁等白蚁的天敌来消灭有翅成虫。

（3）喷洒毒药。每年4—6月蚁群纷飞季节，在坝体的背水坡表面喷洒毒药，灭杀落地的有翅成虫，也可打洞灌毒，毒死刚落地的繁殖蚁，使其无法挖洞筑巢。

（4）灯光诱杀。在蚁群纷飞季节，在距坝15～30m外设置1～2排黑光灯（或汽油灯、煤油灯），灯距150m左右，灯下放一装水的盆，盆四周2m范围内撒上六六六粉，灯距水面约40cm，水面上滴上火油，以杀灭跌落盆内的有翅成虫。

（5）加强工程管理，禁止在坝体上堆放杂草、木材等，防止外来白蚁蔓延。

3. 白蚁的灭治

（1）灌浆毒杀。通过在坝坡上钻孔，灌入加药物的毒泥浆，借自重压力或用手摇灌浆机将泥浆灌入蚁路和蚁巢，以毒杀白蚁，堵塞蚁路和蚁巢。注意钻孔深要超过蚁巢和蚁路，灌浆时应一次灌成，中途不能停顿，否则泥浆中水分被四围土体吸收后会堵塞蚁路。常用药物有敌敌畏、六六六粉、乐果等，用时按要求稀释。此法避免了开挖和回填工作，且不受季节影响，可长年进行。

（2）毒烟熏杀。用621烟雾剂250g、80%敌敌畏乳剂10g、6%可湿性六六六粉，或再加入10%的五氯酚钠，配制成药剂，放入密封的烟剂燃烧筒内，燃烧筒的一端设有输烟小铁管，插入蚁路内，四周用泥封紧，其另一端接在鼓风机上，摇动鼓风机，将烟雾通过蚁路灌入蚁巢内，经过7～8min，燃烧完毕后拔出输烟管，用泥封死洞口，再过3～5天，白蚁将全部被杀死。

（3）毒土灭杀。一般分为表土毒杀和深土毒杀。表土毒杀是在坝坡表面喷洒1%的五氯酚钠、六六六粉药液或80%敌敌畏乳剂稀释液，或从洞眼灌药入土，施药一星期后可将坝面15～20cm土层内和在表土活动的白蚁毒杀。深土毒杀是在坝坡上打深30cm、孔距30cm的孔，并在孔内灌上述药液，以毒杀20～30cm土层深度内白蚁和幼龄蚁。

（4）挖坑诱杀。在白蚁活动较多的坝坡附近，挖掘尺寸为30cm×50cm、深30cm的土坑，坑内放置松木、杉木、甘蔗渣等诱饵，洒上淘米水，上面盖上芦苇或破草席，每隔10天检查一次，如发现白蚁，则喷洒滴滴涕、五氯酚钠（浓度1.5%）等药物毒杀，并更换新的诱饵，继续诱杀。或对白蚁喷撒用亚砷酸 86%、滑石粉 10%、红铁氧 4% 配制成的药剂，使白蚁中毒回巢，并通过与其他白蚁互相舐舔传染中毒，杀灭白蚁。

（5）开挖回填灭杀。当确定蚁道和蚁巢位置后，也可采用开挖的方法挖出蚁道和蚁巢，发现白蚁即喷药毒杀，然后将蚁巢分层填土夯实。此法工程量大，不易彻底，且破坏了坝体的原有结构，处理不好影响坝体安全，只适用于小规模灭杀白蚁。

任务三　土石坝的裂缝处理

※基本知识※

一、裂缝类型和表现特征

1. 裂缝类型

（1）按部位分。可分为表面裂缝和内部裂缝。

（2）按走向分。可分为纵向裂缝、横向裂缝、水平裂缝和龟纹状裂缝。

（3）按成因分。可分为干缩裂缝、沉陷裂缝、滑坡裂缝、冻融裂缝、水力劈裂、溯流裂缝和振动裂缝。

在实际工程中，土石坝的裂缝常由多种因素造成，并以混合的形式出现。

2. 表现特征

在水库的运行管理中，土石坝的裂缝是比较常见的，但是对裂缝初期表现特征及潜在危险往往了解和重视不够，从而造成严重后果。如细小的纵向裂缝可能是坝体滑坡的先兆，而细小的横向裂缝可能发展成为坝体的集中渗漏通道。因此，应熟悉掌握土石坝常见裂缝的表现特征，准确判断裂缝类型，及时采取有效措施加以维护。

（1）纵向裂缝（图 2-1）。其走向与坝轴线平行或接近平行，一般裂缝较长，缝口较宽，基本上是垂直地向坝体内部延伸，其长度一般可延伸数十米至数百米，缝深几米至十几米，缝宽几毫米至几十厘米，两侧错距不大于 30cm。多发生在坝的顶部或内外坝肩附近。多出现在坝基压缩性较大的坝段、心墙坝和斜墙坝透水料压缩性较大或碾压不密实的坝段、坝体跨越山脊和河谷极不规则的坝段等。要能正确区分沉陷裂缝和滑坡裂缝。

（2）横向裂缝（图 2-1）。其走向与坝轴线垂直或斜交，一般接近铅直或稍有倾斜地伸入坝体内。缝深几米至十几米，上宽下窄，缝口宽几毫米至十几厘米，偶尔可见更深、更宽的裂缝。缝两侧可能错开几厘米甚至几十厘米。多出现在

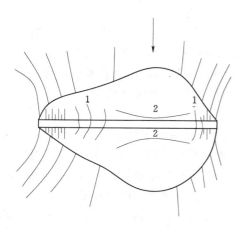

图 2-1　横向裂缝和纵向裂缝
1—横向裂缝；2—纵向裂缝

土坝与岸坡连接的坝段、台地坝段、坝基压缩性较大的坝段、土坝与刚性建筑物连接的坝段和分段施工的接合部位。横向裂缝具有极大的危险性，特别是贯穿性裂缝易造成集中渗流。

（3）水平裂缝。其缝面平行或接近水平面，多发生在坝体内部，呈透镜状。常出现在心墙内、狭窄河谷的坝段内、土坝与刚性建筑物连接的坝段和深而窄的截水墙内。

（4）龟纹状裂缝。多出现在坝表面，呈龟纹状，缝面通常与坝表面垂直，缝深 1～2cm，缝口较窄，长度较短，其方向无规律、纵横交错，缝间距较均匀。

（5）沉陷裂缝。一般接近直线，基本上是铅垂地向坝体内部延伸，错距不大；多发生在河谷形状变化较大、地基压缩性较大、合龙段、分期施工段、坝体与刚性建筑物连接段和坝下埋设涵管等部位。

（6）滑坡裂缝。常出现在坝表面，裂缝中段大致与坝轴平行，两端弯曲向坝坡延伸，在平面上呈弧形，缝的发展过程逐渐加快，缝口有明显错动。在裂缝发展后期，可以发现在相应部位的坝面或坝基上有带状或椭圆状隆起。这些都是区别于纵向沉陷裂缝的重要标志。多发生在坝顶、坝肩、背水坝坡和排水不畅的坝坡下部。

（7）干缩裂缝。多出现在坝体表面，分布面广，没有固定方向，密集交错，有的呈龟裂状，缝的间距比较均匀，无上下错动。缝宽通常小于 1cm，个别情况也可能较宽较深。一般与坝体表面垂直，上宽下窄，如果缝内土壤湿润，裂缝可变窄或呈楔形尖灭。

（8）冻融裂缝。这种裂缝的深度不超过冰冻影响深度，表层破碎，有脱空现象，缝宽及缝深随气温而异，融化后裂缝会自行闭合。

（9）振动裂缝。其走向平行或垂直坝轴线方向，裂缝多暴露坝面，缝长和缝宽与振动烈度有关，横向缝的缝口会随时间而逐渐变小或弥合，而纵向缝的缝口则无变化。

（10）内部裂缝（图 2-2）。隐藏在坝体内部，外表不易察觉，有的呈透镜状水平分布，有的呈上宽下窄状竖直分布。多发生在心墙的内部，狭窄河谷上的高坝内部，坝基局部含有高压缩性透镜体软弱夹层坝体底部，坝体与刚性建筑物连接部位的坝体内，混凝土防渗墙及坝内涵管顶部处的坝体内。

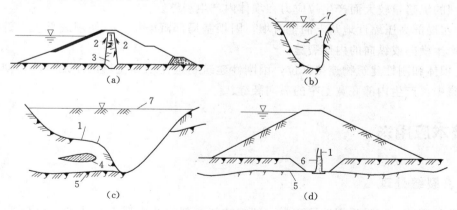

图 2-2 内部裂缝示意图

1—裂缝；2—坝壳；3—黏土心墙；4—软弱夹层；5—岩基；6—混凝土截水墙；7—坝顶

（11）表面裂缝。其走向有垂直坝轴线方向的和平行坝轴线方向的，裂缝的缝口宽度较大，随深度逐渐变窄和消失。但有的表面裂缝呈龟裂状，缝长和缝口宽度均不大，分布也不深。

二、产生裂缝的原因

（1）纵向裂缝。主要因坝体在横向断面上不同土料的固结速度不同，由坝体、坝基在横断面上产生较大的不均匀沉陷所造成，有的是滑坡引起的。

（2）横向裂缝。沿坝轴线纵剖面方向相邻坝段的坝高不同或坝基的覆盖厚度不同，产生不均匀沉陷，当不均匀沉陷超过一定限度时，即出现裂缝。

（3）龟纹状裂缝。主要由干缩或冻融引起。

（4）沉陷裂缝。由坝体或坝基的不均匀沉陷引起。

（5）滑坡裂缝。由坝体滑动引起。

（6）干缩裂缝。由于坝体受大气和植物的影响，土料中水分大量蒸发，土体干缩而产生的，也是龟纹状裂缝。

（7）冻融裂缝。主要由冰冻而产生，如坝体土料在低温下已经冻结，当气温再骤然下降时，表层冻土要产生收缩而受到内部未降温土体的约束，或是当坝体土料已经冻结，气温又骤然升高而冰融，土体反复冻融，密实度降低，土体表面就会形成裂缝。

（8）振动裂缝。由于坝体经受强烈振动或地震后产生的。

（9）表面裂缝。上述各种裂缝在坝体表面上都可见到，故表面裂缝产生原因也是多方面的，根据其表现特征判断裂缝类型，再分析产生原因。

（10）内部裂缝（图2-2）。

1）薄心墙坝，若坝壳的压缩性小而心墙的压缩性大，且心墙与坝壳间过渡布置不合理，则心墙下沉时受坝壳的约束产生拱效应，拱效应使心墙中的垂直应力减小，甚至使垂直应力由压变拉而在心墙中产生水平裂缝。

2）修建在狭窄峡谷中的坝，在地基沉陷过程中，上部坝体通过拱作用传递到两端，拱下部坝的沉陷量较大而产生拉应力在坝体内产生裂缝。

3）在局部高压缩性地基上的土石坝，因坝基局部沉陷量大，使坝底部发生的拉应变过大而产生横向或纵向的内部裂缝。

4）坝体和刚性建筑物连接部位，因刚性建筑物远比坝体土壤的压缩性小，使连接部位应力集中，产生内部底宽上窄的纵向裂缝。

※技术应用※

三、裂缝处理

裂缝处理前，应先根据监测资料、裂缝特征和部位及现场探测结果，判断裂缝类型、分析产生原因，并采取针对性措施，进行有效处理。

各种裂缝对土石坝的影响是不同的，贯穿坝体的横向裂缝、内部裂缝及滑坡裂缝的危害最大，发现后应注意监测，采取措施及时处理。对深度小于 1.0m、宽度小于 0.5mm 的纵向裂缝，或深度小于 0.5m、宽度小于 0.5mm 的表面干缩裂缝和冰冻裂缝，可以只将缝口堵塞而不进行处理；有些正在发展中的、暂时不致发生险情的裂缝，可观测一段时间，待裂缝趋于稳定后再进行处理，但要做临时防护措施，防止雨水及冰冻影响。

对非滑动性裂缝，一般是在裂缝趋于稳定后采取开挖回填、灌浆和两者结合的处理方法。

1. 开挖回填

开挖回填是将发生裂缝部分的土料全部挖出，重新回填，是一种比较彻底的裂缝处理方法。该法施工简便，效果较好，适用于深度不大于 3m 的表面裂缝和防渗部位的裂缝。

开挖回填法又分为梯形楔入法、梯形加盖法和梯形十字法三种（图 2-3）。梯形楔入法适用于非防渗部位的坝体所产生的纵向裂缝；梯形加盖法适用于均质坝迎水坡和防渗斜墙上出现的深度不大的纵向裂缝；梯形十字法适用于坝端和坝体出现的各种横向裂缝。

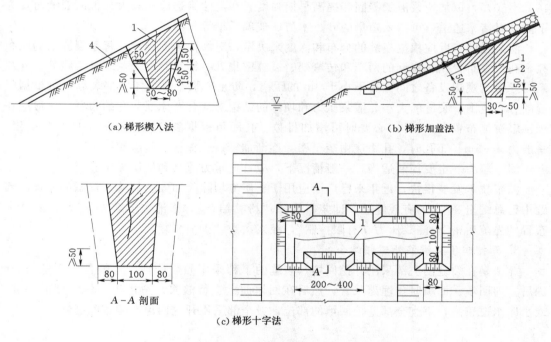

（a）梯形楔入法　　　　　　　　　　（b）梯形加盖法

A-A 剖面

（c）梯形十字法

图 2-3　土石坝裂缝的开挖回填处理（单位：cm）
1—裂缝；2—开挖线；3—回填时削坡线；4—草皮护坡

开挖前先向裂缝内灌白灰水，以显示缝的影响范围，开挖槽的长度和深度都应超过裂缝的长度和深度，如裂缝不深，可挖成梯形断面，然后回填符合要求的土料，回填时应先将坑槽周壁刨毛，然后分层填土夯实，每层填土厚度为 0.1~0.15m，然后夯实为 0.07~0.10m。当裂缝较深时，为了开挖方便和安全，可挖成阶梯形坑槽，阶梯高度以 1.5m 为宜，回填时逐级削去台阶，保持梯形断面。对于不太深的贯穿性横向裂缝，为了防止在沟槽侧面新老土结合处成集中渗流，还应沿裂缝方向每隔 2~4m 挖 2.0~2.6m 宽的结合槽，与裂缝相交成十字形 ［图 2-3.3（c）］。

回填土料应根据坝体土料性质和裂缝特征来选用，对于较浅的小裂缝，可采用原来开挖出来的坝体土料回填；对于滑坡、干缩和冰冻裂缝，应采用含水量低于最优含水量1%～2%的土料；对于沉陷裂缝，应采用含水量大于最优含水量1%～2%的塑性黏土。

2. 灌浆处理

对于采用开挖回填法困难（或危及坝坡稳定，或工程量过大）的较深的非滑动性裂缝和内部裂缝，可采用灌浆处理法。试验证明，合适的浆液对坝体中的裂缝、孔隙或洞穴均既有良好的充填作用，同时在灌浆压力作用下对坝内土体有压密作用，使缝隙被压密或闭合。

灌浆的浆液应具良好的灌入性、流动性、析水性、收缩性和稳定性，以保证良好的灌浆效果，并使浆液灌入后能迅速析水固结，收缩性小，能与坝体紧密结合，具有足够的强度，并可避免因发生沉淀而堵塞裂缝入口及输浆管路。一般可以采用纯黏土浆，制浆材料宜采用粉粒含量为50%～70%的黏性土，浆液配比按水与固体的质量比为1：1～1：2。但在灌注浸润线以下部位的裂缝时宜采用黏土水泥混合浆液，浆液中水泥掺量为干料的10%～30%，以加速浆液的凝固和提高早期强度。在灌注渗透流速较大部位的裂缝时，为了能及时堵塞通道，可掺入适量的砂、木屑、玻璃纤维等材料。

灌浆孔的布置应根据裂缝的分布和深度来决定，对坝体表面裂缝，每条裂缝上均应布孔，孔位宜布置在长裂缝的两端和转弯处、裂缝密集处、缝宽突变处及裂缝交错处，并注意与导渗或观测设备之间应有不小于3m的距离，防止串浆。对坝体内部裂缝，可根据裂缝的分布范围、裂缝的大小、灌浆压力和坝体的结构等综合考虑灌浆孔的布置，一般应在坝顶上游侧布置1～2排，必要时可增加排数。孔距可根据裂缝大小和灌浆压力来决定，一般为3～6m。布孔时，孔距应由疏至密，逐渐加密。孔深应超过缝深1～2m。

灌浆压力一定要控制适当，一般情况下，应首选重力灌浆和低压灌浆。

灌浆技术发展很快，近年来已广泛应用于土质堤坝除险加固及裂缝和渗漏的处理。实践中已总结出20字的有效经验，即浆料选择"粉黏结合"，浆液浓度"先稀后浓"，孔序布置"先疏后密"，灌浆压力"有限控制"，灌浆次数"少灌多复"。

3. 开挖回填与灌浆处理相结合

此法是在裂缝的上部采用开挖回填，裂缝的下部采用灌浆处理，一般是先开挖约2m深后立即回填。回填时预埋灌浆管，然后在回填面上进行灌浆。适用于中等深度的裂缝，或水库水位较高，不宜全部开挖回填的部位，或全部采用开挖回填有困难的裂缝。

任务四　土石坝的渗漏处理

※基本知识※

一、渗漏类型和表现特征

1. 渗漏类型

（1）按渗漏部位分，可分为坝体渗漏、坝基渗漏、接触渗漏和绕坝渗漏。

（2）按渗漏现象分，可分为散浸和集中渗漏。

（3）按对坝体的危害分，可分为正常渗漏和异常渗漏。

2．表现特征

（1）坝体渗漏。渗水沿着坝身土料中的孔隙向下游渗漏。

（2）坝基渗漏。渗水沿着坝基土体中的孔隙向下游渗漏。

（3）接触渗漏。渗水沿着坝与地基、两岸连接处及混凝土建筑物连接处等的孔隙向下游渗漏。

（4）绕坝渗漏。渗水沿着坝端两岸地基中的孔隙向下游渗漏。

（5）散浸。通常出现在下游坝坡面上，开始渗漏部位的坝面呈湿润状态，随着土体饱和软化，在坝面上会出现细小水滴和水流。

（6）集中渗漏。渗水通常是沿着渗漏通道、薄弱带或裂隙呈集中水股的形式流出。可出现在坝坡、坝基和岸坡上，对大坝的危害较大。

（7）正常渗漏。从原有导渗排水设备排出，渗流量较小，水流稳定，水质清澈见底，不含土壤颗粒。

（8）异常渗漏。往往渗水量较大，水质浑浊，透明度低，渗水中含有大量的土壤颗粒。其渗透坡降较大，易使坝体发生管涌、流土破坏，进而造成滑坡、垮坝事故。

二、产生渗漏的原因

1．坝体渗漏

（1）坝体结构型式和尺寸不合理，如防渗体厚度小，渗径长度不足，排水体型式不妥、尺寸过小，防渗体与下游坝体之间缺少良好过渡等，使水力坡降过大而被水流击穿。

（2）坝体施工质量不符合要求，如土料含砂砾太多，透水性太大，坝壳或防渗体土料碾压不实，分层填筑时结合面处理不当，冬雨季施工土料未处理好等。

（3）不均匀沉陷引起裂缝（如地质不均）且未处理好，坝内涵管周围填土碾压不实，坝体与两岸接头处处理不好等都可能造成不均匀沉陷引起坝体裂缝或涵管断裂而渗水。

（4）管理不善造成排水体失效，或有白蚁等害虫害兽在坝内打洞营巢形成渗漏通道。

（5）地震振动使坝体产生裂缝而渗漏。

2．坝基渗漏

（1）坝基地质情况勘探不明，如对有压含水层未采取排水减压措施，砂砾石地基未设防渗设备或设而不足，地基表层强风化层及破碎带未处理等。

（2）坝基防渗排水设备型式不合理、尺寸不够，如黏土铺盖厚度不够，防渗体与砂砾料间未设反滤层，防渗体未插入相对不透水层中等。

（3）坝基防渗排水设备施工质量不符合要求，失去应有的效应。

（4）管理不善，使黏土铺盖暴露出来受到日晒而开裂，或排水、减压、导渗设施被淤塞等。

3．接触渗漏

（1）坝体与坝基接触部位，或防渗体与坝基或地基相对不透水层的接触部位未彻底清基、未做接合槽或接合槽尺寸过小，没有足够的渗径长度。

（2）土坝与两岸连接处岸坡过陡，清基不彻底。

（3）土坝与混凝土建筑物连接处未设防渗刺墙或防渗刺墙长度不足。

（4）坝下涵管未设截水环或截水环高度不足等。

4. 绕坝渗漏

（1）两岸山头岩体单薄，基岩节理发育，岩石破碎，有裂隙、断层通过。

（2）施工时两岸取土、动物打洞、植物根系腐烂成洞或风浪淘刷等原因破坏了岸坡的天然铺盖，形成渗流。

三、渗漏处理

（一）渗漏检查及分析

1. 检查内容

检查内容主要包括坝体浸润线、渗流量和水质等。通过对上述内容的检查来分析判断是否存在异常渗漏，以便采取措施加以防护。

2. 异常渗漏的识别方法

（1）查看下游坝面是否有散浸现象。根据散浸特征来识别，有散浸，说明浸润线抬高，逸出点高于排水设施的顶点，可能导致渗透破坏或滑坡。

（2）查看坝身、坝基或两岸山体中是否有集中渗流。根据集中渗流特征来识别，发现后要观测渗水量的变化情况和水的浑浊程度，要注意观察库水位上升期和高水位期。

（3）查看坝后渗水水质情况，是否带出红、黄的松软黏状铁质沉淀物，是否由清变浊，或下游坝脚后是否有地基表面翻水冒砂。若有，是产生管涌等渗透破坏的明显特征。

（4）查看渗流量和测压管水位是否有异常变化。若在相同库水位时浸润线和渗流量没有变化，或者渗流量有逐年减小的趋势，则属正常渗水。若渗流量随时间增大，或者是库水位达到某一高度后浸润线抬高和渗流量突然增大，或突然减少和中断，超出正常变化规律，则是异常渗水的信号，应注意检查坝体上游面在该水位附近坝体有无裂缝和孔洞、有无裂隙和断层及其他情况，并监测渗漏量的变化。

※技术应用※

（二）渗漏的处理

土坝渗漏处理的基本方法是"上堵下排"，即在坝的上游设置防渗设施，用以堵截渗水或延长渗径，以减小渗透流量并降低渗透坡降；在坝的下游设置排水和导渗设施，将渗水安全排出。

1. 坝体渗漏处理

（1）斜墙法。即在上游坝坡补做或翻修加固原斜墙，防止坝体渗漏，适用于大坝施工质量差，造成了严重渗漏、管涌、管涌塌坑、斜墙被击穿、浸润线及其逸出点抬高、坝身普遍漏水等情况。具体按所用材料不同又可分为黏土斜墙、沥青混凝土斜墙及土工膜防渗斜墙。

1）黏土斜墙（图2-4）。修筑时应放空水库，揭去护坡，铲除表土，并挖松10～15cm，将含水量过大的土体清除，然后填筑与原斜墙相同的黏土，分层夯实，保证新旧土层能很好结合。若无法放空水库，可用船只装运黏土至漏水部位，从水面向下均匀抛入水中，形成一个防渗层填充堵塞渗漏部位。若因集中渗漏，上游坝坡已形成塌坑或漏水喇叭口，但坝体其他部位仍然完好时，可将塌坑或漏水喇叭口局部挖出，并回填黏土，做成黏土贴坡。并在漏水口处预埋灌浆管，进行压力灌浆，封堵漏水通道。若坝体渗漏不太严重，原土料的性能是符合要求的，只是施工质量稍差，则可将原坝坡填土翻压来修建斜墙。

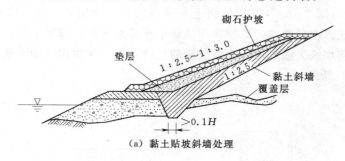

（a）黏土贴坡斜墙处理

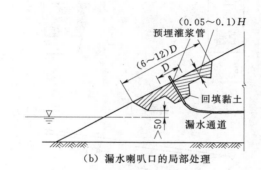

（b）漏水喇叭口的局部处理

图 2-4　黏土斜墙法处理图

2）沥青混凝土斜墙。在缺少合适黏土料，且有一定数量合适的沥青材料时，可在上游坝坡修筑沥青混凝土斜墙。沥青混凝土抗渗水能力强，适应坝体变形和抗震性能好，工程量小，投资省，工期短，施工经验也较丰富，故近年来应用较多。

3）土工膜防渗斜墙。土工膜是一种人工合成材料，因其重量轻、运输量少、柔性及适应变形较好、耐腐蚀、铺设方便、易于操作、造价低等优点，再加上其品种越来越多，工艺也越来越先进，故应用也越来越广泛。在应用时，土工膜的厚度应根据承受水压力的大小而定，承受 30m 以上水头的，宜选用复合土工膜，膜厚度不小于 0.5mm；承受 30m 以下水头的，可选用非加筋聚合物土工膜，铺膜总厚为 0.3～0.6mm。铺完的土工膜上要回填不小于 0.5m 厚的砂或砂壤土保护层，并压实。注意土工膜与坝基、岸坡、涵洞等的连接处及土工膜本身的接缝处理，因为这是保证整体防渗效果的关键。

（2）灌浆法。均质土坝或心墙坝由于施工质量差，坝体渗漏严重，无法采用斜墙法或水中倒土法进行处理时，可从坝顶钻孔采用劈裂灌浆法或常规灌浆方法进行处理，在坝内形成一道灌浆帷幕，阻断渗漏通道。劈裂灌浆法与裂缝处理所采用的常规灌浆方法在机理上有所不同，可参考施工技术课程内容。

（3）防渗墙法。防渗墙法是在坝体上用专门的造孔机械造孔，造孔时用泥浆固壁，然后在泥浆下浇筑混凝土，形成一道直立的混凝土防渗墙。此法可在不降低库水位时施工，防渗效果比灌浆法更好。

（4）排水导渗法。上面几种方法都是"上堵"的措施，而排水导渗法是"下排"措施，其作用是增强坝体的排水能力，将渗水顺利排向下游。根据导渗体结构型式不同可分为以下几种：

1）导渗沟法（图2-5）。在坝坡面上开设浅沟，沟内用砂、砾、卵石或碎石按反滤层原则回填，做成排水导渗沟，以便将坝体渗水从排水导渗沟排出坝外。一般适用于散浸不严重，不致引起坝坡失稳或用于岸坡散浸的处理。排水导渗沟结构有两种型式，分别如图2-5（a）、（b）所示。

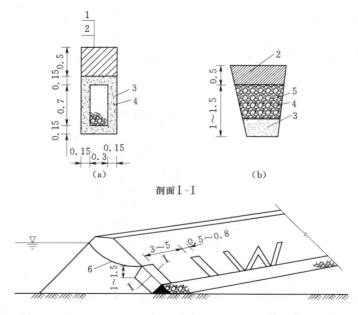

图2-5　导渗沟示意图（单位：m）
1—草皮；2—回填土；3—粗砂；4—碎石；5—块石；6—浸润线

2）导渗培厚法［图2-6（a）］。在坝坡上贴一层砂壳，再填土培厚坝体，要注意新老排水设备的连接，否则无效。适用于散浸特别严重，且坝坡较陡，坝身较单薄，采用一般导渗设施时无效的情况。

3）导渗砂槽法［图2-6（b）］。即在渗漏的坝坡上钻孔，形成连锁井柱状的导渗槽，槽宽0.2～0.3m，槽下端与滤水坝趾相连。并用导管向槽内送放级配良好的干净砂料，在距槽顶0.5～1.0m处用与坝体相同的土料回填封顶，再在上面做好护坡，以防雨水冲刷。适用于散浸严重、坝坡较缓、采用导渗沟无效的情况。

（5）封堵洞穴法。对于由蚁穴或动物钻洞所引的坝体渗漏，应先探明洞穴位置，用石灰和药物塞进洞穴，然后将洞穴用黏土封堵密实。或者从坝坡面开挖探井直达洞穴，用黏土分层夯实，将洞穴封堵。

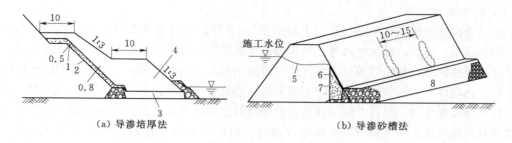

（a）导渗培厚法　　　　　　　　（b）导渗砂槽法

图 2-6　排水导渗示意图（单位：m）

1—原坝体；2—砂壳；3—排水设施；4—培厚坝体；5—浸润线；6—填土；7—砂；8—滤水体

2. 坝基渗漏处理

坝基的防渗措施分垂直防渗和水平防渗两种。

（1）垂直防渗措施有黏土截水墙、混凝土防渗墙、砂浆板桩、灌浆帷幕、高压定向喷射灌浆及垂直铺塑防渗等。若土坝与坝基接触面产生接触渗漏，或者坝基不透水层埋深较浅（15m 以内），渗漏严重，水库又能够放空进行施工，则可采用黏土截水墙法进行渗漏处理。当坝基透水层深度较大，采用黏土截水墙处理有困难时，可采用混凝土防渗墙进行处理。对于粉砂、淤泥等软基，若水头较低，施工时能放空水库，可采用砂浆板桩法等。对于坝基透水层较深，或地基中有大石块，修建防渗墙困难时，或基岩节理发育，岩石破碎，造成坝基严重渗漏时，或用来处理坝基接触渗漏时可采取灌浆法。高压定向喷射灌浆是采用高压射流冲击破坏被灌地层结构，使浆液与被灌地层的土颗粒掺混，形成设计要求的凝结体，适用于各种松散地层，是近年来发展起来的一项新技术。垂直铺塑技术是运用专门开沟造槽的机械，开出一定宽度和深度的沟槽，在沟槽内铺设土工膜，再用土回填沟槽，形成以土工膜为主体的垂直防渗墙。此技术是山东省水利科学研究院开发的，目前已成功完成的工程的槽宽仅为 20cm，深度达 12m。

（2）水平防渗措施主要是黏土铺盖。对于将地基表面天然覆盖层作为天然铺盖的斜墙坝和均质坝，当坝体防渗效果较好、天然铺盖遭到破坏时，或者是原有黏土铺盖防渗能力不足、坝基产生严重渗漏时，如果附近有适宜的黏土、水库又可放空的情况下，可以在原有铺盖或天然铺盖上用碾压法铺筑一层黏土铺盖防渗。当水库不可放空时，还可以用船上抛土的方法来修复铺盖。

排水导渗措施主要有排水沟、减压井、排水盖重等。当因坝基渗漏造成坝后长期积水，使坝基湿软，承载力降低，坝体浸润线抬高；或因坝基面有不太厚的弱透水层，坝后产生渗透破坏，而水库又不能降低水位或泄空，故无法在上游进行防渗处理时，则可采用在下游坝基设置排水沟的方法，排水沟有明沟和暗沟两种。在土坝上游黏土铺盖或天然铺盖遭到破坏，或长度不足且不能放空水库进行修补或增长时；坝基上部为较厚的弱透水层，下部为强透水层，无法采用其他防渗措施时；原有减压井失效，渗水压力增大时都可采用减压井措施。排水盖重法是在下游坝基覆盖层上渗水出露地段铺设反滤层，在反滤层上铺筑块石层或填筑土层，做成盖重，排走渗水，增加压重，加强其渗透稳定性。

各防渗排水措施的布置、结构型式和尺寸要求可参看有关《水工建筑物》教材。

3. 绕坝渗漏处理

绕坝渗漏处理的基本原则仍是"上堵下排"。常用的措施有截水槽、防渗斜墙、黏土铺盖、堵塞回填、灌浆、排水导渗等。当岸坡表面覆盖层或风化层较厚，且透水性较大时，可在岸坡上开挖深槽，切断覆盖层或风化层，直达不透水层，并回填黏土或混凝土，形成防渗截水槽。当坝体是均质坝或斜墙坝，岸坡平缓，基岩节理发育，岩石破碎，渗漏严重，附近又有许多合适黏土时，可将上游岸坡清理后修筑黏土防渗斜墙来阻止绕坝渗漏。当上游坝肩岸坡岩石轻微风化，但节理发育或山坡单薄时，可以沿岸坡设置黏土铺盖来进行防渗。当岸坡存在裂缝和洞穴，引起绕坝渗漏时，则先将裂缝和洞穴清理干净，然后较小的裂缝用砂浆堵塞，较大的裂缝用黏土回填夯实，与水库相通的洞穴，先在上游面用黏土回填夯实，再在下游面按反滤原则堵塞，并用排水沟或排水管将渗水导向下游。当坝端基岩裂隙发育，渗漏严重时，可在坝端岸坡内进行灌浆处理，形成防渗帷幕。但应与坝体和坝基的防渗设施形成一个整体。另外，可在土质岸坡下游坡面出现散浸的地段铺设反滤排水，在渗水严重的岩质岸坡的下游岸坡及坡脚处打排水孔集中排水。

4. 岩溶地区的渗漏处理

在岩溶发育地区筑坝，易造成严重渗漏。渗漏会带走溶洞或裂隙中的充填物，使渗漏进一步发展，库水大量流失，危及坝体和坝基安全。岩溶的处理措施包括地表处理和地下处理两种，地表处理主要有黏土或混凝土铺盖、喷水泥砂浆或混凝土等措施，地下处理主要有开挖回填、堵塞溶洞及灌浆等措施。

任务五　土石坝的滑坡处理

※**基本知识**※

一、滑坡类型和表现特征

土石坝滑坡是指土石坝一部分坝坡在一定的内外因素作用下失去稳定，上部坍塌，下部隆起，发生相对位移的现象。

1. 滑坡类型

土坝的滑坡按其性质分为剪切性滑坡、塑流性滑坡和液化性滑坡三类（图 2-7）；按滑动面形状不同可分为弧形滑坡、直线或折线滑坡及复合滑坡三类；按滑坡发生的部位不同分为上游滑坡和下游滑坡两类。这里主要介绍第一种分法的几类滑坡。

（1）剪切性滑坡。主要是由于坝坡坡度较陡、填土压实密度较差、渗透水压力较大、受到较大的外荷作用、填土密度发生变化和坝基土层强度较低等因素，使部分坝体或坝体连同部分坝基上土体的剪应力超过了土体抗剪强度，因而沿该面产生滑动。

（2）塑流性滑坡。主要发生在坝体和坝基为含水量较大的高塑性黏土的情况，这种土在一定的荷载作用下，产生蠕动作用或塑性流动，即使土的剪应力低于土的抗剪强度，但剪应变仍不断增加，当坝体产生明显的塑性流动时，便形成了塑流性滑坡。

（3）液化性滑坡。在坝体或坝基为均匀的密度较小的中细砂或粉砂情况下，当水库蓄水后土体处于饱和状态时，如遇强烈振动或地震，砂土体积产生急剧收缩，而土体孔隙中的水分来不及排出，使砂粒处于悬浮状态，抗剪强度极小，甚至为零，因而砂体像液体那样向坝坡外四处流散，造成滑坡，故称液化性滑坡，简称液化。

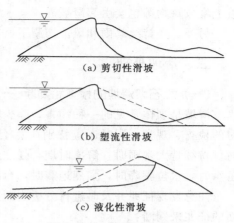

(a) 剪切性滑坡

(b) 塑流性滑坡

(c) 液化性滑坡

图 2-7　土石坝滑坡类型

2. 表现特征

（1）剪切性滑坡。通常滑坡前在坝面上出现一条主要的纵向张开裂缝，缝深和缝宽均较大，裂缝两端逐渐向坝坡下部弯曲延伸成弧形，同时在这一主裂缝周围出现一些不连续的细小短裂缝，这是产生剪切性滑坡的预兆。随着滑坡的发展，主裂缝两侧便上下错开，错距逐渐加大。同时，坝坡脚或坝基出现带状或椭圆形的隆起，而且坝体向坝脚处移动。初期发展较慢，后期突然加快，移动距离可由数米至数十米不等，通常直到滑动力与抗滑力经过调整达到新的平衡为止。

（2）塑流性滑坡。滑坡时，开始坝上并无裂缝出现，而是坝面的水平位移和竖直位移不断增大，滑坡体的下部土被压出或隆起。若坝体中间有含水量较大的接近水平的软弱夹层，在沿该软弱层发生塑性流动时，滑坡体上部也会出现纵向裂缝和错距。这种滑坡的发展一般较缓慢。

（3）液化性滑坡。通常都是骤然发生的，滑坡发生时间很短，事前没有预兆，大体积坝体转眼之间便液化流散。因此，很难进行观测和抢护。

二、产生滑坡的原因

坝体产生滑坡的根本原因在于坝体内部（如设计、施工方面）存在问题等，而外部因素（如管理过程中水位控制不合理等），能够诱发、促使或加快滑坡的发生和发展。

1. 勘测设计方面的原因

某些设计指标选择过高，坝坡设计过陡，或对土石坝抗震问题考虑不足；坝端岩石破碎或土质很差，设计时未进行防渗处理，因而产生绕坝渗流；坝基内有高压缩性软土层、淤泥层，强度较低，勘测时没有查明，设计时也未作任何处理；下游排水设备设计不当，使下游坝坡大面积散浸等。

2. 施工方面的原因

施工时为赶速度，土料碾压未达标准，干密度偏低，或者是含水量偏高，施工孔隙压力较大；冬季雨季施工时没有采取适当的防护措施，影响坝体施工质量；合龙段坝坡较陡，填筑质量较差；心墙坝坝壳土料未压实，水库蓄水后产生大量湿陷等。

3. 运用管理方面的原因

水库运用中若水位骤降，土体孔隙中水分来不及排出，致使渗透压力增大；坝后排水设备堵塞，浸润线抬高；白蚁等害虫害兽打洞，形成渗流通道；在土石坝附近爆破或在坝坡上堆放重物等也会引起滑坡。

另外，在持续暴雨和风浪淘涮下，在地震和强烈振动作用下也能产生滑坡。

三、滑坡处理

（一）土石坝滑坡的检查和判断

滑坡是坝体常见的一种病害，除少数比较突然外，一般都是有征兆的，因此应加强平时的检查、观察，同时还应特别注意土坝在各种不利工作条件下的检查，如水库高水位时，持续特大暴雨时，解冻时期，强烈地震时，应特别注意下游坝坡的稳定性；水库初次蓄水时，水位骤降时，强烈地震时，台风袭击时，应特别注意上游坝坡的稳定性。

注意发现征兆并及时进行分析判断，以便采取有效措施。在检查时主要应由以下几方面的征兆来判断：

（1）从裂缝的平面形状来判断，滑动性裂缝的特征是，主裂缝的两端向坝坡下部延伸弯曲呈弧形，且主裂缝的两侧有错动。裂缝宽度一般在初期发展缓慢，后期逐渐加快，最后突然加大。而非滑动性裂缝宽度的变化是随时间逐渐减慢，最后趋于稳定。

（2）从位移的发展规律来判断，滑坡的征兆是坝坡在短时间内出现持续且显著的位移，特别是在出现裂缝之后，位移逐渐增大，甚至骤然增大，坝的上部竖直位移向下，坝的下部，特别是坝脚处的竖直位移向上，坝下部的水平位移量大于坝上部的水平位移量。

（3）从孔隙水压力的大小来判断，滑坡前，孔隙水压力往往会出现明显升高的现象。当实测孔隙水压力值高于设计值时，可能产生滑坡。

（4）从测压管水位变化与库水位的变化关系上来判断，在水库正常运行情况下，坝体测压管的水位变化与库水位的变化是同步的或略有滞后。如果在库水位变化不大的情况下，测压管内水位却逐渐升高，则表示坝体结构有问题，并对坝坡的稳定不利。

当判断坝坡有滑坡征兆时，应根据坝体土料实际的物理力学性质和坝体内浸润线位置，进行坝坡稳定验算，以便进一步采取相应处理措施。

※技术应用※

（二）土石坝滑坡的预防和处理

1. 滑坡的抢护

发现有滑坡征兆时，应分析原因，采取临时性的局部紧急措施，及时进行抢护。主要措施有：

（1）对于因水库水位骤降而引起的上游坝坡滑坡，可立即停止放水，并在上游坝坡脚抛掷砂袋或砂石料，作为临时性的压重和固脚。若坝面已出现裂缝，在保证坝体有足够挡水能力的前提下，可采取在坝体上部削土减载的办法，增强其稳定性。

（2）对于因渗漏而引起的下游坝坡的滑坡，可尽可能降低水库水位，减小渗漏。或在上游坝坡抛土防渗，在下游滑坡体及其附近坝坡上设置导渗排水沟，降低坝体浸润线。当坝体滑动裂缝已达较深部位，则应在滑动体下部及坝脚处用砂石料压坡固脚或修筑土料戗台（图2-8）。

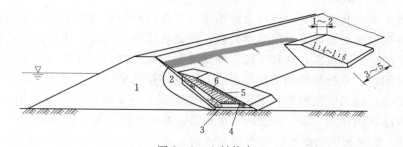

图 2-8 土料戗台
1—坝体；2—滑动体；3—砂层；4—碎石；5—土袋；6—填土

另外，还要做好裂缝的防护，避免雨水入渗，导走坝外地面径流，防止冰冻、干缩等。

2.滑坡的处理

当滑坡已经形成且坍塌终止，或经抢护已处于稳定状态时，应根据滑坡的原因、状况，已采取的抢护办法等，确定合理、有效措施，进行永久性处理。滑坡处理应在水库低水位时进行，处理的原则是"上堵下排，上部减载，下部压重"。

（1）对于因坝体土料碾压不实、浸润线过高而引起的下游滑坡，可在上游修建黏土斜墙，或在坝体内修建混凝土防渗墙防渗，下游采取压坡、导渗和放缓坝坡等措施(图 2-9)。

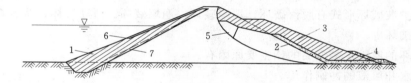

图 2-9 上游防渗下游压坡的滑坡处理图
1—黏土斜墙；2—砂砾石；3—土料压坡；4—排水体；5—滑裂线；6—护坡；7—上游坝坡线

（2）对于因坝体土料含水量较大、施工速度较快、孔隙水压力过大而引起的滑坡，可放缓坝坡、压重固脚和加强排水。当发生上游滑坡时，应降低库水位，然后在滑动体坡脚抛筑透水压重体，并在其上填土培厚坝脚，放缓坝坡。若无法降低库水位，则利用行船在水上抛石或抛砂袋，压坡固脚。

（3）对于因坝体内存在软弱土层而引起的滑坡，主要采取放缓坝坡，并在坝脚处设置排水压重的办法。

（4）对于因坝基内存在软黏土层、淤泥层、湿陷性黄土层或易液化的均匀细砂层而引起的滑坡，可先在坝脚以外适当距离处修一道固脚齿槽，槽内填石块，然后清除坝坡脚至固脚齿槽间的软黏土等，铺填石块，与固脚齿槽相连，并在坝坡面上用土料填筑压重台。

（5）对于因排水设备堵塞而引起的下游滑坡，先是要分段清理排水设备，恢复其排水能力，若无法完全恢复，则可在堆石排水体的上部设置贴坡排水，然后在滑动体的下部修筑压坡体、压重台等。

对于滑坡裂缝也要进行认真处理，处理时可将裂缝挖开，把其中稀软土体挖出，再用与原坝体相同的土料回填夯实，达到原设计干容重要求。

例如，河北省某水库为碾压均质土坝，坝高 51.5m。1974 年 6 月，随着库水位的下降，陆续发现主坝南北两岸黄土台地上游铺盖有严重的塌沟、塌坑、洞穴和裂缝。过了 2 个多月，又发现主坝上游坡有两段明显裂缝，挖试坑检查，发现土体有下滑错动，并在裂缝范围上部有明显凹陷现象，在其下部有局部隆起。除此之外，其他坝段护坡存在不平整情况及相似的问题，分析判断坝坡局部滑动。根据钻探试验，分析滑坡原因主要是：地基中存在软弱层，且施工质量较差。采取的处理措施是：一是在两个裂缝滑坡段的上游坡，采用红土砾石压坡固脚至 125m 高程，并在底部铺卵石挤淤，用压力水冲淤，同时在压坡体内高程 120m 处垂直坝轴线布设卵石排水暗沟，并与原坝坡的卵石、砂砾层相连；二是采用开挖回填法处理坝坡裂缝；三是加固两岸上游铺盖等措施，效果良好。

任务六　土石坝护坡的修理

※基本知识※

一、护坡破坏的形式及原因

常见的护坡破坏形式有脱落破坏、塌陷破坏、崩塌破坏、滑动破坏、挤压破坏、鼓胀破坏及溶蚀破坏等。

护坡破坏的原因是多方面的，主要原因有：

（1）雨水和风浪的冲刷作用。

（2）护坡石料尺寸及质量不符合要求引起块石脱落、垫层被淘刷等。

（3）护坡结构不合理、未设基脚，护坡范围或深度不够引起护坡滑移等。

（4）护坡砌筑质量不好，如缝隙较大、出现通缝等导致块石松动脱出破坏。

（5）未设垫层或垫层级配不好，或未按反滤原则设计施工。

（6）严寒地区护坡受冻胀作用及因冻融循环，坝土松软、护坡被架空而破坏。

（7）在运用过程中，坝体出现渗漏塌陷、不均匀沉陷，遭遇水位骤降、地震及人为活动等都可能造成护坡破坏。

二、护坡破坏的修理

※技术应用※

土石坝护坡的修理分为临时性紧急抢护和永久性加固修理两类。

（一）临时性紧急抢护

当护坡遭受风浪或冰凌破坏时，为了防止破坏区扩大和险情的不断恶化，应及时采取临时性的抢护措施。

（1）砂袋压盖抢护。当风浪不大，护坡局部松动脱落，但垫层未被淘刷时，可在破坏部位用砂袋压盖两层，压盖范围应每边超出破坏区 0.5～1.0m。

（2）抛石抢护。当风浪较大，局部护坡已有冲失和坍塌的情况时，可先抛填 0.3～0.5m 厚的卵石或碎石垫层，再抛石块，石块大小应能抵抗风浪冲击和淘刷。

（3）石笼抢护。当风浪很大，护坡破坏严重时，可采用竹笼填石、铅丝笼填石或竹笼间用铅丝扎牢后填以石块做成石笼，并用绳索将石笼一端系住，然后用木棍撬动，使其移至破坏部位。

（二）永久性加固修理

护坡经临时紧急抢护而趋于稳定后，应认真分析研究护坡破坏原因，抓紧时机，创造条件进行永久性加固修理。

（1）局部填补翻修。应先将临时抢护的物料全部清除，将反滤体按设计修复，然后铺砌护坡。若是干砌石护坡，应选择符合设计要求的石块沿坝坡自下而上砌筑，石块应立砌，砌缝应交错压紧，较大的缝隙则用小片石填塞楔紧。若是浆砌石护坡，先将松动的块石拆除并清理干净，再取较方整的坚硬块石用坐浆法砌筑，石缝中填满砂浆、捣实，并用高标号砂浆勾缝口。若是堆石护坡，下面要做好反滤层，其厚度不小于 30cm，堆石层厚度一般为 50～90cm。若是混凝土护坡，对于现浇板，则应将破坏部位凿毛清洗干净，再浇筑混凝土；对于预制板，若板块较厚，损坏又不大，可在原混凝土板上填补混凝土，如损坏严重，则应更换新板。若是草皮护坡，应先将坝体土料夯实，然后铺一层 10～30cm 厚的腐殖土，再在腐殖土上重铺草皮。若是沥青混凝土护坡，对 1～2mm 的小裂缝，可不必处理，气温较高时能自行闭合，对较大裂缝，可在每年 1—2 月裂缝张开最大的时候用热沥青渣油液灌注，对隆起和剥蚀部分则应凿开并冲洗干净，在风干后洒一层热沥青渣油浆，再用沥青混凝土填补。

（2）混凝土盖面加固。若原来的干砌石护坡的块石较小或浆砌石护坡厚度较小，强度不够，不能抵抗风浪的冲击和淘刷，可将原有护坡表面和缝隙清理干净，并在其上浇一层 5～7cm 厚的混凝土盖面，并用沥青混凝土板分缝，间距 3～5m。

（3）框格加固。若干砌石护坡的石块尺寸较小，砌筑质量较差，则可在原护坡上增设浆砌石或混凝土框格，将护坡改造为框格砌石护坡，以增加护坡的整体性，避免大面积护坡损坏。

（4）干砌石缝胶结。若护坡石块尺寸较小，或石块尺寸虽大，但施工质量不好，不足以抵御风浪冲刷时，可用水泥砂浆、水泥黏土砂浆、细石混凝土、石灰水泥砂浆、沥青渣油浆或沥青混凝土填缝，将护坡石块胶结成一体。施工时应先将石缝清理和冲洗干净，再向石缝中填充胶结料，并每隔一定距离保留一些细缝隙以便排水。

（5）沥青渣油混凝土加固。若护坡损坏严重，当地缺乏石料，而沥青渣油材料较易获得，则可将护坡改建为沥青渣油块石护坡，或沥青渣油混凝土（板）护坡等。

任务七　混凝土面板堆石坝的病害处理

※基本知识※

我国混凝土面板堆石坝起步较晚，从 1985 年开始到 1990 年底，建成了第一批 7

座坝高在 50～100m 的混凝土面板堆石坝。由于其适应性强，材料使用合理，安全可靠，故发展迅速。但这种坝的设计和施工技术目前主要靠已建工程的经验总结，缺乏成熟的理论和计算方法。因而加强对混凝土面板堆石坝的运行管理，既是保证坝体正常使用和安全运行的前提，同时又是改进和提高混凝土面板堆石坝技术水平的重要途径。

一、混凝土面板的病害形式及成因

从我国已建混凝土面板堆石坝的运行情况来看，病害形式及成因主要有以下几个方面。

1. 面板裂缝问题

因防渗体面板与堆石体两种材料性质的差异及其他因素的影响，使两者变形不协调，导致混凝土面板产生裂缝，如果裂缝继续发展，也会产生严重后果。面板裂缝的成因主要是：①混凝土材料的品质不良及施工工艺不当，导致混凝土抗裂能力降低；②忽视温度控制，在寒潮或冬季形成过大温降和拉应力；③缺少必要的洒水养护，尤其在水库长期空库的情况下，使拉应力增大；④面板下的垫层坡面不平整，尤其是坡面的上下层堆石碾压交接处超填或欠填，形成对面板底面过大约束和应力集中；⑤坝体堆石的不均匀沉陷，引起面板过度变形；⑥坝体填筑后立即浇筑混凝土面板，没有错开堆石变形高峰期，若水库水位迅速上升，可加速坝体变形。

2. 趾板裂缝问题

有的面板堆石坝，在趾板上发现许多裂缝，其产生原因主要是在采用滑模施工，趾板未设伸缩缝，同时也未对施工缝作出具体规定，当趾板混凝土因温度应力变形时，就受到地基及锚杆的约束，而产生裂缝。其次，当帷幕灌浆采用高压浓浆施灌时，趾板可能被顶裂。另外，趾板混凝土养护不好，也会产生裂缝。

3. 面板垂直缝混凝土局部损坏

如某混凝土面板堆石坝面板从防浪墙底部至水面一定距离内有混凝土破损，局部面板钢筋出露，甚至止水片也已局部破损，局部止水已与混凝土分离等破损现象。分析其原因，主要是坝体变形较大，面板随坝体堆石向河床移动，使河床中部面板受压，导致混凝土局部损坏。

4. 止水破坏

无论是止水铜片，还是 PVC 止水及柔性填料止水，都存在止水部位混凝土不密实、不同止水段搭接不紧及施工中损坏等现象，均在不同程度上存在渗漏隐患。

二、混凝土面板的病害处理

※技能操作※

1. 面板裂缝的处理

对于开度在 0.3mm 以下的裂缝，一般不需处理，认为其蓄水后会自行愈合；开度在

0.3～0.5mm 的裂缝要做简单的嵌缝处理；开度大于 0.5mm 的裂缝可采用沿缝凿槽清洗干净后，填充优质嵌缝材料，然后封闭表面；对于较宽的贯穿性裂缝，可以采用环氧基液刷封、环氧砂浆嵌缝和凿槽充填止水材料等方法处理；对于裂缝密集带，可采用贴 GB 胶板或涂刷环氧材料保护膜的处理方法；国外对于漏水的裂缝还有在水下抛填粉质细砂或覆盖一层黏土进行止水处理的。

2. 趾板裂缝的处理

可采用以下两种处理方法：一是在裂缝表面贴 GB 胶，对宽度超过 0.5mm 的缝先沿缝凿槽，回填干硬砂浆，表面再贴 GB 胶，还可在其上覆盖土工膜处理；二是可在其上面浇一层厚 50cm 并配有直径 12mm、间距 15cm 单层钢筋网的 C25 混凝土等。

3. 面板垂直缝混凝土局部损坏的处理

临时可采用凿出破损混凝土，再回填聚合物混凝土，表面填 SR 防渗盖片等处理方法。

4. 止水破坏的处理

根据破坏的部位及程度不同，可采用 GB 封闭、土工膜处理及止水片修复等处理措施。

思　考　题

1. 土石坝通常存在哪些病害？
2. 土石坝日常检查都进行哪些方面的检查？
3. 土石坝非常时期检查都有哪些方面的检查？
4. 土石坝的养护有哪些要求？
5. 如何防治白蚁？
6. 土石坝一般都会发生哪些裂缝？
7. 在土石坝的裂缝中哪些裂缝对坝的安全最为危险？应该如何处理？
8. 土石坝都会发生哪些漏水？异常渗漏如何识别？
9. 渗土石坝的渗漏如何处理？
10. 土石坝一般存在哪些滑坡？有何表现特征？
11. 如何判断土石坝坝坡是否会滑坡？
12. 土石坝的滑坡如何预防？对发生的滑坡应如何处理？
13. 土石坝护坡常会发生哪些破坏？风浪或冰凌破坏时，应如何紧急抢护？
14. 堆石坝混凝土面板主要发生哪些破坏？如何处理？

技术应用能力提升

一黏土心墙砂壳坝出现渗漏，请提出建议性处理方案。

项目三　混凝土坝和浆砌石坝的维护

导学： 混凝土坝的巡视检查的内容和要求，检查的方式与频次，检查报告的内容与资料要求是最基本的知识。混凝土坝的养护范围、养护要求也是做好维护的必备知识。混凝土坝裂缝、渗漏、剥蚀是混凝土坝运行过程中几种主要的病害形式，其病害的类型、特征、产生的原因是维护混凝土坝安全运行应具备的基础知识，病害的处理方法是应具备的基本技能，都应熟悉。

混凝土坝、浆砌石坝按照结构和传力特点可分为重力坝（包括空腹重力坝、宽缝重力坝、大头坝）、拱坝、连拱坝等，其中重力坝应用较多。

混凝土坝和浆砌石坝在运行过程中通常发生的病害有：①坝体本身和地基抗滑稳定性不够；②裂缝及渗漏；③剥蚀破坏等。

任务一　混凝土坝和浆砌石坝的巡视检查与养护

※基本知识※

一、巡视检查内容

1. 坝体

（1）相邻坝段之间的错动。

（2）伸缩缝开合情况和止水的工作状况。

（3）上下游坝面、宽缝内及廊道壁上有无裂缝，裂缝中漏水情况。

（4）混凝土有无破损。

（5）混凝土有无溶蚀、水流侵蚀或冻融现象。

（6）坝体排水孔的工作状态，渗漏水的漏水量和水质有无显著变化。

（7）坝顶防浪墙有无开裂、损坏情况。

2. 坝基和坝肩

（1）基础岩体有无挤压、错动、松动和鼓出。

（2）坝体与基岩（或岸坡）结合处有无错动、开裂、脱离及渗水等情况。

（3）两岸坝肩区有无裂缝、滑坡、溶蚀及绕渗等情况。

（4）基础排水及渗流监测设施的工作状况、渗漏水量及浑浊度有无变化。

检查的方法与检查报告可参照项目二中任务一土石坝巡视检查的方法与巡视检查的报告进行。

二、养护要求

混凝土坝和浆砌石坝在运用期的日常养护主要有以下方面的要求：

（1）经常保持坝体清洁完整，无杂草、无积水；在坝顶、防浪墙、坝坡等处，都不应随意堆放杂物，以免影响管理工作的正常进行。

（2）坝本身的排水孔及其周围的排水沟、排水管等排水设施，均应保持通畅，如有堵塞、淤积，应加以修复或增开新的排水孔。修复时，可以人工掏挖，也可用压缩空气或高压水冲洗，但须注意压力不能过大，以免建筑物局部受到破坏。有的排水沟、集水井要加保护盖板。

（3）预留伸缩缝要注意防止杂物进入缝内；填料有流失的，要进行补充；止水破坏应及时修复。

（4）严禁坝体及上部结构承受超设计允许的荷载。交通桥、工作桥不准超过设计标准的车辆通行；坝顶、人行桥、工作桥等处禁止堆放重物，以保证建筑物的正常运用。

（5）坝体表面有冲刷、磨损、风化、剥蚀或裂缝等缺陷时，应分析原因，尽量设法防止。如继续发展，应立即修理。

（6）严禁在大坝附近爆破。

（7）坝在运用中发现基础渗漏或绕坝渗漏时，应仔细摸清渗水来源，加强检查观测，必要时进行处理。

（8）坝上游的漂浮物应经常清理，防止漂浮物、船只和浮冰对坝体的撞击。

（9）对于溢流坝，应经常保持表面光滑完整，对溢流表面被泥沙磨损或水流冲毁的部分，应及时用混凝土修补。

（10）浆砌石坝常见的病害是坝体裂缝，当发现裂缝时，应查明原因并及时进行维修。一般表面裂缝可用水泥砂浆填塞，如发现严重裂缝时，应作专门研究处理。

（11）在南方地区，有些坝体混凝土上附生着蚧贝类生物，对建筑物的表面有较强的腐蚀破坏作用，应及时清除。

（12）在北方地区，针对建筑物可能遭受冰凌破坏的情况制定防冻措施，并准备冬季管理所需的设备、材料及破冰工具；要及时清除建筑物上的积水和重要部位的积雪；对易受冻害的部位，应做好保温防冻措施，解冻后，应检查建筑物有无冻融剥蚀及冰胀开裂等缺陷，必要时应进行处理。

（13）应保护好各种观测设备，如有损坏或失效的，应及时处理。

任务二　混凝土坝的裂缝处理

※基本知识※

一、混凝土坝的裂缝类型及特征

混凝土坝产生坝体裂缝是较为普遍的现象，根据产生的原因分，裂缝的主要类型及特征如下：

（1）沉陷裂缝。这类裂缝属于贯穿性的，其走向一般与沉陷走向一致，裂缝宽度受温度变化影响较小，对于大体积混凝土与砌石建筑物，较小的不均匀沉陷引起的裂缝常会有一定的错距，对于轻型薄壁的结构，这种裂缝往往有较大的错距。

（2）干缩裂缝。这类裂缝属于表面性的，走向纵横交错，没有一定的规律性，形似龟纹；缝宽及长度都很小，如发丝一般。

（3）温度裂缝。有表层、深层和贯穿性的三种。表层裂缝的走向一般没有一定的规律性，钢筋混凝土建筑物的深层或贯穿性裂缝，方向一般与主钢筋方向平行或接近于平行，与架立钢筋（构造或温度钢筋）方向垂直或接近于垂直，裂缝宽度大小不一，但每一条裂缝沿长度方向没有大的变化，缝宽受温度变化而产生的热胀冷缩影响明显。

（4）应力裂缝。这类裂缝属于深层或贯穿性的，走向基本上与主拉应力方向垂直，钢筋混凝土建筑物的裂缝方向与主钢筋方向垂直或接近于垂直，裂缝宽度一般较大，且沿长度或深度方向有显著的变化，缝宽受温度变化的影响较小。

二、混凝土坝裂缝的原因

1. 设计方面的原因

（1）由于设计考虑不周，如断面过于单薄、孔洞面积所占比例过大，或配筋不够以及钢筋布置不当等，致使结构强度不足，建筑物抗裂性能降低。

（2）分缝分块不当，块长或分缝间距过大、错缝分块时搭接长度不够。

（3）温度控制不当，造成温差过大，使温度应力超过允许值。

（4）基础处理不善，引起基础不均匀沉陷或扬压力增大而使建筑物发生裂缝。

（5）设计不当或模型试验不符合实际情况，泄水时水流引起建筑物振动开裂。

2. 施工方面的原因

（1）混凝土养护不当，使混凝土水分消失过快引起干缩。

（2）基础处理、分缝分块、温度控制或配筋等未按设计要求施工。

（3）在浇筑混凝土时，施工质量控制不严，使混凝土的均匀性、密实性和抗裂性差。

（4）模板强度不够，或振捣不慎，使模板发生变形或位移。

（5）施工安排不当，如上下层混凝土施工间歇期不够或过长，以及拆除模板过早等。

（6）施工缝处理不善，或出现冷缝时未按工作缝要求进行处理。

（7）混凝土凝结过程中，外界温度骤降时，没有做好保温措施，使混凝土表面剧烈收缩。

（8）使用了收缩性较大的水泥，或含碱量大于 0.6％的水泥并掺有碱性反应的骨料；或者含有大量碳酸氢离子的水，使混凝土产生过度收缩或膨胀。

3. 运用管理方面的原因

（1）建筑物的运用没有按规定执行，在超设计荷载下使用，使建筑物承受的应力大于容许应力。

（2）维护不善，或者冰冻期间未做好防护措施等而引起裂缝。

4. 其他方面的原因

（1）由于地震、爆破、冰凌、台风和超标准洪水等引起建筑物的振动，或超设计荷载作用而发生裂缝。

（2）含有碳酸气（或亚硫酸气）的空气，或含有大量碳酸氢离子的水，均对混凝土有侵蚀作用，产生碳酸盐类，因收缩而引起裂缝。

（3）尚未硬化的混凝土的沉降收缩作用而引起裂缝。

三、混凝土坝裂缝的检查和观测

混凝土坝出现裂缝，应加强检查与观测。表面裂缝检查一般以人工目测进行现场普查为主，裂缝检查观测的方法内容及所用工器具等在模块二中有所详述。

※技能操作※

四、混凝土坝表面裂缝的处理

当裂缝不稳定，随着气温或结构的变形而变化，但又不影响建筑物整体受力时，只进行表面处理即可。常用的裂缝表面处理的方法有表面涂抹、表面贴补、凿槽嵌补和喷浆修补等。裂缝表面处理的方法也可用来处理混凝土表面的其他损坏，如蜂窝、麻面、骨料架空外露以及表层混凝土松软、脱壳和剥落等。

（一）表面涂抹

表面涂抹的方法是用水泥砂浆、防水快凝砂浆、环氧基液及环氧砂浆等材料，涂抹在裂缝部位的混凝土表面。

1. 水泥砂浆涂抹

对于数量多、分布广的细微裂缝，在迎水面可用水泥砂浆涂抹。处理时，先将裂缝附近的混凝土表面凿毛，并尽可能使糙面平整，经洗刷干净后，洒水使之保持湿润，用纯水泥浆涂刷一层底浆（厚度 0.5～1.0mm），然后用 1∶1～1∶2 的水泥砂浆在其上分次抹完。一次涂抹过厚容易在侧面引起流淌或因自重下坠脱壳，太薄则容易在收缩时引起开裂。涂抹的总厚度一般为 1～2cm，最后用铁抹压实、抹光。砂浆配制时所用砂子不宜太粗，一般为中细砂。水泥可用不低于 32.5R 等级的普通硅酸盐水泥。温度高时，涂抹 3～4h 后即需洒水养护，注意苫盖，避免阳光直射。冬季应注意保温，切不可受冻，所抹的水泥砂浆受冻后轻则强度降低，重则报废。

2. 防水快凝砂浆涂抹

迎水面的渗水口可用防水快凝砂浆涂抹。防水快凝砂浆是在水泥砂浆内加入防水剂（同时又是快凝剂），以达到速凝和提高防水性能的目的。防水剂多采用成品，也可以自行配制。防水快凝灰浆和砂浆的配比可参考表 3-1。

防水快凝灰浆和砂浆的配制，先将水泥（或水泥与砂）加水拌匀，然后将防水剂注入并迅速搅拌均匀，立即用铁抹刮涂在混凝土面上并压实抹光。由于快凝灰浆或砂浆凝固快，使用时应随拌随用，一次拌量不宜过多。

表 3 - 1　　　　　　　　防水快凝砂浆、灰浆配合比（质量比）

名称	配合比（质量比）				初凝时间 /min
	水泥	砂	防水剂	水	
速凝灰浆	100		69	44～52	2
中凝灰浆	100		20～28	40～52	6
速凝砂浆	100	220	45～58	15～28	1
中凝砂浆	100	220	20～28	40～52	3

注　初凝时间应通过试验鉴定，表中时间仅供参考。

涂抹工艺：先将裂缝凿成深约 2cm、宽约 20cm 的毛面，清洗干净并保持表面湿润，然后在其上涂刷一层防水快凝灰浆（厚度约 1mm），硬化后即涂抹一层防水快凝砂浆（厚度 0.5～1.0cm），再抹一层防水快凝灰浆，又抹一层防水快凝砂浆，直至与原混凝土面齐平为止。

3. 环氧砂浆涂抹

对通过高速水流的混凝土表面的龟裂或受温度变化影响的裂缝可涂抹环氧砂浆。环氧砂浆具有强度高、抗冲耐磨的性能，一般需在现场配制。用于修补混凝土裂缝的环氧砂浆配合比见表 3 - 2。

表 3 - 2　　　　　　　　环氧砂浆配合比（质量比）

材料名称	环氧树脂			固化剂		增韧剂		稀释剂		填料	
	637 号	634 号	610 号	间苯二胺	乙二胺	304 号	邻苯二甲二丁酯	690 号	甲苯	石英粉	砂
配合比 1	100			12			10		15	600	800
2			100	15～17		30		20		500	850
3		100		18			20		15	150	450
4			100	14		30				125	375
5		100			6		5	5			1040

环氧砂浆一般配制工艺为：将环氧树脂加热熔化后加入增韧剂与稀释剂并搅拌均匀，然后加入固化剂搅拌均匀形成环氧基液，最后将环氧基液加入细填料中搅拌均匀即得环氧砂浆。

涂抹前沿裂缝凿槽，槽深 0.5～1.0cm，用钢丝刷洗刷干净，保证槽内无油污和灰尘。经预热后再涂抹一层环氧基液，厚 0.5～1.0mm，再在环氧基液上涂抹环氧砂浆，使其与原建筑物表面齐平，然后覆盖塑料布并压实。

（二）表面贴补

表面贴补就是用黏结剂把橡皮或其他材料粘贴在裂缝的表面，以防止沿裂缝渗漏，达到封闭裂缝并适应裂缝的伸缩变化的目的。一般用来处理建筑物水上部分或背水面裂缝。

1. 橡皮贴补

橡皮贴补所用材料主要有环氧基液、环氧砂浆、水泥砂浆、橡皮、木板条或石棉线等。环氧基液、环氧砂浆的配制与涂抹用环氧砂浆相同。水泥砂浆的配比一般为水泥：砂在 1:0.8～1:1，水灰比不超过 0.55，橡皮厚度一般以采用 3～5mm 为宜，板条厚度以 5mm 为宜。施工工艺如图 3-1 所示。

(1) 沿裂缝凿深 2cm、宽 14～16cm 的槽并冲洗干净。

(2) 在槽内涂一层环氧基液，随即用水泥砂浆抹平并养护 2～3d。

(3) 将准备好的橡皮进行表面处理，一般放浓硫酸中浸 5～10min，取出冲洗晾干。

(4) 在水泥砂浆表面刷一层环氧基液，然后沿裂缝方向放一根木板条，按板条厚度涂抹一层环氧砂浆，接着将粘贴面刷有一层环氧基液的橡皮片贴到环氧砂浆上，注意铺贴时要用力均匀压紧，直至环氧砂浆从橡皮边缘挤出为止。

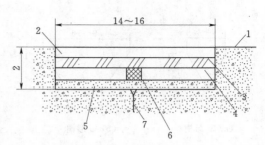

图 3-1 橡皮贴补裂缝（单位：cm）
1—原混凝土；2、4—环氧砂浆；3—橡皮；
5—水泥砂浆；6—板条；7—裂缝

(5) 侧面施工时，为防止橡皮滑动或环氧砂浆脱落，需设支撑加压。待环氧砂浆固化后，可将支撑拆除。为防止橡皮老化，可在橡皮表面刷一层环氧基液，再抹一层环氧砂浆保护。

用橡皮贴补，也可在缝内嵌入石棉线来代替木板条，施工工艺基本相同，只是取消了水泥砂浆层。在实际工程中，也有用氯丁胶片、塑料片代替橡皮的，施工方法相同。

2. 玻璃布贴补

玻璃布的种类很多，一般采用无碱玻璃纤维织成，它具有耐水性能好、强度高等特点。

玻璃布在使用前，必须去除油脂和蜡，以便在粘贴时有效地与环氧树脂结合。去除玻璃布油蜡的方法有两种：一种是加热蒸煮，即将玻璃布放置在碱水中煮 0.5～1h，然后用清水洗净；另一种是先加热烘烤再蒸煮，即将玻璃布放在烘烤炉上加温到 190～250℃，使油蜡燃烧，然后将玻璃布放在浓度为 2‰～3‰ 的碱水中煮沸约 30min，之后取出洗净晾干。

玻璃布粘贴前，需先将混凝土表面凿毛，并冲洗干净，若表面不平，可用环氧砂浆抹平。粘贴时，先在粘贴面上均匀刷一层环氧基液，然后将玻璃布展开放置并使之紧贴在混凝土面上，再用刷子在玻璃布面上刷一遍环氧基液，使环氧基液浸透玻璃布，接着再在玻璃布上刷环氧基液，按同样方法黏贴第二层玻璃布，但上层应比下层玻璃布稍宽 1～2cm，以便压边。一

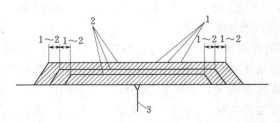

图 3-2 玻璃布粘贴示意图（单位：cm）
1—玻璃布；2—环氧基液；3—裂缝

般粘贴 2～3 层即可，如图 3-2 所示。

（三）凿槽嵌补

凿槽嵌补是沿裂缝凿一条深槽，槽内嵌填各种防水材料，以堵塞裂缝和防止渗水。这

种方法主要用于对结构强度没有影响的裂缝处理。

沿裂缝凿槽，槽的形状可根据裂缝位置和填补材料而定，一般有如图3-3所示的几种形状。

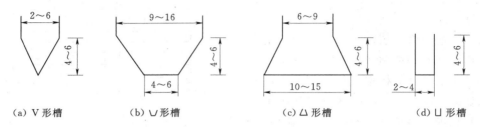

图3-3　缝槽形状和尺寸（单位：cm）

V形槽多用于竖直裂缝；╲╱形槽多用于水平裂缝；△形槽多用于顶面裂缝及有渗水的裂缝；⊔形槽则均能适用以上三种情况。

槽的两边必须修理平整，槽内要清洗干净。

嵌补材料的种类很多，有聚氯乙烯胶泥、沥青材料、环氧砂浆、预缩砂浆和普通砂浆等。

嵌补材料的选用与裂缝性质、受力情况及供货条件等因素有关。因此，材料的选用需经全面分析后再确定。对已稳定的裂缝，可采用预缩砂浆、普通砂浆等脆性材料嵌补；对缝宽随温度变化的裂缝，应采用弹性材料嵌补，如聚乙烯胶泥、沥青材料等；对受高速水流冲刷或需结构补强的裂缝，则可采用环氧砂浆嵌补。

1. 沥青材料嵌补

沥青材料嵌补分为沥青油膏嵌补、沥青砂浆嵌补和沥青麻丝嵌补三种。

（1）沥青油膏嵌补。施工时，先在槽内刷一层沥青漆，然后用专用工具将油膏嵌入槽内压实，使油膏面比槽口低1～2cm，再用水泥砂浆抹平保护，注意在嵌补前要注意槽内干燥。

（2）沥青砂浆嵌补。由沥青、砂子及填充材料制成。砂的粒径一般不大于2mm，沥青砂浆配合比（重量比）为60号油沥青：砂：水泥＝1:4:1或1:4:1.13。配制沥青砂浆时，应控制沥青加热温度180～200℃，并注意加料顺序。

施工时，先在槽内刷一层沥青，然后将沥青砂浆倒入槽内，立即用专用工具摊平压实。要逐层填补，随填料随压紧，当沥青砂浆面比槽口低1～1.5cm时，用水泥砂浆抹平保护。注意：沥青砂浆一定要在温度较高的情况下施工，否则容易变硬，不易操作。

（3）沥青麻丝嵌补。其操作方法是将沥青加热熔化，然后将麻丝或石棉绳放入沥青浸煮，待麻丝或石棉绳浸透后，用铁钳夹放入缝内，并用凿子插紧，嵌填时，要逐层将其嵌入缝内，填好后，用水泥砂浆封面保护。

2. 聚氯乙烯胶泥嵌补

聚氯乙烯胶泥具有良好的防水性、弹塑性、温度稳定性及与混凝土的黏结性，而且价格低、原料易得、施工方便，目前主要用于水工建筑物水平面或缓坡上裂缝的修补。

施工时，在槽内先填一层预缩砂浆，砂浆表面干燥后，用煤焦油与二甲苯为1:4的混合料刷一层，干燥后即嵌填聚乙烯胶泥，填至与凿毛面齐平为准。胶泥完全冷却后，再在凿毛面上涂抹一层厚 1～2mm 的水泥浆，然后用 1∶1 水泥砂浆填至与混凝土面齐平并抹光。

3. 预缩砂浆嵌补

预缩砂浆是经拌和好之后再归堆放置 30～90min 才使用的干硬性砂浆。拌制良好的预缩砂浆，具有较高的抗压、抗拉强度，其抗压强度可达 29.4～34.3MPa，抗拉强度可达 2.45～2.74MPa，与混凝土的黏结强度可达 1.67～2.16MPa。因此，采用预缩砂浆修补处于水流高速区混凝土的表面裂缝，不仅强度和平整度可以得到保证，而且收缩性小、成本低廉、施工简便，可获得较好效果。当修补面积较小或工程量较小时，如无特殊要求，可优先选用预缩砂浆嵌补。

拌制预缩砂浆的水泥以采用与原混凝土同品种新鲜水泥为原则，如没有原用的水泥品种，可按混凝土强度要求选用。砂料用 1.6mm 孔径的筛子过筛，其细度模数为 1.8～2.0，水灰比为 0.3～0.34，灰砂比为 1∶2～1∶2.5，并掺入水泥质量 1/10000 左右的加气剂。

预缩砂浆拌制是：先将称量好的砂、水泥混合搅拌均匀，再掺入加气剂的水溶液翻拌 3～4 次（此时砂浆仍为松散体，不是塑性状态），归堆放置 30～90min，使其预先收缩后即可使用。水灰比应根据天气、气温、通风情况等因素适当调整。现场鉴定砂浆含水量的方法是，用手能将砂浆握成团状，手上有潮湿而又无水析出为准。由于加水量少，要注意水分均匀分布，防止阳光照射，避免出现干斑而降低砂浆质量。

修补时，先将修补部位的损坏混凝土清除，并凿毛、清洗，使边缘最小深度大于 2cm 即可铺填预缩砂浆。

在铺填预缩砂浆之前，先涂一层厚 1mm 的水泥浆，其水灰比为 0.45～0.50，然后填入预缩砂浆，分层用木锤捣实，直至表面出现少量浆液为止。每次铺料层厚 4～5cm，捣实后为 2～3cm。层与层之间应用钢丝刷或竹刷刷毛，以加强层间结合，否则会产生成层脱壳现象。最后一层的表面必须用铁抹反复压实抹光，并与原混凝土接头平顺密实。在侧面施工时，要架立模板，应分层立模，分层铺填，注意一次加入量不要过多，且要振捣密实。在铺填完成后的 4～8h 内应有专人养护，最好用塑模覆盖。待强度达到约 50MPa 时，应用小锤敲击检查，若声音清脆，则质量良好；如有沙哑声，则为脱壳或结合不良，须凿除重填。

（四）喷浆修补

喷浆修补是将水泥砂浆通过喷头高压喷射至修补部位，以达到封闭裂缝和提高建筑物表面耐磨抗冲能力的目的。喷浆用于混凝土修补工程具有以下特点：喷浆修补采用较小的水灰比，从而可达到较高的强度和密实性，具有较高的耐久性。可省去较复杂的运输、浇筑及骨料加工等设备，简化了施工工艺，提高了施工工效，可用于不同规模的修补工程。但是，由于水泥消耗较多，层薄且不均匀等问题，易产生裂缝，影响耐久性，从而限制了它的使用范围，因此须严格控制砂浆的质量和施工工艺。

根据裂缝的部位、性质和修理要求，可以分别采用挂网喷浆或挂网喷浆与凿槽嵌补相结合的方法。

1. 挂网喷浆

挂网喷浆所采用的材料主要有水泥、砂、钢筋、钢丝网、锚筋等。通常采用 32.5R～42.5R 的普通硅酸盐水泥，砂料粒径 0.35～0.5mm，钢筋网由直径 4～6mm 钢筋做成，网格尺寸为 100mm×100mm～150mm×150mm，结点焊接；如果采用直径 1～3mm 钢丝做钢丝网，尺寸为 50mm×50mm～60mm×60mm 及 10mm×10mm～20mm×20mm，结点可编结或扎结，锚筋通常采用 10～16mm 钢筋。灰砂比根据不同部位喷射方向和使用材料，通过试验决定。水灰比一般采用 0.3～0.5。

喷浆设备主要包括喷浆机、干料拌和机、带式输送机、喷头、水箱、空气压缩机和空气滤清器。喷浆系统布置如图 3-4 所示。

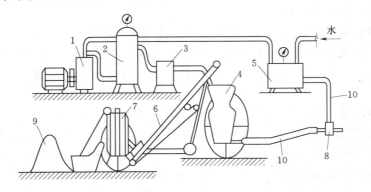

图 3-4　喷浆系统布置图

1—空气压缩机；2—储气罐；3—空气滤清器；4—灌浆机；5—水箱；6—带式输送机；7—拌和机；
8—喷头；9—堆料处；10—输料、输气和输水软管

喷浆工艺流程如下：

（1）喷浆前，将受喷面凿毛冲洗干净，并进行钢筋网的制作和安装，钢筋网应加设锚筋，一般 5～10 个网格应有一锚筋，锚筋埋设孔深一般为 15～25mm。为使喷浆层与基面结合良好，钢筋网应离开受喷面 15～25mm。

（2）喷浆前对受喷面洒水，保持湿润状态。

（3）喷浆前还应准备充足的砂子和水泥，并均匀拌和好。

（4）喷浆时应控制好气压和水压并保持稳定。喷浆压力应控制在 0.25～0.40MPa。

（5）喷头操作。喷头与受喷面要保持适宜的距离，一般为 80～120cm，过近会吹掉砂浆，过远会使气压损失，黏着力降低，影响喷浆强度。喷头一般应与受喷面垂直，这样可以使喷射物集中，减少损失，增强黏结力。若遇特殊情况时，可按大于 70°的角度进行喷射。

（6）喷层厚度控制。当喷浆层较厚时，为防止砂浆流淌或因自重坠落等现象，可分层喷射。一次喷射厚度一般不宜超过下列数值：仰喷时为 20～30mm；侧喷时为 30～40mm；俯喷时为 50～60mm。

（7）喷浆工作结束 2h 后即应进行无压洒水养护，养护时间一般需 14～21d。

2. 挂网喷浆与凿槽嵌补相结合

挂网喷浆与凿槽嵌补相结合的施工流程为：凿槽→打锚筋孔→凿毛冲洗→固定锚筋→

填预缩砂浆→涂抹冷沥青胶泥→焊接架立钢筋→挂网→被喷面冲洗湿润→喷浆→养护。

施工工艺为：先沿缝凿槽，然后填入预缩砂浆使之与混凝土面齐平并养护，待预缩砂浆达到设计强度时，涂一薄层沥青漆，待 0.5h 后，再涂冷沥青胶泥。冷沥青胶泥由 60 号沥青、生石灰、水按 40∶10∶50 的比例并与 15% 的砂（粒径小于 1mm）配制而成。冷沥青胶泥总厚度 1.5～2.0cm，分 3～4 层涂抹。待冷沥青胶泥凝固后，挂网喷浆，如图 3-5 所示。

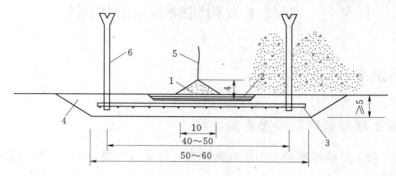

图 3-5　挂网喷浆与凿槽嵌补相结合示意图（单位：cm）

1—预缩砂浆；2—冷沥青胶泥；3—钢丝网；4—水泥砂浆喷层；5—裂缝；6—锚筋

五、混凝土坝裂缝的内部处理

混凝土坝贯穿性裂缝或内部裂缝常用灌浆方法处理，其施工方法通常为钻孔灌浆。灌浆材料一般采用水泥或化学材料，可根据裂缝的性质、开度以及施工条件等具体情况选定。对于开度大于 0.3mm 的裂缝，一般可采用水泥灌浆；对于开度小于 0.3mm 的裂缝，宜采用化学灌浆；对于渗透流速大于 600m/d 或受温度变化影响的裂缝，则不论其开度如何，均宜采用化学灌浆处理。

1. 水泥灌浆

有关水泥灌浆的施工工艺问题，可参考有关水利工程施工类教材文献中的灌浆内容。这里需要强调的是对钻孔孔向的要求（图 3-6），除骑缝浅孔外，不得顺裂缝钻孔，钻孔轴线与裂缝面的交角一般应大于 30°，孔深应穿过裂缝面 0.5m 以上。如果钻孔为两排或两排以上，应尽量交错或呈梅花形布置。钻进过程中，若发现有集中漏水或其他异常现象，应立即停钻，查明漏水高程，并进行灌浆处理后，再行钻进。钻进过程中，对孔内各种情况，如岩层及混凝土的厚度、涌水、漏水、洞穴等均应详细记录。钻孔结束后，孔口应用木塞塞紧，以防污物进入。

2. 化学灌浆

化学灌浆材料具有较高的黏结强度，且具有一定的弹性，对于恢复建筑物的整体性及对伸缩缝的处理，效果较好。

化学灌浆的施工程序为：钻孔→压气（或压水）检验→止浆→试漏→灌浆→封孔→检查。

化学灌浆的技术方法可参见施工技术课程的相关内容。

图 3-6　钻孔布置方式

随着各种大型工程和地下工程的不断兴建，化学灌浆材
1—骑缝孔；2—斜孔；3—裂缝

料得到了越来越广泛的应用。但化学灌浆费用较高，一般情况下应首先采用水泥灌浆，在达不到设计要求时，再用化学灌浆予以辅助，以获得良好的技术经济指标。此外，化学浆液材料都有一定的毒性，对人体健康不利，还会污染水源，在运用过程中要十分注意。

任务三　混凝土坝和浆砌石坝的渗漏处理

※基本知识※

一、混凝土坝和浆砌石坝渗漏的类型

（1）坝基渗漏。坝基渗漏会增加坝底扬压力，从而影响坝身稳定，而且会损失水库水量，降低水库效益。

（2）坝体渗漏。坝体渗漏将使建筑物内部产生较大的渗透压力，甚至影响建筑物的稳定；如果水具有侵蚀性，还会产生侵蚀破坏，降低混凝土强度；在寒冷地区，渗漏水在出水处冻结成冰，也会使建筑物受到冻融破坏。

二、混凝土坝和浆砌石坝渗漏的原因

混凝土建筑物产生渗漏的原因是多方面的，即使最密实的混凝土，其本身仍存有气孔和小孔隙，在水压力作用下也具有一定的渗透性。一般水工混凝土由于设计或施工上的缺陷，或在运用中遭受意外破坏，都容易导致建筑物发生渗漏。一般有以下几种情况：

（1）由于勘探工作不到位，地基留有隐患，水库蓄水后引起渗漏。

（2）由于设计考虑不周，在某种应力作用下，使混凝土产生裂缝，引起渗漏。

（3）因施工、温差或本身干缩等原因，产生裂缝而引起渗漏。

（4）设计、施工中采取的防渗措施不良，或运用期间由于物理、化学因素的作用，使原来的防渗措施失效或遭受破坏而引起渗漏，如帷幕破坏、伸缩缝止水结构破坏或沥青老化、混凝土受侵蚀后抗渗性能降低、预制混凝土涵管接头处理不好、混凝土与基岩接触不良等。

（5）遭受强烈地震及其他破坏作用，使混凝土建筑物或基础产生裂缝，引起渗漏。

三、混凝土坝和浆砌石坝渗漏的检查和观测

混凝土坝和浆砌石坝发生渗漏时，应着重进行下列几方面的检查与观测：

（1）查明帷幕后剩余水头是否超过设计允许值以及扬压力与水位的变化关系。

（2）基础渗漏量的变化情况。

（3）分析水质，从离子、矿化度及 pH 值的变化情况，判明渗水有无侵蚀性。

（4）上游冲淤情况。

（5）混凝土裂缝的长度、宽度、分布范围、开度变化及其与水位、气温的关系。

（6）止水结构如发生损坏，渗漏量较大，影响建筑物安全，需要进行处理时，应结合设计、施工和管理等有关资料进行分析，为确定处理方案提供依据。

四、混凝土坝和浆砌石坝渗漏处理的原则

渗漏处理的基本原则是"上截下排，以截为主，以排为辅"，根据渗漏的部位、危害程度以及修补条件等实际情况制定处理措施。

（1）对于建筑物本身渗漏的处理，以上游面封堵为主。

（2）对于基础渗漏的处理，以截为主，辅之以排。

（3）对于接触渗漏或绕坝渗漏的处理，应先封堵，以排补救。

五、混凝土坝和浆砌石坝渗漏处理的措施

※技术应用※

（一）混凝土坝坝体渗漏处理

1. 混凝土坝体裂缝渗漏的处理

根据裂缝产生的原因及其对结构影响的程度、渗漏量的大小和集中分散情况，分别采取以下措施：

（1）表面处理。坝体裂缝渗漏按裂缝所在位置可采取表面涂抹、表面贴补、凿槽嵌补等表面处理方法。具体可见上节内容。对于渗漏量较大，但是渗透压力不影响建筑物正常运用的渗水裂缝，在漏水出口进行处理时，应采取以下导渗措施：

1）埋管导渗。沿漏水裂缝在混凝土表面凿╱╲形槽，并在裂缝渗漏集中部位埋设引水铁管（其数量视渗漏的情况而定），然后用旧棉絮沿裂缝填塞，使漏水集中从引水管排出，再用快凝灰浆或防水快凝砂浆迅速回填封闭槽口，最后把引水管封堵，如图3-7所示。

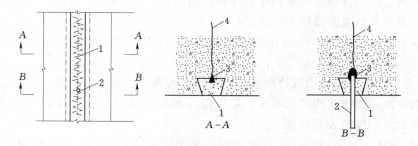

图3-7 埋管导渗示意图

1—沿裂缝凿出的╱╲形槽内填快凝灰浆；2—引水管；3—塞进的棉絮；4—向内延伸的裂缝

2）钻孔导渗。用风钻在漏水裂缝一侧（水平缝则在缝的下方）钻斜孔，穿过裂缝面，使漏水从钻孔中导出，然后封闭裂缝，最后灌浆填塞导渗孔。

（2）内部处理。内部处理与上节所介绍的裂缝内部处理的方法相同，采用灌浆充填漏水通道，达到堵漏的目的。需要注意的是，有时为了灌浆的顺利进行或保证灌浆的

可靠性，须先在裂缝上游面采取表面处理堵漏或在裂缝下游面采取导渗并封闭裂缝的措施。

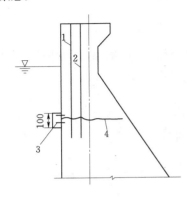

图 3-8 插筋结合止水塞处理渗水
裂缝示意图（单位：cm）
1—5φ28 第一排插筋；2—5φ28 第二
排插筋；3—止水塞；4—裂缝

（3）结构处理结合表面处理。对于影响建筑物整体性或破坏结构强度的渗水裂缝，除了内部处理外，有的还要采取结构处理与表面处理结合的措施，以达到防渗、结构补强或恢复整体性的要求。结构补强措施多种多样，必须通过专门验算和进行技术经济比较选定。图 3-8 所示是利用插筋结合止水塞处理大坝水平渗水裂缝的一个实例，其具体措施是：在上游面沿缝隙凿一宽 20～25cm、深 8～10cm 的槽，向槽的两侧各扩大约 40cm 的凿毛面，共宽 100cm。并在槽的两侧钻孔埋设两排锚筋。槽底涂沥青漆，然后在槽内填塞沥青水泥和沥青麻布 2～3 层，槽内填满后，再在上面铺设宽 50cm 的沥青麻布 2 层，最后浇筑宽 100cm、厚 25cm 的钢筋混凝土盖板作为止水塞。从坝顶钻孔两排孔插钢筋锚固坝体，最后进行接缝灌浆。

2. 混凝土坝体散渗或集中渗漏的处理

混凝土坝由于蜂窝、空洞、不密实及抗渗指标不够等缺陷，从而引起坝体散渗或集中渗漏时，可根据渗漏的部位、程度和施工条件等情况，采取下列某一种或某几种方法相结合进行处理：

（1）灌浆处理。灌浆处理主要用于建筑物内部密实性差、裂缝孔隙比较集中的部位。可用水泥灌浆，也可用化学灌浆。

（2）表面涂抹。对大面积的细微散渗及水头较小的部位，可采取表面涂抹处理；对面积较小的散渗可采取表面贴补处理。

（3）构筑防渗层。防渗层适用于大面积的散渗情况。防渗层一般做在坝体迎水面，结构一般有水泥浆及砂浆防渗层等形式。

水泥浆及砂浆防渗层，一般在坝的迎水面应抹 5 层，总厚度 12～14mm，具体方法如下：

1）表面处理。用钢丝刷或竹刷将渗水面松散的表层、泥沙、藓苔、污垢等清洗干净，然后用清水冲洗。如渗水面凹凸不平，则需把凸起的剔除，凹陷的用 1:2.5 水泥砂浆填平，并经常洒水，保持表面湿润。

2）降压导渗。当防渗层设在背水面时，为便于防渗层施工，应设法降低渗透压力。在漏水较严重的部位，应凿开孔眼，在孔眼中插入钢管（或胶管）将水导出。孔眼数量视具体情况而定。

3）防渗层施工。第一层为素灰浆，厚 2mm（水灰比 0.35～0.4），分两次涂抹，先用拌和的素灰浆抹 1mm，把混凝土表面的孔隙填满压实，然后再抹第二次素灰浆，如施工时仍有少量渗水，可在灰浆中加入适量促凝剂，以加速素灰浆的凝固。第二层为水泥砂浆，厚度 4～5mm（灰砂比 1:2.5，水灰比 0.55～0.60），应在初凝的素灰浆层上轻轻压抹，使砂粒能压入素灰浆层，但又不压穿为度，这层表面应保持粗糙，待终凝后表面洒水湿润，再进行下一层施工。第三层为素灰浆，厚度 2mm，操作工艺同第一层。第四层为水泥砂浆，厚度 4～5mm，操作工艺同第二层，但在背水面时，该层表面应压实抹光。第五层为素灰浆层，厚度 2mm，应在第四层初凝时进行，且表面须压实抹光。为了达到速凝和提高防渗效果，可在各层浆料中分别掺入为水泥质量 1% 的硅酸钠（水玻璃）。

4）养护。防渗层终凝后，应每隔 4h 洒水一次，保持湿润，并避免直接受风吹日晒，以防开裂。养护时间按混凝土施工规范规定进行。

5）封堵孔眼。在防水层终凝后，拔出钢管（或胶皮管），采用快凝胶泥堵塞孔眼。此法在易受冲击、腐蚀部位和对于有振动或可能发生变形的结构，均不宜采用。

（4）增设防渗面板。当坝体本身质量差、抗渗等级低、大面积渗漏严重时，可在上游坝面增设防渗面板。

防渗面板一般用混凝土材料，施工时需先放空水库，然后在原坝体布置锚筋并将原坝体凿毛、刷洗干净，最后浇筑混凝土。锚筋一般采用直径 12mm 的钢筋，每平方米一根，混凝土强度等级一般不低于 C13。

混凝土防渗面板的两端和底部都应深入基岩 1～1.5m，根据经验，一般混凝土防渗面板底部厚度为上游水深的 1/60～1/15，顶部厚度不少于 30cm。为防止面板产生温度裂缝，应设伸缩缝，分块进行浇筑，伸缩缝间距不宜过大，一般为 15～20m，缝间设止水。

（5）堵塞孔洞。当坝体存在集中渗流孔洞时，若渗流流速不大，可先将孔洞稍微扩大并凿毛，然后将快凝胶泥塞入孔洞中堵漏，若一次不能堵截，可分几次进行，直到堵截住为止。当渗流流速较大时，可先在洞中楔入棉絮或麻丝，以降低流速和漏水量，然后再行堵塞。

（6）回填混凝土。对于局部混凝土疏松，或有蜂窝、空洞而造成的渗漏，可先将质量差的混凝土全部凿除，再用现浇混凝土回填。

（二）混凝土坝止水、结构缝渗漏的处理

混凝土坝坝段间伸缩缝止水结构因损坏而漏水，其修补措施有以下几种。

1. 补灌沥青

对沥青止水结构，应先采用加热补灌沥青的方法堵漏，若补灌有困难或无效时，再考虑采用其他止水方法。

2. 化学灌浆

伸缩缝漏水也可用聚氨酯、丙凝等具有一定弹性的化学材料进行灌浆处理，根据渗漏的情况，可进行全缝灌浆或局部灌浆。

※技能操作※

3. 补做止水

坝上游面补做止水，应先降低水位，然后加镶铜片或镀锌片，具体操作方法如下：

（1）沿伸缩缝中心线两边各凿一条槽，槽宽 3cm、深 4cm，两条槽中心距 20cm，槽口尽量做到齐整顺直，如图 3-9 所示。

（2）沿伸缩缝凿一条宽 3cm、深 3.5cm 的槽，凿后清扫干净。

（3）将石棉绳放在盛有 60 号沥青的锅内，加热至 170～190℃，并浸煮 1h 左右，使石棉绳内全部浸透沥青。

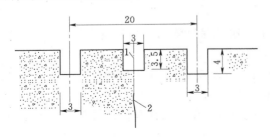

图 3-9　坝面加镶铜片凿槽示意图（单位：cm）
1—中心线；2—伸缩缝

图 3-10　纯铜片形状尺寸图（单位：cm）

接头大样

（4）用毛刷向缝内小槽刷上一薄层沥青漆，沥青漆中沥青与汽油比为 6∶4，然后把沥青石棉绳嵌入槽缝内，表面基本平整。沥青石棉绳面距槽口面保持 2.0～2.5cm。

（5）把铜片或镀锌铁片加工成图 3-10 形状。纯铜片厚度不宜小于 0.5mm，纯铜片长度不够时，可用铆钉铆固搭接。

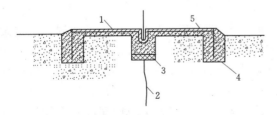

图 3-11　坝面加镶片示意图
1—环氧基液与沥青漆；2—裂缝；3—沥青石棉绳；
4—环氧砂浆；5—纯铜片

（6）用毛刷将配好的环氧基液在两边槽内刷一层，然后在槽内填入环氧砂浆，并将纯铜片嵌入填满环氧砂浆的槽内，如图 3-11 所示。将纯铜片压紧，使环氧砂浆与纯铜片紧密结合，然后加支撑将纯铜片顶紧，待固化后拆除。

（7）在纯铜片面上和两边槽口环氧砂浆上刷一层环氧基液，待固化后再涂上一层沥青漆，15～30min 后再涂一层冷沥青胶泥，作为保护层。

※技述应用※

（三）浆砌石坝体渗漏的处理

浆砌石坝产生渗漏原因有上游防渗部分施工质量不好、砌缝砂浆存在较多孔隙、砌筑石料本身抗渗指标较低等，这些都会引起坝体渗漏。通常采取以下方法进行处理。

1. 重新勾缝

当坝体石料质量较好，仅局部地方由于施工质量差，砌缝中砂浆不够饱满，有孔隙，或者砂浆干缩产生裂缝而造成渗漏时，均可采用水泥砂浆重新勾缝处理。一般浆砌石坝，当石料质量较好时，渗漏多沿灰缝发生，因此，认真进行勾缝处理后，渗漏途径可全部堵塞。

2. 灌浆处理

当坝体砌筑质量普遍较差，大范围内出现严重渗漏，勾缝无效时，可采用从坝顶钻孔灌浆，在坝体上游形成防渗帷幕。

3. 加厚坝体

当坝体砌筑质量普遍较差，渗漏严重，勾缝无效，又不具备灌浆处理条件时，可在上游面加厚坝体，若原坝体较单薄，可一并加厚坝体防渗体。加厚坝体前需放空水库。

4. 上游面增设防渗层或防渗面板

渗漏严重时，可在坝上游面增设防渗层或混凝土防渗面板。方法和前述混凝土坝的防渗面板做法相同。

（四）绕坝渗漏的处理

绕过混凝土或浆砌石坝的渗漏，应根据两岸的地质情况，摸清渗漏的原因及渗漏的来源与部位，采取相应措施进行处理。处理的方法：可在上游面封堵，也可进行灌浆处理。

（五）基础渗漏的处理

对岩石基础，如出现扬压力升高或排水孔涌水量增大等情况，可能是原有帷幕失效、岩基断层裂隙扩大、混凝土与基岩接触不密实或排水系统堵塞等原因所致。对此，应首先查清有关部位的排水孔和测压孔的工作情况，然后根据原设计要求、施工情况进行综合分析，确定处理方法。一般有以下几种方法：

（1）若原帷幕深度不够或下部孔距不满足要求，可对原帷幕进行加深加密补灌。

（2）若是混凝土与基岩接触面产生渗漏，可进行接触灌浆处理。

（3）若为垂直或斜交于坝轴线且贯穿坝基的断层破碎带造成的渗漏，可进行帷幕加深加厚和固结灌浆综合处理。

（4）若排水设备不畅或堵塞，可设法疏通，必要时增设排水孔以改善排水条件。

任务四　混凝土坝表面破坏处理

※基本知识※

一、混凝土表面破坏的形式与成因

混凝土坝表层破坏往往是由于设计考虑不周、施工质量差、管理不善或其他因素造成的，表层裂缝已作介绍。表层其他破坏现象、原因和发生部位见表 3-3。

表 3-3　　　　　　　　　　表层破坏的现象、原因和部位

现　象	原　因	常　见　部　位
拆模后混凝土表面有蜂窝、麻面、骨料架空和外露、模板走样、接缝不平	施工质量不好	各部位均可发生

续表

现　象	原　因	常　见　部　位
高速水流冲刷、淘刷、磨损、气蚀等，使混凝土表面变形、骨料外露、疏松脱壳等	1. 流速大于混凝土表面允许流速； 2. 水流边界条件不好，在高速水流作用下，引起气蚀破坏； 3. 水流中挟有大量砂石等推移质或冰凌等漂浮物； 4. 消力池护坦上及其附近堆积有砂石、混凝土块或钢筋等杂物	1. 与水流接触的表面，特别是底板表面； 2. 过水建筑物急弯部分，断面突变部位及不平整部位
冻融、风化剥蚀使混凝土表面疏松脱壳或成块脱落	1. 严寒地区冰冻及干湿交替循环作用； 2. 有侵蚀性水的化学侵蚀作用	水位变化区及与水经常接触的部位
撞击破坏使混凝土表面成块脱落、凹凸不平	机械、船舶或其他坚硬物的撞击	各部位均可发生

※技术应用※

二、混凝土表面破坏的修补要求

1. 表层损坏混凝土的清除方法

在清除表层损坏混凝土时，应根据损坏的部位与程度，分别选用下述方法处理：

（1）人工凿除。对于浅层或面积较小的损坏混凝土可以采用。

（2）风镐凿除。对于损坏较深（5～50cm）、面积较大的损坏混凝土，可以结合人工进行。

（3）小型爆破为主的爆除。对于损坏深度大于 50cm，且面积较大的损坏混凝土，可采用爆除方法。对于某些不宜进行爆破作业的特殊部位，可钻排孔，用人工打楔凿除，或用机械切割凿除。

（4）膨胀剂静力剥除。这种方法是沿混凝土清除边缘用机械切割边缝，深度不超过清除厚度，然后顺着清除界面钻孔并装膨胀剂。膨胀剂一般为石灰加掺合剂形成。这是一种安全、简便、高效的新型实用技术方法，在一些改造工程中使用，获得良好效果。

2. 清除表层损坏混凝土的技术要求

在清除表层损坏混凝土时，既要保证表层以下或周围完好的混凝土、钢筋、管道、观测设备及埋设件等不受破坏，又要保证损坏区域附近的机械设备和建筑物的安全。当采用以小型爆破为主的方法清除时，对有钢筋部位的表层损坏混凝土，可参照以下技术要求制定具体措施。

（1）爆破程序。爆破作业一般应分层分区进行，以保证爆破效果。爆破程序为：切断贯穿性钢筋和钻防振孔→拆除钢筋层→混凝土松动爆破→混凝土龟裂爆破及浅孔爆破→凿除保护层。

（2）布设防振孔。设防振孔一排，布置在凿除区内，与清除边线相距约 30cm，孔深约为爆破孔的 2 倍，如图 3-12 所示。

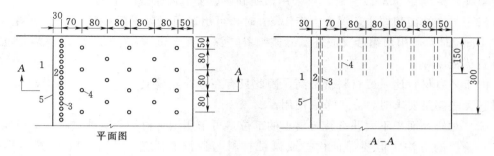

图 3-12　松动爆破布孔示意图（单位：cm）
1—保留区；2—保护层；3—防振孔；4—爆破装药孔；5—清除边线

（3）钢筋的处理。凡贯穿在凿除区和保留区之间的钢筋，必须在爆破前切断，在切断时，要注意随后焊接用的钢筋应保留有足够的搭接长度。

（4）爆破的控制。为了防止爆破时对相邻部位混凝土及建筑物的不良影响，对各爆破区的孔深、孔距、最小抵抗线、装药量和一次起爆总装药量等参数，要严加控制，并通过试验验证。

（5）爆破和凿除。参照图 3-13，按下列要求进行：

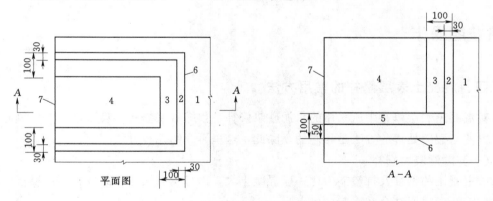

图 3-13　混凝土清除分区示意图（单位：cm）
1—保留区；2—人工或风镐凿除区；3—龟裂爆破区；4—松动爆破区；5—浅孔爆破区；
6—清除边线；7—临空面

1）距清除边线 1m 以外的混凝土，采用松动爆破。

2）距竖直面清除边线 30～100cm 范围内的混凝土，采用龟裂爆破切割。

3）在底面清除边线以上 50～100cm 范围内采用浅孔松动爆破，并用火雷管起爆。

4）距竖直清除边线 30cm 和距底面清除边线 50cm 以内，采用人工或风镐凿除。

三、修补方法的选择和对修补材料的要求

（1）当修补面积较大，深度大于 20cm 时，可采用普通混凝土（包括膨胀水泥混凝土

和干硬性混凝土)、喷混凝土、压浆混凝土或真空作业混凝土回填；深度在5～20cm时，可采用喷混凝土或普通混凝土回填；深度在5～10cm时，可采用普通砂浆、喷浆或挂网喷浆填补；深度在5cm以下时，可采用预缩砂浆、环氧砂浆或喷浆填补。

（2）当修补面积较小，深度大于10cm时，可用普通混凝土或环氧混凝土回填，深度小于10cm时，可用预缩砂浆或环氧砂浆填补，深度在5mm左右的低凹小缺陷，也可用环氧石英膏填补。

由于环氧材料比一般材料价格高，因此只有在修补质量上要求较高的部位，或当用其他材料无法满足要求时，方可考虑使用。

（3）对修补面积不大并有特定要求的部位，可采用钢板衬护或其他材料（如铸铁、铸石等）镶护的方法，但要保证衬护或镶护材料与原混凝土连接可靠，并注意表面接合平顺。

（4）除了根据损坏的部位和原因分别提出抗冻、抗渗、抗侵蚀、抗风化等要求外，一般要求砂浆和混凝土应为高强度、耐磨和具有一定的韧性。混凝土的技术指标不得低于原混凝土，所用水泥强度不得低于原混凝土水泥的强度，一般采用C40以上的普通硅酸盐水泥为宜；水灰比应尽量选用较小值，并通过试验确定。

（5）对由于湿度变化而引起风化剥蚀的部位，进行修补时，宜在砂浆或混凝土中掺入水泥质量1/10000左右的加气剂，以提高砂浆或混凝土的抗冻性和抗渗性，但同时会使强度稍有降低，因此应控制含气量不超过5%。

※技能操作※

四、混凝土表层修补的常用方法

对混凝土表层修补中所采用的水泥砂浆修补、预缩砂浆修补、喷浆修补、环氧砂浆修补等方法与裂缝处理的方法是相同的。除此，这里再介绍几种方法。

（一）喷混凝土修补

喷混凝土的密度及抗渗能力比一般混凝土大，而且具有快速、高效、不用模板以及把运输、浇注、捣固结合在一起的优点。

1. 材料与配比

根据强度、防渗、抗冻等要求进行试验确定。一般水泥:砂子:石子＝1:2:2，水灰比为0.4～0.45，速凝剂掺量为水泥量的2%～4%。

2. 修补工艺

（1）喷混凝土前的准备工作。喷混凝土的准备工作，基本上与喷浆相同。

（2）喷混凝土作业。喷混凝土的喷射方法与养护方法可参照前述喷浆修补有关内容进行。一次喷射层厚度一般以不小于最大骨料粒径的1.5倍为宜。

喷射层的间隔时间与水泥品种、施工温度和速凝剂掺量有关，一般不超过前一层终凝时间。当修补面积较大时，可考虑分区自上而下喷射。

（二）混凝土真空作业修补

真空作业是采用真空系统将浇筑的混凝土中多余的水量提早吸出，以增加混凝土的早期强度，提高混凝土的质量，缩短拆模期限的一种修补方法。

1. 真空作业的设备装置

混凝土真空作业的装置有移动式和固定式两种。移动式装置可装在汽车或拖车上，固定式装置可参看图 3-14，其主要设备包括真空泵、真空槽、连接器等。

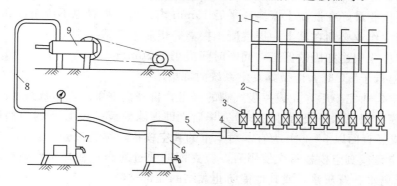

图 3-14　真空系统布置示意图

1—真空盘或真空模板；2—吸气压力胶管；3—连接器分嘴；4—连接器；5—吸气总管；
6—集水槽；7—真空槽；8—连接管；9—真空泵

2. 真空作业的技术要求

（1）施工程序。洗刷模板→涂抹肥皂水或石灰浆→支设模板→浇注混凝土或预填骨料混凝土→真空作业→拆模→养护。

（2）真空系统各项设备应严密不漏气，并保持清洁，防止杂物及水被吸入真空泵内。

（3）真空盘与混凝土表面接触要严密，各真空盘应尽量靠紧。在最初抹平混凝土表面时，应比设计高度高出 5～10mm（一般应经试验确定），使真空作业后混凝土表面高度与设计高度相符。真空作业后不得在混凝土表面加水泥砂浆面层。

（4）真空模板必须安装牢固，防止变形、漏气。每次作业时，混凝土必须浇筑至高出该层真空腔的上缘，并填满真空腔。

（5）真空作业的吸水量，要根据所要求的真空作业层厚度及水灰比降低值确定，可按下式确定：

$$\omega = W_c h \Delta \tfrac{w}{c} \tag{3-1}$$

式中　ω——吸水量，kg/m^2；

W_c——每立方米混凝土中的水泥用量，kg/m^3；

h——要求的真空作业层厚度，m；

$\Delta\tfrac{w}{c}$——要求的水灰比降低值。如拌和混凝土的水灰比为 0.65，要求真空作业后水灰比降低至 0.62，则 $\Delta\tfrac{w}{c} = 0.65 - 0.62 = 0.03$。混凝土真空作业时，一般水灰比控制在 0.55～0.65，经真空作业后，水灰比降低值约为 0.05。

（6）真空度一般为350～550mmHg，真空槽和连接器可控制在较高范围，真空腔可控制在较低范围。

（7）真空作业时间随着混凝土的密度和作业层厚度按吸水量而定。当作业层厚度不超过25cm时，一般采用15～45min；当超过25cm时，可延长至50min。真空作业修补可用一次吸真空法，也可用二次吸真空法，如第一次作业后，吸水量仍未达到要求指标，可间隔10min，再做第二次吸真空10～15min。

（8）真空作业最好在混凝土振捣抹平后15min内开始，最迟也不应超过30min。真空模板各层吸真空作业必须在其上一层混凝土振捣完毕后才开始。

（9）真空作业中途如因故停工，间断时间应小于30min。

（10）气温低于8℃时，应做好真空系统防冻措施。

（11）真空作业完毕后，先拔掉吸气嘴的气管，再停真空泵，以防灰浆水倒灌。

（12）拆模时间：水平表面可在作业完毕后立即拆除模板；40°以下的斜面以2～3h为宜；40°以上或竖直面以5～24h为宜。对承重的真空模板，须通过验算确定。

（13）真空盘或真空模板每次使用后，应立即冲洗过滤布；在每次作业前，可在过滤布上涂一层肥皂水、石灰浆，或其他能防止黏结的廉价材料。

（14）在真空作业后，混凝土的养护与普通混凝土相同。

3. 真空作业的效果

混凝土经真空作业后，其强度提高值见表3-4。但当混凝土的水泥用量大于400kg/m³，水灰比为0.4以下时，吸真空的效果就大大降低，不宜再用真空作业。

表3-4　　　　　　　　　　　混凝土真空作业后的强度提高值

龄期	3d	7d	28d	1年	备　注
强度提高值/%	40～60	30～40	20～25	15～20	真空作业混凝土的配合比、养护条件同普通混凝土

（三）压浆混凝土（预填粗骨料混凝土）修补

压浆混凝土是将有一定级配的洁净粗骨料预先填入模板中，并埋入灌浆管，然后通过灌浆管用泵把水泥砂浆压入粗骨料间的空隙中胶结而成为密实的混凝土。

1. 材料与配比

（1）砂。砂宜采用细砂，超过2.5mm的颗粒应预先筛除，细度模数最好在1.2～2.4。

（2）粗骨料。粗骨料应为洁净的卵石或碎石，宜采用间断级配，最小粒径不得小于2cm，最大粒径尽可能大些，使孔隙率降低。在一般情况下，孔隙率为35%～40%。

（3）掺合料。掺入一定数量的掺合料可以节约水泥，改善砂浆的和易性，提高抗渗和抗蚀能力。最常用的掺合料有火山灰质混合材料和粒状高炉矿渣等，其中以粉煤灰应用最广。粉煤灰的质量应符合混凝土施工规范的规定，掺入量可通过试验确定。

（4）外加剂。为了改善砂浆的性能，常掺用加气剂、塑化剂和铝粉等外加剂，最佳掺量应由实验来确定。铝粉掺入量为水泥与掺合料总质量的4/100000～1/10000。用铝粉时，应先将铝粉与干的掺合料拌匀。

（5）配合比。压浆混凝土的配合比设计，应根据试验求得压浆混凝土强度与砂浆强度的关系，再按要求的砂浆强度确定砂浆配合比。但砂浆与胶结料的质量比不超过1.6。为了满足施工的需要，用压浆法浇注混凝土的砂浆，应具有下列分层度和流动度指标：

1) 分层度（即砂浆的离析程度）不大于2cm。

2) 流动度（即砂浆的稠度）：当石子粒径为20mm时为17～22s；当石子粒径大于20mm时为22～25s。

选择适当的分层度和流动度，是为了使砂浆在压力作用下，通过管道输送时处于悬浮状态，以利于提高输送效率。

2. 压浆系统的布置

压浆系统的布置，除应使压浆作业顺利进行外，还应使其移动次数最少，且输浆管线路最短。压浆系统布置方式如图3-15所示。

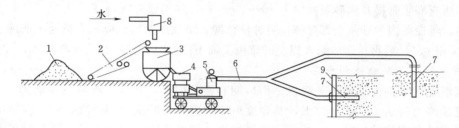

图3-15　压浆系统布置示意图

1—水泥、砂材料；2—带式输送机；3—强制式砂浆搅拌机；4—带有搅拌装置的砂浆储备器；5—砂浆泵；
6—输浆泵；7—灌浆泵；8—称水装置；9—模板

3. 压浆混凝土作业

(1) 准备工作。具体内容包括：

1) 立好模板，筛选洗净粗骨料，分层填筑，每层厚度不宜超过20cm，并加以捣实，以降低填石的孔隙率。

2) 在预填粗骨料过程中，应按设计要求埋入灌浆管和观测管，并保证不被填石所破坏。

3) 压浆前应对管路做压水试验，检查有无漏水。

(2) 压浆作业注意事项。具体内容包括：

1) 砂浆拌和时间应不少于3min。压浆开始时，先压送水泥浆较多的砂浆，以润滑管路，然后再压送按规定配合比拌和的砂浆。

2) 初次拌好的砂浆必须测定流动度，如数值超过规定值，应加以改正。在压浆过程中，也应经常检查流动度。

3) 压浆管的布置方式，应根据修补部位的形状及大小确定，可以穿过侧面模板水平放置，也可以竖直放置。竖放时，压浆管距离模板不宜小于50cm，以免对模板产生过大压力。压浆管间距与位置，应根据浇注范围、压浆管的作用半径及管径，砂浆流动度与灌浆压力等事先试验确定，一般间距为1.5～2.0m。

4) 当施工部位的厚度不大，而面积较大、埋设的灌浆管较多时，应对灌浆顺序进行安排。一般采用双线循环法，即从一端向另一端推进，如图3-16所示。开始灌浆时，第

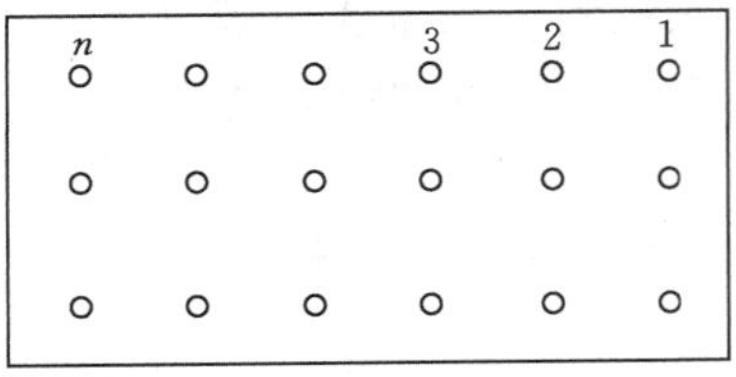

图 3-16　灌浆顺序示意图

1, 2, 3, …, n—第一、二、三、…、n 线

一线和第二线同时进行，当第一线灌完后，第二线仍继续灌浆，而将第一线的输浆管接到第三线，同样第二线灌完后，再把输浆管装到第四线，如此连续向前推进。

5）当结构物的标高由四周向中心逐渐增高或者是斜面，而布置的灌浆管不能同时灌浆时，应先从最下部开始，逐渐上升，不得间断。

6）压浆过程中，必须测定砂浆的上升情况，观测结果要作详细记录。

7）发生严重故障障时，如模板破坏和设备损坏等被迫停止工作时间较长，则应将被埋入砂浆中的所有灌浆管提升到砂浆面以上 10～15cm 处，并用铁钎捅捣或通压缩空气等方法使管路通畅，将设备内的砂浆全部弃掉，且冲洗洁净。继续压浆前，应先适量地压送纯水泥浆（水灰比采用 0.5）后再压送砂浆，以免砂浆由上而下灌注时在接缝形成蜂窝麻面。

4. 压浆混凝土的效果和应用

压浆混凝土早期强度增长较缓慢，但后期有显著增长，并有较高的抗渗能力，如 90d 龄期的抗渗能力可达 1.5MPa 以上，其强度可以达到普通混凝土的强度。它不仅适用于一般抗渗要求较高部位的修补，也适用于钢筋稠密、埋设件复杂、结构尺寸要求精确度较高以及水下不易浇筑捣固的部位的修补。

有抗冻要求的压浆混凝土，应通过试验合格后，才能使用。

任务五　混凝土坝和浆砌石坝的抗滑稳定性

※基本知识※

重力坝是用混凝土或浆砌石修筑的大体积挡水建筑物，它的主要特点是依靠自重来维持坝身的稳定。

重力坝必须保证在各种外力组合的作用下，有足够的抗滑稳定性，抗滑稳定性不足是重力坝最危险的病害。当发现坝体存在抗滑稳定性不足，或已产生初步滑动迹象时，必须详细查找和分析坝体抗滑稳定性不足的原因，提出有效措施，及时处理。

一、重力坝抗滑稳定性不足的原因

根据对重力坝病害和失事情况的调查分析，坝体抗滑稳定性不足，主要是由于重力坝在勘测、设计、施工和运用管理中存在如下问题造成的：

（1）在勘测工作中，由于对坝基地质条件缺乏全面了解，特别是忽略了地基中存在的软弱夹层，计算时采用了过高的摩擦系数而造成实际抗滑稳定性不足。

（2）设计的坝体断面过于单薄，自重不够，或坝基扬压力加大，上游面产生了拉应力，使坝体稳定性不足。

（3）施工质量较差，基础处理不彻底，使实际的摩擦系数值达不到设计要求，而坝底渗透压力又超过设计计算值，导致不稳定。

（4）由于管理运用不善，造成水库水位较多地超过设计最高水位，增大了坝体所受的水平推力，或排水设施失效，增加了渗透压力，使坝体的抗滑稳定性降低。

二、增加重力坝抗滑稳定性的主要措施

重力坝承受强大的上游水压力和泥沙压力等水平荷载，如果某一截面的抗剪能力不足以抵抗该截面以上坝体承受的水平荷载时，便可能产生沿此截面的滑动。由于一般情况下坝体与地基接触面的结合较差，因此，滑动往往是沿坝体与地基的接触面发生的。所以，重力坝的抗滑稳定分析，主要是核算坝底面的抗滑稳定性。坝底面的抗滑稳定性与坝体的受力有关，重力坝所受的主要外力有垂直向下的坝体自重、垂直向上的坝基扬压力、水平推力和坝体沿地基接触面的摩擦力等，如图3-17所示。

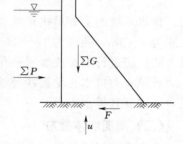

图 3-17　重力坝受力图
$\sum P$—水平推力；$\sum G$—自重；
F—抗滑力；u—扬压力

坝体的抗滑稳定安全系数 K 用下式表示：

$$K = \frac{F}{\sum P} = \frac{f(\sum G - u)}{\sum P} \qquad (3-2)$$

式中　　$\sum P$——水平推力，包括水压力、风浪压力、泥沙压力等；

　　　　$\sum G$——垂直向下的坝体、水、泥沙的重力；

　　　　u——垂直向上的坝基扬压力；

　　　　f——抗剪摩擦系数；

　　　　K——安全系数。

由式（3-2）可知，增加坝体抗滑稳定性的途径有：减少扬压力，增加坝体重力，增加摩擦系数和减小水平推力等。

（一）减少扬压力

扬压力对坝体的抗滑稳定性有极大的影响，减少扬压力是增加坝体抗滑稳定性的主要方法之一。通常减少扬压力的方法有两种：一是加强防渗，二是加强排水。

1. 加强防渗

采用补强帷幕灌浆，加强坝基防渗，对减少扬压力的效果非常显著。灌浆可在坝体灌浆廊道中进行，如图3-18（a）所示。当没有灌浆廊道时，可从坝顶上游侧钻孔，穿过坝身，深入基岩进行灌浆，如图3-18（b）所示。当既无灌浆廊道，从坝顶钻孔灌浆又有困难，而且不能放空水库时，可以采用深水钻孔灌浆，如图3-18（c）所示。灌浆材料以水泥为主。

2. 加强排水

为减少扬压力，除在坝基上游部分进行补强帷幕灌浆以外，还应在帷幕下游部分设置排水系统，增加排水能力。两者配合使用，更能保证坝体的抗滑稳定。

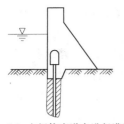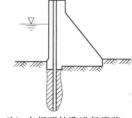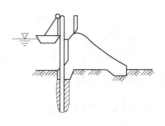

（a）在坝体廊道中进行灌浆　　　（b）在坝顶钻孔进行灌浆　　　（c）深水钻孔灌浆

图 3-18　补强帷幕灌浆进行方式

排水系统的主要形式是排水孔，排水孔的排水效果与孔距、孔径和孔深有关，常用的孔距为 2~3m，孔径为 15~20cm，孔深为帷幕深度的 0.4~0.6 倍。原排水孔过浅或孔距过大的，应进行加深或加密补孔，以增加导渗能力。

若原有的排水孔受泥沙等物堵塞时，可采用高压气（或水）冲孔或用钻机清扫排水孔，以恢复其排水能力。

（二）增加坝体重力

重力坝的坝体稳定，主要靠坝体的重力平衡水压力，因此，增加坝体的重力是增加抗滑稳定的有效措施之一。增加坝体重力可采用加大坝体断面或预应力锚固等方法。

1. 加大坝体断面

加大坝体断面可从坝的上游面或从坝的下游面进行。从上游面增加断面时，既可增加坝体重力，又可增加垂直水重，同时还可改善防渗条件，但需放空水库或降低库水位修筑围堰挡水才能施工，如图 3-19（a）所示。从坝的下游面增大断面，如图 3-19（b）所示，施工比较方便，但也应适当降低库水位进行施工，这样有利于减少上游坝面拉应力。坝体断面增加部分的尺寸，应通过稳定计算确定，施工时还应注意新旧坝体之间的结合紧密。

2. 预应力锚固

预应力锚固，是从坝顶钻孔到坝基一定深度，在孔内穿入钢锚索，锚索一端锚入基岩中，另一端锚固于坝体内，通过对锚索施加预应力，使坝体内及坝体与坝基之间压力增大，从而可以增加坝体的抗滑稳定性，如图 3-20 所示。

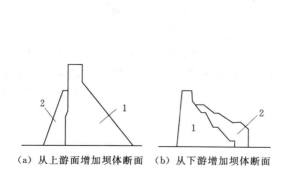

（a）从上游面增加坝体断面　（b）从下游增加坝体断面

图 3-19　增加坝体断面的方式

1—原坝体；2—加固坝体

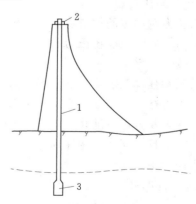

图 3-20　预应力锚固示意图

1—锚索孔；2—锚头；3—扩孔段

用预应力锚固来提高坝体抗滑稳定性效果良好，但施工工艺复杂，而且预应力会因锚索松弛而发生损失。

对于空腹重力坝或大头坝等坝型，也可采用腹内填石加重，不必加大坝体断面。

（三）增加摩擦系数

摩擦系数大小与坝体和地基的连接形式及清基深度有关。对于原坝体与地基的结合，只能通过固结灌浆的措施加以改善，从而提高坝体的抗滑稳定性。除此之外，通过固结灌浆还能增强基岩的整体性及弹性模量，增加地基的承载能力，减少不均匀沉陷。

固结灌浆孔的深度，在上游部分坝基中，由于坝基可能产生拉应力，要求基岩有较高的整体性，故对钻孔要求较深（8~12m）。在坝基的下游部分，应力较为集中，也要求采用较深的固结灌浆孔，孔深也为8~12m，其余部分可采用5~8m的浅孔。

固结灌浆孔距一般为3~4m，呈梅花形或方格形布置。

（四）减小水平推力

减小水平推力可采用控制水库运用和坝体下游面加支撑等方法。

1. 控制水库运用

控制水库运用主要用于病险水库度汛或水库设计标准偏低等情况。对病险水库而言，通过降低汛前调洪起始水位，可减小库水对坝的水平推力。对设计标准偏低的水库，通过改建溢洪道，加大泄洪能力，控制水库水位，也可达到保持坝体稳定的目的。

2. 坝体下游面加支撑

坝体下游面加支撑，可使坝体上游的水平推力通过支撑传到地基上，从而减少坝体所受的水平推力，又可增加坝体重力。支撑的形式如图3-21所示，可根据建筑物的形式和地质地形条件加以选用。图3-21（a）是在溢流坝下游护坦钻孔设桩，通过桩将部分水平推力传到河床基岩上；图3-21（b）是非溢流坝的重力墙支撑；图3-22（c）是钢筋混凝土水平拱支撑。

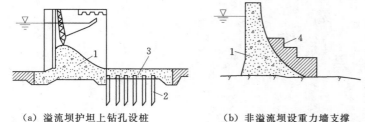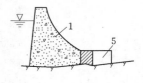

（a）溢流坝护坦上钻孔设桩　　（b）非溢流坝设重力墙支撑　　（c）钢筋混凝土水平拱支撑

图3-21　下游面加支撑的形式
1—坝体；2—支撑桩；3—护坦；4—重力墙；5—水平拱

采用何种抗滑稳定的措施要因地制宜，补强灌浆和加大坝体断面是经常采用的两种有效措施，有些情况下也可采用综合性措施。

思 考 题

1. 混凝土及砌石坝常有哪些类型的病害？
2. 混凝土坝运用中应进行哪些检查？从哪些方面进行养护？
3. 混凝土坝运用时常会发生哪些裂缝？如何处理？
4. 哪些因素都引起混凝土坝渗漏？渗漏如何处理？
5. 坝体混凝土表面通常发生哪些破坏？
6. 混凝土表面破坏体如何清理？
7. 混凝土表面破坏的处理有哪些方法？
8. 混凝土真空作业中应注意哪些什么问题？
9. 压浆混凝土作业时应注意什么？
10. 目前我国在水工混凝土建筑物修补中都有哪些新技术？
11. 混凝土重力坝稳定性的增强有哪些途径？

技 能 操 作

对混凝土坝止水、结构缝渗漏进行处理。

技术应用能力提升

一混凝土坝表面出现严重深层的碳化剥蚀，请拟定一个合理的处理方案，并制定处理方法与措施。

项目四　溢洪道的维护

导学：溢洪道的巡视检查内容和要求，检查的方式与频次，检查报告的内容与资料要求是最基本的知识。溢洪道的养护范围、养护要求也是做好维护的必备知识。溢洪道裂缝、渗漏、剥蚀是混凝土坝运行过程中几种主要的病害形式，其病害的类型、特征、产生的原因是维护溢洪道安全运行应具备的基础知识，病害的处理方法是应具备的基本技能，都应熟悉。

溢洪道是水利枢纽中用来宣泄水库多余水量，保证坝体和枢纽安全运行的泄洪建筑物。

溢洪道由以下五部分组成，各个部分承受水流的作用不同，其结构与功能也有所不同。

1. 进口段

进口段的作用是引导水流由水库平顺地进入控制段。有较短的喇叭形进水口，有较长的引水明渠。

2. 控制段

控制段是溢洪道的咽喉，控制着溢洪道的过水能力。通常筑成挡水堰形式，多采用宽顶堰和实用堰型，有时也采用驼峰堰和带胸墙的溢流堰。

3. 泄洪槽

溢洪道在控制段之后都有一段陡坡（槽）与消能段相接。泄洪槽中的水流流速较高，会产生冲击波、掺气和空蚀等问题，弯道凹侧还会受到高速水流的折冲压力作用，泄洪槽一般布置成直线、等宽及一坡到底的形式，底面不允许有局部凹凸不平及突出部分，泄洪槽边墙要适当加高。还要做好泄洪槽底板的分缝、接缝处的处理及止水，并保证排水设备运用有效，防止在泄洪槽底板上产生较大的扬压力。

4. 消能设施

消能设施是以消减下泄水流的能量，防止对下游的冲刷为主要作用，其形式有挑流消能和底流消能方式，以挑流消能为多。

5. 尾水渠

有时下泄洪水经消能后，不能直接进入原河道，需布置一段尾水渠。尾水渠也会受到水流冲刷作用。

任务一　溢洪道的巡视检查与养护

※**基本知识**※

一、溢洪道检查的内容

（1）溢洪道的进水段有无坍塌、崩岸、淤堵或其他阻水现象，流态是否正常；下游河床及岸坡的冲刷和淤积情况；堰顶或闸室、闸墩、胸墙、边墙、溢流面、底板有无裂缝、渗水、剥落、冲刷、磨损、空蚀等现象；伸缩缝、排水孔是否完好。

（2）消能工有无冲刷或砂石、杂物堆积等现象；工作桥是否有不均匀沉陷、裂缝、断裂等现象。

（3）闸门及其开度指示器、门槽、止水等能否正常工作，有无不安全因素；启闭机能否正常工作，备用电源及手动启闭是否可靠。

（4）观测及通信设施是否完好、畅通；照明及交通设施有无损坏及障碍。

（5）上游拦污设施的情况。

检查的方法与检查报告可参照项目二中任务一土石坝巡视检查的方法与巡视检查的报告进行。

二、溢洪道的养护

1. 溢洪道日常养护的工作内容

（1）对溢洪道的进水渠及两岸岩石的各种损坏及时进行处理，加强维护加固。

（2）对泄水后溢洪道各组成部分出现的问题及时进行处理和修复。

（3）做好控制闸门的日常养护，确保汛期闸门正常工作。

（4）严禁在溢洪道周围爆破、取土和修建其他无关建筑物。

（5）注意清除溢洪道周围的漂浮物，禁止在溢洪道上堆放重物。

（6）如果水库的规划基本资料有变化，要及时复核溢洪道的过水能力。

（7）北方冬季若水位较高，结冰对闸门产生影响，应有相应的破冰和保护措施。

2. 非常溢洪道的管理养护

一般在有条件的土石坝水库枢纽中，泄洪设施分为正常和非常两部分。非常溢洪道的泄流能力一般为校核洪水流量和设计洪水流量之差的那部分或估算的可能超校核洪水流量，使用的机会要比正常溢洪道少得多，但绝不能因此而忽视其管理养护。要保证一旦启用，应主动、灵活、可靠。

对于采用和正常溢洪道基本相同的非常溢洪道，因其结构组成和正常溢洪道基本相同，只是部分结构设计标准略低，因此，其日常检查和养护与正常溢洪道相同，只是在泄水后要特别检查结构物的损毁情况，及时修复。

对于采用漫顶自溃式或引冲自溃式非常溢洪道，因其平时还要挡水，所以，应注意检查土坝坝坡和地基在防渗和稳定方面是否存在问题。在汛前还应注意检查自溃结构物的完好情况及泄洪槽是否有破损和阻水情况等，必须保证水流漫顶后或水流将引冲槽冲刷扩大后，土坝能自溃顺畅泄洪。溃坝泄洪后，要在库水位降落后将土坝修复挡水。

任务二　溢洪道的病害处理

※基本知识※

溢洪道的病害泄流能力不足，陡坡底板被高速水流掀起、下滑，边墙被冲毁，消能设施被冲刷破坏，溢洪道底板、闸墩开裂等，导致溢洪道不能安全泄洪。故应加强溢洪道的管理，发现病害应及时处理。

一、溢洪道泄流能力的扩大

泄流能力不足导致许多水库垮坝，一些小（1）型、小（2）型水库更为严重，根据1979 年编制的《全国水库垮坝登记册》的资料统计，在垮坝的总数中，漫坝失事占 51.5%，其中因溢洪道泄洪能力不足，漫坝失事占 42%。现在各水库管理者都非常重视这个问题，对溢洪道的泄流能力进行复核，分析泄流能力不足的原因，并提出相应的处理意见。

造成溢洪道泄流能力不足的原因很多，主要有：

（1）设计方面的原因。如：①原始资料不可靠，有些水库根本没有进行集雨面积的计算及来流量分析，有的水库集雨面积的计算值和实际来水面积不符，还有的降雨资料不准，得出的洪峰流量偏小；②计算方法不合理；③在计算中未考虑溢洪道控制段前引水渠的水头损失值；④设计防洪标准偏低，设计洪水偏小。

（2）施工方面的原因。在施工放样时过水断面尺寸不够，施工质量不满足设计要求等。

（3）运用管理方面的原因。溢洪道控制段前有泥沙淤积、堆渣及进口设置拦鱼栅等妨碍泄洪设施；堰上控制闸门不能灵活启闭等。

（一）复核溢洪道过水断面的泄流能力

溢洪道的泄流能力主要取决于控制段能否通过设计流量。根据控制段的堰顶高程、溢流前缘总长、溢流时堰顶水头，可用一般水力学的堰流或孔流公式进行复核。

为了全面掌握准确的水库集水面积、库容、地形、地质条件和来水来沙量等基本资料，在复核泄流能力前必须复核以下资料：

（1）水库上下游情况。上游的淹没情况，下游河道的泄流能力、下游有无重要城镇、厂矿、铁路等，它们是否有防洪要求，万一发生超标准特大洪水，可能造成的淹没损失等。

（2）集水面积。是指坝址以上分水岭界限内所包括的面积。集水面积和降雨量是计算上游来水的主要依据。

（3）库容。一般说水库库容是指校核洪水位以下的库容，在水库管理过程中可从水位与库容、水位与水库面积的关系曲线中查得。故对水位-库容曲线也要经常进行复核。

（4）降雨量。降雨量是确定水库洪水的主要资料，是确定防洪标准的主要依据。确定本地区可能最大降雨时，应根据我国长期积累的气象资料，做好历史暴雨和历史洪水的调查考证工作，配合一定的分析计算，使最大降雨值合理可靠。

（5）地形地质。从降雨量推算洪峰流量时，还要考虑集水面积内的地形、地质、土壤和植被等因素，因它们直接影响产流条件和汇流时间，是决定洪峰、洪量和洪水过程线及其类型的重要因素。另外，要增建或扩建溢洪道时，也要考虑地形地质条件。

（二）增大溢洪道泄流能力的措施

1. 扩建、改建和增设溢洪道

溢洪道的泄流能力与堰顶水头、堰型和溢流宽度等有关。扩建、改建工作也主要从这几方面入手进行，具体如下：

（1）加宽方法。若溢洪道岸坡不高，挖方量不大，则应首先考虑加宽溢洪道控制段断面的方法。若溢洪道与土坝紧密连接，则加宽断面只能在靠岸坡的一侧进行。

（2）加深方法。若溢洪道岸坡较陡，挖方量大，则可考虑加深溢洪道过水断面的方法。加深过水断面即需降低堰顶高程，在这种情况下，需增加闸门的高度，在无闸门控制的溢洪道上，降低堰顶高程将使兴利水位降低，水库的兴利库容相应减小，降低水库效益。因此，有些水库就考虑在加深后的溢洪道上建闸，以抬高兴利水位，解决泄洪和增加水库效益之间的矛盾。在溢洪道上建闸，必须有专人管理，保证在汛期闸门启闭灵活方便。

（3）改变堰型。不同堰型的流量系数不同，同种堰型的形状不同，流量系数也不一样。实用堰的流量系数一般为 $0.42\sim0.44$，宽顶堰的流量系数一般为 $0.32\sim0.385$。因此，当所需增加的泄流能力的幅度不大，扩宽或增建溢洪道有困难时，可将宽顶堰改为流量系数较大的曲线形实用堰。

（4）改善闸墩和边墩形状。通过改善闸墩和边墩的头部平面形状可提高侧收缩系数，从而提高泄洪能力。

（5）综合方法。在实际工程中，也可采用上述两种或几种方法相结合的方法，如采用加宽和加深相结合的方法扩大溢洪道的过水断面，增大泄流能力等。

在有条件的地方，也可增设新的溢洪道。

2. 加强溢洪道的日常管理

要经常检查控制段的断面、高程是否符合设计要求。对人为封堵缩小溢洪道宽度，在进口处随意堆放的弃渣，甚至做成的永久性挡水埝，应及时处理，防止汛期出现险情。此外，还应注意拦鱼栅和交通桥等建筑物对溢洪道过水能力的影响，减小闸前泥沙淤积等，增加溢洪道的泄洪能力。

3. 加大坝高

通过加大坝高，抬高上游库水位，增大堰顶水头。这种措施应以满足大坝本身安全和经济合理为前提。

二、溢洪道在高速水流作用下的破坏处理

（一）破坏原因

（1）陡坡段内坡陡、流急，水流流速大，流态混乱，再加上底板施工质量差，表面不平整造成局部气蚀；或因接缝不符合要求，水流渗入底板下，产生很大的的扬压力；或底板下部排水失效，使底板下的扬压力增大；有些工程因底部风化带未清理干净，泡水后使强度降低并产生不均匀沉陷等，从而导致泄水槽的边墙和底板破坏。

（2）有些溢洪道由于地形限制，采用直线布置的开挖量过大，坡度过陡及高边坡的稳定不易解决，故常随地形布置成弯道。高速水流进入弯道，水流因受到惯性力和离心力的作用，互相折冲撞击，形成冲击波，使弯道外侧水位明显高于内侧，形成横向高差。有的工程因此发生弯道破坏事故。

（3）消能设施尺寸过小或结构不合理，底部反滤层不合要求；或平面形状布置不合理产生折冲水流，下泄单宽流量分布不均匀，造成水流紊乱及流量过分集中，出现负压区产

生气蚀等造成消能设施破坏。

（二）溢洪道冲刷破坏的处理

1. 溢洪道泄洪槽冲刷破坏的处理

（1）平面布置要合理。尽量采用直线、等宽、一坡到底的布置形式，若必须收缩时，也应控制收缩角度不超过 18°左右；若必须变坡，最好先缓后陡，并尽可能改善边壁条件，变坡处均应用曲线连接，使水流贴槽而流，避免产生负压，减小冲击波的干扰和反射，改善进入消力池的水流条件。同时要求衬砌表面平整，局部凸出的部分不能超过 3～5mm，横向接缝不能有升坎，接缝形式应合理，能防止高速水流进入，并在接缝处设好止水，下部设有良好的反滤设施等。

（2）尽可能改善弯道水流流态，减小弯道水流的横比降。可在进弯时设置隔墩，墩形可做成流线形，使集中的水面横比降由隔墩分散，这种布置可以降低侧墙的高度，并可起导流作用，但要注意因布置不当而引起隔墩局部边壁的气蚀。另外，为了在弯道部分减小边墙高度及减少泄洪槽的开挖工程量，可把泄洪槽做成具有横比降的槽底，外侧槽底比内侧的抬高值可用公式计算。

2. 消能设施冲刷破坏的处理

（1）对底流消能，可改善消力池的结构型式和尺寸达到防止破坏的目的。如新疆塔斯尔海水库二级水电站的泄水槽末端采用圆形断面 2m 深的消力池消能，运行多年情况良好。

（2）挑流消能应正确选择挑射角度及相应的设计流量等。

三、混凝土板裂缝破坏的处理

溢洪道在运行过程中底板、边墙、消力池、溢流堰等由混凝土或浆砌石建成的结构，经常会出现裂缝损坏，需要进行检查维护。

（一）混凝土板体发生裂缝的原因分析

裂缝产生的原因主要是温差过大、地基不均匀沉陷以及材料强度不够等。位于岩基上的结构物，裂缝多由温度应力引起；在土基上的结构物，裂缝多因不均匀沉陷所致。如岸墩、边墙等与土坝或岸坡相接的结构物，往往由于施工时对质量重视不够，吃浆不饱，墙后填土过早，在砌筑材料强度还很低的条件下承受外力作用，便在施工期产生了早期裂缝；有的在运用期间，墙背土压力超过了设计值，或因排水系统失效，增大了墙背侧压力而产生后期裂缝。

※技术应用※

（二）混凝土板裂缝损坏的处理

应根据裂缝发生程度的具体情况，采用有效措施予以处理。一般当裂缝轻微，没有严重错位时，可用环氧砂浆材料或预缩砂浆按照项目三介绍的混凝土结构裂缝的处理方法进行。对因不均匀沉陷引起的裂缝，可先灌浆固基，然后按前述方法予以处理。对只因温度应力引起并在非高速水流区的裂缝，可用具有柔性的材料进行贴补或嵌补处理。对裂缝严重的，应拆除重新浇筑处理。应注意的是，对高速水流区的裂缝，在处理时，一定要保证板面平整光滑。

　　许多水库管理单位总结了实际工程中的经验教训，将在高速水流作用下保证溢洪道结构安全的措施归纳为四个字，即"封、排、压、光"。"封"为截断渗流，用防渗帷幕、齿墙、止水等防渗措施隔断渗流；"排"是做好排水系统，把没有截断的渗水尽快排出；"压"是利用底板自重压住浮托力和脉动压力，使其不被浮起；"光"要求底板表面光滑平整，彻底清除施工时残留的钢筋头等不平整因素。这四个方面是相辅相成的，需要互相配合。

思　考　题

1. 溢洪道由哪些部分组成？各有什么工作特点？
2. 溢洪道日常检查的内容有哪些？
3. 溢洪道非常时期检查的内容包括哪些？
4. 溢洪道日常养护的工作内容主要有哪些？
5. 溢洪道的常见病害有哪些？举例说明其处理措施。

技术应用能力提升

　　某工程溢洪道位于基岩上，底板厚 0.4～1.5m，全长 870m，堰宽 42m，最大泄量 3900m³/s，泄水渠宽 30m，流速为 25～35m/s。建成过水流量为设计流量的一半时渠内水流异常，不久底板即被冲坏，在控制堰后陡坡段上出现三处大冲坑，有的整个混凝土块被冲翻，有的底板被掀起后冲到下游，冲坑之间的底板隆起裂缝，地基岩石被冲成深坑，边墙地基也被淘刷。分析其破坏原因是：施工时混凝土块体间不平整，底板与边墙接缝错距较大，表面起伏不平，后块高于前块，横向接缝中未设止水，底板排水不良等，导致高速水流窜入底板下，产生较大浮托力将底板掀起。根据以上情况，请提出处理方案。

项目五 水闸的维护

导学：水闸的常见病害、巡视检查内容、检查的周期以及各部位的养护方法是最基本的知识。水闸控制操作是应具备的基本技能。水闸主要混凝土结构体裂缝、渗漏、冲刷等病害产生的原因，是维护水闸安全运行应具备的基础知识，这些病害的处理方法是重要的技术应用，应熟悉。

※基础知识※

一、水闸的组成

（一）水闸的类型

水闸按其所承担的任务可以分为进水闸（取水闸）、节制闸、冲沙闸、分洪闸、排水闸、挡潮闸等。

水闸按照结构形式分为开敞式和涵洞式。

国内已建的其他类型的水闸还有水力自控翻板闸、橡胶水闸、灌注桩水闸、装配式水闸等。

（二）水闸的组成

水闸一般由上游连接段、闸室段及下游连接段三部分组成，如图 5-1 所示。

（1）上游连接段。主要是引导水流平顺、均匀地进入闸室，避免对闸前河床及两岸产生有害冲刷，减少闸基或两岸渗流对水闸的不利影响。一般由铺盖、上游翼墙、上游护底、防冲槽或防冲齿墙及两岸护坡等部分组成。铺盖紧靠闸室底板，主要起防渗、防冲作用；上游翼墙的作用是引导水流平顺地进入闸孔及侧向防渗、防冲和挡土；上游护底、防冲槽及两岸护坡是用来防止进闸水流冲刷河床、破坏铺盖，保护两侧岸坡的。

（2）闸室段。它是水闸的主体部分，起挡水和调节水流作用，包括底板、闸墩、闸门、胸墙、工作桥和交通桥等。底板是水闸闸室基础，承受闸室全部荷载并较均匀地传给地基，兼起防渗和防冲作用，同时闸室的稳定主要由底板与地基间的摩擦力来维持；闸墩的主要作用是分隔闸孔，支撑闸门，承受和传递上部结构荷载；闸门则用于控制水位和调节流量；工作桥和交通桥用于安装启闭设备、操作闸门和联系两岸交通。

（3）下游连接段。主要用来消能、防冲及安全排出流经闸基和两岸的渗流。一般包括消力池、海漫、下游防冲槽、下游翼墙及两岸护坡等。消力池主要用来消能，兼有防冲作用；海漫的作用是继续消除水流余能、扩散水流、调整流速分布、防止河床产生冲刷破坏；下游防冲槽是用来防止下游河床冲坑继续向上游发展的防冲加固措施；下游翼墙则用来引导过闸水流均匀扩散，保护两岸免受冲刷；两岸护坡是用来保护岸坡，防止水流冲刷。

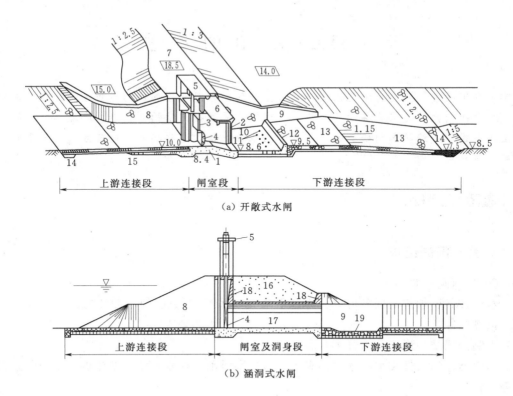

图 5-1 水闸的组成示意

1—闸室底板；2—闸墩；3—胸墙；4—闸门；5—工作桥；6—交通桥；7—堤顶；8—上游翼墙；9—下游翼墙；
10—护坦；11—排水孔；12—消力坎；13—海漫；14—防冲槽；15—上游铺盖；
16—大堤；17—洞身；18—挡土墙；19—消力池

二、水闸的病害

水闸大多修建在软土地基上，是一种既挡水又泄水的低水头水工建筑物，因而它在抗滑稳定、防渗、消能防冲及沉陷等方面都有其自身的工作特点。

（1）抗滑稳定问题。当水闸挡水时，上、下游水位差造成较大的水平水压力，使水闸有可能向下游一侧滑动。同时，在上下游水位差的作用下，闸基及两岸均产生渗流。渗流将对水闸底部施加向上的渗透压力，消减了水闸的有效重量，从而降低了水闸的抗滑稳定性。因此，水闸必须具有足够的重量以维持自身的稳定。

（2）渗流问题。土基渗流除产生渗透压力不利闸室稳定外，还可能将地基及两岸土壤的细颗粒带走形成管涌或流土等渗透变形，严重时闸基和两岸的土壤会被淘空，危及水闸安全。因此，水闸运用中必须确保防渗设施和排水设施的有效工作。

（3）冲刷问题。过闸水流具有较大动能，易于冲刷破坏下游河床及两岸。开闸泄水时，在上、下游水位差作用下，过闸水流往往具有很大流速，而河床和两岸土壤的抗冲能力通常较低，可能引起冲刷，严重时会扩大至闸室地基，致使水闸失事。因此，维护消能防冲设施有效的工作是管理的重要内容。

（4）沉陷问题。软土地基上建闸，由于地基的抗剪强度低，压缩性比较大，在水闸的重力和外荷载作用下，可能产生较大沉陷，尤其是不均匀沉陷会导致水闸倾斜，甚至断裂，影响水闸正常使用。因此，必须保证水闸上部结构的完整和正确运用水闸。

任务一　水闸的巡视检查与养护

※基础知识※

水闸是由混凝土、浆砌石及土等材料构成的，与前述混凝土及浆砌石水工建筑物的维修内容和方法有很多相似之处。

一、水闸的巡视检查

水闸检查是一项细致而重要的工作，对及时准确地掌握工程的安全运行情况和工情、水情的变化规律，防止工程缺陷或隐患，都具有重要作用。主要检查内容包括：①闸门（包括门槽、门支座、止水及平压阀、通气孔等）工作情况；②启闭设施启闭工作情况；③金属结构防腐及锈蚀情况；④电气控制设备、正常动力和备用电源工作情况。

（一）水闸检查的周期

检查可分为经常检查、定期检查、特别检查和安全鉴定四类。

（1）经常检查。用眼看、耳听、手摸等方法对水闸的闸门、启闭机、机电设备、通信设备、管理范围内的河道、堤防和水流形态等进行检查。经常检查应指定专人按岗位职责分工进行。经常检查的周期按规定一般为每月不少于一次，但也应根据工程的不同情况另行规定。重要部位每月可以检查多次，次要部位或不易损坏的部位每月可只检查一次；在宣泄较大流量，出现较高水位及汛期每月可检查多次，在非汛期可减少检查次数。

（2）定期检查。一般指每年的汛前、汛后、用水期前后、冰冻期（指北方）的检查，每年的定期检查应为4～6次。根据不同地区汛期到来的时间确定检查时间，例如华北地区可安排3月上旬、5月下旬、7月、9月底、12月底、用水期前后6次。

（3）特别检查。是水闸经过特殊运用之后的检查，如特大洪水超标准运用、暴风雨、风暴潮、强烈地震和发生重大工程事故之后。

（4）安全鉴定。应每隔15～20年进行一次，可以在上级主管部门的主持下进行。

（二）水闸的检查内容

对水闸工程的重要部位和薄弱部位及易发生问题的部位，要特别注意检查观测。检查的主要内容有：

（1）水闸闸墙背与干堤连接段有无渗漏迹象。

（2）砌石护坡有无坍塌、松动、隆起、底部掏空、垫层散失，砌石挡土墙有无倾斜、位移（水平或垂直）、勾缝脱落等现象。

（3）混凝土建筑物有无裂缝、腐蚀、磨损、剥蚀露筋；伸缩缝止水有无损坏、漏水；门槽、门坎的预埋件有无损坏。

（4）闸门有无表面涂层剥落、门体变形、锈蚀、焊缝开裂或螺栓、铆钉松动；支承行走机构是否运转灵活、止水装置是否完好，开度指示器、门槽等能否正常工作等。

（5）启闭机械是否运转灵活，制动准确，有无腐蚀和异常声响；钢丝绳有无断丝、磨损、锈蚀、接头不牢、变形；零部件有无缺损、裂纹、磨损及螺杆有无弯曲变形；油压机油路是否通畅，油量、油质是否合乎规定要求，调控装置及指示仪表是否正常，油泵、油管系统有否漏油。备用电源及手动启闭是否可靠。

（6）机电及防雷设备、线路是否正常，接头是否牢固，安全保护装置动作是否准确可靠，指示仪表指示是否正确，备用电源是否完好可靠，照明、通信系统是否完好。

（7）进、出闸水流是否平顺，有无折冲水流或波状水跃等不良流态。

二、水闸的养护

水闸养护包括建筑物结构部分的养护、闸门的养护以及启闭机的养护。目前闸门多为钢结构，所以闸门和启闭机的养护将在项目七中介绍。下面主要介绍建筑物结构部分的养护。

1. 建筑物土工部分的养护

对于土工建筑物的雨淋沟、浪窝、塌陷以及水流冲刷部分，应立即进行检修。当土工建筑物发生渗漏、管涌时，一般采用上游堵截渗漏、下游反滤导渗的方法进行及时处理。当发现土工建筑物发生裂缝、滑坡，应立即分析原因，根据情况可采用开挖回填或灌浆方法处理，但滑坡裂缝不宜采用灌浆方法处理。对于隐患，如蚁穴兽洞、深层裂缝等，应采用灌浆或开挖回填处理。

2. 砌石设施的养护

对干砌块石护坡、护底和挡土墙，如有塌陷、隆起、错动时，要及时整修，必要时，应予更换或灌浆处理。

对浆砌块石结构，如有塌陷、隆起，应重新翻砌，无垫层或垫层失效的均应补设或整修。遇有勾缝脱落或开裂，应冲洗干净后重新勾缝。浆砌石岸墙、挡土墙有倾覆或滑动迹象时，可采取降低墙后填土高度或增加拉撑等办法予以处理。

3. 混凝土及钢筋混凝土设施的养护

混凝土的表面应保持清洁完好，对苔藓、蚧贝等附着生物应定期清除。对混凝土表面出现的剥落或机械损坏问题，可根据缺陷情况采用相应的砂浆或混凝土进行修补。

对于混凝土裂缝，应分析原因及其对建筑物的影响，拟定修补措施。裂缝的修补方法参阅项目三有关内容。

水闸上、下游，特别是底板、闸门槽、消力池内的砂石，应定期清理打捞，以防止产生严重磨损。

伸缩缝填料如有流失，应及时填充，止水片损坏时，应凿槽修补或采取其他有效措施修复。

4. 其他设施的养护

禁止在交通桥上和翼墙侧堆放砂石料等重物，禁止各种船只停靠在泄水孔附近，禁止在附近爆破。

※技能操作※

三、水闸的控制操作

（一）闸门启闭前的准备工作

1. 闸门的检查

（1）闸门的开度是否在原定位置。

（2）闸门的周围有无漂浮物卡阻，门体有无歪斜，门槽是否堵塞。

（3）在冰冻地区，冬季启闭闸门前还应注意检查闸门的活动部分有无冻结现象。

2. 启闭设备的检查

（1）启闭闸门的电源或动力有无故障。

（2）电动机是否正常，相序是否正确。

（3）机电安全保护设施、仪表是否完好。

（4）机电转动设备的润滑油是否充足，特别注意高速部位（如变速箱等）的油量是否符合规定要求。

（5）牵引设备是否正常。如钢丝绳有无锈蚀、断裂，螺杆等有无弯曲变形，吊点结合是否牢固。

（6）液压启闭机的油泵、阀、滤油器是否正常，油箱的油量是否充足，管道、油缸是否漏油。

3. 其他方面的检查

（1）上下游有无船只、漂浮物或其他障碍物影响行水等情况。

（2）观测上下游水位、流量、流态。

（二）闸门的操作运用原则

（1）工作闸门可以在动水情况下启闭，船闸的工作闸门应在静水情况下启闭。

（2）检修闸门一般在静水情况下启闭。

（三）闸门的操作运用

1. 工作闸门的操作

工作闸门在操作运用时，应注意以下几个问题：

（1）闸门在不同开启度的情况下工作时，要注意闸门、闸身的振动和对下游的冲刷程度。

（2）闸门放水时，必须与下游水位、流量相适应，水跃应发生在消力池内。要根据闸下水位与安全流量关系图表和水位-闸门开度-流量关系图表，进行分次开启。

（3）不允许局部开启的工作闸门，不得中途停留使用。

2. 多孔闸门的运行

（1）多孔闸门若能全部同时启闭，尽量全部同时启闭，若不能全部同时启闭，应由中间孔依次向两边对称开启或由两端向中间依次对称关闭。

（2）对上下双层孔口的闸门，应先开启底层再开启上层，关闭时顺序相反。

（3）多孔闸门下泄小流量时，只有当水跃能控制在消力池内时，才允许开启部分闸孔。开启部分闸孔时，也应尽量考虑对称。

（4）多孔闸门允许局部开启时，应先确定闸下分次允许增加的流量，然后再确定闸门分次启闭的高度。

（四）启闭机的操作

1. 电动及手、电两用卷扬式、螺杆式启闭机的操作

（1）电动启闭机的操作程序，凡有锁定装置的，应先打开锁定装置，后合电器开关。当闸门运行到预定位置后，及时断开电器开关，装好锁定，切断电源。

（2）人工操作手、电两用启闭机时，应先切断电源，合上离合器，方能操作。如使用电动时，应先取下摇柄，拉开离合器后，才能按电动操作程序进行。

2. 液压启闭机的操作

（1）打开有关阀门，并将换向阀扳至所需位置。

（2）打开锁定装置，合上电器开关，启动油泵。

（3）逐渐关闭回油控制阀升压，开始运行闸门。

（4）在运行中若需改变闸门运行方向，应先打开回油控制阀至极限，然后扳动换向阀换向。

（5）停机前，应先逐步打开回油阀，当闸门达到上、下极限位置，而压力再升时，应立即将回油控制阀升至极限位置。

（6）停机后，应将换向阀扳至停止位置，关闭所有阀门，锁好锁定，切断电源。

（五）水闸操作的注意事项

（1）在操作过程中，不论是遥控、集中控制或机旁控制，均应有专人在机旁和控制室进行监护。

（2）启动后应注意启闭机是否按要求的方向动作，电器、油压、机械设备的运用是否良好；开度指示器及各种仪表所示的位置是否准确；用两部启闭机控制一个闸门是否同步启闭。若发现启闭力已达到要求，而闸门仍固定不动或发生其他异常现象时，应立即停机检查处理，不得强行启闭。

（3）闸门应避免停留在容易发生振动的开度上。如闸门或启闭机发生不正常的振动、声响等，应立即停机检查。消除不正常现象后，再行启闭。

（4）使用卷扬式启闭机关闭闸门时，不得在无电的情况下，单独松开制动器降落闸门（设有离心装置的除外）。

（5）当开启闸门接近最大开度或关闭闸门接近闸底时，应注意闸门指示器或标志，须停机时要及时停机，以避免启闭机械损坏。

（6）在冰冻时期，若要开启闸门，应将闸门附近的冰破碎或融化后再开启闸门。在解冻流冰时期泄水时，应将闸门全部提出水面，或控制小开度放水，以避免流冰撞击闸门。

（7）闸门启闭完毕后，应校核闸门的开度。

水闸的操作是一项业务性较强的工作，要求操作人员必须熟悉业务、思想集中，操作过程中，必须坚守工作岗位，严格按操作规程办事，避免各种事故的发生。

任务二　水闸的病害处理

※技术应用※

一、水闸裂缝的处理

1. 闸底板和胸墙的裂缝处理

闸底板和胸墙的刚度比较小，适应地基变形的能力较差，很容易受到地基不均匀沉陷的影响，而发生裂缝。另外，由于混凝土强度不足、温差过大或者施工质量差也会引起闸底板和胸墙裂缝。

对不均匀沉陷引起的裂缝，在修补前，应首先采取措施稳定地基，一般有两种方法：一种方法是卸载，比如将边墩后的土清除改为空箱结构，或者拆除交通桥；另外一种方法是加固地基，常用的方法是对地基进行补强灌浆，提高地基的承载能力。对于因混凝土强度不足或因施工质量而产生的裂缝，应主要进行结构补强处理。

裂缝处理的具体方法可参看项目三有关内容。

2. 翼墙和浆砌块石护坡的裂缝处理

地基不均匀沉陷和墙后排水设备失效是造成翼墙裂缝的两个主要原因。由于不均匀沉陷而产生的裂缝，首先应通过减荷稳定地基，然后再对裂缝进行修补处理，因墙后排水设备失效，应先修复排水设施，再修补裂缝。浆砌石护坡裂缝常常是由于填土不实造成的，严重时应进行翻修。

3. 护坦的裂缝处理

护坦裂缝产生的原因有：地基不均匀沉陷、温度应力过大和底部排水失效等。因地基不均匀沉陷产生的裂缝，可待地基稳定后，在裂缝上设止水，将裂缝改为沉陷缝。温度裂缝可采取补强措施进行修补，底部排水失效，应先修复排水设备。

4. 钢筋混凝土的顺筋裂缝处理

钢筋混凝土的顺筋裂缝是沿海地区挡潮闸普遍存在的一种病害现象。裂缝的发展可使混凝土脱落、钢筋锈蚀，使结构强度过早丧失。顺筋裂缝产生的原因是海水渗入混凝土后，降低了混凝土碱度，使钢筋表面的氧化膜遭到破坏，结果导致海水直接接触钢筋而产生电化学反应，使钢筋锈蚀。锈蚀引起的体积膨胀致使混凝土顺筋开裂。

顺筋裂缝的修补，其施工过程为：沿缝凿除保护层，再将钢筋周围的混凝土凿除2cm；对钢筋彻底除锈并清洗干净；在钢筋表面涂上一层环氧基液，在混凝土修补面上涂一层环氧胶，再填筑修补材料。

顺筋裂缝的修补材料应具有抗硫酸盐、抗碳化、抗渗、抗冲、强度高、凝聚力大等特性。目前常用的有铁铝酸盐早强水泥砂浆及混凝土、抗硫酸盐水泥砂浆及细石混凝土、聚合物水泥砂浆及混凝土和树脂砂浆及混凝土等。

5. 闸墩及工作桥裂缝处理

我国早期建成的许多闸墩及工作桥，发现许多细小裂缝，严重老化剥离，其主要原因是混凝土的碳化。混凝土的碳化是指空气中的二氧化碳与水泥中氢氧化钙作用生成碳酸钙和水，使混凝土的碱度降低，钢筋表面的氢氧化钙保护膜破坏而开始生锈，混凝土膨胀形成裂缝。

此种病害的处理应对锈蚀钢筋除锈，锈蚀面积大的加设新筋，采用预缩砂浆并掺入阻锈剂进行加固。

二、水闸渗漏的处理

※基础知识※

（一）水闸渗漏成因

渗漏也是水闸破坏症状之一。渗漏的途径一般有通过闸室本身构造和闸基向下游渗漏，也有通过闸室与两岸连接处的绕流渗漏。

水闸在运行过程中发生异常渗漏的原因很复杂，如勘察工作深度不够、基础本身存在严重隐患，设计考虑不周、运行管理不当、长时间超负荷运行及地震等方面的原因而产生裂缝、止水撕裂，上游防渗体（如防渗铺盖、两岸防渗齿墙等）遭受冲刷和出现裂缝，下游的排水设施失效等。

异常渗漏产生的破坏性是很大的。首先是增大闸底板的扬压力，减小闸室的有效重量，对闸室的稳定不利；其次是缩短了渗径，增加逸出坡降和流速，猝发渗透变形和集中冲刷。

按照渗漏部位可分为结构本身的渗漏、基础渗漏、侧向渗漏。

※技术应用※

（二）水闸渗漏处理

1. 结构本身的渗漏处理

主要是对裂缝进行修补以达到防止渗漏的目的，具体方法参看项目三有关内容。

2. 基础渗漏处理

（1）正常渗漏与异常渗漏的识别。从排水设施或闸后基础中渗出的水清澈，一般属于正常渗漏；闸下游混凝土与土基的结合部位出现集中渗漏，若渗漏水急剧增加或突然变浑，则是基础发生渗透破坏的征兆。

（2）基础渗漏的修复方法。混凝土铺盖与底板之间沉陷缝中的止水，因受到闸室的不均匀沉陷而破坏断裂时，造成渗径缩短、底板上的扬压力增大，逸出比降和流速加大，必须进行修复。其措施是重新补做止水设施。

下游护坦底部的排水设施，由于运行时间过长而淤积、堵塞，对闸室的安全不利，必须修复。其方法有：拆除护坦底部的反滤层，重新修复；在护坦下游的海漫段加做反滤排水设施；可适当加长上游的防渗铺盖。

当闸基板桩被破坏，无法满足防渗要求时，可在下游加做排水设施，或在上游适当延长防渗铺盖，同时，对闸基可采用泥浆或水泥浆的灌浆处理。

对于在汛期已发生闸基渗透变形的水闸，只要水闸底板与上部结构还能满足使用要求，便可对闸基进行加固，其主要方法是在闸底板上钻孔对基础做灌浆处理。

3. 侧向渗漏处理

水闸的侧向渗漏，应根据两岸的地质情况，摸清渗漏成因，采用相应措施进行处理。具体做法有：开挖回填；加深和加长防渗齿墙；灌浆处理。如因绕渗引起闸墙背后填土被冲走，而建筑物本身完好，则按所连接的堤坝要求，分层填土夯实。回填土应根据渗径要求，采用黏性土或黏壤土，不能使用砂或细砂土回填。

三、水闸冲刷的处理

水闸下游发生冲刷破坏极为普遍，有的护坦、海漫受到破坏，特别是两岸边坡冲刷更为严重，甚至导致建筑物损毁。冲刷破坏往往又被人们所忽视，因此，必须查明原因，针对不同情况，采取有效措施防止水闸下游冲刷破坏。

※基础知识※

（一）水闸上下游冲刷的成因

1. 闸室底板、护坦和消能工的冲刷、磨损

主要原因是过闸水流流速过大以及出闸水流不能均匀扩散产生波状水跃。其结果是底板和护坦混凝土严重剥落、钢筋外露，消力坎和消能工被冲毁，排水孔被堵塞。最终导致消能设施破坏和排水失效，危及闸室和护坦的稳定。

2. 下游翼墙的冲刷

主要原因是过闸水流扩散角太大，过渡段太短而引起折冲水流以及回流区的水流压迫主流。结果是混凝土翼墙表面剥蚀，浆砌石翼墙的水泥砂浆勾缝脱落、石块被冲翻。破坏的部位大多在下游翼墙与下游护坡交接处。

3. 海漫及防冲槽的冲刷

主要原因是闸后水流产生波状水跃和流出消力池的单宽流量太大。结果是浆砌石海漫的水泥砂浆勾缝剥落、块石被冲走，砌石段的整个块石被冲走、掀底。调查资料表明，干砌石海漫和防冲槽冲刷极为严重，绝大多数无法正常运行。

※技术应用※

（二）水闸上下游冲刷的处理

1. 上游防冲槽、护底及下游海漫、防冲槽冲刷的修复

这一类设施主要是起保护河床免受冲刷的作用，一旦自身被破坏，只要将其破坏的部位拆除，重新按原设计进行修复即可。

2. 闸室段底板冲刷的修复

将冲刷的部位凿毛，清洗破损面并保湿，如果板内受力筋被冲断，则要按钢筋搭接要求重新搭接钢筋，并将原钢筋头锯平；最后浇筑二期混凝土抹面。

应当注意的是：二期混凝土的强度应比原设计的混凝土强度高一级，施工时，创面不允许流水。

3. 消能设施冲刷和磨损的修复

消能设施是水闸中冲刷最为严重的部位，如护坦的冲刷、消能工的冲毁等。其修复措施为：护坦冲刷和磨损的修复方法与底板相同；消能工的冲毁，首先应复核设计尺寸是否满足要求，如满足要求，则只要按原设计尺寸重新修复，但在运行管理过程中，要改善过闸水流的条件；如不满足要求，则应按校核后的尺寸进行修复。在修复过程中，一定要保持护坦的整体性，防止一期混凝土与二期混凝土之间开裂，并做好二期混凝土的养护工作。

4. 下游翼墙、护坡冲刷的修复

下游翼墙原是混凝土材料的，冲刷后可按混凝土修补方法进行修复；若是浆砌石材料，冲毁后可更换为混凝土材料。但修复时一定要注意翼墙的扩散角不超过10°，过渡段长度按设计规范要求进行设计施工。下游护坡的修复是将已冲毁的部位清除干净，堤坡用土料回填夯实，再用混凝土或浆砌石进行护坡衬砌。

5. 土工织物防冲刷的应用

土工织物质量轻、强度高、耐磨、柔性强、价廉、施工简便，与土体相互作用，有滤土排水或止水作用、紧贴地面、吸收水流冲击能等优点，故可有效地用于防冲和防渗。

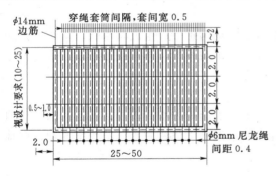

图5-2　土工织物软体排结构示意图（单位：m）

土工织物可以制成软体排（图5-2）覆盖于坡面或河底防冲刷。软体排分为单片排和双片排。

单片排由编织型土工织物制成，一般为长25～50m、宽10～25m。排体四边缝制 ϕ14mm的绳，在宽度方向每隔0.4～0.6m缝制一套筒，并穿 ϕ6mm尼龙绳以便锚固排体。单片排体主要用于小型工程、水流不急的部位。

双片排由双片土工织物重叠在一起，按一定间距和形式缝制成长管状或格状的空室，填以透水材料，作为排体铺设时的压重。双片排可用于重要工程和流速大的部位。

＊＊＊ 思　考　题 ＊＊＊

1. 水闸的各个组成部分有什么作用？水闸在运用中具有哪些特点？

2. 水闸主要进行哪些检查？

3. 水闸如何控制操作？多孔水闸的操作方式是怎样的？

4. 水闸闸底板或胸墙的裂缝应如何处理？

5. 水闸闸底渗漏应如何处理？

6. 水闸不同部位的冲刷有何不同？各自是如何处理的？

技术应用能力提升

淮河支流涡河上的蒙城节制闸于1958年7月建成，闸坎高程21.5m，净长120m，共10孔，每孔12m，中间两孔闸槛下设有排砂底孔，两侧有排水廊道。设计最大挡水高度为7.5m，设计泄洪流量2500m³/s。闸室为钢筋混凝土结构，上游防渗设有双层铺盖和混凝土板桩，具体布置如图5-3所示。地基为近代河漫滩沉积层，土质分布不均匀，闸室右侧从上到下土层为深灰色轻壤土、粉砂壤土和粉砂互层，分布极不规则，地表以下12m为坚硬黏土层；左侧从上到下为硬质粉质壤土、坚实细砂层和坚实黏土层，闸基下的左右两侧土质具有显著差别。请提出处理方案。

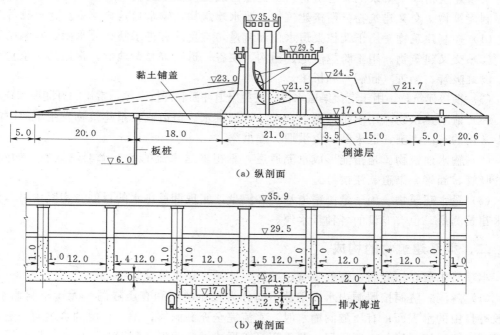

图5-3 蒙城节制闸防渗布置图（单位：m）

项目六　渠系输水建筑物的维护

导学： 隧洞、倒虹吸管及涵管、渡槽及渠道等渠系建筑物巡视检查的内容和要求，检查的方式与频次，检查报告的内容与资料要求，病害的类型与成因是应具备的最基础的知识，应该熟悉。各类型渠系建筑物的病害防治与处理是应具备的基本技能和技术应用，也应熟悉。

※基础知识※

一、渠系建筑物的类型

渠系建筑物属于渠系配套建筑物，承担灌区或城市供水的输配水任务，按照用途可分为控制建筑物、交叉建筑物、衔接建筑物、泄水建筑物、输水建筑物、量水建筑物等。

（1）控制建筑物。用于调控渠道水位和流量，常见的有进水闸、分水闸、节制闸等。

（2）交叉建筑物。用于跨越洼地、河沟、峡谷、道路等复杂地形，常用的建筑物有渡槽、倒虹吸管、涵管（涵洞）和桥梁。

（3）衔接建筑物。用于衔接渠道水位、避免渠道冲淤和深挖高填，常用的有陡坡和跌水。

（4）泄水建筑物。用于排除渠道余水、入渠洪水、渠道或渠系建筑物发生事故时的渠水，常用的有泄水闸、退水闸、溢洪堰、撇洪渠。

（5）输水建筑物。是指能形成水流通道，承担输送水流的各类水工建筑物，如隧洞、倒虹吸管、涵管、渠道、渡槽等。

（6）量水建筑物。用于量测渠道水位和流量，实现计量用水的目的。实际中可以借助过水建筑测量，也有专设的各种量水堰。

二、渠系建筑物的构成

本项目主要介绍隧洞、倒虹吸管、涵管、渡槽、渠道等建筑物。

（1）隧洞。隧洞按照洞内水力条件不同分为无压隧洞和有压隧洞。无压隧洞输水时，一般有自由的水表面；有压隧洞输水时，水流完全充满洞体，没有自由的水表面。有压隧洞断面一般采用圆形，无压隧洞一般采用马蹄形或城门洞形。隧洞一般由进口段、洞身段和出口段三部分组成。进口段主要由曲线段、拦污栅、闸室段、渐变段、通气孔和平压管等组成。出口段主要由扩散段和消能设施组成。

（2）倒虹吸管和涵管。倒虹吸管是指渠道穿越山谷、河流、洼地、道路或其他渠道时设置的压力输水管道。倒虹吸管一般由进口段、管身段和出口段三部分组成，管身断面有圆形、箱形和城门洞形等。倒虹吸管根据管路埋设情况和高差大小分为竖井式、斜管式、曲线式、桥式四种类型。涵管是指输水管道穿越高地的交叉建筑物，有路下涵管、渠下涵管、堤下涵管、坝下涵管等。根据管内水力条件分为有压和无压两种。涵管一般由进口段、管身段和出口段三部分组成。

（3）渡槽。渡槽是跨越河渠、道路、山谷、洼地的架空输水建筑物，又称过水桥。渡槽一般由槽身、支承结构、基础及进出口建筑物等部分组成。槽身断面有 U 形槽、矩形槽及抛物线形槽等；支承结构有梁式、拱式及桁架式等；槽身有木制槽、砖石槽、混凝土槽、钢筋混凝土槽及钢丝网水泥槽等；混凝土渡槽有现浇整体式渡槽、装配式渡槽及预应力渡槽等。

（4）渠道。渠道是主要的输水建筑物，正常工作时要求渠道断面不冲不淤。灌区固定渠道一般分为干渠、支渠、斗渠、农渠四级，干渠、支渠主要起输水作用，称为输水渠道；斗渠、农渠主要起配水作用，称为配水渠道。渠道横断面有梯形、矩形、抛物线形、U 形和复式断面等。渠道按照结构分为挖方渠道、填方渠道和半挖半填渠道三种类型。

三、渠系建筑物正常工作的基本标志

（1）过水能力符合设计要求，能够迅速、准确地控制运行。

（2）建筑物各个部分始终保持清洁、完整，没有变形和损坏。

（3）护底、护坡和挡土墙均填实，且无危险性渗流。

（4）建筑物及其上下游没有磨损、冲刷、淤积现象。

（5）建筑物上游壅高水位不超过设计水位。

（6）闸门及启闭机工作正常，闸门与门槽无漏水现象。

四、输水建筑物的工作特点

（1）输送水流随机变化大。输水流量、水位和流速常受水源条件、用水情况和渠系建筑物的状态发生较大的频繁的变化，灌溉渠道行水与停水受季节和日降雨影响显著，维护管理应与此相适应。

（2）过水断面受冲淤影响会发生变化。应经常检查维护，保证过水断面的完整。

（3）环境多变，受力条件复杂。位于深水或地下的渠系建筑物，除要承受较大的山岩压力（或土压力）、渗透压力外，还要承受巨大的水头压力及高速水流的冲击作用力。在地面的建筑物又要经受温差作用、冻融作用、冻胀作用以及各种侵蚀作用，这些作用极易使建筑物发生破坏。

（4）高速水流作用。这种作用容易使渠系建筑物产生冲磨和气蚀破坏，水流脉动还会引起振动。

（5）工作条件差异大。在一个工程中，渠系建筑物数量多、分布范围大，所处地形条件和水文地质条件复杂，受到自然破坏和人为破坏的因素较多，且交通运输不便，维修施工不便，管理难度较大。

任务一 隧 洞 的 维 护

※ 基础知识 ※

一、输水隧洞的检查与养护

1. 输水隧洞的检查

（1）输、泄水洞（管）的引水段有无堵塞、淤积、崩塌；进水塔（或竖井）有无裂

缝、渗水、空蚀等损坏现象；洞壁有无裂缝、空蚀、渗水等损坏现象，洞身伸缩缝、排水孔是否正常；洞出口放水期水流形态、流量是否正常，停水期是否有水渗漏；消能工有无冲刷或砂石、杂物堆积等现象；工作桥是否有不均匀沉陷、裂缝、断裂等现象。

（2）进（出）水口放水期流态、流量是否正常，有无冲刷或砂石、杂物堆积现象，停水期是否有水渗漏。

（3）进水塔有无裂缝、渗水、空蚀等损坏现象。

（4）工作桥是否有不均匀沉陷、裂缝、断裂等现象。

2. 输水隧洞的养护

（1）为防止污物破坏洞口结构和堵塞取水设备，要经常清理隧洞进水口附近的漂浮物，在漂浮物较多的河流上，要在进口设置拦污栅。

（2）寒冷地区要采取有效措施，避免洞口结构冰冻破坏；隧洞放空后，冬季在出口处应做好保温措施。

（3）运用中尽量避免隧洞内出现不稳定流态，发电输水洞每次充、泄水过程要尽量缓慢，避免猛增突减，以免洞内出现超压、负压或水锤而引起破坏。

（4）发现局部的衬砌裂缝、漏水等，要及时进行封堵以免扩大。

（5）对放空有困难的隧洞，要加强平时的观测，要观测外部，观测隧洞沿线的内水和外水压力是否正常，如发现有漏水和塌坑征兆，应研究是否放空隧洞进行检查和修理。

（6）对未衬砌的隧洞，要对因冲刷引起松动的岩块和阻水的岩石及时清除并进行修理。

（7）发生异常水锤或 6 级以上地震后，要对隧洞进行全面检查和养护。

二、隧洞的病害与成因

隧洞的病害有衬砌裂缝漏水、气蚀、冲磨、混凝土溶蚀等。

（一）裂缝漏水

裂缝漏水是隧洞最常见的病害。隧洞裂缝是在洞壁衬砌体中发生的各种表面的、深层的或贯通的裂缝，按成因有裂缝温度裂缝、干缩裂缝、结构裂缝、沉降裂缝和施工裂缝等。表面裂缝细小且不规则，贯通断裂以横向和纵向表现居多，缝宽较大，会成为漏水通道，也会影响洞壁结构。造成这种病害的原因是多方面的，主要有以下几个方面：

（1）围岩体变形作用。对地质断层、软弱风化岩层、地下水、不均匀的岩土地基等没有进行处理或处理不当，不利的地质构造、过大的山岩压力、过高的水压力和地基不均匀沉陷均会引发围岩体变形，从而导致隧洞混凝土或钢筋混凝土衬砌断裂和漏水。

（2）施工质量差。建筑材料质量不佳；混凝土配料不当，振捣不实；衬砌后回填灌浆或固结灌浆时，衬砌周围未能充填密实；伸缩缝、施工缝和分缝处理不好，或止水失效等，都会造成衬砌断裂和漏水。

（3）水锤的作用。有压隧洞，有的即使设有调压井，由于水锤作用产生的谐振波，也会越过调压井使得洞内产生压力波，导致衬砌断裂和漏水。

（4）温度变化作用。当隧洞停水后，冷风穿洞，温度降低太大时也会引发洞壁表面裂缝甚至断裂。

（5）其他因素。材料强度不够；混凝土溶蚀，钢筋锈蚀；管理不善，如洞内明满流交替等都是引发断裂漏水的因素。

（二）气蚀

1. 气蚀的特征与成因

工程实践证明，明流中平均流速达到 15m/s 左右，就可能产生气蚀现象。当高速水流通过隧洞中体形不佳或表面不平整的边界时，水流会把不平整处的空气带走，水流会与边壁分离，造成局部压强降低或负压。当流场中局部压强下降，低于水的汽化压强值时，将会产生空化，形成空泡水流，空泡进入高压区会突然溃灭，对边壁产生巨大的冲击力。这种连续不断的冲击力和吸力造成边壁材料疲劳损伤，引起边壁材料的剥蚀破坏，这称为气蚀。

隧洞产生气蚀的主要原因如下：

（1）洞体局部体形不合流线。由于体形不合流线，造成水流流线与边界分离，产生气蚀。

（2）闸门后洞壁有突出棱角，表面不平整。

（3）门槽形状不好和闸门底缘不平顺。当工作水头和流速很大时，水流通过闸门后，脉动加剧，易产生气蚀。

（4）管理运用不当。在放水过程中，闸门开启高度与气蚀的产生有非常密切的关系。实验表明，平板闸门，闸门相对开度在 0.1～0.2 时，闸门振动剧烈。对弧形闸门，当相对开度为 0.3～0.6 时，气蚀现象特别强烈。因此，在闸门操作程序中应避免这些开度。另外，闸门开启不当，隧洞内容易出现明满流交替现象，造成门槽及底板的气蚀。试验表明，在明满流交替时，脉动压力振幅为一般情况下的 4～6 倍。山东黄前水库输水洞在闸门后 1m 为一降落陡坎，使闸门遭受周期性冲击，引起振动，并导致陡坎处水流脱壁，造成气蚀破坏。

2. 气蚀的部位

气蚀现象一般发生在边界形状突变、水流流线与边界分离的部位。由于洞壁横断面进出口的变化、闸门槽处的凹陷、闸门的启闭、洞壁的不平整等，都会引起过洞水流的脉动，水流与边界分离形成漩涡，产生负压，从而造成气蚀破坏。

对压力隧洞和涵洞，气蚀常发生在进口上唇处、门槽处、洞顶处、分岔处、出口挑流坎、反弧末端、消力墩周围，洞身施工不平整等部位。

（三）冲磨

含沙水流经过隧洞，对隧洞衬砌的混凝土会产生冲磨破坏，尤其是对隧洞底部产生的冲磨比较严重。冲磨破坏的程度主要与洞内水流速度，泥沙含量、粒径大小及其组成，洞壁体形和平整程度等有关。

一般来说，洞内流速越高，泥沙含量越大，洞壁体形越差，洞壁表面越不平整，洞壁冲磨破坏就越严重。特别是在洪水季节，水流挟带泥沙及杂物多，当隧洞进出口连接建筑物处理不当时，冲磨会更为严重。水流中悬移质和推移质对隧洞均有磨损，悬移质泥沙摩擦边壁，产生边壁剥离，其磨损过程比较缓慢；推移质泥沙不仅有摩擦作用，还有冲击作用，粗颗粒的冲击、碰撞破坏作用，对边壁破坏尤为显著。

（四）混凝土溶蚀

隧洞由于长期受到水流的冲磨和山岩裂隙水沿洞壁裂缝向洞内渗漏，极易产生溶蚀破坏。实际工程中隧洞的溶蚀破坏大致分为两种：一种是输送水流对洞壁混凝土的溶蚀，由于水流一般情况下偏酸性，混凝土的碱性物质含量高，洞壁表层混凝土中的有效成分氢氧化钙被溶蚀带走，从而降低表面强度；另一种是洞壁内部混凝土被穿透洞壁渗流溶解并析出，在内壁表面析出白色沉淀物（碳酸钙），这种溶蚀破坏对表面强度影响不大，但当溶解析出有效成分较多时，会严重降低洞体强度，甚至导致钢筋锈蚀。

※技术应用※

三、隧洞病害处理

（一）断裂漏水的处理方法

1. 隧洞衬砌体裂缝的处理

一般表面裂缝容易处理，深层和贯穿裂缝处理难度较大。出现裂缝后，应查清裂缝部位、走向、长度、宽度、深度以及贯穿情况，对稳定性和应力状态应进行验算，分析其原因和危害性，再确定处理措施。

裂缝的一般处理措施是：封闭裂缝表面，充填裂缝或者使裂缝两侧结合成整体，使裂缝不再渗水、不再向深部发展，恢复结构的整体性、耐久性，对影响结构强度、结构稳定性或严重漏水的深层和贯穿裂缝，应谨慎处理，有时要作专门论证或作专门补强加固设计。对隧洞衬砌体裂缝的处理常用的方法有：①表面涂抹；②凿槽粘补；③凿槽嵌补；④喷浆修补等，与项目三所述混凝土体裂缝处理基本是相同的。

2. 隧洞的喷锚支护

喷锚支护是指喷射混凝土和锚杆支护，与现场浇筑的混凝土衬砌相比，具有明显的优点：①能够与周围岩体紧密结合；②提高围岩整体性、稳定性和抗振性；③承载能力强；④施工速度快；⑤成本低廉等。主要用于隧洞无衬砌段加固或衬砌破坏的补强。

喷锚支护可分为喷混凝土、喷混凝土＋锚杆联合支护、喷混凝土＋锚杆＋钢筋网联合支护等类型。其工艺可参考水利水电施工技术课程的相关内容。

3. 灌浆处理

施工质量较差的隧洞当发生裂缝或孔洞时，可以采用灌浆处理。对于洞径较大的隧洞，钻孔机械能够在洞中作业，采用洞内灌浆更为经济。一般在洞壁内按梅花形布设钻孔，灌浆时由疏到密，灌浆压力一般采用 0.1～0.2MPa。灌浆机械多放置在洞外，输浆管路较长，压力损耗大，所以灌浆压力应以孔口压力为控制标准。浆液的配合比可根据需要选定。

（二）气蚀破坏的防治与修复

气蚀对输水洞的安全极其不利。防治气蚀的措施有改善边界条件、控制闸门开度、改善掺气条件、改善过流条件、采用高强度的抗气蚀材料等。

1. 改善边界条件

当进口形状不恰当时，极易产生气蚀现象，渐变的进口形状，最好做成椭圆曲线形。

2. 控制闸门开度

观察分析发现：小开度时，闸门底部止水后易形成负压区，引起闸门沿竖直方向振动，闸门底部容易出现气蚀；大开度时，闸门后易产生明满流交替出现的现象，闸门后部形成负压区，引起闸门沿水流方向产生振动，造成闸门后部洞壁产生气蚀。所以要控制闸门开度在合适的范围内，避免不利开度和不利流态的出现。

3. 改善掺气条件

掺气能够降低或消除负压区，增加空泡中气体空泡所占的比例，含大量空气使得空泡在溃灭时可大大减少传到边壁上的冲击力，含气水流也成了弹性可压缩体，从而减少气蚀。因此将空气直接输入可能产生气蚀的部位，可有效地防止建筑物气蚀破坏。当水中掺气的气水比达到 7%～8% 时，可以消除气蚀。1960 年美国大古力坝泄水孔应用通气减蚀取得成功后，世界上不少水利工程相继采用此法，取得良好效果。我国自 20 世纪 70 年代先后在陕西冯家山水库溢洪隧洞、新安江水电站挑流鼻坎、石头河隧洞中使用，也取得较好的效果。

通气孔的大小关系到掺气质量，闸门不同开度，对通气量的要求也不同。

通气量的计算（或验算）可采用坎贝尔公式，即

$$Q_a = 0.04Q\left(\frac{v}{gh} - 1\right)^{0.85} \tag{6-1}$$

式中　Q_a——通气量，m^3/s；

　　　Q——闸门开度为 80% 时的流量，m^3/s；

　　　v——收缩断面的平均流速，m/s；

　　　h——收缩断面的水深，m。

通气孔或通气管的截面面积 A（m^2），可以采用以下公式估算：

$$A = 0.001Q\left(\frac{v}{\sqrt{gh}} - 1\right)^{0.85} \tag{6-2}$$

4. 改善过流条件

除进口顶部做成 1/4 的椭圆曲线外，中高压水头的矩形门槽可改为带错距和倒角的斜坡形门槽。出口断面可适当缩小，以提高洞内压力，避免气蚀。对于衬砌材料的质量要严格控制，使其达到设计要求。应保证衬砌表面的平整度，对凸起部分要凿除或研磨成设计要求的斜面。

5. 采用高强度的抗气蚀材料

采用高强度的抗气蚀材料，有助于消除或减缓气蚀破坏。提高洞壁材料抗水流冲击作用，在一定程度上可以消除水流冲蚀造成表面粗糙而引起的气蚀破坏。资料表明，高强度的不透水混凝土，可以承受 30m/s 的高速水流而不损坏。护面材料的抗磨能力增加，可以消除由泥沙磨损产生的粗糙表面而引起气蚀的可能性，环氧树脂砂浆的抗磨能力，比普通混凝土及岩石的抗磨能力高约 30 倍。采用高标号的混凝土可以缓冲气蚀破坏甚至消除气蚀。采用钢板或不锈钢作衬砌护面，也会产生很好的效果。

（三）冲磨破坏的处理

冲磨破坏修复效果的好坏主要取决于修补材料的抗冲磨强度，抗冲磨材料的选择要根据挟沙水流的流速、含沙量、含沙类型确定。常用的抗冲磨材料有以下几种：

（1）高强度水泥砂浆。高强度的水泥砂浆是一种较好的抗冲磨材料，特别是用硬度较大的石英砂替代普通砂后，砂浆的抗冲磨强度有一定提高。水泥石英砂浆价格低廉、制作工艺简单、施工方便，是一种良好的抗悬移质冲磨的材料。

（2）铸石板。铸石板根据原材料和加工工艺的不同有辉绿岩、玄武岩、硅锰渣铸石和微晶铸石等。铸石板具有优异的抗磨、抗气蚀性能，比石英具有更高的抗磨强度和抗悬移质切削性能。铸石板的缺点是质脆，抗冲击强度低；施工工艺要求高，粘贴不牢时，容易被冲走。例如在刘家峡溢洪道的底板和侧墙、碧口泄洪闸的出口等处所做的抗冲磨试验，铸石板均被水流冲走，因此，目前很少采用铸石板，而是将铸石粉碎成粗细骨料，利用其高抗磨蚀的优点配制成高抗冲磨混凝土。

（3）耐磨骨料的高强度混凝土。除选用铸石外，选择耐冲磨性能好的岩石，如以石英石、铁矿石等耐磨骨料配制成高强度的混凝土或砂浆，具有很好的抗悬移质冲磨的性能。试验表明，当流速小于 15m/s，平均含沙量小于 $40kg/m^3$，用耐磨骨料配制成强度达 C30 以上的混凝土，磨损甚微。

（4）环氧砂浆。具有固化收缩小、与混凝土黏结力强、机械强度高、抗冲磨和抗气蚀性能好等优点。环氧砂浆抗冲磨强度约为养护 28 天抗压强度 60MPa 水泥石英砂浆的 5 倍，C30 混凝土的 20 倍，合金钢和普通钢的 20～25 倍。固化的环氧树脂抗冲磨强度并不高，但由于其黏结力极强，含沙水流要剥离环氧砂浆中的耐磨砂砾相当困难，因此使用耐磨骨料配制成的环氧砂浆，其抗冲磨性能相当优越。

（5）聚合物水泥砂浆。是通过向水泥砂浆中掺加聚合物乳液改性而制成的有机-无机复合材料。聚合物既提高了水泥砂浆的密实性、黏结性，又降低了水泥砂浆的脆性，是一种比较理想的薄层修补材料，其耐蚀性能也比掺加前有明显提高，可用于中等抗冲磨气蚀要求的混凝土的破坏修补。常用的聚合物砂浆有丙乳（PAE）砂浆和氯丁胶乳（CR）砂浆。

（6）钢板。具有很高的强度和抗冲击韧性，抗推移质冲磨性能好。在石棉冲砂闸、鱼子溪一级冲砂闸等工程分别使用，抗冲效果良好。钢板厚度一般选用 12～20mm，与插入混凝土中的锚筋焊接。

任务二　倒虹吸管及涵管的维护

※基础知识※

一、倒虹吸管及涵管的检查与养护

1. 倒虹吸管及涵管的检查

（1）检查进出口及管身有无淤积。

（2）检查管壁有无裂缝。检查时使用红漆标明裂缝的位置、大小及其随温度升降变化的规律，并绘制成裂缝位置图，作为分析成因和确定处理措施时参考。

（3）检查管壁有无渗漏。渗漏按其严重程度可分为潮湿（看出水痕）、湿润（手摸有水）、渗出（形同冒汗）三种形式。对渗漏部位、发生时间、渗漏面积、渗漏量及其变化情况要做详细记录，并用红漆标明位置。

（4）定期检查管道变形情况。

（5）检查附属保护设施有无缺损。

（6）负压与震动的检查。巡回检查中，要注意用耳倾听管内的过水声，用眼观察进口管内的水流流态。有的倒虹吸管在越过小山包时，有向上突起的弯管段。设计中在弯管顶部常设有放气阀，放水时要把阀门打开，排除空气，然后通水。如果忽略了这项工作，就会在这个地方形成负压，使管壁气蚀剥落。检查中若听到阵发性的咚咚响声，应立即将放气阀缓缓打开，排除空气，当阀门开始喷水，即可关闭阀门。有的倒虹吸管开始放水过急，也易在管道进口下游产生负压。所以倒虹吸管进口下游应设通气孔，并应经常检查，以免被杂物堵塞。有时在进口管内发生水跃时会引起管道产生震动。

2. 倒虹吸管及涵管的养护

（1）倒虹吸管上的保护设施，如果有损坏或失效，应及时修复。

（2）进出口应设立水尺，标出最大和最小的极限水位，经常观测水位流量变化，保证通过的流量与流速符合设计规定。

（3）进出水流状态保持平稳，不冲刷淤塞，拦污栅要及时清理。

（4）对渠道衔接处有不均匀沉陷、裂缝、漏水、变形、进出口护坡不完整等现象，应立即停水修复。

（5）倒虹吸管停水后，应关闭进出口闸门，防止杂物进入管内或发生人身事故。

（6）管道、沉沙及排沙设施应经常清理。暴雨季节防止山洪淤积管身，倒虹吸管如有底孔排水设备，冬季放水后或管内淤积时，应立即开启闸阀，排水冲淤，保持管道畅通。

（7）直径较大的裸露式倒虹吸管，在高温或低温季节要妥善保护，以防发生温度裂缝、冻裂或冻胀破坏。

（8）倒虹吸管顶有冒水发生时，停水后在内部进行裂缝填塞处理，严重时可挖开填土进行内外彻底处理。

※基础知识※

二、倒虹吸管及涵管的病害与成因

（一）倒虹吸管常见病害与成因

（1）管身裂缝。管身裂缝有环向、纵向和龟纹状裂缝三种。环向裂缝主要是由于管身分节过长，当温度降低时引起纵向收缩变形造成管身脱节，当基础约束过大时会造成拉裂甚至断裂，在斜坡段也有因为镇墩基础沉陷、滑坡或雨水冲刷而失稳引起管身脱节或断裂；纵向裂缝是倒虹吸管最常见的病害，而现浇混凝土管出现纵向裂缝的居多，纵向裂缝常出现在管身顶部，主要原因是现浇管顶施工质量差，同时外露的管顶受到阳光的直射，管身顶部内外温差过大，管壁内外变形不一致；严寒地区，当冬季没有排完管内积水或没有采取保温措施时，也将发生冻害而造成管身纵向裂缝。管身出现裂缝后必然发生漏水，并且结构承载力降低，管道耐久性随之变差。

（2）接头漏水。接头止水材料老化或接头脱节将止水拉裂会引起漏水。

（3）边墙失稳。进口处地基沉陷或顶部超载会导致进口处挡土墙或挡水墙失稳。

（4）混凝土表面剥落。冻融作用（北方地区）或钢筋锈蚀会使混凝土表面剥落。

（5）设备故障。管理不善、年久失修和设备老化会引起沉沙拦污设施、闸门、启闭设备等破坏失效。

（6）淤积堵塞。未及时清污，杂物堵塞进口或山洪入渠，携带大量推移质沉积管中。

（7）气蚀、震动与冲刷。操作不当，在开始放水时排气阀未及时打开，或放水太急，管内产生负压引起气蚀，或通过小流量时，未及时调节阀门，进口管道内发生水跃，使管身震动或接头破坏。冲刷是因水流含沙石量大，管壁耐磨性差而引起。

（8）钢筋锈蚀。主要原因是管身裂缝处或缺陷处，钢筋裸露失去混凝土的碱性保护，钢筋钝化膜被破坏而锈蚀。

（二）涵管常见病害与成因

（1）管身断裂和漏水。发生管身断裂常见的原因有：

1）地基处理不当。涵管在上部荷载的作用下，产生不均匀沉陷，引起管身断裂。

2）结构处理有缺陷。在管身和竖井之间荷载突变处未设置沉降缝，会引起管身断裂。如安徽省三湾水库坝下涵管就是因为洞身和闸门竖井之间未设置沉降缝而引起了横向断裂。裂缝的位置，顶部距离闸门 1.3～1.5m，底部距离闸门 2.0～2.2m，如图 6-1 所示。

3）设计考虑不周。结构尺寸偏小、钢筋配置率不足、混凝土强度等级偏低等，都会导致管身结构强度不够，以致断裂。

4）管身分缝间距过大或位置不当，也会导致管身断裂。

5）管内流态异变。无压涵管内出现有压流，也容易引起管身震动而断裂破坏。

6）施工质量较差。因施工质量差造成坝下涵管断裂和漏水，主要是管节止水处理不当和管座基础处理不好造成不均匀沉陷引起的。如河北省北庄河水库，坝高 25m，坝下埋有内径 1.2m 的钢筋混凝土无压圆管，管壁厚 12cm，外包 40cm 厚的浆砌块石防渗垫层，然后填土。在管子接头外壁设截水环并用麻绳沥青填塞，外抹 1∶9 的水泥砂浆封闭。由于接头处理不当，同时浆砌块石防渗垫层与管壁接触不够紧密，运用期间管节发生渗漏引起坝体填土颗粒流失，进而导致坝体塌陷，如图 6-2 所示。

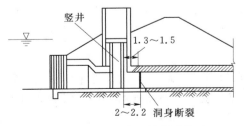

图 6-1　三湾水库涵管断裂位置示意图（单位：m）

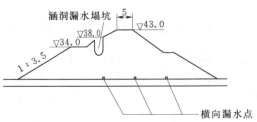

图 6-2　北庄河水库涵管漏水及坝坡塌坑示意图（单位：m）

（2）涵管出口消力池的破坏。由于设计不合理、基础处理不好或运用条件发生变化，消力池在运用时下游水位偏低，池内不能形成完整水跃，导致下游渠底冲刷、海漫基础淘刷，进而危及消力池，严重时会导致消力池本身结构的破坏。

※技术应用※

三、倒虹吸管及涵管病害处理

（一）倒虹吸管病害处理

1. 裂缝的处理

裂缝处理的方案是：①对既未考虑运用期温度应力，又未采取隔热措施的管道，要采取填土等隔热措施；②对强度不足、施工质量差的管道所产生的裂缝，要采取全面加固措施；③对有足够强度的管道的裂缝，主要采取防渗措施。

（1）腹裹保护。这是防止纵向裂缝发生和扩展的有效措施。对裸露在外部的倒虹吸管两侧使用预制空心混凝土砌块进行砌筑外包，上部填土夯实，既能对倒虹吸管起到明显的隔热保温作用，又能减轻风霜雨雪等对管身混凝土的侵蚀。

（2）加固补强。对因沉陷引起的裂缝，首先应进行固基处理，如采取灌浆培厚等方法；对强度安全系数太低的管道，可采用内衬钢板加固措施进行处理，处理步骤是：在混凝土管内，衬砌一层厚4～6mm的钢板，钢板事先在工厂加工成卷，其外壁与钢筋混凝土内壁之间留1cm左右的间隙，钢板从进出口送入管内就位、撑开，再焊接成型，然后在两者之间进行回填灌浆。该法的优点是能有效地提高安全系数，加固后安全可靠耐久，缺点是造价高，钢材用量多，施工难度大。

（3）表面涂抹、贴补或嵌补封缝。对结构整体性影响不大的裂缝，一般只在表面采用涂抹、贴补或嵌补等方法进行封缝处理，有刚性处理和柔性处理两种类型：①刚性方案有钢丝水泥砂浆、钢丝网环氧砂浆和环氧砂浆粘钢板等方法，这类方法不仅能够防渗抗裂，而且还分担裂缝处钢筋的一部分应力，提高建筑物的安全性；②柔性方案有环氧砂浆贴橡皮、环氧基液贴玻璃丝布、环氧基液贴纱布、聚氯乙烯油膏填缝及乳化沥青掺苯溶氯丁胶刷缝等方法，柔性处理能够适应裂缝开合的微小变形，造价较低，施工方便。缝宽小于0.2mm时，采用加大增塑性比例的环氧砂浆修补效果好；缝宽大于0.2mm时，采用环氧砂浆贴橡皮效果好。

2. 渗漏的处理

（1）对因裂缝引起的渗漏可按裂缝处理方法进行。

（2）管壁一般渗漏的处理。可在管内壁刷2～3层环氧基液或橡胶液，涂刷时应力求薄而匀，每天刷一遍，总厚约0.5mm。若为局部漏水孔或气蚀破坏，可涂抹环氧砂浆封堵。

（3）接头漏水的处理。对于受温度变化影响大的，仍需保持柔性接头的管道，可在接缝处充填沥青麻丝，然后在内壁表面用环氧砂浆贴橡皮。对于已做腹裹处理受温度影响显著减小的管道，可改用刚性接头，并隔一定距离设一柔性接头。刚性接头施工时可在接头内外打入石棉水泥或水泥砂浆，并在管内壁表面涂刷环氧树脂，防止钢管伸缩接头漏水，并应定期更换止水材料。

3. 淤积的处理

在进口处设置拦污栅隔离漂浮物以防止堵塞；在进口上游一定距离设置沉砂池和冲砂孔防止推移质的堆积；控制过水流量和流速防止悬移质的沉积。当出现堵塞，应先排除管内积水，再用人工挖出。

4. 冲磨的处理

设置拦沙槽拦截沙石，减轻对管壁的磨损。对已发生气蚀与冲磨的管壁可进行凿除并重新涂抹耐磨材料（见隧洞的冲磨处理）。

（二）涵管常见病害处理

涵管断裂漏水的加固及修复措施如下：

（1）管基加固。对因基础不均匀沉陷而引起断裂的涵管，一方面进行管身结构补强，另一方面还需加固地基。①对坝身不是很高，断裂发生在管口附近的，可直接开挖坝身进行处理；②对软基，应先拆除被破坏部分涵管，然后挖除基础部分的软土至坚实土层，并均匀夯实，再用浆砌石或混凝土回填密实；③对岩石基础软弱带，可进行回填灌浆或固结灌浆处理；④对直径较大的涵管，当断裂发生在中部，开挖坝体处理有困难时，可在洞内钻孔进行灌浆处理。灌浆处理常采用水泥浆，断裂部位可用环氧砂浆封堵。如山东省日照水库，1959 年建成，最大坝高为 26.5m，坝下为廊道式钢筋混凝土圆管，如图 6-3 所示，基础为风化片麻岩，裂隙严重，中间有一道冲沟，最初用低标号水泥砂浆块石处理。在运用一年之后漏水现象很严重，随后采用灌浆处理，并用环氧砂浆做了封堵处理，效果很好，至今运用正常。

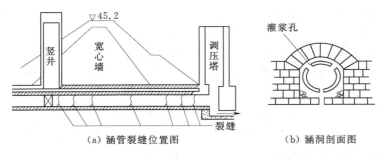

（a）涵管裂缝位置图　　　　（b）涵洞剖面图

图 6-3　日照水库涵洞裂缝位置及涵洞剖面图

（2）更换管道。当涵管直径较小、断裂严重、漏水点多、维修困难时，须更换管道。对埋深较大的管道，可采用顶管法完成。顶管法是采用大吨位油压千斤顶将预制好的涵管逐节顶进土体中的施工方法。顶管施工程序为：测量放线→工作坑布置→安装后座及铺导轨→布置及安装机械设备→下管顶进→管的接缝处理→截水环处理→管外灌水泥浆→试压。顶管法施工技术要求高，施工中定向定位困难。但它与开挖沟埋法比较，具有节约投资、施工安全、工期短、需用劳动力少、对工程运用干扰较小等优点。

（3）表面贴补。对过水界面出现的蜂窝麻面及细小漏洞，可采取表面贴补法处理。

（4）结构补强。因结构强度不够，涵管产生裂缝或断裂时，可采用结构补强措施。

1）灌浆。灌浆是目前混凝土或砌石工程堵漏补强常用的方法。对坝下涵管存在的裂缝、漏水等，均可采用灌浆处理。例如，河北省钓鱼台水库，由于运用期间产生明满流交替的半有压流态，在92m长的洞壁上漏水点达59处，根据这种情况，进行了水泥灌浆处理。全洞共钻孔120个，浆孔布设在洞壁两侧，每侧两排，上下错开呈梅花形。上排离洞底0.7～0.8m、孔深0.7～0.9m，下排离洞底0.1m、孔深1～1.2m，如图6-4所示。经灌浆处理，基本止住了漏水，效果很好。

2）加套管或内衬。当坝下涵管管径不容许缩小很多时，套管可采用钢管或铸铁管，内衬可采用钢板。当管径断面缩小不影响涵管运用时，套管可采用钢筋混凝土管，内衬可采用浆砌石料、混凝土预制件或现浇混凝土。例如，广东省马踏石水库土坝下埋设高1.2m、宽0.6m的浆砌石涵洞，顶拱用砖砌筑。在运用期间断裂漏水，先后有13处被漏水掏空。后来采用内套钢丝网水泥管，管壁厚3cm，在工地分段浇筑后进行安装，安装后在新老管间进行灌浆处理，效果很好，如图6-5所示。加套管或内衬时，需先对原管壁进行凿毛、清洗，并在套管或内衬与原管壁之间进行回填灌浆处理。加套管或内衬必须是人工能在管内操作的情况。

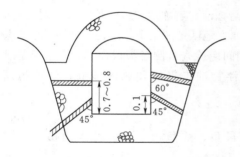

图6-4　钓鱼台水库涵洞灌浆孔
剖面图（单位：m）

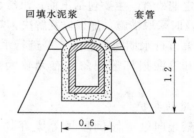

图6-5　马踏石水库涵管
处理图（单位：m）

3）支撑或拉锚。石砌方涵的上部盖板如有断裂，可采用洞内支撑的方式加固，如图6-6所示。对于侧墙加固，还可采用横向支撑法。有条件的也可采用洞外拉锚的办法，这样处理可以避免缩小过水断面。

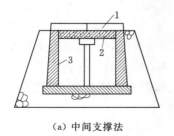

（a）中间支撑法

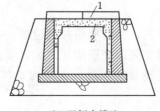

（b）两侧支撑法

图6-6　方涵支撑示意图
1—断裂的盖板；2—支撑；3—方涵侧墙

任务三　渠道的维护

※基础知识※

一、渠道的检查与养护

1. 渠道的检查

（1）经常性检查。包括平时检查和汛期检查。平时检查着重检查干、支渠渠堤险工险段；检查渠堤上有无雨淋沟、浪窝、洞穴、裂缝、滑坡、塌岸、淤积、杂草滋生等现象；检查路口及交叉建筑物连接处是否合乎要求，同时还应检查渠道保护区有无人为乱挖乱垦等破坏现象。汛期检查主要是检查防汛的准备情况和具体措施的落实情况。

（2）临时性检查。主要包括在大雨中、台风后和地震后的检查。着重检查有无沉陷、裂缝、崩塌及渗漏等情况。

（3）定期检查。主要包括汛前、汛后、封冻前、解冻后进行的检查，当发现薄弱环节和问题，应及时采取措施，加以修复解决。对北方地区冬灌渠道，应注意冰凌冻害的影响。

（4）渠道行水期间的检查。渠道行水期间应检查观测各渠段流态，是否存在阻水、冲刷、淤积和渗漏损坏等现象，有无较大漂浮物冲击渠坡和风浪影响，渠顶超高是否足够等。

2. 渠道的养护

（1）禁止向渠道倾倒垃圾等废弃物、毒鱼、炸鱼，定期进行水质检验，防止污染环境。

（2）经常清理渠道内的垃圾堆积物，清除杂草等，保证渠道正常行水。

（3）禁止在渠道上及其内外坡垦殖、铲草、放牧及滥伐护渠林。

（4）禁止在保护范围内任意挖沙、埋坟、打井、修塘、建筑。

（5）渠道两旁山坡上的截流沟和泄水沟要经常清理，防止淤塞，尽量减少山洪或客水进渠。

（6）未经管理部门批准，不得在渠道上修建建筑物，排放污水、废水，不得私自抬高水位。

（7）通航渠道，机动船应控制速度，不准使用尖头撑篙，渠道上不准抛锚。

（8）渠道遭受局部冲刷破坏之处，要及时修复，防止破坏加剧。

（9）严格控制渠道流量、流速和水位，放水和停水时避免猛增猛减，确保渠道输水安全。

3. 渠道的运行控制

（1）流量控制。输水流量应根据用水要求、水源情况和工程运用情况，按计划进行调配。渠道输水流量不能超过加大流量，渠水含沙量大时，一般也不宜小于最小流量。加大流量与设计流量之间的关系为

$$Q_{加大} = (1+k)Q_{设计} \tag{6-3}$$

式中　　$Q_{加大}$——加大流量，m^3/s；

　　　　$Q_{设计}$——设计流量，m^3/s；

　　　　k——加大系数，见表 6-1。

表 6-1　　　　　　　　　　　　流量加大系数 k 值

设计流量/(m^3/s)	<1	1~5	5~20	20~50	50~100	100~300	>300
k 值	0.35~0.3	0.3~0.25	0.25~0.2	0.2~0.15	0.15~0.1	0.1~0.05	<0.05

（2）水位控制。渠道通过设计流量时，水位应严格控制在设计水位以下，保证渠道的正常工作；当通过加大流量时，渠道水位不得超过加大水位线，持续时间不得超过设计规定，防止渠道出现严重的冲刷变形，避免漫堤、决口事故发生；当通过最小流量时，要主动调节节制闸，水位应控制在最低水位线以上，一般要求最低水位线不低于设计水位线的70%，保证下级渠道的正常取水、避免渠道淤积。

（3）流速控制。渠道流速过大易引起冲刷，过小易造成淤积，都会影响正常输水，所以必须严格控制渠道流速。渠道流速的控制范围是大于不淤流速、小于不冲流速，即

$$v_{不淤} < v < v_{不冲} \tag{6-4}$$

式中　　$v_{不淤}$——不淤流速，m/s；

　　　　v——渠道正常流速 m/s；

　　　　$v_{不冲}$——不冲流速，m/s。

渠道的不冲流速可通过实验确定，实际中也可参考表 6-2 与所列的经验数值或用下列经验公式计算：

$$v_{不冲} = KQ_{设计}^{0.1} \tag{6-5}$$

其中 K 的取值见表 6-3。

表 6-2　　　　　　　　　　渠 道 不 冲 流 速　　　　　　　　　　单位：m/s

不同土壤和衬砌条件		不冲流速	不同土壤和衬砌条件		不冲流速
土壤类	轻壤土	0.60~0.80	衬砌类	混凝土衬砌	5.0~8.0
	中壤土	0.65~0.85		块石衬砌	2.5~5.0
	重壤土	0.70~0.90		卵石衬砌	2.0~4.5
	黏壤土	0.75~0.95			

表 6-3　　　　　　　　　　渠道不冲流速系数 K 值

土类	沙壤土	轻黏壤土	中黏壤土	重黏壤土	黏土	重黏土
K 值	0.53	0.57	0.62	0.68	0.75	0.85

渠道的不淤流速可按下式计算：

$$v_{不淤} = C\sqrt{R} \tag{6-6}$$

式中　　R——水力半径，m；

　　　　C——不淤流速系数，见表 6-4。

表 6 - 4　　　　　　　　　　　　　　　渠道不淤流速系数 C 值

泥沙类别	粗砂质黏土	中砂质黏土	细砂质黏土	极细的砂质黏土
C 值	0.65～0.77	0.58～0.64	0.41～0.54	0.37～0.41

二、渠道的病害与成因

渠道常见病害有裂缝、沉陷、滑坡、渗漏、洪毁、冲刷、淤积、冻胀、蚁害等，其中裂缝、沉陷、渗漏、蚁害与土石坝的病害原因类似。

1. 渠道冲刷

主要原因是渠道土质较差、比降过大、水深流急、风浪冲击、施工质量差和运用管理不善等。冲刷主要发生在渠道窄深段、转弯段凹侧及陡坡段，这些渠段水流不平顺且流速大，往往造成冲刷。渠道冲刷分为纵向冲刷和横向冲刷，纵向冲刷引起渠道沿程渠底高程的改变，横向冲刷导致渠道左右摇摆，渠堤凹冲凸淤，危及渠堤安全。

2. 渠道淤积

主要原因是渠道遭受客水入侵、比降过小、水源含沙量大、施工质量差和运用管理不善等。如客水挟带大量泥沙入渠，灌溉水源含沙量大且没有进行沉沙处理，部分高填方渠道修筑夯压不实而不断沉降，小流量下输送高含沙水流等。在渠道宽浅段、弯曲段凸侧、缓坡段和杂草滋生段，这些渠段水流速度小，往往造成淤积。淤积造成渠道过水断面缩小，输水能力降低，影响灌溉或供水计划的完成。

3. 渠道滑坡

渠道产生滑坡的原因很复杂，归纳起来有：①基体抗剪强度低，如由软弱岩石及覆盖土所组成的斜坡，在雨季或浸水后，抗剪强度明显降低，引起滑坡；②岩层层面、节理、裂隙切割，当形成顺坡切割面，遇水软化后，其上部的岩土层会失去抗滑稳定性；③地下水位抬高时，将使渠道边坡渗透压力增大，边坡抗滑稳定性降低；④渠道的新老结合面、岩土结合面等处理不当，易造成漏水而导致崩塌滑坡；⑤地质条件较差，填方渠道边坡过陡，或渠道两侧为深挖方边坡，均易引起坍塌滑坡；⑥排水条件差，排水系统的排水能力不足或失效，使抗滑能力降低而产生滑坡；⑦管理不善，人为破坏。

4. 渠道洪毁

山丘区、洼地灌区，由于渠系规划，打乱了原有的天然水系，渠道所通过的地段，截断了许多沟谷，如果不修建截流沟、沉沙井和穿越渠道的交叉建筑物，遇到汛期，将会造成山洪入渠，影响渠道的正常运用，甚至导致渠系工程的严重破坏。

5. 风沙破坏

在气候干旱、风沙很大的地区，渠道常会遭到风沙埋没，影响渠道正常运用。风沙的移动强度决定于风力、风向和植被对固沙的作用。一般 3～4m/s 的风速就可以使 0.25mm 直径的沙颗粒移动。

6. 冻害破坏

北方地区冬季寒冷，渠道衬砌体在冻融作用下产生剥蚀、隆起、开裂或垮塌破坏。

※技术应用※

三、渠道病害处理

1. **渠道冲刷的处理**

（1）修建跌水、陡坡、潜堰、砌石护坡护底等方法，调整渠道比降，减缓流速和提高抗冲能力，达到防冲的目的。

（2）渠道弯曲过急、水流不顺，造成凹岸冲刷时，可采取加大弯曲半径、裁弯取直的办法，使水流平顺，避免冲刷；也可以采取浆砌石或混凝土衬砌冲刷段提高其抗冲能力。

（3）渠道土质不好，施工质量差，又未采取衬砌措施，引起大范围冲刷时，可采取渠床夯实或渠道衬砌等措施，提高渠道稳定性，以防止冲刷。

（4）渠道管理不善，流量突增猛减，水流淘刷或漂浮物撞击渠坡时，应加强管理，科学调控，保持流量均匀，消除漂浮物。

2. **渠道淤积的处理**

从防淤和清淤两方面采取措施。

（1）防淤措施。①设置防沙、排沙设施，减少进入渠道的泥沙；②调整引水时间，避开沙峰引水，高含沙量时减少引水流量。低含沙量时加大引水流量；③防止客水挟沙入渠，防止山洪、暴雨径流进入渠道，避免渠道淤积；④衬砌渠道，减小渠道糙率，加大渠道流速，提高挟沙能力，减少淤积。

（2）清淤措施。①水力清淤，在水源比较充足的地区，可在非用水季节，利用含沙量少的清水，按设计流量引入渠道，利用现有排沙闸、泄水闸、退水闸等泄水排沙，按先上游后下游的顺序，有计划的逐段进行，必要时可安排受益农户参与，使用铁锹、铁耙等农具搅拌，加速排沙；②人工清淤，是目前使用最普遍的方法，在渠道停水后，组织人力，使用铁锹等工具，挖除渠道淤沙，一般一年进行 1～2 次；③机械清淤，主要用挖泥船、挖土机、推土机等工程机械来清理渠道淤积泥沙，机械清淤速度快、效率高，降低劳动强度、节省大量劳力。

3. **渠道滑坡的处理**

渠道滑坡的处理可采取排水、减载、反压、支挡、换填、改暗涵，或者加对撑、倒虹吸、渡槽和渠道改线等措施。

（1）砌体支挡。渠道滑坡地段，地形受限，单纯削坡土方量较大时，可在坡脚及边坡砌筑各种形式的挡土墙支挡，用于增强边坡抗滑能力。

（2）换填好土。渠道通过软弱风化岩面等地质条件差的地带，产生滑坡的渠段，除削坡减载外，还可考虑换填好土，重新夯实，改善土的物理力学性质，达到稳定边坡的目的。一般应边挖边填，回填土多用黏土、壤土或壤土夹碎石等。

（3）明渠改暗涵或加支撑。傍山渠道由于地质条件差、山坡过陡，易产生滑坡和崩塌，造成渠道溃决。若采用削坡减压、砌筑支挡困难或工程量过大，难以维持边坡稳定，可将明渠改为暗涵。暗涵形式有圆拱直墙、箱涵或盖板涵，涵洞上面回填土石，恢复山坡自然坡度或做成路面。

（4）渠道改线。对中小型渠道，处在地质条件很差甚至在大滑坡或崩塌体上时，渠道稳定性没有保证，应考虑改变渠道线路。

4. 渠道洪毁的防治

（1）复核渠道的防洪标准，对超标准洪水，应严禁入渠。

（2）渠沟交叉应修建排洪建筑物。傍山渠道，应设置撇洪沟和沉沙井，拦截坡面径流，就近引入天然河沟。如果渠高沟低相交，可采用渠下涵；若渠低沟高相交，可采用排洪渡槽或排洪桥；若渠沟齐平相交，经论证洪水可入渠，但应在渠道一侧适当位置设置溢洪侧堰，使超过渠道设计水位的洪水自动溢流泄走，也可以采用倒虹吸管，穿越渠底。

（3）加强对渠道上的排洪、泄洪等建筑物的管理，保证排泄畅通。

5. 风沙的防治

防止风沙埋渠，主要有以下几种方法：

（1）结合风向选择渠线。渠道选线时，如条件许可，渠道走向尽量与当地一般风向一致，这样渠道就不易被风沙埋设。

（2）营造防风固沙林带。营造防风固沙林带进行固沙，是解决风沙问题的根本措施。陕北榆林地区一般在渠旁 50m 宽范围内，垂直风季的主要方向，营造林带，交叉种植乔木与灌木。种植一些生长较快的灌木草皮，如沙蒿、柠条、沙柳、苜蓿等，可以较快地起到防风固沙的作用，根据当地气候条件，春季种沙蒿，生长快，当年即可起到防沙的作用。继而种苜蓿，两年后，沙蒿逐渐衰退，苜蓿生长起来，再种柠条，5～6 年后苜蓿衰退，柠条生长起来，一茬接一茬，可以逐渐地起到防沙作用。在这些防风固沙林带，一定要加强管理养护，并禁止放牧。

（3）引水冲沙拉沙。如当地有充足的水源条件，可用水力冲沙，通过水流冲刷削平渠道两旁的沙丘、沙梁，使渠道避开沙丘，也能减少风沙危害。

（4）设置沙障。在固沙林带长起来以前，还可以用梢料，如沙蒿、柠条、柴草等编织成沙障，垂直于当地主风的方向，以挡风沙。沙障一般可筑成 1.0m 高的明障或 0.5m 的暗障，且在沙障之间埋设柴草，可起固沙作用。

四、渠道防渗措施

对渠道采取防渗措施，可以增加渠道稳定性、减少水量损失、增加灌溉面积。

渠道的防渗措施很多，常用的防渗措施有土料夯实、灰土护面、砌石砌砖护面、混凝土护面、沥青护面及塑料薄膜等。渠道防渗措施选择的原则是：①防渗效果好，耐久性能好；②抗冲性能好，输水能力强；③就地取材，施工简单，造价低廉；④便于管理，维修费用低。

现将几种常用防渗措施分述如下。

1. 砌石类防渗

砌石类防渗包括干砌石挂淤，干砌石勾缝、抹面、灌浆、灌细石混凝土，浆砌卵石、块石、条石、板石等几种形式。

砌石类防渗主要适用于渠道附近石料丰富，渠道流速大，含推移质多，需要固渠护堤的沙性土渠道；重要的防洪、灌溉、排水渠道；险工地段的渠道。

砌石类防渗的优点是：抗冲磨、防腐蚀、耐久性好；防渗效果好；使用年限长；就地取材，施工技术简单。其缺点是：施工机械化程度低，劳动强度大，工程量大，造价较高。

砌石类防渗与土渠相比可显著减少渗漏量，其中干砌石挂淤为 40%～60%，干砌石填缝与浆砌石均为 80%～90%；渠道糙率降低，其中干砌石挂淤为 0.025～0.035，干砌石填缝 0.0225～0.03，浆砌石为 0.02～0.025；使用年限为 20～40 年。

2. 混凝土类防渗

混凝土类防渗包括现浇混凝土、预制混凝土板构件、预制钢筋混凝土槽、喷射混凝土、水泥砂浆抹面等衬砌形式。

混凝土类防渗适用性好。一般现浇混凝土适用于防渗要求高，流速大，易出现滑坡、坍塌的渠道；预制钢筋混凝土板件适用于渠道行水与施工矛盾突出，施工时间紧的渠道；预制钢筋混凝土槽适用于丘陵地区和地形地质条件复杂的地区；喷射混凝土适用于土基、石基、高填深挖、质量好的大中型渠道；水泥砂浆抹面适用于边坡陡峻、表面粗糙、有裂缝需加固的岩石渠道。

混凝土类防渗的优点是：防渗效果好，耐久性好，强度高，防渗面糙率低，过水断面小，允许流速大，适用范围广，管理方便。其缺点是：耗用水泥多，投资大、造价高，技术复杂，施工要求高。

混凝土类防渗减少渗漏量的效果显著：混凝土为 85%～95%，钢筋混凝土槽为 95%～100%，喷射混凝土和水泥砂浆抹面为 90%～95%；防渗渠道表面糙率为 0.011～0.018；使用年限一般在 30～50 年。

3. 沥青材料类防渗

沥青材料类防渗包括沥青席、沥青油毡、沥青玻璃纤维油毡、沥青砂浆、沥青混凝土等防渗形式。

沥青材料类防渗适用于防渗要求高的地区，尤其适用于高寒地区。

沥青材料类防渗的优点是：防渗效果好，能适应地基变形，有抗碱类腐蚀的能力，耐久性较好。沥青混凝土和各类油毡，有较好的弹性，能适应地基较大的冻胀变形。其缺点是：施工工艺较复杂，抗冲性能差，长期受日光照射和氧化，容易老化，使用时间短。

沥青材料类防渗减少渗漏量为 90%～95%，使用年限为 10～25 年。

4. 塑料薄膜类防渗

塑料薄膜类防渗是运用聚乙烯、聚氯乙烯、乙烯基、聚丙烯等薄膜材料进行防渗的一类方法，包括表面式塑膜防渗、埋藏式塑膜防渗。

塑料薄膜类防渗适用于小型渠道特别是临时性小型渠道，在南方和北方地区都适用，特别是北方冻胀变形较大的地区，效果理想。在流速较小的渠道直接铺设覆土即可，当流速较大时应设刚性护面。

塑料薄膜类防渗的优点是：防渗效果好，适应性强，耐酸、碱和土壤微生物侵蚀；具有较好的柔性、延展性、抗冻性和抗热性；重量轻、运费低；施工简单，群众容易掌握；造价低，为混凝土衬砌的 1/10～1/5。其缺点是：表面塑膜耐久性差，使用时间短，埋藏式塑膜如无刚性材料护面其允许流速较小。

　　塑料薄膜类防渗减少渗漏量为 90%～95%；防渗渠道表面糙率为 0.02～0.025；表面式塑膜防渗使用年限一般为 1～2 年，埋藏式为 10～20 年。

任务四　渡槽的维护

※基础知识※

一、渡槽的检查与养护

（1）槽内水流应均匀平顺，发现裂缝漏水、沉陷、变形应及时处理。
（2）渡槽原设计未考虑交通时，应禁止人、畜通行，防止发生意外。
（3）要经常清理槽内淤积和漂浮物，保证正常输水，防止上淤下冲。
（4）跨越沟溪的渡槽，基础埋深要在最大冲刷线之下，防止基础遭受淘刷。
（5）寒冷地区的渡槽，基础埋深要在最大冰冻深度下，防止基础冻胀破坏。
（6）跨越多泥沙河流的渡槽，应防止河道淤积、洪水位抬高危及渡槽安全。

二、渡槽的病害与成因

　　渡槽常见病害有接缝漏水、冻胀与冻融破坏、混凝土碳化、剥蚀、裂缝及钢筋锈蚀，支承结构发生不均匀沉陷和断裂，止水老化破坏，进口泥沙淤积和出口发生冲刷等。此外有些渡槽因设计原因，在槽中出现涌波现象，造成槽内水流外溢。

※技术应用※

三、渡槽病害处理

（一）冻融剥蚀的修补

　　（1）修补材料。修补材料首先应该满足工程所要求的抗冻性指标，DL/T 5057—2009《水工混凝土结构设计规范》规定，混凝土的抗冻等级在严寒地区不小于 F300，寒冷地区不小于 F200，温和地区不小于 F100。常用的修补材料有高抗冻性混凝土、聚合物水泥砂浆、预缩水泥砂浆等。

　　（2）修补方法。与项目三混凝土坝表面破坏处理方法类似。

　　1）当剥蚀深度大于 5cm 时，即可采用高抗冻性混凝土进行填塞修补，根据工程的具体情况，可采用常规浇筑和滑模浇筑、真空模板浇筑、泵送浇筑、预填骨料压浆浇筑、喷射浇筑等多种工艺。

　　2）当剥蚀厚度为 1～2cm 且面积比较大时，可选用聚合物水泥砂浆修补；当剥蚀厚度大于 3～4cm 时，则可考虑选用聚合物混凝土修补。由于聚合物乳液比较昂贵，因此从经济角度出发，当剥蚀深度完全能采用高抗冻性混凝土修补（大于5cm）时，应优先选用高抗冻性混凝土修复。

3）小面积的薄层剥蚀可采用预缩水泥砂浆修补。

（二）混凝土碳化及钢筋锈蚀的修复处理

1. 混凝土碳化的处理

一般情况下，不主张对混凝土的碳化进行大面积处理，因为施工质量较好的水工建筑物，在其设计使用年限内，平均碳化层深度基本上不会超过平均保护层厚度。一旦建筑物的保护层厚度全部被碳化，说明该建筑物的剩余使用寿命已不长，对其进行全面防碳化处理，不仅投资大，而且没有太多实际意义。若建筑物的使用年限不长，绝大部分碳化不严重，只是少数构件或小部分碳化严重，对其进行防碳化处理十分必要。当混凝土内钢筋尚未锈蚀，宜对其做封闭防护处理。处理过程是：①采用高压水清洗机（最大水压力可达6MPa）清洗建筑物表面；②用无气高压喷涂机喷涂，涂料内不夹空气，能有效保证涂层的密封性和防护效果；分两次喷涂，两层总厚度达150μm即可。一般喷涂材料用乙烯-醋酸乙烯共聚乳液（EVA）作为防碳化涂料，其表干时间为10～30min，黏结强度大于0.2MPa，抗-25～85℃冷热温度循环大于20次，气密性好，颜色为浅灰色。

2. 钢筋锈蚀的处理

钢筋锈蚀对建筑物的危害极大，其锈蚀发展到加速期和破坏期会明显降低结构的承载力，严重威胁结构的安全性，而且修复技术复杂，耗资大，修复效果不能得到完全保证。故一旦发现钢筋混凝土中有钢筋锈蚀迹象，就应立即采取合适的措施进行修复。常用的措施有三个方面：①恢复钢筋周围的碱性环境，使锈蚀钢筋重新钝化，将锈蚀钢筋周围已碳化或遭氯盐污染的混凝土剥除，重新浇筑新的砂浆（混凝土）或聚合物水泥砂浆（混凝土）；②限制混凝土中的水分含量，延缓或抑制混凝土中钢筋的锈蚀，采用涂刷防护涂层，限制或降低混凝土中氧和水分含量，提高混凝土的电阻，减小锈蚀电流，延缓和抑制锈蚀的发展；③采取外加电流阴极保护技术，向被保护的锈蚀钢筋通入微小直流电，使锈蚀钢筋变成阴极，受到保护，免遭锈蚀破坏，另设耐腐材料作为阳极。目前这种技术在海岸工程的重要结构中采用较多。

※技能操作※

（三）渡槽接缝漏水的处理

渡槽接缝漏水主要是止水老化失效等原因造成的，处理的方法很多，如橡皮压板式止水、套环填料式止水机粘贴式（粘贴橡皮或玻璃丝布）止水等。

1. 聚氯乙烯胶泥止水

施工方法步骤如下：

（1）配料。胶泥配合比（质量比）：煤焦油：聚氯乙烯：邻苯二甲酸二丁酯：硬脂酸钙：滑石粉＝100：12.5：10：0.5：25。

（2）试验。做黏结强度试验，黏结面先涂一层冷底子油（煤焦油：甲苯＝1：4），黏结强度可达140kPa。不涂冷底子油可达120kPa。将试件作弯曲90°和扭转180°试验未遭破坏，即可满足使用要求。

（3）做内外模。槽身接缝间隙在3～8cm的情况下，可先用水泥纸袋卷成圆柱状塞入缝内，在缝的外壁涂抹2～3cm厚的M10水泥砂浆，作为浇灌胶泥的外模，3～5d后取出纸卷，将缝内清扫干净，并在缝的内壁嵌入1cm厚的木条，用胶泥抹好缝隙作为内模。

（4）灌缝。将配制好的胶泥慢慢加温，温度控制在110～140℃，待胶泥充分塑化后即可浇灌。对于U形槽身的接缝，可一次浇灌完成；对尺寸较大的矩形槽身，可采用两次浇灌完成。第二次浇灌的孔口稍大，要慢慢浇灌才能排出缝隙内的空气，如图6-7所示。

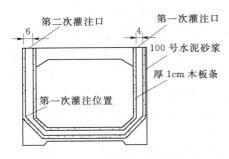

图6-7　矩形槽身填料止水灌注
示意图（单位：cm）

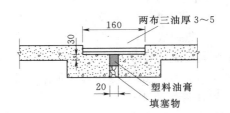

图6-8　塑料油膏接缝
止水示意图（单位：cm）

2. 塑料油膏止水

塑料油膏止水费用低，效果好，如图6-8所示。施工步骤如下：

（1）接缝处理。将接缝清理干净，保持干燥。

（2）油膏预热熔化。最好是间接加温，温度保持在120℃左右。

（3）灌注方法。先用水泥纸袋塞缝并预留灌注深度约3cm，然后灌入预热熔化的油膏，边灌边用竹片将油膏同混凝土反复揉擦，使其紧密粘贴。待油膏灌至缝口，再用皮刷刷齐。

（4）粘贴玻璃丝布。先在粘贴的混凝土表面刷一层热油膏，将预先剪好的玻璃丝布粘贴上去，再刷一层油膏和粘贴一层玻璃丝布，然后再刷一层油膏，务必粘贴牢固。

※技术应用※

（四）渡槽支墩的加固

1. 支墩基础的加固

（1）基础承载力不足的加固。当运行中发现渡槽支墩基底承载力不够时，可采用扩大基础的方法加固，以减少基底的单位承载力，如图6-9（a）所示。

（2）基础沉陷处理。渡槽支墩由于基础沉陷过大，影响正常使用，需将基础恢复原位。在不影响结构整体稳定的前提下，可采取扩大基础、顶回原位的办法处理，如图6-9（b）所示。先将基础周围的填土挖出，再浇筑混凝土，将沉陷的基础加宽。加宽部分可分为上下两部分：上部为混凝土支持体，与原混凝土基础连成整体；下部为混凝土底盘，与原混凝土基础间留有空隙。施工时先浇底盘及支持体，待混凝土达到设计强度后，在两者之间布置若干个油压千斤顶，将原渡槽支墩顶起恢复到原位，再用混凝土填实千斤顶两侧的空间，待填实的混凝土达到设计强度后，取出千斤顶，并将千斤顶留下的空间用混凝土填实，最后回填灌浆填实原基底空隙。

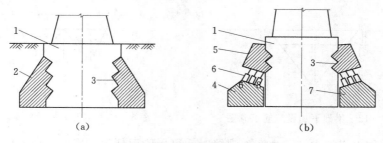

图 6-9　渡槽支墩基础加固示意图

1—原基础；2—基础加固部分；3—斜形凹槽；4—混凝土底盘；5—上部混凝土支持体；

6—油压千斤顶；7—空隙

2. 渡槽支墩墩身的加固

（1）对多跨拱形结构的渡槽，为预防因其中某一跨遭到破坏，使整体失去平衡，而引起其他拱跨的连锁破坏，可根据具体情况，对每隔若干个拱跨中的一个支墩采取加固措施。其方法是在支墩两侧加斜支撑或加大支墩断面，如图 6-10 所示。

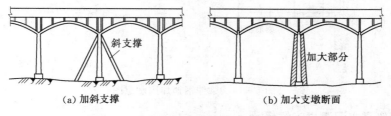

图 6-10　拱跨支墩预防破坏措施示意图

（2）多跨拱的个别拱跨有异常现象时，如拱圈发生断裂等，可在该跨内设置圬工顶或排架支顶，以增强拱跨的稳定，如图 6-11 所示。

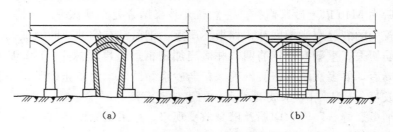

图 6-11　拱跨支墩加固示意图

（3）当渡槽支墩发生沉陷而使槽身曲折时，可先在支墩上放置油压千斤顶将渡槽槽身顶起，待其恢复原有的平整位置后，再用混凝土块填充空隙，支撑渡槽槽身。如原支墩顶面是齐平的可先凿坑，再放置千斤顶支撑渡槽槽身进行修理，对千斤顶支撑点必须进行压力核算。

（五）钢筋混凝土梁式渡槽的加固

（1）当梁件产生裂缝负担不了实际荷载时，可加设支墩，在梁架下面加设拉筋（图6-12）或加设桁架（图6-13）。

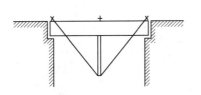

图6-12　梁架下加设拉筋示意图

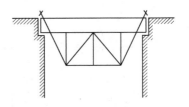

图6-13　梁架下加设桁架示意图

（2）当梁件由于拉力或剪力产生裂缝时，可用侧面帮宽、底面帮厚或同时加宽帮厚梁件的方法处理。加固时可适当凿开原结构以便焊接钢筋，并注意加固部分的主钢筋与原有梁上主钢筋的连接，如图6-14（a）所示。

（3）当梁件产生主应力裂缝时，也可采取在裂缝处加钢箍的方法加固，如图6-14（b）所示。

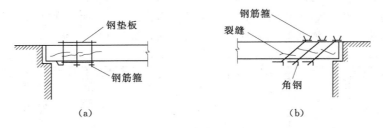

图6-14　梁件钢箍加固示意图

（六）钢丝网水泥渡槽的维修

钢丝网水泥渡槽，常因施工质量差和养护不当而造成裂缝、露网、印网及孔洞等情况，修补的方法如下：

（1）对露网、印网或印筋部位，先用尖凿打毛，清水洗净并保持湿润；再刷一层水泥浆打底，最后用M40以上砂浆修补。注意新老砂浆结合处必须抹平、光滑。

（2）对较大的裂缝应凿槽嵌补，如损坏严重，钢筋已有锈蚀或断裂成孔洞，则应把锈蚀严重的钢筋切去，重新换取钢筋网，并适当加密钢筋，再涂抹1:1水泥砂浆修补。注意在砂浆初凝后，要多次压抹密实，确保新老砂浆黏结好。为防止砂浆干缩裂缝，可在砂浆表面涂抹或喷一层1:4（水玻璃:水）的水玻璃溶液。

（3）对细微裂缝、印网、印筋及槽身散浸现象，可采用涂刷环氧沥青漆、聚苯乙烯及氯丁橡胶沥青漆等防腐涂料处理。

（4）对受力构件裂缝或损坏的修补，采取涂抹环氧基液、环氧砂浆的方法，效果较好。

任务五　渠系建筑物冻胀破坏的防治

※基础知识※

我国季节性冻土分布相当广泛，遍布于长江以北十多个省、自治区、直辖市。其厚度变化的总趋势是服从纬度分布规律，从北向南逐渐减薄。从表 6-5 可看出我国一些主要地区最大的季节冻结深度，大致以渭河、黄河下游为界，以北地区的水工建筑物都受到不同程度的冻害。

表 6-5　　　　　　　　　　我国一些地区土层最大冻结深度　　　　　　　　单位：cm

地点	最大冻结深度	地点	最大冻结深度	地点	最大冻结深度	地点	最大冻结深度
伊春	290	通辽	179	天水	61	运城	43
哈尔滨	198	呼和浩特	143	银川	103	北京	85
长春	169	乌鲁木齐	141	松潘	50	天津	69
延吉	200	吐鲁番	83	甘孜	95	张家口	136
沈阳	148	西宁	134	昌都	81	石家庄	54
营口	111	玉树	94	拉萨	126	济南	44
丹东	88	张掖	123	大同	179		
满洲里	389	兰州	103	太原	77		

注　最大冻结深度小于 50cm 的省份未列。

一、冻土地区建筑物冻胀破坏

冬季土层结冻，产生膨胀，春季融化，又产生沉陷，与土壤接触的水工建筑物，因此造成破坏。

（一）桩柱基础桥和渡槽等建筑物的冻胀破坏

寒冷地区桩柱基础桥和渡槽的破坏很普遍，其特征为：

（1）沿纵向在立面上呈罗锅形。在地基冻胀作用下渡槽或桥的桩柱基础，常被不均匀地拔起，通常沟（河）较深，夏季过水部分桩柱上拔量大，而往沟（河）两侧上拔量越小，边桩柱一般不产生上拔现象，呈现"罗锅形"，如图 6-15 所示。

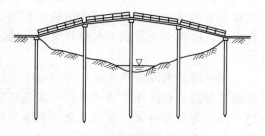

图 6-15　罗锅形

（2）沿纵向在平面上呈折曲形。同一排桩、柱有时冻胀上拔量不等，一般阳面小、阴面大，这样一方面使桥面或槽身产生倾斜；另一方面则使渡槽或桥面呈曲折变位。

（3）上抬量逐年积累和加剧。桩基产生冻拔后，不易制止，冻拔后也不能恢复原位，冻拔量也逐渐积累。一直到由于上拔量过大使建筑失去运用条件，甚至大部分拔出后导致桥面或渡槽身落架破坏。

（4）斜坡桩柱向沟（渠）内倾斜。当桥、渡槽等通过较深沟（渠）时，位于斜坡上的桩柱在斜坡上方冻胀力作用下，产生向沟（渠）内方向倾斜，常使桩柱断裂。当顶部变位过大时，可能使边跨桥面或槽身落架破坏。

（二）墩基础建筑物的冻胀破坏

在季节性的冻土地区，墩式基础桥、渡槽的破坏，其特征主要表现为各墩在各种胀力作用下不均匀上抬或倾斜，形成上层结构变形或破坏。

（三）板形结构的冻胀破坏

渠道衬砌板体、闸底板、闸前铺盖及闸后护坦等板形结构往往置于冻层之内，即板下还有一定厚度的冻土层。这样板体将受底部和周边冻胀力作用，又受到上部结构的不同约束条件作用，板体受到变、扭、剪等复杂的外力作用，从而冻胀破坏。其特征为：

（1）大面积薄板冻胀裂缝。当板形基础面积较大，四周约束力较小时，其裂缝分布无一定的规律，随着逐渐冻胀和融沉的反复作用，裂缝增多，宽度加大，严重的可使大片板形基础呈破碎状，也有在约束条件下呈规则冻胀裂缝。

（2）板形基础上抬及上部结构产生裂缝。当板形基础较大时，在底部胀力作用下，遂产生整体不均匀的上抬，而板形基础不一定产生破坏，当不均匀变形超过一定限度时，就会产生裂缝或某一部分过大的变形而破坏。

※技术应用※

二、渠系建筑物冻胀破坏的防治

冻胀发生要素是土质、水分及土中的负温值。其中不论缺少哪一种都不会发生冻胀现象。如能消除或削弱上述三个要素中的一个，则可消除或削弱土体的冻胀。防止冻害一般采取以下措施。

（一）换填法

换填法是指用粗沙、砾石等非（弱）冻胀性材料置换天然地基冻胀性土，以削弱或基本消除基土的冻胀，这是广泛采用的一种方法，采用换填法时，应根据建筑物运用条件、结构特点、地基土质及地下水位等情况，确定合理的填换深度和控制黏粒含量，并应注意排水。

采用换填法消除地基冻胀，需在全部冻结深度或部分冻结深度内进行填换。其深度直接影响工程造价和防冻害的效果，一般应根据建筑类型、允许变形程度、冻结深度、土质及地下水位等条件确定。我国东北正规路面换填厚度 20～30cm，一般不超过 50cm，渠道衬砌的换填率（换填深度与冻结深度之比）为 50%～90%，板形基础一般采用板厚加换填厚度等于当地冻深的办法确定换填深度。

换填料细颗粒含量的控制，粗颗粒土中粉黏粒含量控制在 12% 左右为宜，因为超过界限后，粗颗粒土的冻胀性就开始明显增大。对板形、条形、挡土墙及斜坡桩等经过换填后，只要采用一定的措施让沙砾石换填料的水分能排出，则能起到很好的防冻效果。

在地下水位低，砂、砾石料较丰富，单价较低的地方，宜采用换填法。

（二）人工盐渍化法改良地基土

人工盐渍法是向土体中加入一定量的可溶性无机盐类，如氯化钠、氯化钙、氯化钾等，使之成为人工盐渍土，土基中加入可溶性盐后，可使电解质增加，增大土粒表面水膜厚度。由于粒子间的凝固，使土粒的表面能和毛细管作用降低，根据不同交换性阳离子对土冻胀性影响，加入钾、钠离子后就可大大抑制土体的冻胀性。一般多采用氯化钠掺入土体中，其掺量应以土壤种类和施工方法等条件而定，在沙质亚黏土中，可按质量比加入 $2\%\sim4\%$ 的氯化钠、氯化钙，对含少量粉土和黏土的沙质土，可加入 $1\%\sim2\%$ 的氯化钠或氯化钾。这种方法简单易行，材料广泛，也比较经济；缺点是有效期短，一般五六年即会失效。

（三）保温法

保温法是指在建筑物基底部后四周设隔热层，增大热阻，以推迟基土的冻结，提高土中温度，减少冻结深度，起到防止冻胀的作用。

可用于隔热的材料很多，如草皮、树皮、炉渣、砖块、泡沫混凝土、玻璃纤维、聚苯乙烯泡沫等。水工建筑物属于"非保温"性的工程，当前我国北方广泛采用铺土、冰盖、苇草等做隔热层，现在有些工程采用聚苯乙烯泡沫塑料作为渠道衬砌或挡土墙的隔热层，效果良好。为防止热量从填土表面和墙壁体表面散失，用聚乙烯泡沫塑料做隔热材料应顺板底和散热表面方向铺设。采用聚乙烯泡沫塑料做隔热材料，其优点是自重轻、强度高、隔热性能好、运输施工方便，缺点是造价较高。故这种材料多在缺少砂砾石的地区使用。

（四）排水隔水法

排水隔水法是为控制水分条件，达到消减或消除地基冻胀的目的。排水的根本目的是防止地基过湿，其措施有降低地下水位及季节冻层范围内土体含水量，隔断客水补给来源和排除地表水。

（五）结构增强

渠道衬砌可采用带肋板，增强结构的抗弯力，提高抵抗冻胀力的能力。

（六）加大基础埋深

一般将基础底面深埋于冰层以下 25cm，减小冻胀作用受力面。

> **思 考 题**

1. 简述渠系建筑物常见的损坏形式及成因。
2. 简述渠系输水建筑物的工作特点。
3. 简述隧洞断裂断裂漏水的主要原因。
4. 分析气蚀产生的原因和容易发生的部位。
5. 气蚀与磨损的处理有哪些措施？
6. 隧洞裂缝的处理有哪些措施？
7. 隧洞的养护工作包括哪些内容？

8. 倒虹吸管常见病害有哪些？如何修复？

9. 涵管常见病害的处理方法有哪些？

10. 渠道常见病害的修复处理方法有哪些？

11. 渠道防渗的主要措施有哪些？

12. 渡槽冻害的处理措施有哪些？

13. 渡槽支墩加固的主要措施有哪些？

14. 钢筋混凝土梁式渡槽槽身加固的措施有哪些？

15. 冻土地区渠系建筑物冻胀破坏有何特点？

16. 渠系建筑物冻胀破坏的防治措施有哪些？

技　能　训　练

一渡槽接缝发生漏水，请采用套环填料式止水机粘贴橡皮进行处理。

技术应用能力提升

在陕西渭北黄土原区的灌区，一东西走向的挖方渠道，其南侧混凝土衬砌板发生了严重断裂，面对这一破坏现象，你认为该如何处理？请提出解决方案。

项目七　水利工程设备的维护

导学：设备是水利水电工程的中枢，维护好设备，自然就成为工程管理的重要工作。做好维护设备工作，就应具备维护的综合能力：一是要熟悉和明白设备的类型、设备基本的构成、不同类型与构成的设备的一般维护方法等基本知识；二是要具有设备维护的一般操作技能，应达到中级工的技能水平；三是应具有合理选择和应用设备维护方法的技术应用能力。

※**基本知识**※

一、水利工程设备类型

在水电站、泵站、水闸、倒虹、船闸等水利工程中均涉及一些相关设备，设备已成为水利工程的主要组成部分，对水利工程效益的发挥和安全运行起着至关重要的作用。按照设备的构成和功能的不同，可将设备分为金属结构设备、机械设备和电气设备（后两者即机电设备）。

金属结构设备主要包括钢闸门、拦污栅、隧洞的里衬钢板、压力钢管、钢塔架及船闸、启闭机等；机电设备包括水电站及泵站的机械设备部分和电气设备部分，如发电机、水轮机、水泵、变压器、开关站、配电等设备总称为机电设备，另外还有在节水灌溉中用到的喷嘴、滴头等一些特殊设备。

二、设备维护检修的分类

根据检修范围与程度以及拆卸的规模和延续的时间将设备检修分为大修、中修、小修三种形式。设备的大修、中修、小修应根据运行中掌握的情况和定期对设备在检查中发现的问题及设备运行的时间来确定。

小修是指对设备有计划的养护修理，是对设备进行的一种局部的检查修理，也包括对在检查中发现的一般性问题所进行的及时处理。小修周期根据设备运行中掌握的情况及定期检查中发现的问题来确定，一般规定为半年或一年一次。小修项目内容因设备不同而有所不同。

大修是指对主要设备结构或部件因功能的老化或损坏等所进行的恢复性维修。大修周期一般是：机械设备为 $8000 \sim 10000h$ 进行一次，电气设备为 $5 \sim 10$ 年一次，金属结构设备是 $10 \sim 20$ 年一次。

中修是介于大修和小修之间的一种检修。由于各类设备的构成和工作性能以及使用环境条件的不同，其维护的方法和措施将有所不同。

任务一　钢闸门的维护

※基本知识※

金属结构是用型钢材料，经焊铆等工艺方法加工而成的结构体，在水闸、引水等工程中被广泛采用，有挡水类、输水类、拦污类及其他钢结构等类型。一般钢结构在运行中要受水的冲刷、冲击、侵蚀、气蚀、振荡以及较大的水头压力等作用。

一、闸门工作状态的标准

闸门工作状态的标准是指闸门吊具运行可靠，表面清洁无变形、无锈蚀，没有附着水生物、污垢和杂物；所有运转部位油路畅通，油量适中，油质合格，润滑良好；闸门止水装置密封完好、可靠，闸门闭门时无翻滚、冒流现象，当门后无水时，无明显水流散射现象；闸门行走支撑装置不得有锈蚀、磨损、裂缝、变形；闸门提出水面后，各处不能存水；锁定装置合理；冬季破冰装置运行可靠。

二、钢闸门的检查

钢闸门按构造特征分为平面闸门、弧形闸门、扇形闸门、屋顶形闸门、立式圆管形闸门、圆辊形闸门、球形闸门以及壳形闸门等，其中以平面钢闸门与弧形钢闸门在水闸工程中运用较广。按检查的范围和作用可分经常检查与定期检查两种。

1. 经常检查

闸门的经常检查项目一般有止水、主滚轮与侧滚轮、门叶、支臂、支座等检查。

止水检查主要是检查有无漏水，最直接的检查方法是观察其漏水量，弧形与平面钢闸门上橡皮止水的漏水量要求应小于 $0.2L/(m \cdot s)$，当漏水量超过此标准的 10% 时，应全部更换。应经常检查闸门止水固定螺栓周围有无锈水流淌现象。

主、侧滚轮的检查方法比较简单：一是闸门启动过程中，观察滚轮是否转动；二是闸门开启出水面后，用手拔滚轮，看其是否转动灵活。

门叶的检查主要看油漆保护层是否完好，可用手抹漆面看有无粉化，眼观面板的油漆层色泽是否一致，有无龟裂、翘皮、锈斑等现象。对于龟裂比较严重的部位，应用放大镜观察，区分是罩面层还是底层油漆的龟裂，如果是底层油漆的龟裂，应采取局部修补措施。

弧形钢门支臂腹板和翼缘板主要是检查有无局部变形和整体变形，焊缝有无裂缝和开裂，检查支铰连接螺栓及支臂与门叶连接螺栓是否损坏。

闸门吊耳与吊杆也应经常检查，吊耳与吊杆应动作灵活，紧固可靠。应经常用小锤敲击，检查零件有无裂缝、焊缝有无开焊、螺栓有无松动等，注意止轴板不得有丢失，销轴不得有窜出。闸门运行时应注意观察闸门是否平衡，有无倾斜跑偏现象。

2. 定期检查

定期检查是指按检查制度所规定的时间进行的检查。

在定期检查中，可以针对专门问题进行专题检查，包括振动检测、锈蚀厚度的测量、焊缝的检查。

面板、杆件的锈蚀可用目测、手模、量具等或用超声波测厚仪对现有的厚度进行检查；焊缝检查采用射线探伤法或超声波探伤法进行。

三、闸门的养护

闸门的养护就是采用一切措施使闸门的运行状态保持在标准状态上。闸门养护分一般性养护与专门性养护，一般性养护又分清理检查养护与观测调整养护，专门性养护又分门叶、行走支承及导向装置、止水预埋件、吊耳与吊杆等的养护。

1. 一般性养护

（1）检查清理。对闸门体上的油污、积水和附着水生物等污物，要随时清理。闸门槽、门库、门枢等部位若有杂物卡阻，应及时进行检查清理。对浅水中的闸门，可经常用竹篙、木杆进行探摸，利用人工或借助水力进行清除；对深水中较大的建筑物，应定期进行潜水清理。

（2）观察调整。闸门发生倾斜跑偏问题，应配合启闭机予以调整。

（3）消淤。应定期对闸前进行输水排沙，或利用高压水枪在闸室范围内进行局部冲刷清淤，消除闸前泥沙淤积，避免闸门启闭困难。

2. 专门性养护

专门性养护是针对闸门自身各部分构件所进行的养护。

（1）门叶部分的养护。通过调节闸门开度避免闸门在泄水时发生脉冲振动，在闸门上游加设防浪栅或防浪排削弱波浪对闸门的冲击。

（2）闸门行走支承及导向装置的养护。应定时向轴门主轮、弧形闸门支铰、人字闸门门框及闸门吊耳轴销等部位注油，以防止润滑油流失、老化变质。注油时，应在不停转动下加注，尽量使旧油全部排出，新油完全注满。对无孔道的可定期拆下清洗，然后涂油组装。

（3）闸门止水装置的养护。要采取一切措施避免止水断裂和撕裂、止水与止水座板接合不紧密、止水座板变形、固定螺栓松动和锈蚀脱落等问题。对于止水座板表面粗糙的，可用平面砂轮打磨，然后涂刷一层环氧树脂使其平滑。止水橡皮磨损造成止水座间隙过大而漏水时，可采用加垫橡皮条进行调整，在橡皮摩擦面涂刷防老化涂料，防止橡皮老化，金属止水要防磨蚀、防气蚀。

（4）闸门预埋件的养护。闸门预埋件应注意防锈蚀和气蚀。各种金属预埋件除轨道部位摩擦面涂油保护外，其余部位凡有条件的均宜涂坚硬耐磨的防锈材料，对锈蚀或磨损严重时，可采用环氧树脂或不锈钢材料进行修复。

（5）闸门吊耳与吊杆的养护。吊耳与吊杆应动作灵活，坚固可靠，转动销轴应经常注油保持润滑，其他部位金属表面应喷涂防锈材料，并应经常用小锤敲击检查零件有无裂纹或焊缝开焊、螺栓松动等，并检查是否有正轴板丢失、销轴窜出现象。

※技能操作※

四、闸门的修理

闸门的修理应针对存在缺陷的部位和形成缺陷的原因不同，采用不同的处理方法。

1. 门体缺陷的处理

门体常出现的问题有：门体变位、局部损坏和门叶变形等。

（1）门体变位的处理。变位原因及处理方法因双吊点与单吊点门体有所不同。

1）双吊点闸门变位的主要原因是启闭机两个卷筒底径误差较大，处理方法可以采用环氧树脂与玻璃丝布混合粘贴的方法补救直径较小的卷筒，使其一致，或加大筒径较小一侧的钢丝绳直径等方法进行调整。当钢丝绳松紧不一时，可以重绕钢丝绳或在闸门吊耳上加设门调节螺栓与钢丝绳连接。

2）单吊点闸门发生倾斜的主要原因是吊点垂线与门体重心不重合。当吊耳中心垂线与门体重心偏差值超过 2mm，须拆下重新调整安装；当吊耳位置偏差小于 2mm，门叶及拉杆销孔基本同心，门体有轻微倾斜时，可在门体上配置重块，使门体端正；对螺杆启闭机操纵的轻型闸门，且启闭机平台又比较高时，可在门顶与螺杆之间装设带有调整螺栓的人字条进行调整，当因螺杆弯曲而引起门体倾斜，应调直螺杆。

（2）门叶变形与局部损坏的处理。

1）门叶构件和面板锈蚀严重的应进行补强或更新，对面板锈蚀厚度减薄的，可补焊新钢板予以加强，新钢板焊缝应布置在梁格部位，焊接时应先将钢板四角点焊固定，然后再对称分段焊满。也可用环氧树脂黏合剂粘贴钢板补强。

2）因强烈风浪的冲击，或因闸门在门槽中冻结或受到漂浮物卡阻等外力作用，造成门体局部变形或焊缝局部损坏与开裂时，可将原焊缝铲掉，重新进行补焊或更新钢材，对变形部位应进行矫正。矫正方法是：常温情况下一般应用机械进行矫正，复杂的结构可先将组合的元件割开，分别矫正后，再焊接成整体；对于变形不大的或不重要的构件，可用人工锤击矫正，锤击时应加垫板，且锤击凹坑深度不得超过 0.5mm；采用热矫正时，可以用乙炔焰将构件局部加热至 $600 \sim 700℃$，利用冷却收缩变形来矫正，矫正后应先做保温处理，然后放置于不低于 0℃的气温下冷却。

3）气蚀引起局部剥蚀的应视剥蚀程度采取相应方法，气蚀较轻时可进行喷镀或堆焊补强，严重的应将局部损坏的钢材加以更换，无论补强或更换都应使用抗蚀能力较强的材料。

4）由于剥蚀、振动、气蚀或其他原因造成螺栓松动、脱落或钉孔漏水等缺陷时，对松动或脱落螺栓应进行更换；螺孔锈蚀严重的可进行铰孔，选用直径大一级的螺栓代替；螺栓孔有漏水的，视其连接件的受力情况，可在钉孔处加橡皮垫，或涂环氧树脂涂料封闭。

5）弧形闸门支臂或人字门转轴柱子刚度不足会引起弧形闸门支臂发生较大挠曲变形，或人字门门叶倾斜漏水，修理时应先矫正变形部位，然后对支臂或转轴柱进行加固，以增强其刚度。

2. 行走支承机构的修理

（1）滚轮锈蚀卡阻的处理。若出现滚轮锈蚀卡阻不能转动，当轴承还没有严重磨损和损伤时，可将轴与轴套清洗除垢，将油道内的污油清洗干净，涂上新的润滑油脂；当轴承间隙如因磨损过大超过设计最大间隙的一倍时，应更换轴套。轮轴磨损或锈蚀，应将轴磨光，采用硬镀铬工艺进行修复，当轮轴径损失 1% 以上时，可用同材质焊条进行补焊，然后按设计尺寸磨光电镀。

（2）弧形闸门支铰转动不良的处理。引起弧形闸门支铰转动不良的原因可能有：支铰座位置较低时，泥沙容易进入轴承间隙，日久结成硬块，增加磨阻力；支铰轴注油不便，润滑困难，尤其因支臂转角小，承力面难以保留油膜而日久锈蚀；两支铰轴线不在同一轴线上。支铰检修时一般是卸掉外部荷载，把门叶适当垫高，使支铰轴受力降至最低限度，然后进行支撑固定，拔取支铰轴可根据实际情况采用锤击或用千斤顶施加压力的方法进行，视支铰轴磨损和锈蚀情况，进行磨削加工，并镀铬防锈。对于支铰轴不在同一轴线上的，应卸开支铰座，用钢垫片调整固定支座或移动支座位置，使其达到规范的精度要求，然后清洗注油，安装复位，油槽与轴隙应注满油脂，用油脂封闭油孔。

3. 止水装置的修理

止水装置常出现的问题有：①橡皮止水日久老化，失去弹性或严重磨损、变形而失去止水作用；②止水橡皮局部撕裂；③闸门顶、侧止水的止水橡皮与门槽止水座板接触不紧密而有缝隙。

处理方法：①更换新件，更换安装新止水时，用原止水压板的孔位在新止水橡皮上划线冲孔，孔径比螺栓直径小 1mm，严禁烫孔；②局部修理，可将止水橡皮损坏部分割除换上相同规格尺寸的新止水。新旧止水橡皮接头处的处理方法有：将接头切割成斜面，可将其表面锉毛涂黏合剂黏合压紧；采用生胶垫压法胶合，胶合面应平整并锉毛，用胎膜压紧，借胶膜传热，加热温度为 200℃ 左右。

4. 预埋件的修理

预埋件常受高速水流冲刷及其他外力作用，很容易出现锈蚀变形、气蚀和磨损等缺陷。对这些缺陷一般应做补强处理。若损坏变形较大时，宜更换新的。金属与原埋件之间不规范的缝隙，可采用环氧树脂灌浆充填，工作面上的接口焊缝应用砂轮或油石磨光。

止水底板及底坎等由于安装不牢，受水流冲刷、泥沙磨损或锈蚀等原因发生松动、脱落时，应予整修并补焊牢固，胸墙檐板和侧止水座板发生锈蚀时，一般可采用刷油漆涂料或环氧树脂涂料护面。

※技术应用※

五、钢闸门的防腐蚀

闸门钢结构在使用过程中会不断地发生腐蚀，在一般涂料的保护下，使用 10 年后，10mm 厚的闸门面板腐蚀深度可达 2～3mm，最坏的情况可达穿孔程度。因此闸门的防腐工作尤为重要。

1. 钢闸门的腐蚀类型

钢闸门表面金属腐蚀一般分为化学腐蚀和电化学腐蚀两类。化学腐蚀是钢铁与外部介质直接进行化学反应；电化学腐蚀是钢铁与外部介质发生电化学反应，在腐蚀过程中，不仅有化学反应，而且伴随有电流产生。水工钢闸门的腐蚀多属电化学腐蚀。

2. 腐蚀处理的一般方法及要求

防腐处理首先应将金属表面妥善清理干净，对结构表面的氧化皮、锈蚀物、毛刺、焊渣、油污、旧漆、水生物等污物和缺陷，采用人工敲铲、机械处理、火焰处理、化学处理、喷砂等方法进行处理，我国常用的处理方法为喷砂处理。然后采用合理的方法进行保护处理，一般防腐蚀方法有三种。

(1) 涂料保护。将油漆、高分子聚合物、润滑油脂等涂敷在钢件表面，形成涂料保护层，隔绝金属结构与腐蚀介质的接触，截断电化学反应的通道，从而达到防腐的目的。涂料保护的周期因涂料品种、组合和施工质量而异，一般为 3～8 年，近年来，由于涂料技术的发展，有些涂料可达 10 年以上。涂料总厚度一般为 0.1～0.15mm，特殊情况可适当加厚。涂料一般要求涂刷四层，其中底层涂料涂刷两层，面层涂料涂刷两层，有的还采用中间层以提高封闭效果。底、中、面层涂料之间要有良好的配套性能，涂料配套可根据结构状况和运用环境参照 SL 105—2007《金属结构防腐蚀规范》选用。涂料不仅具有易燃性，而且大都含有对人体有害的物质，因此，涂料施工应按有关规程执行，注意安全和防护。涂料保护适应性强，可用于各种腐蚀介质中的钢结构，涂装工艺较易掌握，便于选择各种涂料保护膜的颜色。

用于水工金属结构的防腐涂料应具有耐水、耐候、耐磨、抗老化优良性能。

涂装施工有刷涂，滚涂，空气、高压、无压喷涂等方法，涂装时应注意确定涂料最佳施工黏度、一次涂装厚度、成膜时间及涂装间隔时间，并应制定严格的返修工艺。

(2) 喷涂金属保护。采用热喷涂工艺将金属锌、铝或锌铝合金丝熔融后喷射在结构表面上，形成金属保护层，起到隔绝结构与介质和阴极保护的双重作用。为更充分地发挥其保护效果，延长保护层寿命，一般还要加涂封闭层。喷涂金属保护用于环境恶劣、维修困难的重要钢结构，防腐效果好，保护周期长，在淡水中喷涂锌的保护周期可达 20 年以上。在一般水质或大气中工作的钢结构，可采用喷涂锌保护，在水及污水中可采用喷涂锌、铝及其合金保护。喷涂用的金属丝表面光洁、无锈、无油污、无折痕，锌丝的含锌量应大于99.99％。铝丝的含铝量应大于 99.5％，合金丝应符合设计要求。喷涂保护最小厚度视结构所处环境及保护要求一般为 120～150μm，特殊情况时可做调整。喷涂可采用火焰喷涂，也可采用电弧喷涂，视施工条件选定。喷涂层要求附着力强，颗粒细致密实，孔隙度小，厚度均匀，氧化程度低。喷涂完毕应进行附着力、厚度、孔隙的检验，合格后即可涂覆封闭层。封闭层可为一层或多层，要求封闭性能好，喷涂金属的工艺流程是：表面喷砂处理→检验→喷涂→检验→涂料封闭→检验。

(3) 外加电流阴极保护与涂料联合保护。在结构上或结构以外的适当位置合理地布置辅助阴极，使结构、阴极与腐蚀介质（电解质溶液）三者构成电解池，通过外加直流保护电源，使结构成为整体阴极而抑制结构上腐蚀微电池的发生，从而使结构得到有效的保护。为了进一步提高保护效果，减少电能和阴极材料的消耗，通常与涂料联合保护，既可发挥涂料的保护作用，又可发挥电化学的保护作用，是一种较好的防腐蚀措施，适用于各种水质中保护面积大、数量多而集中、表面形状单一而又有规则的水下钢结构，保护周期长，一般可达 15 年以上。

阴极保护系统的电源，在有交流电源时，可使用自动恒电位装置进行自控；无交流电源时，可采用太阳能、风能及其他交流或直流电源。

辅助阳极可选用普通钢铁，也可设计成微溶性阳极，如石墨、高硅铸铁、镀铂钛和铝银合金等。阳极布置是外加电流阴极保护措施的关键，根据水质、结构形式、运行情况及其他结构的关系，常采用以下两种阳极布置方式：①布置于结构上的近阳极；②固定于其他结构上的远阳极。

任务二　钢管道的维护

※基本知识※

水利工程中的钢管道有坝式、隧洞式和露天式三种，均承受较大的内水压力，有时管内流量很不稳定，易遭受各种损坏，所以对钢管道养护修理是很重要的管理工作，也是经常要做的工作。

一、钢管道的正常状态标准及报废标准

1. 正常标准

（1）进、出水管道完好无损、无掉漆、无漏水。

（2）排水管道保证泥沙的排放量不受阻，完好无损。

（3）进水、出水、排水管道阀门齐全完好，开关灵活可靠，无卡阻现象。阀门关闭时无漏水现象。

2. 报废标准

某段的蚀余厚度 $\delta < D/800 + 4$（mm）或 $\delta < 6$mm 时（D 为钢管直径），该段钢管应报废。

某段钢管的管壁厚度已减薄 2mm 以上时，应对该段钢管进行强度和稳定校核，并实测该段，钢管应力综合分析不能满足设计要求，应报废。

二、钢管道的检查

为了保证工程的正常运行和人员设施安全，压力钢管运行时应经常进行检查，检查项目主要有：①明管支座的检查；②明管伸缩节、人孔等检查；③通气孔的检查；④运行保护设备的检查；⑤钢管锈蚀、磨损、焊缝的检查；⑥观测设备的检查；⑦排水设施情况的检查。

对上述各项目的检查方法与对闸门的检查方法一样，采取目测与仪器相结合，针对不同项目可以进行定期或经常性的检查。

三、钢管道的养护

根据钢管道的运行标准，主要做好以下几方面的养护工作：①对各种形式的支座构件应保持清洁，有足够的润滑脂；②滚动型、摇摆型支座的防护罩保持密封，不得有漏水、

灰尘等进入罩内；③钢管内外壁及支承环、加劲环和其他附属设备等的防腐保护层应保持良好状态，如产生锈蚀，应根据周围环境的温度、湿度和接触介质情况，按金属结构防腐蚀的有关方法进行处理；④当气温下降到0℃以下时，要防止管内结冰；⑤发电管道需临时停机时，一般不宜将钢管泄空以免重新充水时因温差过大而产生超压力；⑥伸缩节有渗水时，冬季要注意保温；⑦为预防钢管发生爆管事故而设置的各种排水设备和其他装置，应进行经常养护，保证完好。

四、钢管道的修理

（一）钢管道通常出现的病害缺陷

（1）钢管道属于薄壳结构，在受外压和管内产生负压时，容易失去弹性稳定而发生皱曲破坏，钢管出现鼓包和鱼脊形变形。

（2）露天式明管由于材料和结构形式不当及受温度变化影响，其管壁、焊缝等易发生脆性破坏。

（3）钢管裂缝、变形。

（4）水流、泥沙作用发生空蚀及磨蚀。

（5）支座超限位移。

※技能操作※

（二）病害的预防和修理

1. 结构补强

管壁发生裂缝时，应立即停止使用，进行补焊；管壁出现小鼓包和鱼脊形变形时，可采用顶压复原，并在钢管外设加劲环加强。如鼓包面积较大或整段钢管被压缩皱曲时，应割除已损坏段，重新设计的钢管应增设加劲环或更换较厚钢板；露天明管的脆性破坏发展速度很快，其管壁、焊缝及有关构件突然发生的断面呈晶粒均匀的平面，并与构件表面垂直，应立即在钢管外壁加设钢箍，将在尖锐缺口处或外形突变的构件改变为弧形过渡段形式；一些间断的焊缝应加焊为连续焊缝，质量较差的焊缝要铲除重焊。

※技术应用※

2. 空蚀与磨蚀破坏防治

防治空蚀的措施主要是通过控制管壁平整度和掺气的方式实现。

磨蚀破坏的防治主要是减少磨蚀介质来源，对于发电厂坝前，一定要消除上游导流段内的块石、围堰材料和消力池内的砂石铁件、混凝土块等残余杂物；对于倒虹明管，可在进水口上游500～1000m渠段设置沉砂拦石池槽，并定期打捞清理，以减少进入管内的砂石量，当发生气蚀和磨蚀，应及时修理，其方法与闸门气蚀磨蚀的处理方法相同。

3. 预防钢管道振动破坏

可采取减振措施，最简单的方法是加设钢箍，调整加劲环距离，增设小支墩，以改变钢管的自振频率，降低钢管的振幅。如振源是由于涌浪或空化产生，可适当增加补气。引水发电钢管应尽量避免水轮机在振动较大的负荷下运转，尾水管内发生涡流时要充分补气消除振动。

钢管道的附属设备有伸缩缝、支墩、排水排气阀、进人孔等，当法兰盘式伸缩节的水封盘根老化及磨损而引起漏水时，可调紧压环螺栓，当盘根失效无法再调时，应更换新件。当支墩下的基础不好引起支墩变位时，可在支墩四周做排水设备以降低地下水水位。寒冷地区支墩混凝土周围应加保温层，以消除支墩四周土壤冻胀对支墩的影响。进人孔法兰盘如有漏水，可将法兰盘连接螺栓拧紧或更换垫片。排气阀内导向轴承磨损过大时，应予更换。通气孔座及阀盖漏水时，可重新研磨，使孔座及阀盖表面接触良好。

任务三　拦污栅的检查与维护

※基本知识※

1. 拦污栅的检查

拦污栅的检查包括污物检查和栅体检查。污物检查一般可通过定期检测拦污栅前后压差的方法间接了解，也可以采用水下电视检查。栅体检查一般结合拦污栅清污进行。检查内容一般包括栅体锈蚀情况，栅条是否完好，支承框架有无变形，吊耳及连接是否完好等。随着抽水蓄能电站的发展，出现承受双向水流和抗振功能的拦污栅，对栅体检查提出了更高的要求，比如焊缝和裂缝的检查。

※技能操作※

2. 拦污栅的清理

常见的清污方法有人工清污和机械清污，当水面清污有困难时，也可采用潜水员潜入栅前清理污物。具备提栅清污条件时，将拦污栅提升至平台，人工清理污物。机械清污是使用清污机将污物从栅面上捞起来，它适用面广、效率高，能够在动水条件下工作，应用越来越广泛。目前，国内常用清污机是耙斗式清污机和回转式清污机。

※技术应用※

3. 拦污栅的缺陷处理

由于污物堆积、振动、锈蚀等原因造成拦污栅常出现栅条的变形、脱落，支承框架变形，销轴锈死，焊缝开裂等缺陷。

对栅条和支承框架的变形，可采用机械矫正和热矫正法进行处理，变形严重时应予报废更换新件，矫正后的拦污栅可适当在主梁翼缘贴补加强板进行加固。

对于销轴锈死现象，应拆卸除锈并对销轴表面进行镀铬处理。

抽水蓄能电站的拦污栅如果出现栅条脱落或断裂、支承框架变形、焊缝开裂等现象时，应增加结构刚度、缩短栅条支承间距，提高焊接质量。

任务四　清污机的检查与维护

※基本知识※

1. 清污机的检查

目前常用的耙斗式清污机由刚性门架、耙斗、耙斗升降及开闭机构、行走台车、导向架、机房及驾驶室、排污系统、台车行走机构等组成。对清污机的检查主要有门架的刚度和稳定性、耙斗变形、耙齿弯曲与断裂、耙斗上下开闭卡阻现象、行走车运行偏离轨道、运行轨迹紊乱现象、行走车定位情况、胸墙与导向架的衔接误差等。

2. 清污机的日常维护

（1）门架机构应定期除锈并涂刷油漆保护。

（2）对水中的行走台车部分加强防腐处理。

（3）运行中出现的变形和振动超过允许值时应加固连接，螺栓如有松动或脱落应及时拧紧或更换。

（4）车轨和轨道，尤其是行走台车的车轮和轨道，出现不均匀磨损或过度磨损时，应调整车轮侧向间隙或台车架水平度，使各轮均匀接触，过度磨损的轨道应进行补焊处理。

（5）出现弯曲或断裂的耙齿应进行矫正或更换新件。

（6）及时清除耙斗、台车及卸污斗槽上的污物，保持清污机清洁。

※技术应用※

3. 清污机的大修

清污机大修一般通过检查、清扫、试验、更换易磨易损部件，达到清除设备重大缺陷的目的。大修间隔时间在污物较多时可为3～4年，污物较少时可长达4～6年。清污机的大修类似于其他启闭设备。大修主要内容有：

（1）检查钢结构各部位情况，补强薄弱断面及结点，修复变形及损坏的部分。

（2）检查和修理耙齿机构。

（3）根据钢丝绳报废标准更换钢丝绳。

（4）检查制动器磨损情况，必要时更换闸瓦。

（5）更换磨损的密封件。

（6）检查和修理电动机。

（7）清洁减速器和齿轮，更换新润滑油。

任务五 启闭设备的维护

※基本知识※

一、启闭机类型

启闭机按传动方式分机械式与液压式两类，机械式启闭机按工作方式又分固定和移动式两类。固定式启闭机又分卷扬式、螺杆式以及其他类三种类型。固定卷扬式启闭机在水闸工程中运用非常广泛，在水闸工程中也起着重要的作用，对其认真检查维护显得尤为重要。

卷扬式启闭机的基本构成主要包括动力部分、传动部分、制动部分、制动器、悬吊装置和附属设备等部分，如图7-1所示。

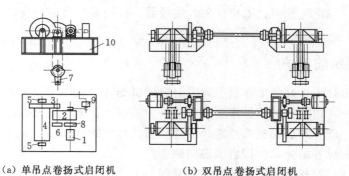

（a）单吊点卷扬式启闭机　　　（b）双吊点卷扬式启闭机

图7-1 卷扬式启闭机

1—电动机；2—减速器；3—开式齿轮；4—绳鼓；5—轴承座；6—定滑轮；7—动滑轮；

8—制动器；9—手摇装置；10—机架

二、启闭机的检查

启闭机的检查针对检查项目和目的的不同，分为经常检查和定期检查两种方式。

1. 经常检查

经常检查主要指对驱动部分、变速部分、启吊部分等进行的检查。

（1）驱动部分的经常检查主要是对电动机、动力线路、控制线路、制动器、主令控制器、限位开关等进行检查。是通过眼观、耳听、鼻嗅等直观的方法对设备的状况进行检查。耳听有无异常声响，鼻嗅有无电器异常焦糊味，如刹车片过紧摩擦发热；停车时制动器动作是否准确，刹车片如果过松，裹力不足闸门会下滑；限位开关与闸门停止的位置是否对应，闸门开度与主令控制器的指示是否一致。

（2）变速部分的经常检查主要是油位的检查。检查减速箱是否漏油、各轴承间润滑脂的质量与数量。

（3）启吊部分主要检查卷筒、开式齿轮、钢丝绳、绳套、吊耳、吊座、定滑轮、动滑轮等，这部分重点检查钢丝绳两头紧固情况，油脂保养情况以及闸门启吊时动、定滑轮是否灵活等。

2. 定期检查

（1）定期对减速箱进行解体、放油沉淀、清除杂物和水分，测量各级传动轴与轴承之间的间隙，用塞尺检查齿轮的侧向间隙是否符合规定，各级传动轴的油封是否完好无损。

（2）定期检查吊点连接设备，着重检查钢丝绳与启闭机以及闸门的连接是否牢固，重点是水下部分的吊耳检查。钢丝绳与启闭机绳鼓的连接一般用压板及螺栓固定，检查时应注意螺栓是否拧紧，压板下面的钢丝绳有无松动脱变迹象。

（3）全面检查时，主要检查钢丝绳表面有无锈蚀、磨损断丝等问题。当一个节距长度内断裂的钢丝根数超过规定的标准数值时，就应更换钢丝绳。

（4）电器设备等的检查，应检查电动机对地绝缘和相间绝缘是否符合规定值，制动器闸瓦有无过度磨损，退程间隙是否符合规定值，这些可以用工器具直接测量或眼观估测。其他操作设备（如空气开关、限位开关、接触器、按钮等）都应检查其线路是否紧固、触点是否良好。

三、启闭机的养护

为使启闭机处于良好的工作状态，需对启闭机的各个工作部分采取一定的作业方式进行经常性的养护，启闭机的养护作业可以归纳为清理、紧固、调整、润滑四项。

（1）清理。即针对启闭机的外表、内部和周围环境的脏、乱、差所采取的最简单、最基本却很重要的保养措施，保持启闭机周围整洁。

（2）紧固。即对连接松动的部件进行紧固。

（3）调整。即对各种部件间隙、行程、松紧及工作参数等进行的调整。

（4）润滑。即对具有相对运动的零部件进行的擦油、上油。

1. 动力部分的养护

动力部分应具有供电质量优良、容量足够的正常电源和备用电源。电动机保持正常工作性能，电动机要防尘、防潮，外壳要保持清洁，当环境潮湿时要经常保持通风干燥，每年汛期测定一次电动机相闸及对铁芯的绝缘电阻，如小于 0.5Ω 时，应进行烘干处理；检查定子与转子之间的间隙是否均匀，磨损严重时应更换；接线盒螺栓如有松动或烧伤，应拧紧或更换。电动机的闸刀、电磁开关、限位开关及补偿器的主要操作设备应洁净，触点良好；电动机稳压保护、限位开关等的工作性能应可靠；操作设备上各种指示仪器应按规定检验，保证指示准确；电动机、操作设备、仪表的接线相应必须正确，接地应可靠。

2. 传动部分的养护

对机械传动部件的变速箱、变速齿轮、蜗轮、蜗杆、联轴器、滚动轴承及轴瓦等，应按要求加注润滑油；对液压传动装置的油泵，应经常观测其运行情况是否正常，油液质量是否良好，油液是否充足，油箱、管道和阀组有无漏油或堵塞，出现问题及时处理。

3. 制动器的养护

应保持制动轮表面光滑平整，制动瓦表面不含油污、油漆和水分，闸瓦间隙应合乎要求；主弹簧衔铁、各连接铰轴经常涂油，保证制动灵活，稳定可靠。电动液压制动器应不缺油、不锈蚀，定期过滤工作油，定期调制控制阀。

4. 悬吊装置的养护

检查若发现钢丝绳两端固定点不牢固或有扭转、打结、锈蚀和断丝现象，松紧不适，有磨碰等不正常现象，应及时处理，钢丝绳经常涂油防锈，油压机活塞杆要经常润滑，漏油时要经常上紧密封环。

5. 附属设备的养护

高度指示器要定期校验调整，保证指示位置正确；过负荷装置主弹簧要定期校验；自动挂钩梁要定期润滑防锈；机房要清洁，寒冷地区冬季应保温。

※技能操作※

四、启闭设备修理

（一）检修的一般技术工作内容

修理主要是指拆卸、修复、更换和安装等工作。其中修复是对损坏零件通过各种工艺进行再加工，使其恢复原有的几何尺寸、形状和理化性能。启闭机应按维护制度的规定进行小修（1年）、中修（3年）、大修（5～10年）。大修是对启闭机全面的养护性维修、修复或更换零部件，从而恢复功能。修理工作一般就是拆卸和装配两种作业。

进行拆卸时应注意：①要依据技术文件、图纸等尽量熟悉设备各部分结构；②场地环境清洁的选择；③按设备结构特点确定拆卸步骤和顺序；④合理使用合适专用工器具，避免乱敲乱打；⑤应做好记号、记录，以防装配时无法安装；⑥零件应合理存放，不能乱放。

进行装配时应注意：①严格按事先制定的装配工艺顺序进行，避免漏装，零件特别是新加工或购置的零件必须满足技术要求，零件装配前必须进行清扫；②选择合适的工具和设备，禁止乱敲猛打；③核对零件的各种装配记号，防止错装；④过盈配合件装配时应先涂润滑油脂以利装配；⑤高速旋转的零件如带轮、飞轮等装配前应按技术要求进行静平衡试验，合格后方能装配；⑥每装一部件，都应仔细检查和清理，防止遗漏。

（二）螺杆式启闭机的修理

运行中由于无保护装置或保护装置失灵，操作不慎，易引起螺杆压弯，与承重螺母和推力轴承磨损等问题。螺杆轻微弯曲可用千斤顶、手动螺杆式矫正器或压力机在胎具上矫正，直径较大的螺杆可用热矫正；弯曲过大并产生塑性变形或矫正后发现裂纹时应更换新件；承重螺母和推力轴承磨损过大或有裂纹时应更换新件。

（三）固定卷扬式启闭机的修理

1. 钢丝绳、卷筒、滑轮组的修理

（1）钢丝绳刷防护油应先刮除清洗绳上的污物，用钢丝刷刷、用柴油清洗干净后涂抹

139

合适的油脂（将油脂加热至 80℃ 左右，涂抹要均匀，厚薄要适度）。每年进行一次。

（2）卷筒、卷筒绳槽磨损深度超过 2mm 时，卷筒应重新车槽，所余壁厚不应小于原壁厚的 85％。卷筒发现有裂纹，横向一处长度不超过 10mm，纵向两处总长度不大于 10mm，且两处的距离必须在 5 个绳槽以上，可在裂纹两端钻小孔，用电焊修补，如果超过上述范围应报废。卷筒经磨损后，露出砂眼或气孔，视情况而定是否补焊。卷筒轴发现裂纹应及时报废，卷筒轴磨损超过规定极限值时应更新。

（3）滑轮组。检查若发现轮槽、轴承等存在裂缝、径向或轮壁严重磨损时应更换。

2. 传动齿轮的修理

传动齿轮包括开式传动齿轮和减速器传动齿轮。

（1）齿轮的失效形式。齿轮失效形式有轮齿折断、齿面疲劳点蚀齿面磨损、齿面胶合和齿轮的塑性变形等。

（2）齿轮的检测。检查齿轮啮合是否良好，转动是否灵活，运行是否平稳，有无冲击和噪声，检查齿面有无磨损、剥蚀胶合等损伤，必要时可用放大镜或探伤仪进行检测，齿根部是否有裂缝、裂纹。有条件的可检测齿侧间隙和啮合接触斑点。

（3）齿轮的安装调试。安装要保证两啮合齿轮正确的中心距和轴线平行度，并要保证齿侧间隙、接触面积和正确的接触部位。

3. 联轴器的检修

对联轴器出现连接不牢固或同心度偏差过大等问题，应进行检修。联轴器安装时，必须测量并调整被连接两轴的偏心和倾斜，先进行粗调，调整使之平齐，而后将联轴器暂时穿上组合螺栓（不拧紧）精调。装调千分表架，测量联轴节的径向读数和轴读数。用移动轴承位置，增减轴承垫片的方法，调整轴的偏心及倾斜。

4. 制动器检修

（1）制动器检查及质量要求。制动带与制动轴的接触，其面积不应小于制动带面积的 80％，制动的磨损不应超过厚度的 1/2。制动轮表面应光洁，无凹陷、裂纹、擦伤及不均匀磨损。径向磨损超过 3mm 时，应重新车削加工并热处理，恢复其原来的粗糙度、硬度。制动轮壁厚磨损减小至原厚度的 2/3 时，必须更换。制动弹簧要完好，变形、断裂等失去弹性的须更换。制动架杠杆不得有裂纹和弯曲变形，销、轴连接必须牢固、可靠，转动灵活，不得过量磨损和卡阻。油压制动器的油液无变质和杂质。电磁铁不应有噪声，温升不得超过 105℃。衔铁和铁芯的接触面必须清洁，不得锈蚀和脏污，接触面积不小于 75％。

（2）制动器的调整。制动器分长行程电磁制动器、短行程电磁铁制动器和液压电磁铁制动器三种。制动器的调整主要是指制动轮与闸瓦的间隙（或称闸瓦退距）调整、电磁铁行程调整、主弹簧工作长度和制动力矩的调整。一般制动距离应符合下列数值：行走机构约为运行速度的 1/15，启升机构约为启升速度的 1/100。

（四）门式启闭机的修理

门式启闭机的启升机构和运行机构的修理与固定卷扬式启闭机相同。门架为金属结构，防腐处理和连接部的修理与前述闸门与固定卷扬式启闭机的修理方法相近。

所不同的是门式启闭机有车轮和轨道。车轮踏面和轮缘如有不均匀磨损或磨损过度，应调整门架水平度，使各车轮均匀接触或对车轮进行补焊修理，损坏严重时，应更换新轮；轨道表面有啃轨及过度磨损时，应调整车轮侧向间隙并进行补焊。

（五）液压启闭机修理

液化启闭机分机械系统和油压系统。

1. 机械系统

如活塞环漏油量和磨损量均大于允许值，应调整压环拉紧程度，压环发生老化、变质和磨损撕裂时应更换；金属活塞环如有断裂，失去弹性或磨损过大亦应更换；油缸内壁有轻微锈斑、划痕时可用零号砂布或细油石醮油打磨洁净；油缸内壁和活塞杆有单向磨耗痕迹，应调整油缸中心位置。上述机械系统检修后应按规定进行耐压试验。

2. 油压系统

对高压油泵、阀组应定期清洗，其标准零件损坏时应当用同型号零件修配；泵体加工件有磨损或其他缺陷应送回厂家检修；阀组壁有裂纹、砂眼或弹簧失去弹性，应更换新件；高压管路的油箱、管路焊缝有局部裂纹而漏油时应补焊；弯头、管壁和三通有裂纹而漏油时应更换；油系统修理后应进行打压试验。

任务六 水电站及泵站机电设备管理

※基本知识※

一、概述

机电设备是水电站、泵站的核心，分机械设备和电气设备两大类。机电设备运行的稳定性、安全性和可靠性是直接保证生产正常进行、正常发挥生产效益的最为重要的物质和技术基础，对设备的管理应予以足够的重视。

1. 设备管理

设备管理就是指为保证设备安全、稳定、经济地运行，对设备和运行人员进行的管理工作。广义地说，设备管理包括设备的选择、维护、检修、改造、更新和最终的报废处理过程。

2. 水电站机电设备的构成

水电站机电设备包括水轮发电机、水轮机、主变压器、高压断路器、水轮机调速器、发电励磁装置、机组自动控制系统和水力辅助机械系统。

3. 泵站机电设备的构成

泵站机电设备包括泵、电动机、变压器、高压断路器、机组控制系统、水力机械辅助设备。

水电站设备和泵站设备的构成有类似之处，在管理上也有相近的一面。

二、设备运行管理

运行管理是指根据电力系统及其自身安全和发、供电及生产的要求，对所辖的机电设备进行的启停操作、工艺调整、巡视检查、清扫维护、事故处理和运行记录等各项工作。运行管理是设备管理、保证设备正常运行的重要内容。

1. 运行管理的方式

机电设备的运行管理方式有两种：一种是有人值班方式的设备管理，就是24h厂内均有值班人员负责机电等设备的运行操作及维护管理，运行人员定时对设备运行状况进行监测，定时对运行设备进行操作，定时对运行设备进行巡回检查，定期对设备进行预防性试验，进行设备的日常维护小修；第二种是无人（或少人）值班方式的设备管理，指24h厂内不设值班人员，机组开停机操作、工艺转换、有功和无功功率调整以及运行监测等工作，均由上级调度所或厂外集中控制的人员及自动监控装置完成，但厂内仍有少数值班人员24h值守处理临时特殊操作，葛洲坝、隔河岩、鲁布革等水电站已实行这种管理方式。

2. 运行管理的基本要求

以安全运行为中心，严格执行运行操作规程，建立操作责任，贯彻"两票三制"（即工作票、操作票，交接班制、巡回检查制、设备定期维护试验切换制），采用先进可靠的自动装置提高自动控制水平，加强维护，保证设备安全运行。

3. 运行管理的工作内容

（1）定期监测。一般每班两次，监测机组运行的主要性能和各部温度，包含发电机定子绕组、铁芯及各部轴承的温度，空气冷却器进、出口的温度和水压，主变压器、厂用变压器、励磁变压器等的温度，同时对机组各部轴承沿轴线 x、y 方向的摆度和振动进行监测。

（2）定时巡查。一般每班一次，主要巡视检查机组的振度、噪声、异味，各部轴承的油温、油面、水温、水压，导叶开度，发电机断路器油面等有无异常。

（3）定期预防性试验。根据规定，水电站电气设备必须定期进行预防性试验，目的是早期发现设备缺陷，确保安全运行。主要试验项目是发电机定子绝缘电阻、漏泄电流、主变压器绝缘介损、变压器油耐压、色谱分析、断路器介损以及避雷器、绝缘电阻、漏泄电流等。

（4）定期维护小修。主要是对运行中发现的设备缺陷进行及时处理，防止事故发生，是维护性小修。

※技术应用※

三、机电设备的检修管理

检修是保证机电设备正常运行的重要手段，也应加强管理。

1. 机电设备检修工作的一般要求

（1）以"预防为主，计划检修"为原则，根据设备运行状况做到预防为主的计划检修。以检修规程规定的检修周期为依据，按设备实际状况来调整计划期和安排检修项目，并结合设备在结构、性能方面的问题，有计划地进行设备改进。

（2）统筹安排，坚持长规划、短计划相结合的原则做好设备轮修。每台机电设备的运转年限、制造质量、运行状况、存在缺陷等有所不同，因而安排检修计划时，合理统筹规划、科学安排、长短结合，使设备及时得到检修，又不出现同时停机影响生产的问题。

（3）做好设备检修准备工作。设备检修前，根据设备运行状况和解体后检查结果，最后核定检修项目和内容；编制非标准检修项目和设备改进的方案、图纸，并经过审批；做好施工组织；准备好检修材料、工具、专用机械和检修施工场地，并将检修设备和运行设备妥善隔离。

（4）加强施工管理，保证检修质量。在施工中，重点抓好质量标准、工艺措施的贯彻，严格质量验收。重大项目实行自检、互检、终检相结合的方式，实行严格的验收，做到不合格的坚决返工。

2．机电设备检修的一般规定

水电厂所有的水轮发电机组都必须定期轮流运行和轮流进行有计划的检修。新安装的水轮发电机组及其附属设备，投入运行 1 年左右必须进行一次大修，以后大修周期一般为 3～5 年，小修一般每年 1～2 次，对于泥沙磨损和气蚀严重的水轮机，应加强监视、检查，发现问题及时检修。

根据水轮发电机组的工作状况和设备的完好水平，经上级主管部门同意，可延长或缩短机组的大修间隔时间。

任务七　节水灌溉设备的维护管理

※基本知识※

一、节水灌溉设备构成

节水灌溉有喷灌、微灌及低压管道输水灌等方式。各类节水灌溉涉及的设备包括旋转式喷头、微灌滴水器（滴头）、微灌灌水器（微灌管、微灌带、微喷头）以及与之配套的供水设备，包括各类水泵、供水管道系统。

二、喷灌、微灌设备运行标准

喷头连接牢固，流道通畅，转动灵活，换向可靠，弹簧松紧适度，零件齐全；管件完好齐全，控制闸阀及安全保护设备启闭自如，动作灵活，止水橡胶质地柔软，具有弹性；量测仪表盘面清晰，指针灵活。

平移式喷灌机导向触杆及其微动开关的动作必须灵敏可靠。利用钢索导向时，导向钢索应绷紧牢固，停车桩应完好无损，连接件牢固，电缆线无破损，传感部件动作灵活。

三、设备维护

（一）喷灌设备的维护

1．喷灌设备的形式及要求

喷头形式：按驱动机构的特点分类和命名，有摇臂式、叶轮式、挡斗式等。喷头零部件采用铜合金、锌基合金、铝合金、塑料或其他耐磨蚀材料制造。

喷头轴承颈处的泄漏量不应超过规定试验压力的规定允许漏量，如大于 0.25m³/h 的喷头，泄漏量不超过 2%；喷头流量不大于 0.25m³/h 的喷头，其泄漏量不应大于 0.005m³/h。

喷头转动应均匀，喷头流量应稳定，分布应合理，射程符合规定要求。

喷头应耐久，累计纯工作时间不得少于 2000h，带换向器的喷头，换向机构的耐久试验时间不得少于 1000h。

2. 喷灌设备的维护

喷灌设备在喷洒开始时，应缓慢开启放水阀逐个启动喷头，并逐步调整压力至喷头压力额定值，严禁同时启动所有喷头，停止喷洒时，应逐个缓慢关闭放水阀，不得同时关闭所有喷头。

喷头运转时应做好巡回监视工作，应防止喷头堵塞、换向失灵、负压切换失效等故障产生。

喷头运转一定时期后应对其转动部位加注润滑油。

气温低于 4℃ 时不应进行喷灌作业。

设备的存放应排列整齐，安置平稳。轮胎或机架应离地，传动带应卸下，弹簧应放松，选择通风、干燥，远离热源和避免阳光暴晒的场地存放。

(二) 微灌设备的维护

1. 微灌设备的形式及要求

微灌灌水器（微喷头）采用金属或塑料制作，适应常用灌溉水。微喷头金属部件应用铜合金、锌合金、不锈钢等制成，应能在额定工作压力下连续运行 1500h 无故障并无可见缺陷，流量偏差应保持在最初流量的允许规定范围内（±10%）。

微灌灌水器（滴头）形式有管间式、管上式。滴头所用塑料适应温度不超过 40℃ 的常用灌溉水，在额定压力下滴头流量偏差不超过允许值。

微灌管（或带）是在制造过程中在管（或带）表面上加工有孔眼或其他出流装置的整体管（或带），管壁较厚的卷盘后仍是管状的称为微灌管，管壁较薄的卷盘后压扁呈带状的称为微灌带。

微灌管（或带）用 PE 材料制作并经紫外线处理，适应温度不超过 40℃ 的常用灌溉水。

2. 微灌设备的维护

微灌设备在使用前应用清水进行冲洗，水压试验符合标准。

微灌过滤器应定期清洗，当过滤器上、下游压力表的差值超过一定限度（0.03MPa）时，需清洗过滤。

冲洗有自动冲洗，也有手工清洗。自动冲洗时应打开冲洗排污阀门，冲洗 20~30s 后关闭；手工清洗时，必须刷除滤芯筛网上的污物。

对滤网过滤器的滤网必须经常检查，发现损坏应及时修复或更换。灌溉结束后，应取滤网过滤器、滤芯，刷洗晾干后备用。

灌溉结束后，沙石过滤器应彻底冲洗，并用氯气处理消毒，处理时应注意防毒，并排干水箱中的水。

微灌系统运行期间应预防灌水器堵塞，经常检查灌水器的工作状况。

防堵的措施有：①防止细菌和藻类生长，用氯浓度为 1~2ppm 的水连续进行处理；②处理已生长的细菌和藻类，用浓度为 10~20ppm 的水洗管道，并使水在系统中滞留

30～60min；③控制微生物黏液生长，用浓度 10～20ppm 的水进行间隙处理；④处理器堵塞用 500ppm 的氯水冲洗，并关闭整个系统，使水在系统中停留 24h。

四、低压管灌溉系统的运行管理和维修养护

（一）低压输水管道的类型

低压管道灌溉系统是利用低压管道输水、配水，以代替明渠输配水的一种农田灌溉工程设施。

低压管灌溉系统的管材与管件，地埋暗管使用的管材主要有塑料硬管、水泥制品管及当地材料管，作为地面移动管道的管材有软管和硬管两类。

地埋塑料硬管主要有聚氯乙烯管（PVC）、高密度聚氯乙烯管（HDPE）、低密度聚氯乙烯管（CDPE）、改性聚丙烯管（PP）、薄壁聚氯乙烯硬管、聚氯乙烯双壁波纹管等。

（二）地埋暗管的管理与维护

1. 基本要求

管道应通畅、无污物杂质堵塞和泥沙淤积。各类闸门、闸阀及安全保护装置启闭灵活、动作自如，无漏水现象，给水栓或出水口以及暴露在地面的连接管道完整无损。量测仪表或装置清晰，方便测读、指示灵敏。

2. 地埋暗管的日常运行与维修

地埋管道在放水或停水时，常会产生涌浪和水击，很容易发生管道爆裂，为防止水击破坏，一般可采取如下措施：

（1）严禁先开机或先打开进水闸门后再打开出水口或给水栓。

（2）暗管若为单条管道或单个出水口出流运用，当第一条管道或第一个出水口完成输水灌溉任务，需更换第二条管道或第二个出水口时，必须先缓慢打开第二条管道或第二个出水口，然后缓慢关闭第一条管道或第一个出水口，以防突开、突关闸门或闸阀、给水栓而引起的水击。

（3）暗管日常运行时严禁突然关闭闸门、闸阀和给水栓，以防爆管或击坏水泵。

（4）灌水结束后，管道停止运行时，应先停机或先缓慢关闭进水闸门、闸阀，然后缓慢关闭给水栓水口。

※技术应用※

3. 漏水检查与处理

（1）漏水原因。主要有：①暗管质量有问题或使用期长而破损；②暗管接头不严密或基础不平整而引起损坏；③因使用不当，产生水击而爆管；④闸门、闸阀磨损锈蚀或被污物杂质嵌住无法关闭严密。

（2）检查方法。有直接观察法、听漏法和分区检漏法等方法。

1）直接观察法。是从地面上观察漏水现象，如暗管上部填土有浸湿痕迹或清水渗出，局部管线土面下沉，暗管管线附近低洼处有水渗出等。

2）听漏法。是确定漏水部位的有效方法，是在夜间使用听漏棒将其一端放于管线地

面上或闸门、闸阀上，即可从棒的另一端听到漏水声，但听漏时要和夜间出水口给水栓放水灌水声相区别，听漏点间距依据暗管使用年限和漏水发生的可能性凭经验选定。听漏也可以使用半导体检漏仪。

3）分区检漏。是按暗管分级、分段或分小区，利用水表、量水计或量水装置量出管道的输水损失量；若超过正常输水损失量过大，就表明该条该段或该小区暗管有损坏。

（3）漏水处理。在运行时若出现接口和局部管段漏水，可采用 4105 或 4755 专用黏接剂堵漏；若暗管有从裂缝漏水的，则需要更换新管道。

（4）运行时对水压、流量的测定。在输水、灌水阶段，应经常测定各级暗管的水压，以便了解管间系统的工作情况和水压变化动态。

4. 管件与建筑物和附属设备的维修

（1）给水段闸门、闸阀等多为金属结构，要防止生锈和锈蚀，应经常检查维修，在灌水前后应注意抹机油，以保证使用灵活，便于开关。每年需涂防锈漆两次。

（2）安全保护装置和引、取水设备应经常检查维修，以保证地埋暗管安全、可靠、有效地运行。

（3）每年灌溉结束后，应对地埋暗管进行一次全面检查和维修。

思 考 题

1. 设备维护修理有几种形式？根据什么划定？
2. 钢闸门一般都进行哪些检查和养护？
3. 钢闸门常会出现哪些问题，应如何修理？
4. 钢闸门的防腐蚀一般有哪些方法？
5. 钢管道的检查与养护内容有哪些？
6. 钢管道病害的预防和修理主要涉及哪些方面？
7. 启闭机都进行哪些方面的检查？如何进行启闭机的检查？
8. 固定卷扬式启闭机的各个部分如何修理？
9. 水电站或泵站机电设备运行管理的方式有哪几种？对运行管理有什么基本要求？
10. 喷灌设备应进行哪些维护？微灌设备应进行哪些维护？
11. 如何检查地埋暗管的漏水？漏水如何处理？

技 能 训 练

对钢闸门的锈蚀处理进行技能训练。包括：按标准鉴别；打磨处理作业；土料涂刷处理作业。

技术应用能力提升

就钢闸门或电站压力钢管锈蚀问题提出处理方案。

项目八 防 汛 抢 险

任务一 认 识 防 汛 抢 险

※基础知识※

一、防汛抢险的意义

1. 汛与汛期

汛是指由于降雨、融雪、融冰，使江河水域在一定的季节或周期性的涨水现象。常以出现的季节或形成的原因命名，如春季江河流域内降雨冰雪融化汇流形成的涨水现象称为春汛，伏天或秋天由于降雨汇流形成的江河涨水称伏汛或秋汛。沿江滨海地区海水周期性上涨，称潮汛。

汛期是指江河水域中汛水自开始上涨到回落的期间。通常所说的汛期，主要是指伏汛或秋汛。我国各河流所处的地理位置、气候条件和降雨季节不同，汛期长短不一，有长有短，有早有晚，即使是同一条河流的汛期，各年情况也不尽相同，有早有迟，汛期来水量相差很大，变化过程也是千差万别。南方各省 4—5 月即进入汛期，中部地区 5—6 月进入汛期，北部地区则 6—7 月才进入汛期。一般汛期在 10 月下旬结束。

2. 防汛与抢险

防汛是指在汛期掌握水情变化和建筑物的状况，做好调动和加强建筑物及其下游的安全防范工作，以保证水库、堤防和水库下游的安全。

防汛的主要工作内容包括：防汛领导机构的建立，防汛抢险队伍的组织，防汛物资和经费的筹集储备，江河水库、堤防、水闸等防洪工程的巡查防守和群众迁移的安排，暴雨天气和洪水水情预报，蓄洪、泄洪、分洪、滞洪等防洪设施的调度运用，出现非常情况时采取临时应急措施，发现险情后的紧急抢护和洪灾抢救等。

险情是指在大汛期或平时高水位时，水压力、流速和风浪加大，各类水工建筑物均有可能因高度、强度不足，或存在隐患和缺陷而出现危及建筑物安全的现象。抢险是指在高水位期间或退水较快时，水工建筑物突然出现渗漏、滑坡、坍塌、裂缝、淘刷等险情时，为避免险情的扩大以致工程失事，所进行的紧急抢护工作。防汛与抢险两项工作密不可分，相辅相成。只有做好防汛工作，才能不出现险情或少出现险情，即使出现了险情，也能主动、有效地进行抢护，化险为夷。

3. 防汛抢险工作的重要性

防汛抢险是工程管理工作在特殊情况下的一项重要工作内容，具有不可替代的重要作用。

（1）加强防汛抢险工作可以做到有备无患，有急不乱，沉着应对，从而可以防止洪水灾害。

（2）防汛抢险工作事关国民经济建设、社会安定及人民生命财产安全的大局，不可忽视。洪水灾害突发性强，波及范围大，一旦出事，损失必然惨重，加强防汛抢险可以减轻洪水危害。

（3）加强防汛抢险可以弥补工程质量的缺陷，增强抵御洪水的能力。

二、防汛方针和任务

目前，我国的防汛体系已逐步健全，江河水库、堤防、水闸等防洪工程体系逐渐完善，对于不同类型洪水制定不同的防御方案，加强了非工程性防洪措施的建设，开展了蓄滞洪区的安全建设与管理，提高了暴雨洪水预报的精度，加强了通信报警系统，树立了以行政首长负责制为核心的各项责任制度。防汛方针是"安全第一，常备不懈，以防为主，全力抢险"。

防汛的主要任务是：采取积极有效的防御措施，把洪水灾害的影响和损失降到最低程度，以保障经济的顺利发展和人民生命财产的安全。

三、防汛组织机构及职责

防汛工作应是在各级政府领导下组织群众与洪水作斗争的一项社会活动。在《中华人民共和国水法》（以下简称《水法》）中规定了"各级人民政府应当加强领导，采取措施，做好防汛抢险工作"和"县级以上人民政府防汛指挥机构统一指挥防汛抗洪工作"。在《中华人民共和国防洪法》（以下简称《防洪法》）中规定了"任何单位和个人都有保护防洪工程设施和依法参加防汛抗洪的义务""防汛抗洪工作实行各级人民政府行政首长负责制，统一指挥、分级分部门负责"。为加强防汛工作，国务院还颁布了《中华人民共和国防汛条例》（以下简称《防汛条例》），对防汛的组织、任务、职责等都做了具体规定。防汛工作必须由地方党政统一领导、统一指挥、全面安排，组织一切人力、物力及时采取果断措施，确保工程及防护区的安全。

国务院、省（自治区、直辖市）、地（市）及有防汛任务的县（市）都设有防汛组织机构，由同级人民政府、当地驻军和人民武装部队负责人组成，其办事机构设在水行政主管部门，负责管辖范围内的日常防汛工作。有防汛任务的镇、乡及水利工程管理部门，也应成立防汛组织。

各级防汛指挥部是所辖地区防汛的权力机构，是在同级人民政府和上级防汛指挥部的领导下，行使政府防汛指挥权和监督权。防汛机构的职责如下：

（1）贯彻执行国家有关防汛工作的方针、政策、法规和法令。

（2）制定和组织实施各种防御洪水的方案，包括江河堤防及水库汛期防洪高度计划或控制运用指标；在建水利工程的渡汛计划或防御洪水措施，防山洪、防泥石流等对策方案。

（3）掌握气象形势、雨情和水情，及时了解降雨地区暴雨强度、洪水流量、水库水位、短期水情和气象分析预报。

（4）组织检查防汛准备工作，督促树立常备不懈的防汛意识，克服麻痹思想；检查各项工程加固或维修完成情况，有无防御超标准洪水的应急方案；检查水文报汛和预报准备工作；检查防汛通信准备工作；检查防汛料物准备工作；检查防汛队伍组织的落实情况；检查交通道路维修情况；检查电源和照明设备的准备情况。

（5）加强汛期对工程的检查。

（6）组织汛后检查。主要包括：水库损坏情况，工程损坏修复的计划，汛期暴雨洪水特征，防汛物资使用情况，汛期中防汛经验教训。

（7）检查防汛抢险队伍组织落实情况。

（8）检查防汛通信和预警系统。

（9）负责统计掌握洪涝灾害情况。

（10）开展防汛宣传教育和组织培训，推广先进的防汛抢险经验，表彰先进。

四、防汛责任制

建立和健全各种防汛责任制，实现防汛工作正规化和规范化，做到所有工作有人抓、所有人员有责任，这是做好防汛工作的关键。防汛责任制主要包括以下几个方面。

1. 行政首长负责制

行政首长负责制是各种防汛责任制的核心，是取得防汛抢险成功的重要保证，也是历来防汛斗争中最行之有效的措施。防汛抢险需要动员、调动各部门、各方面的力量，党、政、军、民全力以赴，发挥各自的职能优势，同心协力共同完成。因此，防汛指挥机构需要政府主要负责人亲自主持，全面领导和指挥防汛抢险工作，实行防汛行政首长负责制。

2. 分级责任制

根据水利工程所处地区、工程等级和重要程度等，确定县、镇分级管理运用、指挥调度的权限责任。在统一领导下，对水利工程实行分级管理、分级调度、分级负责。

3. 工程承包责任制

为确保水利工程和下游保护对象的汛期安全，县、镇负责人和县防汛指挥部领导成员实行工程承包责任制，责任到人，有利于防汛抢险工作的开展。

4. 技术责任制

在防汛抢险工作中，为充分发挥技术人员的专长，实现科学抢险、优化调度以及提高防汛指挥的准确性和可能性，凡是评价工程抗洪能力、确定预报数字、制定调度方案，采取抢险措施等有关技术问题，均应由专业技术人员负责，建立技术责任制。

5. 值班工作制

为了随时掌握汛情，防汛指挥机构应建立防汛值班制度，以便及时加强上下联系，多方协调，充分发挥水利工程的作用。

五、防洪的工程性措施与非工程性措施

1. 工程性防洪措施

工程性防洪措施是指通过修建各种工程的办法来控制和抗御洪水，以减少洪水灾害损失的一种防洪对策。工程措施可分两大类：第一类是治本性的措施，包括水土保持和蓄洪工程（是在干、支流的中、上游兴建水库）等；第二类是治标性的措施，是在洪水已经形成以后，设法将其安全地排往容泄区，达到防洪减灾的目的。这类措施是多方面的，如修

建堤防、防洪治河以及防汛抢险等。

　　2. 非工程性防洪措施

　　非工程性防洪措施是指通过政策、法律以及修建防洪工程以外的其他手段，减少洪水灾害损失的对策。从人类抗御洪水的历史发展来看，工程措施是人类防洪的主要手段，但是单靠工程措施难以完全控制洪涝灾害所带来的损失。近年来，非工程性防洪措施已逐步发展成较为完整的防洪战略措施。它不同于工程性防洪措施，不是修建工程来控制洪水，而是更大地注意使人类适应于其自身的洪水环境，调整被洪水威胁地区的开发利用方式，加强防洪管理，以适应洪水的天然特性，减轻洪水灾害的破坏程度。它与工程性防洪措施相互结合，共同构成一套完整的防洪抗灾体系。

　　非工程性防洪措施一般包括：①滞洪区的规划与管理；②洪水预报警报系统和紧急撤退措施；③就地避洪措施；④实施防洪保险和落实防汛经费；⑤加强水利立法。

任务二　防汛准备与检查

※基础知识※

一、汛前准备

　　防汛工作的成败，首先取决于"防"。在每年汛期到来之前，应充分做好各项防汛准备。汛前准备工作的内容主要有：

　　1. 思想准备

　　防汛的思想准备是各项准备工作的首位，主要是克服麻痹思想、侥幸心理、松懈情绪和无所作为的情绪，要以对人民高度负责的精神，认真抓好各项防汛准备工作。

　　2. 组织准备

　　防汛必须有健全而严密的组织系统，主要是抓防汛指挥机构与办事机构、行政首长负责制与防汛岗位责任制和防汛抢险队伍的落实到位，保证防守抢护系统和军民联防系统正常运行。

　　3. 工程准备

　　主要是抓除险加固工程和应急渡汛工程施工；抓河道清淤清障和采砂治理；抓备用电源和闸门启闭机检修、保养、试运行，确保汛期闸门启闭灵活和工程的安全运用，保证防洪工程体系正常发挥作用。

　　4. 物资准备

　　物资是抗大汛的基本保证条件，对包括各种抢险工具、器材、物料、交通车辆、道路整修、通信、照明设备等应做好准备，要保证后勤供应系统灵活运作。物资的准备要根据江河、水库工程防洪标准和质量、易出险的部位及下游保护对象等情况，应备足备全，并要选择合理的堆放地，以确保物资安全和方便使用。

5. 测报准备

主要是雨情、水情和枢纽工情的测报、预报准备。包括测验设施和仪器、仪表的检修、校定，报汛传输系统的检修试机，水情自动测报系统的检查、测试，以及预报曲线图表、计算机软件程序、大屏幕显示系统与历史暴雨、洪水、工程变化对比资料准备等，保证汛情测报系统运转灵活，为防洪调度提供准确、及时的测报、预报资料和数据。

6. 通信准备

信息系统是防洪调度的生命线。汛前必须抓好各类通信系统的检修、试机，并把有关工程的领导、防汛指挥成员、上级主管单位和有关部门领导的电话号码准备好，以便及时联系，保证防汛通信保障系统在任何情况下都能灵活运转。

7. 资料准备

把防洪调度有关的工程设计资料、鉴定验收资料、历史运用资料、洪水预报资料、调度运用计划、洪水风险图、详细地形图、计算机数据库及其他有关的资料、图表、手册、软件等准备齐全，便于随时查阅，支持调度决策。

8. 预案准备

按照防大汛、抗大洪、抢大险、救大灾的要求，进一步完善"主要河道防洪保证标准和防御超标准洪水调度方案"，大中型水库"汛期调度运用计划"以及河道、水库、蓄滞洪区、防御山洪和城市防洪排水预案与各有关部门的应急渡汛预案，并报上级防汛指挥部门备案。做到遇到任何情况，都有相应的防洪保安和抗洪减灾对策。

9. 检查演练

采用管理单位自查、主管部门核查、上级领导抽查相结合的方法，由领导带队，对防汛准备工作一一进行检查落实，发现问题，及时补救，防患于未然。同时要进行洪水预报、调度指挥和重点抢险演习，保证防汛指挥调度系统运转灵活，抢险队伍能够拉得出、用得上、防得好、顶得住，全力夺取防汛抗洪斗争的胜利。

二、防汛检查

《防汛条例》第十四条指出"各级防汛指挥部应当在汛前对各类防汛设施组织检查，发现影响防洪安全的问题，责成责任单位在规定的期限内处理，不得贻误防汛抗洪工作。"检查的主要目的是要把工程的各种隐患查清、查细，汛前进行处理，因工程量大、时间紧、一时处理不了的要落实临时渡汛方案，这样才能确保渡汛安全。所以说，开展汛前检查，是法规上确定的行为，是安全渡汛十分重要的措施之一。

防汛检查分汛前、汛期、汛后检查，重点是汛前检查，防汛检查组织形式要分级、分部门、分单位进行，根据不同防汛重点开展检查，以管理单位自查为主，与主管部门核查和上级防汛部门抽查相结合。防汛检查主要检查"四落实"，即组织落实、工程落实、物资落实、措施落实。实质就是对上述各种准备工作落实情况的检查。

三、汛情监视巡查

1. 汛情监视巡查的工作要求

汛情是汛期的雨情、水情、工情、险情、灾情的总称。密切注视汛情变化，及时采取合理的洪水调度方案和防洪预案，是指挥防汛抗洪的关键。应主要从以下几个方面做好工作：

（1）严格遵守制度。一般有巡查制度、交接班制度、值班制度、汇报制度、请假制度、奖惩制度。防汛人员在汛期必须坚守岗位，严阵以待，尽职尽责。

（2）注意天气预报，并根据气象预报，对照设计雨量，提前考虑洪水调度意见。

（3）掌握水情及工程状况。要特别注意掌握水位和降雨量两项水情动态，制定洪水预报方案，及时估算洪水将出现的时间和水位，合理调度，做好控制运用工作。

（4）注意重点防区和薄弱环节。暴雨洪水发生后，要严密监视水库、河道的水情变化及工程的运用与防守情况，特别是防汛重点部位、病险水库、闸坝、堤段和险工、隐患及建筑物与堤坝的结合部、过去决过口出过险的地方等薄弱部位，以便及时采取措施。同时还要关注山洪泥石流多发区和城市防内涝工作，以尽量减少损失。

（5）进行对比分析。防汛值班人员对有关的汛情报告、请示要认真记录、审查；对雨情、水情、险情、灾情的情况数据，要及时进行分析对比，与历史比，与常年比，与上年比，与相似年比，从对比中分析防汛形势，以便提前采取措施。

（6）及时请示报告。对于重大问题和重要情况，一定要及时向主管领导汇报并提出初步处理意见。遇灾害性天气预报和洪水预报，要立即报告主管领导。当发生重要险情、人员伤亡、恶性事故及重大责任事故时，必须立即上报，不得隐瞒或延误。对上级防汛指挥机构下达的指示和调度命令，必须立即执行；执行确有困难的，应立即向上级反映，不准推拖塘塞。对于下级的重要请示，要抓紧答复；对既不答复、又不表态而酿成事故的，要追究当事人和主管领导的责任。

（7）巡查注意事项及方法。巡查应由具有丰富经验的专业队伍进行，一般每组由5～7人组成，同时出发，在巡查范围内成横排分布前进，避免出现空白点。巡查时要注意"五时"、做好"五到"、掌握好"三清""三快"。

"五时"是指最易疏忽忙乱、注意力不集中的吃饭时、换班时、黄昏时、黎明时、刮风下雨时，避免遗漏险情。

"五到"是指手到、脚到、眼到、耳到、工具物料随人到。

"三清"是指险情查清、信号记清、报告说清。

"三快"是指险情发现快、报告快、处理快。

2. 河道堤防防汛水位

河道堤防防汛水位主要有设防水位、警戒水位和保证水位。这些水位是判断河道水情危急状况的标准，是安排防汛工作和制订防汛方案的依据，汛期巡查工作应特别重视。

（1）设防水位。当江河洪水漫滩以后，堤防开始临水，需要防汛人员防守时规定的水位。这一水位是由防汛部门根据历史资料和堤防实际情况确定的。

（2）警戒水位。堤防临水，达到一定深度，有可能出现险情，要加以警惕戒备的水位。到达这一水位时，防汛就应进入戒备状态，做好防汛抢险人力物力的准备，开始昼夜巡查，并需组织防汛队伍上堤守防。这一水位主要是防汛部门根据长期防汛实践经验和堤防等工程的抗洪能力、出险基本规律分析确定的，是制订防汛方案的重要依据。

（3）保证水位。根据保护对象要求设计的防洪水位或历史上防御过的最高洪水水位。当洪水到达或接近这一水位时，防汛进入紧急状态，防汛部门要按照紧急防汛期的权限，采取各种必要措施，确保堤防等工程的安全，并根据"有限保证，无限负责"的精神，对于可能出现超过保证水位的工程抢护和人员安全做好积极准备。这一水位是以堤防规划设计和河流曾经出现的最高水位为依据，考虑上下游关系、干支流关系以及保护区的重要性制定的，并经上级主管部门批准。

四、防洪预案

编制防洪预案（防御洪水方案）是国家《防洪法》和《防汛条例》的规定，是根据现有工程设施和防洪保安条件、防洪工程规划设计要求及本地、本部门、本单位的实际情况，针对可能发生的各类洪水灾害，预先制定的防御方案、对策和措施，是各级防汛指挥部门实施防洪调度、抢险救灾和指挥决策的依据。

预案内容既包括防洪工程和被保护对象的基本情况、防洪风险图、洪水调度方案、防御超标准洪水方案和防御突发性洪水方案；特别要突出实施方案和保障措施，要提出可操作性极强的"智能型"防洪预案。如某个河段在遇到什么样的水位、流量、流速、行洪时间或是涨水期、行洪期、落水期可能出现什么样的险情？由哪个抢险队负责抢险，抢险队的位置在哪里，到达险工地点需要多长的时间？所需的抢险物料在哪里，运料进场走哪条路，阴雨天能不能行车，需要什么车辆和多少辆车运输，多长时间能够运到？水位达到哪个高程、洪水达到哪个量级，防汛指挥长应当做哪些工作，签署哪些命令？出现什么样的险情应当怎么抢护，在什么情况下需要请部队支援，在什么情况下需要报请上游水库调洪错峰或在哪段次堤扒口分洪？遇到哪类情况指挥长应当考虑什么问题，抓哪些事情，怎么具体指挥等。编制防洪预案一定要从防大汛、抗大洪出发，一切"从最坏处打算，向最好处努力"；对可能发生的情况、遇到的特殊困难尽量考虑周到；实施步骤和各项工作之间的结合部要衔接紧密，一环扣一环。要从实战出发，因地制宜，实事求是，针对性、连贯性、完整性和可操作性要强。因工作量大，编写时可先易后难，先简后繁，并根据防汛中出现的新情况、新问题、新经验，每年修订一次；在实施预案中不断补充，逐步完善，使预案更加科学合理，切实可行。

任务三　堤坝的险情抢护

※技术应用※

江河堤防和水库坝体作为挡水设施，在运用过程中由于受外界条件变化的作用，自身也发生相应结构的变化而形成缺陷，这样一到汛期，这些工程存在的隐患和缺陷都会暴露出来，险象环生，因此，防汛抢险工作十分紧张繁重。一般险情主要有风浪冲击、洪水漫顶、散浸、陷坑、崩岸、管涌、漏洞、裂缝及堤坝溃决等形式。下面分别介绍有关防汛抢险的各种工程措施，其中裂缝、滑坡及护坡破坏的抢护在项目二中已作介绍。

一、风浪冲击破坏的防护

高水位时风大浪高，堤坝迎水坡受风浪冲击，连续淘刷，侵蚀堤坝，可能形成滑坡，甚至导致土坝堤身溃决。防止风浪对堤坝的冲击和破坏，其抢险原则：一是削减风浪冲击力；二是加强临水坡的抗冲击力。一般是利用漂浮物来减缓风浪冲击力，用防浪护坡工程在堤坝坡受冲刷的范围内进行保护，其常用的抢护方法如下。

1. 土工织物防冲

用土工织物、土工膜布、篷布或彩色编织布铺放在堤坡上防冲，抢护快，效果好。铺设时，织物的上沿应高出洪水位1～2m，四周和中间用平头钉钉牢，如果没有平头钉，可在土工织物四周用砂袋或大块石压牢，但要加强观察，以防被冲失，如图8-1所示。也可用编织袋装土、砂卵石等，沿水边线排放连成排体防浪。

2. 挂柳防浪

选择枝叶茂密的柳树，在枝杈部位截断，将树头向下放入水中，相互紧靠，用铅丝或麻绳拴在打入堤坝顶部的木桩上，如图8-2所示。

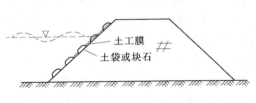

图8-1　土工织物防冲示意图

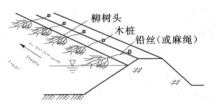

图8-2　挂柳防浪示意图

3. 挂枕防浪

用秸料或苇料、柳树等，扎成直径50cm的枕，将枕两端用绳系在堤岸木桩上，推置水面上，随波起伏，起到消浪作用，当风浪较大时，可将梢枕连接起来，形成梢排防浪，如图8-3和图8-4所示。

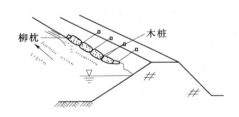

图8-3　单枕防浪示意图

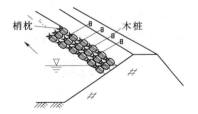

图8-4　梢排防浪示意图

4. 柳箔防冲

将柳枝、芦苇或稻草等扎成直径10cm的把子，用细麻绳连成柳箔，置于风浪顶冲处，柳箔上端系在堤（坝）顶部的木桩上，下端坠块石，将箔顺堤放入水中，再打桩或压块石，如图8-5所示。如果情况紧急来不及制作柳箔时，也可将梢把料直接铺在坡面上，用横木、块石、土袋压牢。

5. 土袋防冲

将草袋或麻袋装土（或砂、碎石）七八成后，放置在波浪冲击处并高出水面一定高度，堆置时应使集散口向内并缝合，相互叠压成鱼鳞状，用柳编织成筐装石也能起到相同作用，用这种方法还可以修补浪坎，如图8-6所示。土袋抗冲能力强，施工简单、迅速，因此广为使用。

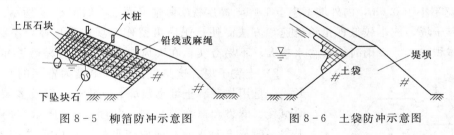

图 8-5 柳箔防冲示意图   图 8-6 土袋防冲示意图

※技术应用※

二、洪水漫顶的抢护

土坝和堤防一般是不允许洪水漫顶的，如果洪水位超过堤坝顶发生漫溢，这类险情抢护难度大，最容易导致洪水灾害。因此，在汛期应采取紧急措施防止漫溢的发生，当预测洪水位将要超过堤坝顶时，要立即组织抢护。出现洪水漫顶的原因很多，如洪水设计标准偏低，水库溢洪道、泄洪建筑物尺寸偏小或有堵塞，河障未及时清除，洪水宣泄不畅，水位壅高，实际发生的洪水超过设计标准等。另外，堤坝施工质量差、软弱地基未经处理或处理不当，沉陷过大，使堤顶高程低于设计值等。

防止洪水漫顶的主要措施可分为预防性措施和应急抢险性措施。

1. 预防性措施

（1）增加水库和河道调蓄洪水的能力。主要是加强水库控制运用的调度，结合水文预报，在上游特大洪水来临之前，能够提前腾出防洪库容，并对下游河道的安全下泄早做安排，确保大坝和堤防的安全。对河道行洪障碍物应彻底清除，保证行洪畅通。

（2）加大泄洪能力，控制水位。针对水库工程可以通过发挥现有泄洪建筑物的作用，加宽或加深溢洪道，启用非常溢洪道或破副坝泄洪等措施提高泄洪能力。

2. 应急抢险性措施

（1）采用分洪措施，减少来水量。当洪水超过河道行洪标准或水库、河堤难以挡水行洪时，一般都是借助上游分洪区进行分流滞洪，以减少河道的行洪流量，降低洪水水位。

（2）抢筑子堤，增加挡水高度。通过对气象、水情、河道、水库堤坝的综合分析，对有可能发生漫溢的堤坝段，可以采取抢筑子堤的措施进行应急防护。所筑子堤应符合防洪挡水的要求：①子堤顶高要超出预测推算的最高洪水位，做到子堤不过水；②子堤稳定；③新老土层结合可靠；④子堤整体性好，填筑子堤，要全段同时进行，分层夯实。子堤的形式主要有以下几种，可根据实际情况确定。

1）土料子堤。是采用土料分层填筑夯实而成。土料子堤适用于堤坝顶部较宽、就地取土容

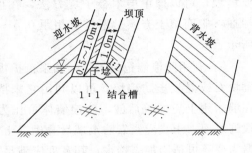

图 8-7 土料子堤示意图

易、洪峰持续时间不长和风浪较小的江河、水库。子堤迎水坡脚距迎水堤坝肩一般为 0.5～1m，顶宽不小于 0.6m，内外坡不小于 1:1，高度视实际情况而定，如图 8-7 所示。

土料子堤，成本较低；抢筑迅速，方法简便；汛后可留作堤坝加高培厚，不必拆除。缺点是体积较大、下雨时土料含水量大、不易夯实，在大风浪情况下，容易遭受冲刷。

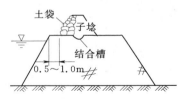

图 8-8　土袋子堤示意图

2）土袋子堤。这是抗洪抢险中最为常用的一种子堤形式，是用袋子装土堆砌筑堤，土袋子一般较多采用土工编织袋、麻袋和草袋等材料，如图 8-8 所示。抢险时的土袋一般装七八成，适应变形好，可砌筑得较为紧密。施工时无需开挖结合槽，只需将堤坝老土刨松，以便砌筑得平稳，结合密实；砌筑时宜将土袋缝合（不宜用绳扎捆），袋口向内，相互搭接，排列整齐，靠紧踩实；第二层砌筑时应向后缩并错开排列；土袋砌至设计高程后，随即在上袋后面逐层辅土夯实，做成背水坡，背水坡填土应不小于 1:1。土袋子堤有许多优点：①用土较少，子堤坚固，土袋具有较好的防冲作用，能抵御风浪冲击和水流冲刷；②便于近距离装袋和输送；③占用面积小，土袋子堤较适用于坝堤顶较窄、风浪较大，附近取土困难且土质较差的情况。但也有其不足，成本较高，汛后必须拆除。

3）单层木板（或埽捆）子堤。在缺少土料、风浪较大、堤坝顶面较窄、洪水即将漫顶的紧急情况下，可采用单层木板（或埽捆）子堤，可先在堤坝迎水面距肩部 0.5～1.0m 处打木桩一排，木桩长 1.5～2.0m，入土 0.5～1.0m，桩距 1.0m，然后在木桩背水侧用铅丝将木板或埽捆扎牢，后面铺土夯实加戗，如图 8-9（a）所示。

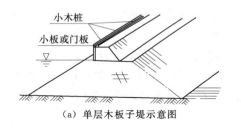 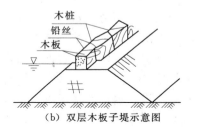

（a）单层木板子堤示意图　　　　　（b）双层木板子堤示意图

图 8-9　木板子堤示意图

4）双层木板（或埽捆）子堤。在当地土料缺乏、堤坝顶窄、风浪大、城市内的重要堤坝，可以像单层木板子堤方法，在顶部两侧打木桩，然后在木桩内壁各钉木板或埽捆，中间填土夯实。两排桩相距 0.5～1.0m，其间用铅丝交错拉紧，如图 8-9（b）所示。

5）利用防浪墙抢筑子堤。如果抢护堤坝段原有浆砌块石或混凝土防浪墙，可以利用它来挡水，但必须在墙后用土袋加筑后戗，防浪墙体可作为临时防渗防浪迎水面，土袋应紧靠防浪墙后叠砌（土袋子堤）。根据需要还可适当加高挡水，其宽度应满足加高的要求，如图 8-10 所示。

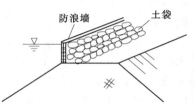

图 8-10　利用防浪墙抢筑子堤

※技术应用※

三、陷坑的抢护

陷坑是指在雨中或雨后，或者在持续高水位情况下，在堤坝的顶部、迎水坡及其坡脚附近，突然发生局部下陷而形成的险情。这种险情不但破坏堤坝的完整性，而且有可能缩短渗径，增大渗透破坏力，有的还可能降低堤坡阻滑力，引起堤坝滑坡，对堤坝的安全极为不利。特别严重的，随着陷坑的发展、渗水的侵入，或伴随渗水管涌的出现，或伴随滑坡的发生，可能会导致堤防突然溃口的重大险情。

根据陷坑形成的原因、发展趋势、范围大小和出现的部位，采取不同的抢护措施。但是，必须以"抓紧翻筑抢护，防止险情扩大"为原则，在条件允许的情况下尽可能采用翻挖、分层填土夯实的办法彻底处理。条件不许可时，可采取相应的临时性处理措施。陷坑抢护的方法一般有以下几种。

1. 翻填夯实

凡是在条件许可的情况下，且又未伴随渗透破坏的陷坑险情，只要具备抢护条件，均可采用翻填夯实的方法处理。这种方法的具体做法是：先将陷坑内的松土翻出，然后按原堤坝部位要求的土料分层回填夯实，恢复堤坝原貌。如陷坑出现在水下且水不太深时，可修土袋围堰或桩柳围堤，将水抽干后，再予翻筑。

2. 填塞封堵

这是一种临时抢护措施，适用于临水坡水下较深部位的陷坑。具体方法是：用土工编织袋、草袋或麻袋装黏性土或其他不透水材料，直接在水下填塞陷坑，全部填满陷坑后再抛投黏性散土加以封堵和帮宽。要求封堵严密，避免从陷坑处形成渗水通道，如图 8-11 所示。汛后水位回落后，还需按照翻填夯实法重新进行翻筑处理。

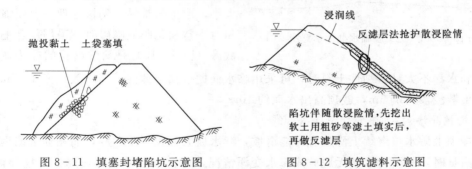

图 8-11　填塞封堵陷坑示意图　　　　图 8-12　填筑滤料示意图

3. 填筑滤料

陷坑发生在堤坝的背水坡，伴随发生散浸、管涌或漏洞，形成陷坑，除尽快对堤坝陷坑的迎水坡渗漏通道进行堵截外，对陷坑可填筑滤料进行抢护。具体做法是：先将陷坑内松土和湿软土壤挖出，然后用粗砂填实，如渗涌水势较大，可加填石子或块石、砖块、梢料等透水料，消杀水势后，再予填实。待陷坑填满后，再按反滤层的铺设方法抢护，如图 8-12 所示。修筑反滤层时，必须正确选择反滤料，使之真正起到反滤作用。

4.伴有滑坡、漏洞险情的抢护

（1）陷坑伴有漏洞的险情，必须按漏洞险情处理方法进行抢护。

（2）陷坑伴有滑坡的险情，必须按滑坡险情处理方法进行抢护。

※技术应用※

四、散浸的抢护

在汛期或持续高水位的情况下，下游坡及附近地面和坡脚都可能发生散浸险情，使得堤坝背水坡出逸点以下土体湿润或发软，有水流渗出。散浸是堤坝常见的险情之一，造成险情的直接原因通常是堤坝体内夹有砂土层、堤坝不实以及堤坝内有蛇鼠洞、白蚁洞、獾洞、烂树根、废涵管、硬土块、砖石等杂物；堤坝断面单薄、背水坡太陡；填土时夯压不实；施工分段未按要求处理等，都会加大渗流速度，抬高浸润线，加速散浸险情的发展。

散浸的抢护原则应是"前堵后排"。"前堵"即在堤坝临水侧用透水性小的黏性土料做外帮防渗，也可用篷布、土工膜隔渗，从而减少水体入渗到堤内，达到降低堤坝内浸润线的目的；"后排"即在堤坝背水坡上做一些反滤排水设施，用透水性好的材料如土工织物、砂石料或稻草、芦苇做反滤设施，让已经渗出的水有控制地流出，不让土粒流失，增加堤坝坡的稳定性。散浸险情的一般抢护方法如下。

1.临水截渗

为增加防渗层，减少堤坝的渗水量，降低浸润线，达到控制渗水险情发展和稳定堤坝边坡的目的，特别是散浸险情严重的堤坝段，如渗水出逸点高、渗出浑水、堤坝坡裂缝及堤坝身单薄等，应采用临水截渗。临水截渗一般应根据临水的深度、流速，风浪的大小，取土的难易，酌情处理。堤坝临水坡相对平整和无明显障碍时，采用复合土工膜截渗（图8-13）是简便易行的办法，当水

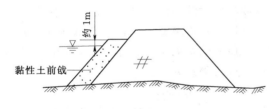

图8-13 土工膜临水截渗示意图

流流速和水深不大且有黏性土料时，可采用临水面抛填黏土截渗，其前戗顶宽3～5m，长度应超出散浸段两端5m，戗顶高出水面约1m。

2.抢挖导渗沟

当堤坝上游水位继续上涨且有可能滑坡，背水坡大面积严重散浸，而在临水侧迅速做截渗有困难时，只要背水坡无脱坡或渗水变浑情况，可在背水坡及其坡脚处开挖导渗沟，排走背水坡表面土体中的渗水，恢复土体的抗剪强度，控制险情的发展。导渗沟的形式有Y形［图8-14（b）］和人字形［图8-14（c）］。

根据反滤沟内所填反滤料的不同（图8-15），反滤导渗沟可分为土工织物导渗沟、砂石导渗沟和稍料导渗沟。

开挖反滤导渗沟对维护堤坝坡表面土的稳定是有效的，而对于降低堤内浸润线和堤背水坡出逸点高程的作用相当有限。要彻底根治散浸，还要视工情、水情、雨情等确定是否

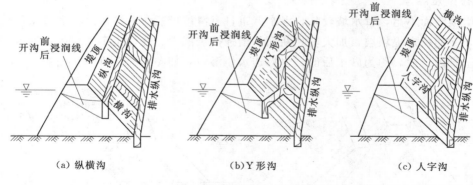

（a）纵横沟　　　　　　　　（b）Y 形沟　　　　　　　　（c）人字沟

图 8-14　导渗沟示意图

采用临水截渗和压渗固脚平台等措施。

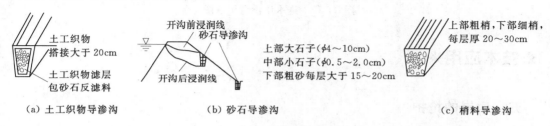

（a）土工织物导渗沟　　　　　　（b）砂石导渗沟　　　　　　（c）梢料导渗沟

图 8-15　导渗沟铺填示意图

3. 修筑反滤层导渗

对背水坡土体过于稀软，开反滤沟有困难或堤坝断面过于单薄、局部渗水严重，不宜开沟的情况，或者管涌流土范围大，涌水翻沙成片的险情，可修筑反滤层导渗抢护。根据使用反滤料的不同，贴坡反滤导渗可以分为三种形式：砂石反滤层、土工织物反滤层、梢料反滤层，其断面及构造如图 8-16 所示。

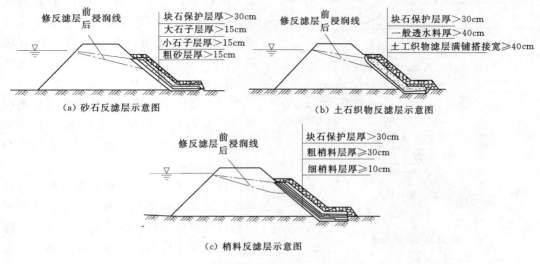

（a）砂石反滤层示意图　　　　　　　　（b）土工织物反滤层示意图

（c）梢料反滤层示意图

图 8-16　反滤层导渗示意图

4.修筑压渗台

当堤坝断面不足，背水坡较陡，渗水严重且有滑坡可能时，可修筑梢土后戗，既能排出渗水，又能稳定堤坝坡，加大堤坝断面，增强抗洪能力。在砂土丰富地区，也可用砂土代替梢土修做后戗，称为砂土后戗，也称透水压渗台，如图 8-17 所示。

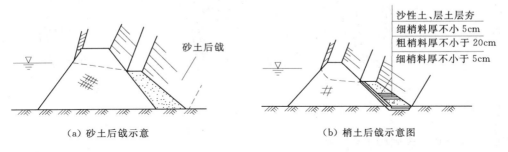

（a）砂土后戗示意　　　　　　　（b）梢土后戗示意图

图 8-17　透水压渗台示意图

※技术应用※

五、崩岸的抢护

崩岸是指堤坝临水面坡岸土体在水流作用下崩落的险情。这一险情具有事先较难判断、发生突然、发展迅速、后果严重的特点，如不及时抢护，将会危及堤坝安全。发生崩岸险情的主要原因是水流冲淘刷深堤岸坡脚。其抢护原则是：缓流挑流，护脚固基，减载加帮。抢护的实质是增强堤坝的稳定性和抗冲能力。崩岸险情的抢护措施，应根据河势，特别是近岸水流的状况，崩岸后的水下地形情况以及施工条件等因素，酌情选用，其具体的抢护方法如下。

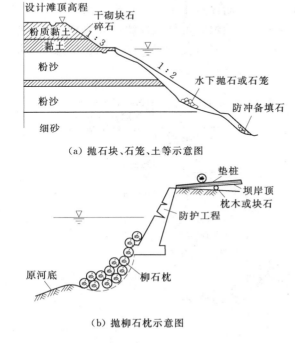

（a）抛石块、石笼、土等示意图

（b）抛柳石枕示意图

图 8-18　护脚固基

1.护脚固基抗冲

一旦发生崩岸险情，首先应考虑抛投料物，如石块、石笼、土袋和柳石枕等（图 8-18），以稳定基础，防止崩岸险情的进一步发展。

选用上述几种抛投料物措施的根本目的在于固基、阻滑和抗冲。因此，特别要注意将料物投放在关键部位，即冲坑最深处。要避免将料物抛投在下滑坡体上，以加重险情。

2. 缓流挑流防冲

为了减缓崩岸险情的发展，必须采取措施防止急流顶冲的破坏作用。常用抢修短丁坝和沉柳缓流防冲措施，但这一般只能作为崩岸险情抢护的辅助手段，不能从根本上解决问题。

3. 减载加帮等其他措施

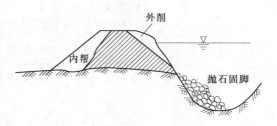

图8-19　抛石固脚外削内帮示意图

在采用上述方法控制崩岸险情的同时，还可考虑临水削坡、背水帮坡的措施（图8-19）。当崩岸险情发展迅速，一时难以控制时，还应考虑在崩岸堤段后一定距离抢修第二道堤防，俗称月堤。这一方法就是对崩岸险工除险加固中常采用的退堤还滩措施。

※技术应用※

六、管涌、流土的抢护

堤坝和地基土体，在渗透压力作用下发生变形破坏的现象称为渗透变形，其现象有管涌和流土两种。管涌指在渗流作用下，土中的细颗粒通过粗颗粒的孔隙被带出土体以外的现象。管涌可以发生在土体的所有部位。管涌多呈孔状出水口，冒出细沙或黏土，冒沙处形成"沙环"也称"翻砂鼓水"或"沸沙"。流土指在渗流作用下，局部土体隆起、浮动或颗粒群同时发生移动而流失的现象。流土常发生在闸坝下游地基的渗流出逸处，流土也称"牛皮胀"。管涌和流土易导致堤坝溃决，所以一经出现必须及时抢护。

管涌、流土的抢护原则是：反滤导渗、控制涌水，留有渗水出路。常见的几种抢护方法如下。

1. 反滤围井

在管涌、流土处用编织袋或麻袋装土抢筑围井，井内同步铺填反滤料，从而制止涌水带沙，防止险情扩大，当管涌口很小时，也可用无底水桶或汽油桶做围井。这种方法一般适用于背水坡脚附近地面的管涌、流土数目不多、面积不大的情况，或者数目虽多，但未连成大面积时，可以分片处理。对位于水下的管涌、流土，当水深较浅时也可采用此法。围井内必须用透水料铺填，切忌用不透水材料。根据所用导渗材料的不同，反滤围井的具体做法有砂石反滤围井、土工织物反滤围井、梢料反滤围井等几种，如图8-20所示。

对严重的管涌、流土险情的抢护，应以反滤围井为主，并优先选用沙石反滤围井，辅以其他措施。反滤压盖层及压渗台一般只能适用于渗水量和渗透流速较小的管涌，或普遍渗水的地区。

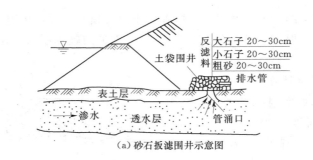

（a）砂石扳滤围井示意图

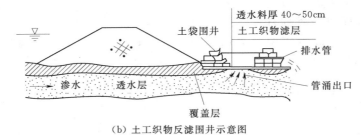

（b）土工织物反滤围井示意图

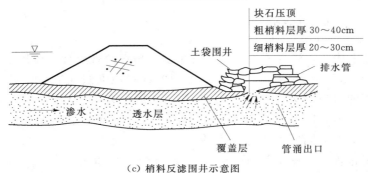

（c）梢料反滤围井示意图

图 8-20 反滤围井

2. 反滤压盖

在堤坝内出现管涌或流土部位数较多，面积较大，并连成片，渗水涌沙比较严重的地方，如果料源充足，可采用反滤压盖的方法，以降低涌水流速，制止地基土沙流失，以稳定险情。反滤层压盖必须用透水性好的材料，切忌使用不透水材料。根据所用反滤材料不同，可分为土工织物反滤压盖、砂石反滤压盖、梢料反滤压盖，如图 8-21 所示。

3. 蓄水反压（俗称养水盆）

通过抬高管涌区内的水位来减小堤内外的水头差，从而降低渗透压力，减小出逸水力坡降，制止渗透破坏，以稳定管涌、流土险情，如图 8-22 所示。

该方法的适用条件是：①闸后有渠道，堤后有坑塘，利用渠道水位或坑塘水位进行蓄水反压；②覆盖层相对薄弱的老险工段，结合地形，做专门的大围堰（或称月堤）充水反压；③极大的管涌、流土区，其他反滤盖重难以见效或缺少土工织物和砂砾反滤料的地

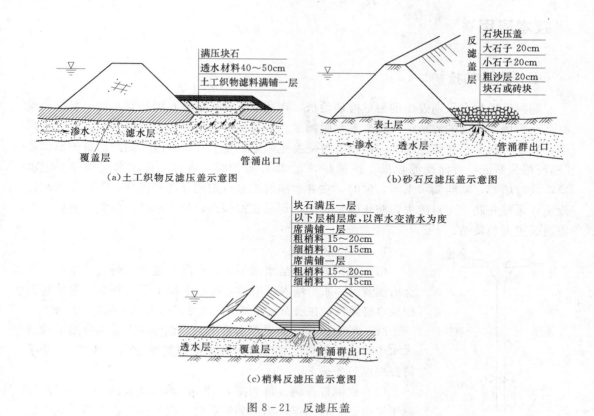

（a）土工织物反滤压盖示意图　　　　　（b）砂石反滤压盖示意图

（c）梢料反滤压盖示意图

图 8 - 21　反滤压盖

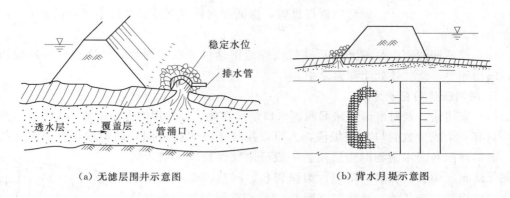

（a）无滤层围井示意图　　　　　（b）背水月堤示意图

图 8 - 22　蓄水反压示意图

方。蓄水反压的主要形式有渠道蓄水反压、塘内蓄水反压、围井反压。

4．流土抢护

一般可在隆起的部位，就地取材，铺麦秸或稻草一层，厚 10～20cm，其上再铺柳枝或秫秸一层，厚 20～30cm。当厚度超过 30cm 时，横竖分层铺放，然后在其上压土袋或块石。

※技术应用※

七、漏洞的抢护

漏洞是堤坝在汛期发生的最危险的险情，在高水位时，往往在堤坝背水坡、堤脚、坝趾甚至距堤坝较远的滩地、田埂出现洞眼漏水。如漏洞流出浑水，或由清变浑，或时清时浑，均表明漏洞正在迅速扩大，堤坝有可能发生塌陷甚至溃决的危险。漏洞的抢护原则是"临河堵截断流，背河反滤导渗，临背并举"。即在抢护时，应首先在临水找到漏洞进水口，及时堵塞，截断漏水来源，同时，在背水漏洞出水口采用反滤和围井，降低洞内水流流速，延缓并制止土料流失，防止险情扩大，切忌在漏洞出口处用不透水料强塞硬堵，以免造成更大的险情。

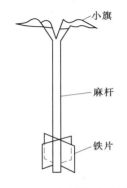

图 8 - 23　探测杆示意图

1.漏洞口的探查

（1）观察漩涡。当水深不大，在漏洞进水口附近的水面上常会出现漩涡。如果漩涡不明显，可在水面上撒些谷糠、泡沫塑料碎块等轻浮物，在水面旋转集中的地方，可能就是漏洞的进水口。

（2）潜水探摸。如果漏水量不大，也可以由潜水员沿堤坡潜入水中探摸，但应注意安全，潜水员须系安全绳（或带），并手持探棍前行探摸。

（3）探漏杆探测。将如图 8 - 23 所示形式长约 2m 的探测杆抛于水中，任其漂浮，当遇到漏洞时，探测杆会在水的漩涡吸力作用下发生旋转下沉，这样就可以准确探出漏洞位置。探测杆做成后须进行试验，保证探测杆直立浮起并使小旗（或羽毛）露出水面 10～15cm。

（4）仪器探测。以放射元素示踪仪或探地雷达仪等探测漏水。但这类探测经验还不多，应用还不广泛，还处于探索之中。

2.漏洞险情的抢护方法

（1）塞堵法。及时准确塞堵漏洞进水口是最有效、最常用的方法，适用于水浅、流速小，只有一个或少数洞口的坝堤段，人可以用梯子下水接近洞口的地方，在地形起伏复杂、洞口周围有灌木杂物时更适用。一般可用软性材料塞堵，如针刺无纺布、棉被、棉絮、草包、编织袋包、网包、棉衣及草把等，也可用预先准备的一些软楔（图 8 - 24）、草捆塞堵。在有效控制漏洞险情的发展后，还需用黏性土封堵闭气，或用大块土工膜、篷布盖堵，然后再压土袋或土枕，直到完全断流为止。

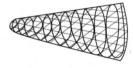

图 8 - 24　软楔示意图

（2）盖堵法。

1）复合土工膜排体或篷布盖堵。当洞口较多且较为集中，附近无树木杂物，逐个堵塞费时且易扩展成大洞时，可采用大面积复合土工膜排体（图 8 - 25）或篷布盖。

2）就地取材盖堵。当洞口附近流速较小、土质松软或洞口周围已有许多裂缝时，可就地取材用草帘、苇箔等重叠数层作为软帘，也可临时用柳枝、秸料、芦苇等编扎软帘，如图 8-26 所示。

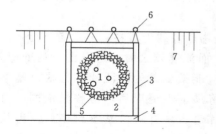

图 8-25　复合土工膜排体盖堵漏洞进口
1—多个漏洞进口；2—复合土工膜排体；3—纵向
土袋枕；4—横向土袋枕；5—正在填压的
土袋；6—木桩；7—临水堤坡

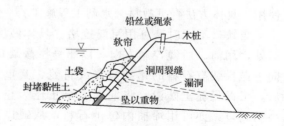

图 8-26　软帘盖堵示意图

采用盖堵法抢护漏洞进口，需防止盖堵初始由于洞内断流，外部水压力增大，洞口覆盖物的四周进水。因此洞口覆盖后必须立即封严四周，同时迅速抛压土袋或抛填粘土封堵闭气，以截断漏洞的水流。否则一旦堵漏失败，洞口扩大，将增加再堵的困难。

（3）戗堤法。当堤坝临水坡漏洞口较多且范围又较大时，在黏土料备料充足的情况下，可采用抛黏土填筑前戗［图 8-27（a）］或临水筑月堤［图 8-27（b）］的办法进行抢堵。

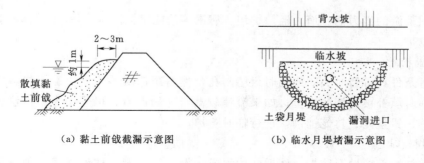

（a）黏土前戗截漏示意图　　　　　（b）临水月堤堵漏示意图

图 8-27　戗堤法

（4）辅助措施。在临水坡查漏洞进口的同时，为减缓堤土流失，可在背水漏洞出口处构筑围井，反滤导渗，降低洞内水流流速。切忌在漏洞出口处用不透水料强塞硬堵，致使洞口土体进一步冲蚀，导致险情扩大，危及堤防安全。

※技术应用※

八、堤防决口的抢护

当堤防已经溃决时，应紧急抢堵，首先在口门两端抢堵裹头，防止口门继续扩大。如发生多处决口，堵口的顺序应按照"先堵下游、后堵上游，先堵小口、后堵大口"的原则进行抢护。对于较小的决口，可在汛期抢堵。在汛期抢堵特别困难情况时，一般应在汛后堵复。堵口的方法，按进占顺序可分为立堵法与平堵法两种，有的情况两种方法同时结合使用。具体方法参见教材《水利工程施工》。

当缺口不大时，可用沉船抢堵。具体做法是用船装载土石料，从上游下行，到达缺口处，用前、后缆控制方向，以船身拦截缺口，而流速较大时，可以由临河的船外侧，向下抛投装有石料的化纤绳袋或竹笼，其重量应能抵御该处的流速。待缺口基本堵住后，可抛投黏土防渗，将漏水完全止住为止。待洪水消退以后，再整修加固。对于较小的缺口，亦可用埽捆内包土石料，从缺口两侧进占，将缺口基本封堵后，再从临河侧抛土堵漏。

具体采用何种方法，应当根据实际情况进行选择。堵口工作是极其紧张且危险的，一定要严密组织，并采取可靠的安全措施。

任务四　其他水工建筑物及设施的险情抢修

※技术应用※

一、闸坝消能工破坏的抢护

当闸坝下游的消力池、消力槛、护坦、海漫等消能工被洪水冲坏时，可采用下列方法进行临时抢护。

1. 断流抢护

如果有条件，可暂时关闭或临时封堵闸孔，然后用速凝砂浆砌块石将损坏部位修复，或用石笼临时填补被冲坏的部位；如果流速较高、冲刷严重，可采用先抛一层碎石垫层，再用柳石枕、铅丝笼、竹笼铺砌，进行临时防护。

2. 潜坝缓冲

首先在被冲部位抛石防护，然后在护坦或海漫末端设柳石枕潜坝或其他材料的潜坝，以增加水深，缓和冲刷。

3. 筑导水墙导流

如果溢洪道的消能工被冲，而溢洪道距土坝又较近时，除按上述方法抢护外，还应用砂袋或块石抢筑导水墙，将尾水导离坝脚。

※技术应用※

二、涵闸的抢护

涵闸往往是防汛抢险中的薄弱环节。由于设计不周、施工质量差、工程老化、水情变化、维修养护不及时等原因，均可能产生渗漏、冲刷、裂缝等险情。如不采取有效措施，都可能导致建筑物的毁坏。

1. 涵闸与土堤连接处渗漏

常用临河堵塞、布篷堵漏、灌浆、背水导渗等方法抢护；当建在砂土地基上的涵闸发生闸基渗漏时，汛期常在下游采用反滤导渗、降低渗压等方法抢护；当涵闸洞身渗漏，仍可本着"上截下导"的原则进行抢护，采用临河围堰、反滤围井等方法处理。

2. 水闸失稳的抢险

修建在软基上浮筏式结构的水闸，当遭遇到超标准洪水或基础渗透破坏时，闸体可能失稳，产生滑动。抢护原则是增加抗滑力，减小滑动力，以稳固基础。抢护方法有：

（1）闸顶加重增加阻滑力。适用于平面缓慢滑动险情的抢护。在水闸的闸墩、交通桥面等部位堆放铁块等重物。但应注意，堆放重量要验算，不能超出结构承重限度，险情结束后要及时卸载加固。

（2）下游堆重物阻滑。在水闸可能出现的滑动面下端，堆放砂袋、块石等重物防止滑动，如图 8-28 所示。

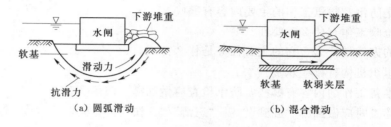

（a）圆弧滑动　　　　　　　　（b）混合滑动

图 8-28　水闸下游堆放重物阻滑示意图

（3）下游蓄水平压。水闸下游一定的范围内用土袋或土筑成围堰，抬高水位，减少上下游水头，以减少水平推力。

3. 闸门事故抢险

事故出现的类型有：一是启闭机螺杆折断，不能开启闸门；二是闸门不能关闭。

在涵洞没有泄漏的情况下发生螺杆折断时，可由潜水员下水探清闸门卡阻原因及螺杆断口位置，并用钢丝绳系住原闸门吊耳，利用卷扬机绕转钢丝绳开启闸门，待露出折断部位后进行拆除更换。

当事故发生时，若闸门已有较大漏水。可先抛置土袋，后用沉放钢筋网方法封堵进水孔口，然后派潜水员按上述方法处理并更换折断螺杆。处理完毕，撤走钢筋网及土袋后，进行闸门启闭试验。

采用多种方法仍不能开启闸门或开启不足，而又急需开闸泄洪时，可立即报请主管部门，采用炸门措施，强制泄洪。这种方法只能在万不得已时才采用，同时尽可能只炸开闸门，不要损坏水闸的主体部位，最大限度地减少损失。

当涵闸闸门发生事故，不能关闭或完全关闭，或闸门损坏而发生大量漏水，必须抢修时，应采取以下应急措施：

（1）钢、木叠梁封堵。如设有事故检修闸门门槽而无检修闸门时，可将临时调用的钢、木叠梁逐条放入门槽，如不能堵漏而又情况严重时，可再将土（砂）袋沉放在闸门前后，堵塞孔口。

（2）钢筋网堵口。钢筋网用直径 10～14mm 钢筋编织，间距不大于 20cm。另选几根较粗的钢筋作为骨架，借以增加刚度。钢筋网一般为长方形或正方形，其长度和宽度均应大于进水口的两倍以上。沉堵前，先架浮桥作为通道，在进水口前扎滔排并加以固定，然后在排上将钢筋网沉下。等盖住进水口后，随即将预先准备的麻袋、草袋抛下，堵塞网格。若漏水量显著减少，即为沉堵成功。根据情况，如需止水闭气，可在土袋堆体上加抛散土。

（3）钢筋混凝土管封堵。当闸门不能完全关闭时，采用直径大于闸门开度 20～30cm、长度略小于孔净宽的钢筋混凝土管。管的外围包扎一层棉絮或棉毯，用铅丝捆紧，混凝土管内穿一根钢管，钢管两头各系一条绳索，沿闸门上游侧将钢筋混凝土管缓缓放下，在水平水压力作用下将孔封堵，然后用土袋和散土闭气断流。

思　考　题

1. 什么是防汛？防汛工作的主要内容有哪些？
2. 防汛抢险工作有什么重要性？
3. 防汛的方针是什么？它的主要任务是什么？
4. 防汛组织机构有哪些职责？
5. 汛前准备工作的内容有哪些？防汛检查应做到哪"四落实"？
6. 防汛巡查时应做到哪"五到"？哪"三清""三快"？
7. 什么是防洪的工程性措施与非工程性措施？
8. 防风浪冲击有哪些措施？
9. 防止洪水漫顶的措施有哪些？
10. 什么是陷坑？它的抢护原则是什么？
11. 散浸的抢护原则是什么？如何进行散浸险情抢护？
12. 处理崩岸险情的主要措施有哪些？
13. 管涌、流土的抢护原则是什么？有哪几种常见的具体抢护方法？
14. 什么是漏洞？它的抢护原则是什么？堵塞漏洞有哪些方法？
15. 堵口的方法，按抢堵的材料及施工特点可分为哪几种形式？
16. 如何进行涵闸险情的抢护？

技术应用能力提升

1. 一河堤工程在汛期河水水位抬高，检查时发现有一段堤外有细沙冒出，冒沙处形成"沙环"；而另外一段堤外局部土体有隆起、浮动现象，同时发生移动使土体有流失的现象发生。对此，请提出抢护的办法。

2. 某一土坝在汛期高水位时，土坝背堤脚出现洞眼漏水，漏出水流逐渐变得浑浊，遇到这种情况，应如何应对？请提出抢护方法。

模块二　水工建筑物安全监测

项目九　监测工作的认识

导学：对水工建筑物安全检测的目的意义，监测工作要求，监测质量控制的要求及安全监测依据的法律法规应有基本的认识和了解。

※基本知识※

任务一　安全监测目的及意义

众所周知，由于地质条件、自然环境等因素的复杂性，人们在认识上尚有一定的局限性，还不可能在设计中预见所有的工程安全问题，从而难免潜在一定的风险，特别是水利水电工程下游常有人口稠密的城镇，一旦遭遇不测，不仅工程本身不能发挥效益，更重要的是危及下游人民的生命财产安全，其损失将极其惨重。综上所述，水利水电工程安全至关重要，它涉及千百万人民财产的安全、国民经济的发展和社会的稳定，是全社会所关心的公共安全问题。然而，很多失事工程一般要经历从性态变化而导致恶化过程。

工程安全监测是及时发现水利水电工程隐患的一种有效方法，通过监测仪器和巡视检查，对工程进行系统的测试和监测，可以及时获取工程安全的有关信息，早期发现有关症状，从而采取对策，保证工程安全。因此在水利水电工程建立安全监测系统，对工程实施全过程的监测是十分必要的。

工程安全监测的主要目的，可以归纳为以下三点：

（1）监测运行中工程性态变化，监视工程运行安全。

（2）根据施工期监测资料，掌握工程与基础的实际性态，据以修改、完善设计或技术方案。

（3）监测资料反馈于设计，以检验设计的正确性，从而提高工程设计水平。

水利水电工程安全监测对象主要有挡水建筑物（如混凝土坝、土石坝、堤防、闸坝等）、边坡（如近坝库岸、渠道、船闸高边坡等）、地下洞室（如地下厂房、泄输水洞等）。

监测项目通常有变形、渗流、应力应变、压力、温度、环境量、振动反应，以及地震与泄水建筑物水力学监测，其中地震及水力学监测属于专项监测，不是每个工程都要求进行。监测项目的设置主要根据工程等级、规模、结构形式以及地形、地质条件和地理环境等因素决定。

监测方法有人工巡视检查和仪器监测两种,实践证明,这两种方法应该相互结合、互为补充。

一、大坝安全监测

无论是混凝土坝或土石坝,在1、2、3级大坝工程大多数都为必设项目;而应力应变、压力仅在1级大坝工程为必设项目,在2级大坝工程为选设项目,在2级以下工程则不考虑选项。很明显,这是由于变形、渗流项目监测数据比较直观、可靠,资料分析也比较简单,而应力应变、压力监测数据可信度相对较差,资料整理分析也较复杂。混凝土坝和土石坝安全监测项目分类和选项分别见表9-1和表9-2。

表9-1　　混凝土坝安全监测项目分类和选项

序号	监测类别	监测项目	大坝级别		
			1	2	3
1	巡视检查	坝体、坝基、坝肩及近坝库岸	●	●	●
2	变形	(1) 坝体位移	●	●	●
		(2) 倾斜	●	○	
		(3) 接缝变化	●	●	○
		(4) 裂缝变化	●	●	●
		(5) 坝基位移	●	●	●
		(6) 近坝岸坡位移	○	○	○
3	渗流	(1) 渗流量	●	●	●
		(2) 扬压力	●	●	●
		(3) 渗透压力	○	○	
		(4) 绕坝渗流	●	●	●
		(5) 水质分析	●	●	○
4	应力应变及温度	(1) 应力	●	○	
		(2) 应变	●	○	
		(3) 混凝土温度	●	●	○
		(4) 坝基温度	●	○	
5	环境量	(1) 上下游水位	●	●	●
		(2) 气温	●	●	●
		(3) 降水量	●	●	●
		(4) 库水位	●	○	
		(5) 坝前淤积	●	○	
		(6) 下游冲刷	●	○	
		(7) 冰冻	○		

注　1. 有●者为必设项目;有○者为可选项目,可根据需要选设。

　　2. 坝高70m以下的1级坝,应力应变为可选项。

表 9 – 2 土石坝安全监测项目分类和选项

序号	监测类别	监测项目	建筑物级别		
			Ⅰ	Ⅱ	Ⅲ
1	巡视检查	巡视检查（含日常、年度和特别三类）	●	●	●
2	变形	（1）表面变形	●	●	●
		（2）内部变形	●	○	
		（3）裂缝及接缝	●	○	
		（4）岸坡位移	●	○	
		（5）混凝土面板变形	●	○	
3	渗流	（1）渗流量	●	●	●
		（2）坝基渗流压力	●	●	○
		（3）坝体渗流压力	●	●	
		（4）绕坝渗流	●	○	
4	（压力）应力	（1）空隙水压力	●	○	
		（2）土压力（应力）	○	○	
		（3）接触土压力	●	○○	
		（4）混凝土面板应力	●		
5	水文、气象	（1）上下游水位	●	●	●
		（2）降水量、气温	●	●	●
		（3）水温	○	○	○
		（4）波浪	○	○	
		（5）坝前（及库区）泥沙	○	○	
		（6）冰冻	○		
6	地震反应	（1）地震强震	○	○	
		（2）动孔隙水压力	○		
7	水流	泄水建筑物水力学	○		

注 1. 有●者为必设项目；有○者为可选项目，可根据需要选设。
2. 对必设项目，如有因工程实际情况难以实施者，应报上级主管部门批准后缓设或免设。

二、边坡工程安全监测

边坡分为自然边坡和人工边坡，边坡失稳通常由于自然条件发生改变（如河库水位骤降、暴雨等），或是人为开挖不妥（如开挖坡高不当、天然坡角被挖除过量、爆破等）引起。边坡监测通常包括边坡本身、支护结构（挡墙、抗滑桩锚固系统等）。

边坡本身监测项目主要有边坡表部位移（原地表面及开挖后边坡坡面的外部变形）、深部（内部）位移、坡面裂缝变化、坡体地下水位及渗流量，有条件的地方可利用地表防水、排水、截水系统，对坡面进行泄洪雾化、对降雨量进行汇流监测。

支护结构监测项目主要有变形（水平与垂直位移）、应力应变、岩土压力、预应力锚杆（索）荷载变化及预应力损失等，边坡工程的监测项目分类及选项见表9-3。

表9-3　　　　　　　　　　　边坡工程安全监测项目分类和选项

序号	监测类别	监测项目	建筑物级别		
			Ⅰ	Ⅱ	Ⅲ
1	巡视检查	坡体、支护结构	○	○	○
2	变形	（1）表部变形	●	●	○
		（2）深部变形	●	○○	
		（3）裂缝、接缝开合度	●	●	○
3	应力应变、压力	（1）支护结构应力、应变	●	○○	
		（2）接触岩土压力	●	○○	
		（3）锚杆（索）锚固力	○		
4	渗流	（1）坡体渗流压力	●	○○	
		（2）地下水位	●	○○	
		（3）渗流量	●	○○	
		（4）坡面雾化	○	○	
5	环境量	（1）库（河）游水位	●	●	○
		（2）降水量	●	●	○

注　有●者为必设项目；有○者为可选项目，可根据需要选设。

三、地下洞室安全监测

地下洞室监测重点一般在施工阶段，洞室监测与反馈是新奥法隧洞施工的三大要素之一，永久性监测通常在规模较大的地下洞室中进行，如地下厂房等。地下洞室监测按规范在下列情况设置安全监测：

（1）建筑物级别为1级的隧洞。

（2）采用新技术的洞段。

（3）通过不良工程地质及水文地质的洞段。

（4）隧洞处通过的地表处有重要建筑物，特别是高层建筑物的洞段。

（5）高压、高流速隧洞。

（6）直径（跨度）不小于10m的隧洞。

监测项目主要有：

（1）洞内监测：围岩变形、围岩压力、外水压力、渗透压力、温度变化、支护结构的应力应变等。

（2）洞外监测：洞口建筑物、地表及边坡情况，如沉陷、水平位移、地下水位、渗流情况等。

（3）高压、高速隧洞尚应进行水力学试验。

任务二 监测工作要求

※基本知识※

一、监测工作的基本要求

（1）监测仪器、设施的布置应密切结合工程条件，突出重点，兼顾全面，相关项目应统筹安排、配合布置。

监测设计应遵循"重点突出、兼顾全面、统一规划、分期实施"的设计原则。监测仪器和设施的布置，应密切结合工程的实际，根据其规模及特点、工程存在的主要技术问题及难点，明确监测目的，统一规划、重点突出、兼顾全面、分期实施，既能使仪器布置与监测满足工程各阶段（施工期、首次蓄水期、运行期）的安全要求，切实可行，又能全面反映工程的实际施工及运行安全状态。

（2）监测仪器是安全监测的基础，仪器、设施的选择要在可靠、耐久、实用、经济的前提下，力求先进和便于实现自动化监测。当实施自动化监测时，自动化监测系统和进入自动化监测的仪器，必须稳定、可靠。

（3）在长期使用中，监测仪器的性能会发生变异。因此，对传感器（一次仪表）应定期进行工作状态的鉴定；量测仪器（二次仪表）应定期由有资质的单位进行计量检定。

（4）监测仪器、设施的安装埋设必须按设计和规范要求精心施工，确保质量。仪器埋设前应由有资质的单位进行标定。安装和埋设后，应及时填写考证表，绘制竣工图，存档备查。

（5）各监测项目应使用标准记录表格，监测数据应随时整理和计算，如有异常，应立即复测。当影响工程安全时，应及时分析原因，并报上级主管部门。

二、监测测次

监测测次，通常按设计要求进行，相互有关的监测项目应力求同一时间进行监测。当发生地震、大洪水以及大坝工作状态异常时，应加强巡视检查，并对重点部位的有关项目加强监测，增加测次。

应该说明，测次在国际上有按水库蓄水位升高程度而定，水位越接近高水位，量测的间隔就越短，例如首次蓄水：①当水位达到 1/4 坝高时，进行一次监测；②当水位达到 1/2 坝高时，进行一次监测；③当水位达到 3/4 坝高时，每升高 1/10 坝高进行一次监测；④当水位在 3/4 坝高至坝顶时，每升高 2m 监测一次。

此外，在蓄水完成之前，连续两次监测的时间间隔决不应该超过一个月。若有可能，使蓄水过程中的几天间歇期与监测日期一致，在间隔的始末进行监测。

水库大坝工程特性的变化，主要与水库蓄水有关，因此按照水库蓄水位变化情况实施监测，可以紧紧把握住水库蓄水的影响。规范推荐的测次见表9-4和表9-5。

表9-4　　　　　　　　　　　　混凝土坝安全监测项目测次

监测项目	阶　段　及　测　次			
	施工期	首次蓄水期	初蓄期	运行期
（1）位移	1次/旬～1次/月	1次/天～1次/旬	1次/旬～1次/月	1次/月
（2）倾斜				
（3）大坝外部接缝、裂缝				
（4）近坝区岸坡稳定	1次/旬～2次/月	2次/月	1次/月	1次/季
（5）渗流量	2次/旬～1次/旬	1次/天	2次/旬～1次/旬	1次/旬～2次/月
（6）扬压力				
（7）渗透压力				
（8）绕坝渗流	1次/旬～1次/月	1次/天～1次/旬	1次/旬～1次/月	1次/月
（9）水质分析	1次/季	1次/月	1次/季	1次/年
（10）应力、应变	1次/旬～1次/月	1次/天～1次/旬	1次/旬～1次/月	1次/月～1次/季
（11）大坝及坝基温度				
（12）大坝内部接缝、裂缝				
（13）钢筋、钢板、锚索、锚杆应力				
（14）上、下游水位		4次/天～2次/天	2次/天	4次/天～2次/天
（15）库水温		1次/天～1次/旬	1次/旬～1次/月	1次/月
（16）气温		逐日量	逐日量	逐日量
（17）降水量				
（18）坝前淤积		按需要	按需要	按需要
（19）冰冻				
（20）坝区平面位移监测	取得初始值	1次/季	1次/年	1次/年
（21）坝区垂直位移监测				
（22）下游淤积			每次泄洪后	每次泄洪后

注　1. 表中测次，均系正常情况下人工读数的最低要求，特殊时期（如发生大洪水、地震等）应增加测次。监测自动化可根据需要，适当加密测次。

　　2. 在施工期，坝体浇筑进度快的，变形和应力监测的次数应取上限。在首次蓄水期，库水位上升快的，测次应取上限。在初蓄期，开始测次应取上限。在运行期，当变形、渗流等性态变化速度大时，测次应取上限，性态趋于稳定时可取下限；当多年运行性态稳定时，可减少测次；减少监测项目或停测，应报主管部门批准；但当水位超过前期运行水位时，仍需按首次蓄水执行。

　　3. 对于低坝的位移测次可减少为1次/季。

　　4. 巡视检查的次数见项目二任务一中的相关内容。

表 9 – 5　　　　　　　　　　　　　　土石坝安全监测项目测次表

监测项目	阶段及测次		
	第一阶段（施工期）	第二阶段（初蓄期）	第三阶段（运行期）
（1）日常巡视检查	10 次/月～4 次/月	30 次/月～8 次/月	4 次/月～2 次/月
（2）表面变形	6 次/月～3 次/月	10 次/月～4 次/月	6 次/年～2 次/年
（3）内部变形	10 次/月～4 次/月	30 次/月～10 次/月	12 次/年～4 次/年
（4）裂缝及接缝			
（5）岸坡位移	6 次/月～3 次/月	10 次/月～4 次/月	12 次/年～4 次/年
（6）混凝土面板变形			
（7）渗透量	10 次/月～4 次/月	30 次/月～10 次/月	6 次/月～3 次/月
（8）坝基渗流压力			
（9）坝体渗流压力			
（10）绕坝渗流			
（11）孔隙水压力	6 次/月～3 次/月	30 次/月～4 次/月	6 次/月～3 次/月
（12）土压力（应力）			
（13）接触土压力			
（14）混凝土面板应力	按需要	按需要	按需要
（15）上、下游水位	2 次/天	4 次/天～2 次/天	2 次/天～1 次/天
（16）降水量、气温	逐日量	逐日量	逐日量
（17）水温	按需要	按需要	按需要
（18）波浪			
（19）坝前（及库区）泥沙			
（20）冰冻			
（21）地震强震	按需要（自动测记加定期人工检查、校测）		
（22）动孔隙水压力			
（23）泄水建筑物水力学	按需要		

注　1. 表中测次，均系正常情况下人工读数的最低要求，如遇特殊情况（如高水位、库水位骤变、特大暴雨、强地震等）和工程出现不安全征兆时应增加测次。

　　2. 阶段划分如下：

　　第一阶段：原则上从施工建立监测设备起，至竣工移交管理单位为止。坝体填筑进度快的，变形和应力监测的次数应取上限。若本阶段提前蓄水，测次按第二阶段执行。

　　第二阶段：从水库首次蓄水至达到（或接近）正常蓄水后再持续三年止。在上蓄过程中，测次应取上限；完成蓄水后的相对稳定期可取下限。若竣工后长期达不到正常蓄水位，则首次蓄水三年后可按第三阶段要求进行。但当水位超过前期运行水位时，仍按第二阶段执行。

　　第三阶段：指第二阶段之后的运行期。渗流、变形等性态变化速率大时，测次应取上限；性态趋于稳定时可取下限。若遇工程扩（改）建或提高水位运行，或长期干库又重新蓄水时，需重新按第一、第二阶段的要求进行。如因水库淤积、废弃、改变用途，或因多年运行性态稳定等，需减少测次、减少项目或停测时，应报上级主管部门批准。

三、几个典型阶段对监测工作的要求

1. 施工阶段

根据施工安装埋设进度，分期分批绘制出施工详图，施工单位据以施工。施工单位则根据设计要求和施工详图，做好仪器设备的检验率定、安装埋设、调试和保护，确保监测设施完好；编写考证表，将仪器和安装埋设情况详细记录在案；选派专人进行监测工作，确保监测数据连续、可靠和完整；应及时进行监测资料的整编和分析，按时提出各施工阶段监测报告，为评价施工期工程安全和处理对策提供依据。工程竣工验收时，应将监测设施和竣工图、安装埋设记录以及整编、分析等全部资料汇集成正式文件，移交上级主管及运行管理单位。

2. 首次蓄水阶段

在首次蓄水前，应制定周密的监测工作计划和主要的设计监控技术指标；按计划要求做好仪器监测和巡视检查，准确确定基准值，为评价大坝蓄水过程的安全状态提供依据。

3. 运行阶段

应进行经常的及特殊情况下的监测工作，定期对监测设施进行检查、维护和鉴定，以确定是否应报废、封存或继续监测、补充、完善和更新，定期对监测资料进行整编和分析，评价大坝运行状态，编写报告，建立技术档案。

4. 工程安全评价

根据监测成果，并结合设计与地质条件，按下列类型对工程（大坝、边坡或地下洞室）的工作状态作出评价。

（1）正常状态：指工程达到设计要求的功能，不存在影响正常使用的缺陷，且各主要监测量的变化处于正常情况下的状态。

（2）异常状态：指工程的某项功能已不能完全满足设计要求，或主要监测量出现某些异常，因而影响正常使用的状态。

（3）险情状态：指大坝（或监测对象）出现危及安全的严重缺陷，或环境中某些危及安全的因素正在加剧，或主要监测量出现较大异常，若按设计条件继续运行，将会出现大事故的状态。

任务三　监测质量控制

※基本知识※

安全监测质量控制是水利水电工程质量管理的重要环节，其包括监测设计及监测实施全过程各环节的质量控制，某一项细小工作或操作程序的失误均会给监测和工程带来无法弥补的损失。监测质量控制的保证和落实，决定了监测成果的真实性、可靠性和代表性，是设计调整及优化、施工及运行安全的重要参考依据，因此来不得半点马虎。

监测工作实施要编制施工组织设计，包括实施依据、内容、步骤、方法（案）、程序、

进度计划、施工图件、报告及施工预算等。

监测过程质量控制工作均应在监理的管理和监督之下有序进行，包括各种报表填报、审批手续等。监测实施单位应设置质量检查机构，配备专职的质量检查人员，建立完善的质量控制标准、控制方法及检查制度，对监测实施的每一个环节进行质量检验和控制。

一、监测仪器的选型

仪器性能的长期稳定性及可靠性是仪器选型的重要前提，选择合理的适用条件、量程范围和精度要求，避免盲目追求高标准或任意降低标准的倾向。监测仪器主要技术性能指标的确定，要以满足工程监测要求为前提，过分追求高精度、大量程，势必意味着经济成本的高投入，造成不必要的经济浪费，且难以满足工程长期或永久性监测的要求。

二、监测仪器的质量控制

1. 采购及运输

选型采购监测仪器设备的型号、精度、量程等各项技术指标应符合国家、行业标准和设计要求，仪器生产厂家应具备国家计量认证、生产许可等合法相关手续，仪器设备产品应具有合格证、使用说明书及仪器出厂检验率定资料等。

产品运输要保证仪器性能完好、无损，包括仪器设备包装、运输条件、到货开箱、通电检查等。

2. 检验率定

各项仪器设备在安装埋设前必须进行检验标定，且检验标定有效期为半年。

仪器设备检验标定包括传感器的力学性能、温度性能、防水性能、二次测量仪表性能及电缆性能（绝缘、耐水压及芯线电阻）等检验，检验性能指标须满足相关规程规范要求。

根据现行监测规程规范要求，仪器设备检验率定结果应满足以下技术条件：

（1）仪器力学性能检验的各项误差，其绝对值应满足表9-6和表9-7。

表9-6　　　　　　　　　　　差阻式仪器力学性能检验标准

项目	仪器端基线性误差 α_1	非直线度 α_2	不重复性误差 α_3	厂家与用户检验误差 α_f
限差/%	≤2	≤1	≤1	≤3

表9-7　　　　　　　　　　　振弦式仪器力学性能检验标准

项目	分辨率 r		不重复度 R	滞后 H	非直线度 L_f	综合误差 E_c
限差/%	0～0.25MPa	0.4～0.6MPa	≤0.5%F.S	≤1%F.S	≤2%F.S	≤2.5%F.S
	≤0.2	≤0.15				

（2）仪器温度性能检验的各项误差，其绝对值应满足表9-8。

表 9 - 8　　　　　　　　　　　差阻式仪器温度性能检验标准

项目	计算 0℃电阻 R_0'/Ω	计算 0℃温度 $\alpha'/℃$	$T/℃$		$R_x/M\Omega$
			温度计	差阻式仪器	绝缘电阻绝对值
限差/%	≤0.1	≤1.0	≤0.3	≤0.5	≥50

注　α' 为 0℃以上温度常数。

（3）差阻式仪器防水性能检验标准。

1）检验时对仪器施加 0.5MPa 水压力，持续时间应不少于 0.5h，渗压计在规格范围内加压。

2）测量仪器电缆芯线与外壳（或高压容器外壳）之间的绝缘电阻不小于 200MΩ。

（4）电缆连接。

1）五芯水工电缆，在 100m 长度内各单芯线电阻测值不大于 3Ω/100m。

2）电缆各芯线间的绝缘电阻不小于 100MΩ。

3）电缆及电缆接头在使用温度为 -25～60℃，承受所规定水压 48h，其电缆芯线与水压试验容器间的绝缘电阻不小于 100MΩ。

4）电缆内通入 0.1～0.15MPa 气压时，其漏气段不得使用。

3. 仪器设备的保管及使用

仪器设备应放入试验室或库房，干燥，平整放置在台架上，防止挤压或堆放，妥善保管。

仪器仪表使用后，应进行保养和维护，入水监测仪器必须擦净晾干，润滑部件须涂抹润滑油。

经常使用的无检修间隙时间的仪器仪表，须配备必要的配件。

三、安装设备的埋设质量控制

1. 土建工程

与安全监测工程有关的土建施工项目主要有：钻孔内埋设仪器的钻孔（测斜孔、多点位移计、滑动测微计、测压管等），其次为监测点位的混凝土保护墩和监测站的内装修等工程。

为保证钻孔质量达到设计和有关技术要求，钻孔的实施全部由具有资质的专业钻孔队伍完成。钻孔前由监理旁站监督测点位置的放样，钻孔各项参数均按设计图纸要求进行（钻孔施工程序根据仪器埋设的需要进行，具体见各类型仪器埋设），钻孔过程中由监测实施单位进行现场质量控制，保证测孔孔径、孔斜及孔向等各项指标均满足要求，成孔后由监理工程师现场检查、验收，验收合格后方能进行仪器安装埋设工作。

（1）钻孔的孔位、深度、孔径、钻孔顺序和孔斜等按施工图纸技术要求。

（2）钻机机座平台安装平整稳固，以保证钻孔方向及孔斜等钻孔质量要求符合设计要求，钻进全过程按规范要求做好值班记录。

（3）开孔孔位与设计位置的偏差不得大于设计要求。因故变更孔位应征得监理人同意，并记录实际孔位。

（4）在钻孔过程中，如发现集中漏水（无回水）、掉钻、掉块、塌孔等情况，应详细记录，当上述情况比较严重时，应通知现场监理工程师，及时采取处理措施。所有钻孔都要进行孔斜测量，并采取措施控制孔斜，尤其是垂线孔（正垂或倒垂孔）必须按照设计及规范要求严格控制孔斜及满足有效孔径要求，如发现钻孔偏斜超过规定时，及时纠偏，或采取经监理人批准的其他补救措施。纠偏无效时，按监理人的指示报废原孔，重新钻孔。

（5）通常钻孔应予钻取岩芯（特殊情况经设计同意可采取钻孔内安装摄像探头），如果芯样的回收率很低，更换钻孔机具或改进钻进方法。并按取芯次序统一编号，填牌装箱，并由地质专业技术人员绘制钻孔柱状图和进行岩芯描述，尤其对软弱夹层（尤其是可能产生滑动的软弱夹层）的层位、深度、厚度、地下水及分布特点等性状作详细描述。

（6）钻孔内安装仪器设备后，应根据施工图纸的要求（采用水泥浆、水泥砂浆或回填砂等）对钻孔空隙进行回填密实，尤其是上仰孔要保证孔底回填密实、可靠。采用水泥砂浆、水泥浆回填的钻孔，应尽量使回填灌浆材料固化后的力学性能与钻孔周边围岩介质相匹配。

（7）变形测点监测墩包括水平和垂直位移标点，采用钢筋混凝土现浇，其底座基础应保证相对稳定，必要时要在底部增加锚筋。标墩要采用喷漆进行标注，并注意墩标的保护，避免施工开挖、爆破施工及人为破坏。

（8）监测房（站）设施齐全，线缆及设备布设规范，且须满足水、电及环境等仪器运行条件。

2. 仪器设备安装埋设

保证仪器设备安装埋设的质量，是确保监测资料可靠、准确的极为重要的条件和基础，不符合安装埋设质量要求、违反规程规范操作程序，将导致监测数据的不正确或较大的误差，隐蔽工程的损失是无法弥补的，而之后的工作都是毫无意义的。

（1）认真做好监测仪器设施埋设前的各项准备工作，包括填报各项（分部工程、单元工程、单位工程）开工申请，检查和测试监测仪器性能及状态。

（2）按要求进行仪器与电缆加长及连接接头的密封和绝缘处理，在特殊环境及条件要求下，接头连接必须采用硫化器，此外可采用热缩管密封处理。电缆连接前后，均应测量、记录电缆芯线电阻及仪器测值。设置集线箱及控制装置的位置，其环境条件应保持干燥。

（3）监测仪器设施的安装埋设必须严格按照设计技术要求和有关规程规范要求，及时、精心施工和保护，做好安装埋设过程中的记录，确保安装埋设施工质量合格，力求较高的仪器完好率。

（4）安装埋设完毕，及时完成各相关资料的整理，包括填写埋设考证表和单元埋设质量评定表、绘制仪器设施埋设及电缆走线图、竣工图等，且按监理要求及时上报审批。

（5）对于安装埋设期间出现任何问题，如仪器工作不正常、电缆意外折断或受损等，均应及时采用修复、更换、补埋等应急措施，保证仪器设施的埋设完好率。

四、监测质量控制

（1）仪器监测应严格按照设计技术要求和有关规程规范的频次要求进行，以满足监测数据的系统性和连续性要求。

（2）仪器监测数据要满足各仪器监测精度要求，对于监测成果与人为因素（操作）影响较大的监测仪器（如测斜仪、滑动测微计、沉降仪等），操作人员必须按照监测要求及程序精心操作，分析和判断监测数据的偏差及可靠度，否则将会带来较大的测量误差。

（3）对测量仪器仪表按规定定期进行检验和率定，以检查仪器工作状态正常与否，及时维修和校正。二次测量仪表须每年进行一次标定，差阻式内观仪器测量所用的数字电桥应用电桥率定器每月进行一次准确度检验，如需更换时，应先检验是否有互换性。

数字电桥检验结果（率定器法），其绝对值应满足以下主要指标：电阻比（$z \times 10^{-4}$）不大于 1，电阻值 R 不大于 0.02Ω。

（4）对获得的监测数据仔细进行校核、检查及粗差处理，对于不合理的异常数据，要结合工程情况及现场条件进行分析、判断、确认或纠正。粗差的来源主要在二次仪表、监测记录、记录输入、数据整编等环节，粗差的判断主要采用人工经验分析等方法。在资料分析中，对于二次仪表等引起的不可修正的粗差一般采用插值或删除进行处理。

（5）为保证监测资料的可靠性，对于在监测中发现的异常或不稳定数据要进行以下检查：

1）仪器电缆是否完好，电缆接头是否折断、受潮或进水。

2）电缆电阻值及绝缘度是否符合要求，测值是否符合规律。

3）监测站及集线箱环境是否满足要求等。

（6）仪器监测与巡视检查相结合，巡视检查的程序、内容和巡视检查报告编写应符合相关要求。

（7）相关监测项目力求同时监测，针对不同监测阶段，突出监测重点。做到监测连续、数据可靠、记录真实、注记齐全、书写清楚。发现异常，立即复测，一旦核实确有问题，及时上报。

（8）当发生地震、大洪水、大暴雨以及工程状态异常时，应加强巡视检查，并对重点部位的有关项目加强监测，增加测次。

（9）选择适宜数量和满足要求的仪器，实现自动化监测。

五、监测自动化质量控制

1. 监测自动化系统具备基本功能

（1）可靠备用电源自动切换保护功能，在断电情况下确保连续工作 3d 以上。

（2）自检、自诊断功能，可对内部实时时钟进行设置、调校。

（3）数据采集对象齐全，适应各类传感器，并能把模拟量转换为数字量。采集方式可单测、选测、定时测、定时自报、增量自报，且必须具有人工测量接口及比测设施。

（4）参数设置方便、灵活，数据存储满足有关规范要求。

（5）防雷、防涌浪及抗电磁干扰等功能。

（6）数据异常报警、故障显示及数据备份功能。

（7）通信接口应符合国际标准，通信协议应具有支持网络结构通信协议，并提供相关的协议文档或软件接口。

（8）现场自动化监测设施或集中遥测的监测站（房），应保持仪器设备正常运行的工作条件及环境。系统保持良好工况，监测设备应定期检查和更新。

2．监测自动化系统基本性能要求

（1）采样时间：巡视时小于 30min，单点采样时小于 3min。

（2）测量周期为 10min～30d，可调。

（3）监控室环境温度保持 20～30℃，相对湿度保持不大于 85％。

（4）系统工作电压为 200×（1±10％）V。

（5）系统故障不大于 5％。

（6）防雷电感应为 1000V。

（7）采集装置测量精度不低于规范对测量对象精度的要求。

（8）采集装置测量范围满足被测对象有效工作范围的要求。

（9）系统稳定可靠接地。

六、资料整编分析质量控制

监测资料整编与分析反馈工作是安全监测工作的重要组成部分，也是对工程进行安全监控、评估施工和合理设计的一个关键性环节，因此应始终坚持以及时性、系统性、可靠性、实用性和全面分析与综合评估等原则进行。

（1）基准值选择。每一支仪器监测基准值选择是监测资料整理计算中的重要环节，基准值选择过早或过迟都会影响监测成果的正确性，不同类监测仪器所考虑的因素和选取的基准值时间通常不尽相同。因此，必须考虑仪器安装埋设的位置、所测介质的特性及周围温度、仪器的性能及环境等因素，正确建立基准值。例如：

1）在岩体钻孔回填安装的仪器设备，如测斜管、多点位移计等，一般宜选择在回填埋设一周后的稳定测值作为基准值。

2）在混凝土中埋设的仪器，其基准值的确定除一般选取混凝土或水泥砂浆终凝时的测值（24h 后的测值）外，还须掌握以下原则：混凝土浇筑凝固后混凝土与仪器能够共同作用和正常工作、电阻比与温度过程线呈相反趋势变化、应变计测值服从点应变平衡原理、监测资料从无规律跳动到比较平滑有规律变化等。

3）渗压计和锚索测力计应选取安装埋设前的测值，即零压力或荷载为零时的测值为基准值。

（2）监测数据整理要及时。每次监测后，应对监测数据及时进行检验、计算和处理，检验原始记录的可靠性、正确性和完整性。如有漏测、误读（记）或异常，应及时补（复）测、确认或更正。

（3）在日常资料整理基础上，对资料定期整编，整编成果应项目齐全、考证清楚、数据可靠、图表完整、规格统一、说明完备。

（4）收集和积累资料，包括监测资料、地质资料、工程资料及其他相关资料，这些资料是监测资料分析的基础。资料分析的水平和可靠度与分析者对资料掌握的全面性及深入程度密切相关。

（5）定期对监测成果进行分析研究，分析各监测物理量的变化规律和发展趋势，各种原因量和效应量的相关关系和相关程度，及时反馈业主、监理和设计，并对工程的工作运行状态（正常状态、异常状态、险情状态）及安全性作出具体评价。同时，预测变化趋势，提出处理意见和建议。

（6）保证监测资料实时整编分析的重要前提，是必须具备有监测数据库管理及信息分析系统的支持和具有一批拥有较好监测素质和技术水平的管理人员。

（7）现场监测人员和工程管理部门，一般仅需按照规程规范要求对监测资料和整编成果作出初步的分析和判断，而更深入的定量及数学模型分析则需委托科研单位及大专院校专业人员进行。

以上内容仅是提出有关监测工作质量控制的主要内容及掌握原则，而更具体的详细内容需根据不同情况及要求，请参见以下有关章节。

任务四　安全监测依据

安全监测应依据国家标准与水利水电行业标准，还有安全监测工程招标文件和安全监测工程设计技术要求及相关文件。

1. 水利行业标准

SL 551—2011《土石坝安全监测技术规范》

SL 601—2013《混凝土坝安全监测技术规范》

SL 169—96《土石坝安全监测资料整编规程》

SL 264—2001《水利水电工程岩石试验规程》

SL 62—2014《水工建筑物水泥灌浆施工技术规范》

SL 258—2000《水库大坝安全评价导则》

SL 268—2001《大坝安全自动监测系统设备基本技术条件》

SL 52—2015《水利水电工程施工测量规范》

SL 219—2013《水环境监测规范》

2. 电力行业标准

DL/T 5178—2003《混凝土坝安全监测技术规范》

DL/T 5259—2010《土石坝安全监测技术规范》

DL/T 5256—2010《土石坝安全监测资料整编规程》

DL/T 5368—2007《水电水利工程岩石试验规程》

DL/T 5209—2005《混凝土坝安全监测资料整编规程》

DL/T 5211—2005《大坝安全监测自动化技术规范》

DL/T 947—2005《土石坝观测仪器系列型谱》

DL/T 948—2005《混凝土坝监测仪器系列型谱》

DL/T 5125—2009《水电水利岩土工程施工及岩体测试造孔规程》

DL/T 5148—2012《水工建筑物水泥灌浆施工技术规范》

DL/T 5173—2012《水利水电工程施工测量规范》

3. 国家标准

GB/T 3408.1—2008《大坝监测仪器 应变计 第1部分：差动电阻式应变计》

GB/T 3408.2—2008《大坝监测仪器 应变计 第2部分：振弦式应变计》

GB/T 3409.1—2008《大坝监测仪器 钢筋计 第1部分：差动电阻式钢筋计》

GB/T 3410.1—2008《大坝监测仪器 测缝计 第1部分：差动电阻式测缝计》

GB/T 3410.2—2008《大坝监测仪器 测缝计 第2部分：振弦式测缝计》

GB/T 3411.1—2009《大坝监测仪器 孔隙水压力计 第1部分：振弦式孔隙水压力计》

GB/T 3412—1994《电阻比电桥》

GB/T 3413—2008《大坝监测仪器埋入式铜电阻温度计》

GB/T 22385—2008《大坝安全监测系统验收规范》

GBT 12897—2006《国家一、二等水准测量规范》

GBT 12898—2009《国家三、四等水准测量规范》

GB/T 17942—2000《国家三角测量规范》

GB/T 50138—2010《水位观测标准》

GB/T 20485.1—2008《振动与冲击传感器校准方法 第1部分：基本概念》

思　考　题

1. 水工建筑物进行安全检测有何意义与作用？对监测工作有什么要求？

2. 安全监测质量控制有哪些方面的要求？

3. 安全监测有哪些方面的法律法规依据？

项目十　土石坝安全监测

导学： 变形、应力及渗流量等方面的监测是土石坝安全监测的几项重要内容，其中对水平与垂直方向的变形是通过在坝体外与坝体内部设置相关的仪器设备进行的，在各监测项目中检测方法与使用的仪器设备密切相关，仪器的结构组成、工作原理、性能特点是应知道的基本知识，仪器设备在坝体上的布置及仪器设备的安装与使用是检测岗位常遇到的技能性较强的工作，应能熟练操作，应特别重视。

※基本知识※

土石坝安全检测包括变形监测、应力监测、渗流监测及监测数据的采集处理等工作内容。

任务一　土石坝外部变形监测

一、变形监测基本知识

（一）变形监测项目和目的

变形监测主要有表面变形、内部变形、倾斜、裂缝和接缝，以及岸坡位移等。

表面变形监测包括竖向位移和水平位移，水平位移中包括垂直坝轴线的横向水平位移和平行坝轴线的纵向水平位移。

变形监测是通过人工或仪器手段监测大坝整体或局部的变形量，用以掌握大坝在自重、水压力、扬压力及温度等环境量作用下的变形规律，了解大坝在施工和运用期间是否稳定和安全，研究有无裂缝、滑坡、滑动和倾覆等趋势。

（二）变形监测一般要求

（1）变形监测用的平面坐标及水平高程，应与设计、施工和运行等阶段的控制网坐标系统相一致。

（2）表面竖向位移及水平位移监测，一般应共享一个测点。深层竖向及水平位移监测应尽量与表面位移结合布置，并应配合进行监测。

（3）建筑物上各类测点应与建筑物牢固结合，能代表建筑物变形，测点应有可靠的保护装置。

（4）监测基点应设在稳定区域内，应埋设在新鲜或微风化基岩上，保证基点稳固可靠，基点应有可靠的保护装置。

（5）变形监测的正负号应遵守以下规定：

1）水平位移：向下游为正，向左岸为正，反之为负。

2）竖向位移：向下为正，向上为负。

3）裂缝和接缝三向位移：对开合，张开为正，闭合为负；对滑移，向坡下为正，向左岸为正，反之为负。

　　4）倾斜：向下游转动为正，向左岸转动为正，反之为负。

　　（6）监测测次应满足《土石坝安全监测技术规范》。

　　（7）变形监测的精度要求见表10-1。

表 10-1　　　　　　　　　　　　　土石坝变形监测中误差限值

项　　目		位移量中误差限值
水平位移	土石坝、面板堆石坝坝体	
	表面	±2.0mm
	内部	±1.0mm
	土石坝、面板堆石坝坝基	±1.0mm
垂直位移	土石坝、面板堆石坝坝体	
	表面	±3.0mm
	内部	±1.0mm
倾斜	土石坝、面板堆石坝坝体	
	表面	±5.0″
	内部	±3.0″
	高边坡	±5.0″
接缝与裂缝	土石坝、面板堆石坝坝体	±0.2mm

　　水利水电工程安全监测中的外部变形监测一般指利用测量仪器与专用仪器，采用大地测量方法对工程建筑物表面的变形现象进行监测的一项工作。

（三）外部变形监测工作的主要内容

　　对大中型水利水电工程外部变形监测工作主要有以下内容。

1. 水平位移监测

　　对水工建筑物的顺水流方向或顺轴线方向的水平位移变化进行监测，常用监测方法分两大类：一类是基准线法，是通过一条固定的基准线来测定监测点的位移，常见的有视准线法、引张线法、激光准直法、垂线法；另一类是大地测量方法，主要是以外部变形监测控制网点为基准，以大地测量方法测定被监测点的大地坐标，进而计算被监测点的水平位移，常见的有交会法、精密导线法、三角测量法、GPS监测法等。

2. 垂直位移监测

对水工建筑物垂直方向的位移变化进行监测，以了解水工建筑物各监测部位的垂直位移变化，从各监测点垂直位移变化情况了解有无不均匀垂直位移变化出现。常用的方法有几何水平测量法、三角高程测量法、液体静力水平法等。

3. 裂缝监测

对建筑物产生的裂缝或库岸边坡裂缝位置、长度、宽度、深度、错距等进行监测，以了解裂缝的变化情况。一般采用丈量方式，可采用检定过的钢尺、铟钢尺等进行精密量距。

4. 滑坡及崩岸监测

水利水电工程中水库库岸、堤防等都有可能出现滑坡与崩岸，将直接影响建筑物的安全和水库周边区域的安全。因此对危及建筑物、周边人员和住宅安全的滑坡体及崩岸区应进行定期监测，以及时进行预警，减少突发事件发生时的损失。一般采用布设水平和垂直位移监测标点进行定期监测。

（四）外部变形监测一些常用的仪器设备

外部变形监测常用的仪器设备主要分为两大类：专用仪器和大地测量用仪器。

1. 专用仪器

专用仪器主要是针对正倒垂、引进线等专用装置配置的测读设备。如用于正倒垂监测的垂线坐标仪，用于引进线监测的电容式测读仪等。

2. 大地测量用仪器

大地测量用仪器主要用于平面位移监测和垂直位移监测。现在常用的有全站仪、水平仪、GPS 接收机及其他一些仪器。

全站仪具有测角、测距的基本功能，目前得到了广泛使用，目前使用的精度较高的全站仪有 Leica TC2003 和 Leica TC2002。

水平仪主要用于常规的水平测量。目前已从光学水平仪发展到电子水平仪，电子水平仪一般配条形码尺，具有自动读数、自动记录的功能，大大提高了功效和作业精度。

GPS 接收机主要用于接收卫星 GPS 信号，对地面点进行三维测量。

其他仪器指一些有专用功能的仪器设备，如钢尺、铟钢尺等是距离丈量的工具。

※技术应用※

二、外部变形监测的设计布置

外部变形监测和内部变形监测均属于安全监测项目。安全监测的设计一般由设计单位根据地质情况、水工建筑物的结构状况、水工建筑物的运行状况综合考虑进行设计布置。

在此仅对外部变形监测在主要水工建筑物区域的布设进行介绍。

（一）土石大坝变形监测的布置

土石坝的坝型一般是直线坝或折线坝，土石坝的位移变化主要是水平位移和垂直位移变化。土石坝的外部变形监测一般按平行于坝轴线和垂直于坝轴线两个方向来布设监测断面。平行于坝轴线方向的断面一般在坝顶上下游侧、上游和下游坡的马道上来布设，这些监测点大部分在同一高程上；垂直于坝轴线方向的断面是将不同高程的平行于坝轴线的监测点设置在同一坝轴线桩号上，形成一个剖面（图 10-1）。

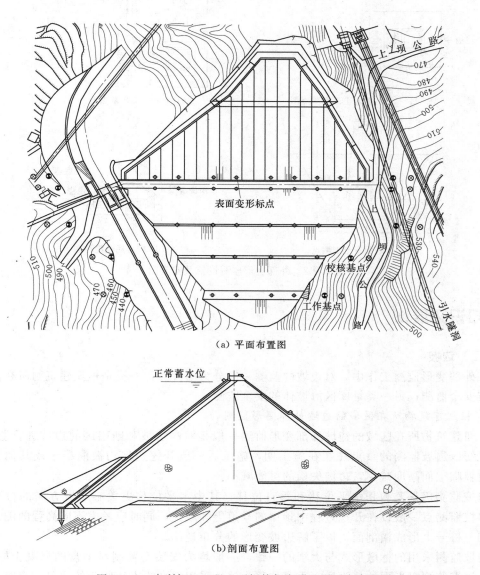

（a）平面布置图

（b）剖面布置图

图 10-1 水利枢纽工程土石坝外部变形监测测点布置图

土石坝外部变形监测的监测点一般为混凝土标墩，标墩中心安装有强制对中标盘，标墩上安有专门用于水平测量的水平标点（图 10-2）。

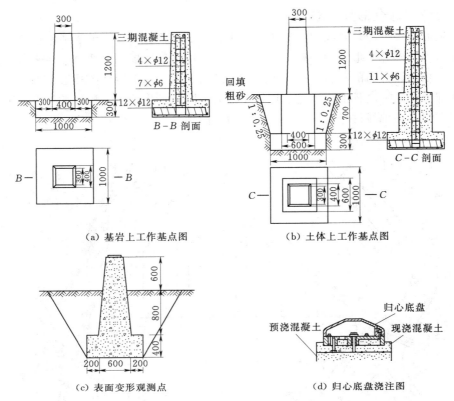

（a）基岩上工作基点图　　　　　（b）土体上工作基点图

（c）表面变形观测点　　　　　（d）归心底盘浇注图

图 10-2　外部变形监测设施及安装图

※ **知识拓展** ※

（二）边坡

在外部变形监测工作中，对边坡的监测一般分为两大类：一类是枢纽建筑物所在区域的边坡安全监测；另一类是库区滑坡体的安全监测。

1. 枢纽建筑物所在区域的边坡外部变形监测

枢纽建筑物所在区域的边坡外部变形监测一般是对高边坡和断层区的边坡进行监测。而对枢纽区边坡监测的重点往往在施工期，施工后一般开挖边坡均被混凝土或其他料回填，边坡临空面高度减小，边坡失稳的可能减小。

边坡监测仍是监测其水平位移和垂直位移，其中水平位移更关心顺坡方向的位移变化。边坡监测点一般设在开挖过程中预留的马道上和坡顶，同时应考虑不同高程的测点尽量在同一桩号上形成横剖面，以了解边坡变形的分布规律。

边坡监测采用的标墩形式与大坝的一致，一般均为安装有强制对中盘的混凝土标墩。枢纽区边坡监测以平面位移为主、垂直位移为辅，采用视准线方法监测的项目，有时不进行垂直位移观监测。

2. 库岸区滑坡体的边坡外部变形监测

滑坡体的外部变形监测主要是监测其水平位移和垂直位移变化。滑坡体位移监测的重点是监测其位移变化速率，当滑移速率接近或达到设计警戒值时，应及时作出预警和预报，通知周边受影响区域的有关部门，及时做好应急准备工作，包括人员财产撤离、周边警戒、停航等工作，尽最大可能减小滑坡体滑塌带来的损失。

滑坡体外部变形监测设计一般遵守以下原则：

（1）变形监测点应布设成断面形式，在滑坡体中部和易滑区域必须布置监测断面。

（2）监测段面布设方向应布在主位移方向（一般应在朝库区方向），断面上监测点应按不同高程布设，尽量让点与点之间高差接近（有利于分析）；在一些地质变化敏感区域应布监测点。

（3）监测点应具备进行水平位移和垂直位移监测的功能，同时应兼顾紧急状态下实施实时监测的可能。

滑坡体外部变形监测点一般与土石坝、枢纽区变形监测一样，建成带有水平标志和强制对中装置的混凝土标墩。监测标墩应与工作基点间有良好的通视条件（用 GPS 监测法除外）。标墩形式与图 10 - 2 所示相同。

※基本知识※

三、水平位移监测

对于河流上的大坝，沿坝轴线方向和垂直于轴线方向（即顺水流方向）上的变形，同时以顺水流方向的变形（横向）为主要监测项目。

监测规范规定水平位移监测的正负号为：顺轴线方向向左岸位移为正，向右岸位移为负（以面向下游分左、右岸）；垂直于轴线方向（顺水流方向）向下游位移为正，向上游位移为负。

（一）大地测量方法进行水平位移监测

大地测量方法进行水平位移监测，首先要建立测量控制网。平面测量控制网一般采用两级控制。

大地测量进行水平位移监测常用的有边交会测量法、精密导线法、边角交会测量法等。

1. 外部变形监测平面控制网

平面控制网所控制的面积应包含整个变形监测范围，同时应与工程施工测量控制网有关联，一般应采用同一坐标系统。

（1）平面控制网的布设。控制网监测方案应根据现场实际情况选择合适的方法，可以采用边角网、测角网、测边网、GPS 网等多种方法，其实施过程与施工测量控制网是相同的。

但变形监测控制网在布设时，应注意以下特殊点：

1）变形监测控制点使用的周期远远长于施工期，因此变形监测控制点必须是稳固的，不宜受到损坏的。

2）变形监测点使用时间长，在使用期要不间断进行复测，布网时应考虑这一因素，注意周边环境的变化对复测工作的影响。

3）变形监测工作基点一般离监测区较近，本身往往在位移变化影响区内，工作基点在使用一段时间后也可能产生位移变化。所以对工作基点要进行定期校测。

（2）平面控制网的监测。平面控制网的等级依次分为二、三、四、五等网，其适用范围 SL 52—2015《水利水电工程施工测量规范》中规定见表 10-2。

表 10-2   各等级首级平面控制网适用范围

工程规模	混凝土建筑物	土石建筑物
大型水利水电工程	二	二、三
中型水利水电工程	三	三、四
小型水利水电工程	四、五	五

对于特大型水利水电工程，也可布设一等平面控制网，其技术指标应专门设计。

平面控制网可采用测边网、测角网、边角网、导线网、GPS 网等监测方式。在目前高精度全站仪广泛使用情况下，使用更多的是边角网。SL 52—2015《水利水电工程施工测量规范》对边角网测量技术要求见表 10-3。

表 10-3   边角网、测边网技术要求

等级	边长/m	测角中误差/(″)	平均边长相对中误差	测距仪等级	测 回 数 边长	天顶距 DJ₁	天顶距 DJ₂
二	500~1500	±1.0	1:25 万	1~2	往返各 2	4	
三	300~1000	±1.8	1:15 万	2	往返各 2	3	4
四	200~800	±2.5	1:10 万	2~3	往返各 2	—	3
五	100~500	±5.0	1:5 万	3~4	往返各 2	—	2

注 光电测距仪一测回的定义为：照准一次，读数四次。

平面控制网的监测应严格遵守 SL 52—2015《水利水电工程施工测量规范》和其他测绘行业专项规范要求，并对监测成果进行严密平差计算。

平面测量控制网的布设和监测应由专业测绘队伍进行。作为质量检测人员，应了解其布设要求、精度要求，并能对控制网成果进行抽检。

此处不对控制网的监测和计算进行详述。如要了解，可从《控制测量学》《大地测量学基础》等专用书籍中查询。

2. 独立水平位移监测点的外部变形监测

在水平位移监测中对一些无法设置一条基准线的项目，一般单独设立水平位移监测点，监测点一般分区域布设。

独立布设的水平位移监测点一般为安装有强制对中标盘的混凝土标墩，通过专用连接螺钉与仪器或棱镜基座相连接。

独立水平位移监测点常用的监测方法有极坐标法、精密导线法、多站边角交会法等，

使用的仪器近期均采用具有测角和测距功能的全站仪。

（1）极坐标法。极坐标法是最常用、最简单的监测方法。一般需要两个或两个以上的工作基点，其监测原理如图10-3所示。

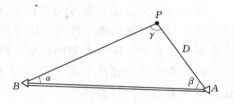

极坐标法是在已知点 A 的基础上利用全站仪测定已知点 A 与待求点 P 的夹角 β、边长 D 即可计算出待求点的平面坐标。即

图10-3　极坐标测量示意图

$$X_p = X_A + \cos(\alpha_{AB} \pm \beta) \cdot D \tag{10-1}$$

$$Y_p = Y_A + \sin(\alpha_{AB} \pm \beta) \cdot D \tag{10-2}$$

式中　α_{AB}——点 A 到点 B 的方位角；

　　　D——点 A 到点 P 的改正后的平距。

正负号的选取，若 P 点在 AB 的上边取负号，在下边取正号。

监测时在工作基点 A 架设全站仪、在后视点 B（工作基点）和监测点 P 架设棱镜，利用全站仪的测角功能测定夹角 α_{AB}，用全站仪的测边功能测定边长 D。再按式（10-1）与式（10-2）可计算出监测点 P 的坐标。

外业监测作业按监测技术要求进行。一般水平角监测6~9个测回，距离测量4~6个测回，外业作业的限差应符合监测技术设计要求的规定。

极坐标监测对一个区域的独立水平位移监测点，可分组进行，即一次在若干个监测点上架设棱镜同时进行水平角和边长监测。在监测点多于2个（即水平角监测方向多于3个）时，水平角监测应按全圆测回法监测（即需要归零）。

（2）精密导线法。精密导线法也是一种常用监测方法，它是极坐标测量方法连续进行的一种形式。精密导线一般布设成附合导线和闭合导线两种形式，其形式如图10-4和图10-5所示。

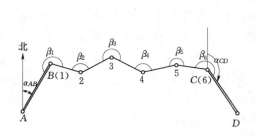

图10-4　附合导线示意图

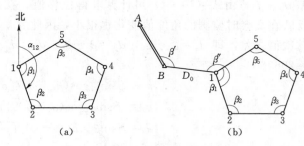

图10-5　闭合导线示意图

导线测量的计算原理与极坐标法相似，但由于导线有附合或闭合的校核，可以进行导线平差，提高了所求点精度。

导线测量的监测方法，都是先在一个工作基点（如图10-4、图10-5中的点 B）架仪器，后视另一工作基点（如图中的点 A）、测定至导线点（如图中的2号点）的夹角 β_2 和距离 l_{B2}（图10-4）。可以按极坐标法计算公式计算出2号点的坐标；再将仪器移至2号点，后视点 B 通过测量确定 β_2，确定3号点的坐标，依次类推，测至导线的终点（如附合导线回到工作基点 C、D，闭合导线回到工作基点 B、A）。

（3）边角交会法。前方交会法不仅适用于直线型大坝，也适用于折线形和曲线形大坝，可以测出坝顶的水平位移，也可以测出大坝下游面的水平位移。用视准线求得的水平位移值为垂直于视准线方向的分量，而前方交会法可求出水平位移的总量。

前方交会法是在两个或三个固定工作基点上用监测交会角来测定位移标点的坐标变化，从而确定其位移情况。

图 10-6 中 A、B 为固定工作基点，Ⅰ、Ⅱ 为坝轴线的端点，其坐标为已知，p_1、p_2、p_3、p_4 为位移标点。将全站仪安置在工作基点 A、B 上，分别测出角度 α、β，即可求出各个位移点的坐标值。第 i 次监测的坐标值与第一次监测坐标值之差即为水平位移。坐标系的建立是以坝轴线为 x 轴，y 轴由Ⅰ指向下游为正，AB 距离为 S，它与 x 轴的交角为 ω，偏向下游为正，偏向上游为负。

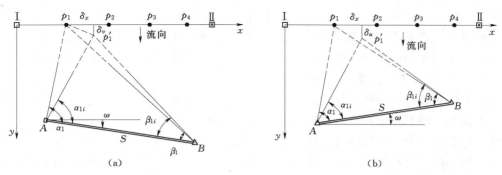

图 10-6 前方交会法测定水平位移示意图

第一次分别在 A、B 点安置全站仪测得 p_1 的交会角 α_1、β_1，据此交会角按式（10-3）计算系数 κ_1、κ_2、κ_3、κ_4，以后每次监测，只要计算出交会角与首次监测值 α_1、β_1 之差 d_α、d_β，由式（10-4）可计算求得位移值。在正常情况下，坝体的位移量是很小的，反映在交会时监测的角度值变化也很小，因此 d_α、d_β 可以认为是任一次（i 次）监测值与首次值之差，即 $d_\alpha=\alpha_i-\alpha_1$，$d_\beta=\beta_i-\beta_1$。$d_\alpha$、$d_\beta$ 前 κ_1、κ_2、κ_3、κ_4 系数接近于常数，$\rho''=206265$。

$$\begin{cases}\kappa_1=S\sin\beta_1\cos(\beta_1+\omega)/[\rho''\sin^2(\alpha_1+\beta_1)]\\ \kappa_2=\ S\sin\alpha_1\cos(\alpha_1-\omega)/[\rho''\sin^2(\alpha_1+\beta_1)]\\ \kappa_3=S\sin\beta_1\sin(\beta_1+\omega)/[\rho''\sin^2(\alpha_1+\beta_1)]\\ \kappa_4=\ S\sin\alpha_1\sin(\alpha_1-\omega)/[\rho''\sin^2(\alpha_1+\beta_1)]\end{cases} \qquad (10-3)$$

$$\delta_x=\kappa_1 d_\alpha+\kappa_2 d_\beta$$
$$\delta_y=\kappa_3 d_\alpha-\kappa_4 d_\beta \qquad (10-4)$$

3. 大地测量进行水平位移监测位移量的计算

使用大地测量方法对监测点进行水平位移监测，监测的结果都是每一个监测点在监测时的平面坐标（一般是大地坐标）。要计算位移变化，一般需将每次监测成果转换成施工坐标（对大坝一般转化成以坝轴线为坐标轴的坐标系，其坐标轴为坝轴线方向、垂直于坝轴线方向——往往代表水流方向）。

使用大地测量方法进行监测，在监测工作开始时应首先测定初始值，初始值监测的方法与正常监测方法一致。为提高初始值的可靠性，一般都连续监测两次，当两次监测值的差值小于允许监测误差时，取两次初始值监测的中值作为基准值。

在每次监测时根据监测计算结果与初始值和上一次监测值进行比较，求得累计位移变化量和期内位移变化量。

累计位移变化量和期内位移变化量还应符合"本次累计位移变化量＝上次累计位移变化量＋本次期内变化量"的关系。

计算所得最终结果应输入计算机数据库，用图表进行数据管理。

根据各个监测点不同时间累计位移变化量可以做出各个监测点的位移变化过程线图，一般以时间为横坐标、位移量为纵坐标。利用位移过程线图可以清晰了解每一个监测点的位移变化过程和特点，了解点与点之间的变化规律是否一致。

根据各个监测点在某一个时段的累计位移变化量，可以绘制其位移变化分布图。可以了解监测点沿坝轴线方向或垂直于坝轴线方向的位移变化分布情况。

（二）视准线

视准线是指设立一条基准视线，通过仪器测定各监测点位置对该基准线的位移。

1. 视准线的布设

如图 10-7 所示为一视准线布设示意图，端墩和测墩一般多是安装有强制对中装置的混凝土墩，各端墩的中心尽量位于同一直线。视准线用于测定垂直于视准线方向的位移变化。

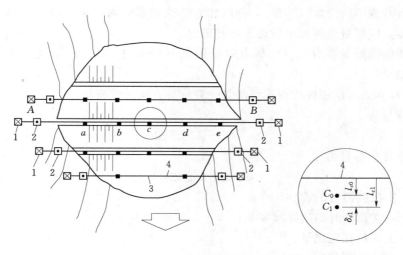

图 10-7　视准线布设及观测水平位移原理图

1—校核基点；2—工作基点；3—位移标点；4—视准线

利用 1 号和 2 号端墩，可以建立一条视准线，通过活动觇牌法、小角法等监测方法可以测得各监测点对于视准线的位移变化量。而 1 号和 2 号两个端墩的自身位移变化可作为工作基点用大地测量方法测定，也可通过正倒垂装置来控制，也有通过埋设在附近的多点位移计等内部变形监测设施来控制。

视准线不易过长，单向监测长度应控制在 200m 范围内。规范规定：关于视准线长度，重力坝控制在 300m 范围内、滑坡体控制在 800m 范围内、拱坝控制在 500m 范围内。

2. 视准线的监测

(1) 活动觇牌法视准线测量。

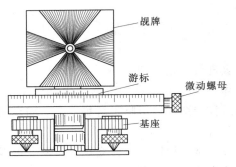

图 10-8　活动觇牌

1) 监测方法。活动觇牌法是利用视准仪（也可以用望远镜放大倍率较大的经纬仪），配合活动觇牌进行监测，一般作业流程是在视准线的一个端点架设视准仪或经纬仪，在另一个端点架设后视棱镜与觇牌，用仪器精确照准后视觇牌中心，从而确定视准基线，在各个监测点上依次架设活动觇牌（图 10-8）。

由监测人员根据已固定的视准线，指挥活动觇牌左右移动，直至活动觇牌中心与视准线重合，此时觇牌监测人员通过觇牌上的标尺和光标进行读数。一般要连续进行四组读数，当依次进行完第一次监测后，监测人员应倒转望远镜重新进行后视，再依次对每一个测点进行监测。正倒镜各监测一次为一个测回，一组点需连续监测 2～3 个测回。每半个测回四次读数差、上下两个半测回的读数差、测回间数值差均应满足监测设计规定的限差要求，如有超限应及时进行补测。

由于活动觇牌是机械结构，容易发生隙动差，在每次监测时应测定觇牌的零位差，即与视准线重合时觇牌的读数（零位），并以此为基准确定监测点是左偏或右偏。为提高零位的测量精度，应尽量选择较短的边来进行测定。

活动觇牌的读数量程有限（一般有效量程在 100mm 左右），不适宜用于水平位移变化量大的监测项目。

2) 内业计算。活动觇牌法视准线测量一般计算方法比较简单。

本次位移量为

$$\Delta a_i = a_i - a_{i-1} \pm \Delta b_i \tag{10-5}$$

至本次累计位移量为

$$a = a_i - a_0 \pm \Delta b_i \tag{10-6}$$

式中　a_i——本次监测时的读数；

　　Δb_i——本次监测时的觇牌归零差；

　　a_{i-1}——上次位移变化量；

　　a_0——初始变化量。

但由于存在视准线工作基点的位移变化，在实际计算时应加入基点变化的改正计算，由于视准线监测的项目一般位移量都比较小，基点位移变化的影响量一般可采用按基点至测点距离的长短按内插方法进行计算。

用活动觇牌法进行视准线测量时，实际作业中要注意的是觇牌的方向与位移量符号的关系，切忌将正负号搞错。

视准线法监测精度规定如下：

1）用视准线法校测工作基点、监测增设的工作基点或混凝土建筑物上的位移监测点时，容许误差应不大于 2mm（取 2 倍中误差）。

2）用视准线法监测土石坝上的位移监测点时，各测回的允许误差应不大于 4mm（取 2 倍中误差）。

（2）小角法视准线测量。

对一些活动觇牌量程不够的视准线监测项目也可以采用小角法测量方法。

1）监测方法。小角法视准线测量的基本原理如图 10-9 所示，监测时在 A 端墩架设全站仪，以 B 端墩为后视点，在 a 测点测墩上架设棱镜可以测定小角 α，A 端墩与 a 测点间距离 S_a。

为提高监测精度，i 与 S 的测量均可采用多测回测量的方法。依次在各监测点上架设棱镜，可以测得各监测点对视准线的偏离量。当视准线较长时，可以采用两个工作基点各测一半的监测方法，这样可以减小监测时的边长长度，提高测角时的照准精度。

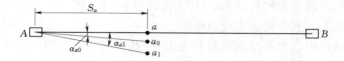

图 10-9 用小角法观测水平位移

2）内业计算。小角法计算采用的是简单的三角关系，偏离基准线的偏移量为

$$a=1000S/(206265''\alpha)=\kappa\alpha \tag{10-7}$$

式中 a——监测点至视准线的偏位移量，mm；

S——基点至监测点的水平距离，mm；

α——监测点与视准线的夹角，(″)。

用小角法计算出的偏移量 a_i 和初始值偏移量 a_0、上次偏移量 a_{i-1} 可以计算出本次监测的期内变化量和累计变化量。

用小角法进行监测与活动觇牌法监测一样要注意端点位移变化的影响。

小角法监测精度规定如下：

1）望远镜照准一个目标，水平度盘对经分划线应重合两次，测微器两次重合计数差不应超过 4″。

2）一个测回中，两个半测回小角值差不应超过 3″。

3）同一测点各小角值差不应超过 2″。

（3）视准线测量的资料整理。

视准线测量每次监测完成后，可以得到每次的监测成果，监测成果一般都输入数据库管理，建立位移量表和位移过程线图。在需要使用时可以随时调取图表和打印图表。

（三）GPS 监测测量的特点

GPS 进行水平位移监测是应用 GPS 全球卫星定位技术、计算机技术、数据通信技术及数据处理与分析技术，通过技术的集成，实现从数据采集、传输、管理到变形分析、预报的全自动化监测。

用 GPS 进行变形监测有以下特点：

（1）测站间无需通视。使变形监测点布设方便而且灵活，减少了中间传递过渡点和对监测精度的影响，减小作业成本。

（2）可同时提供测点三维位移信息。采用 GPS 技术可以同时精确测定监测点的三维坐标和三维位移信息。而传统常规的测量方面平面和垂直位移采用不同方法进行，无法同时获取信息，同时工作量也增大很多。

（3）可以全天候监测。由于 GPS 全球卫星定位技术在配置防雷电设施后可以进行全天候监测，克服了传统常规方法在刮风、有雾、下雨、下雪等异常气候时无法作业的弊端。为实现长期的全天候监测创造了条件，在防洪防汛、地质灾害监测等关键时刻有十分特殊的应用价值。

（4）监测精度高。GPS 可以提供 10^{-6} 甚至更高的相对定位精度。在变形监测时一般 GPS 接收机天线保持固定不动，天线误差和传播误差可以削弱，提高了监测精度。隔河岩 GPS 测量的实践证明，用 GPS 实时进行变形监测可以得到 ±（0.5～2）mm 的精度。

（5）操作简便，易于实现自动化。GPS 接收机自动化程度越来越高，人机对话，使用方便，同时体积小，利于搬运安置与操作。

在实际作业过程中，先在监测区域建立 GPS 基准网。在基准网监测时，应将其坐标归算到测区所在区的北京坐标系（或相应的施工坐标系）中。

在进行变形监测时，一般采用静态测量方式。在两个或两个以上的基准点上架设 GPS 接收机和通信机，作为基准站；在监测点上也架设 GPS 接收机和通信机。基准点、监测站同步监测。监测时作业要求（卫星截止高度角、同时监测有效卫星总数、监测时段数、时段长度、采样间隔等）均应遵守表 10-4 的规定。在完成规定时段监测后外业数据采集工作完成。

表 10-4　　　　　　　　　各级 GPS 测量基本技术要求规定

项　目		级　别	AA	A	B	C	D	E
卫星截止高度/(°)			10	10	15	15	15	15
同时监测有效卫星数			≥4	≥4	≥4	≥4	≥4	≥4
有效监测卫星总数			≥20	≥20	≥9	≥6	≥4	≥4
监测时段数			≥10	≥6	≥4	≥2	≥1.6	≥1.6
时段长度/min	静态		≥720	≥540	≥240	≥60	≥45	≥40
	快速静态	双频+P(Y)码	—	—	—	≥10	≥5	≥2
		双频全波	—	—	—	≥15	≥10	≥10
		单频或双频半波	—	—	—	≥30	≥20	≥15
采样间隔/s	静态		30	30	30	10～30	10～30	10～30
	快速静态		—	—	—	5～15	5～15	5～15

续表

项　目	级　别		AA	A	B	C	D	E
时段中任一卫星有效监测时间/min	快速静态	双频＋P（Y）码	—	—	—	≥1	≥1	≥1
		双频全波	—	—	—	≥3	≥3	≥3
		单频或双频半波	—	—	—	≥5	≥5	≥5

注　1. 在时段中监测时间附合本表第七项规定的卫星，为有效监测卫星。
　　2. 计算有效监测卫星总数时，应将各时段的有效监测卫星数扣除其间的重复卫星数。
　　3. 监测时段长度，应为开始记录数据到结束记录的时间段。
　　4. 监测时段数≥1.6，指每站监测一时段，至少60％测站再监测一时段。

在实际作业过程中，先在监测区域建立 GPS 基准网。在基准网监测时，应将其坐标外业作业完成后将数据传输到数据库中，再用专用 GPS 数据处理软件进行处理计算出各监测点三维坐标。专用 GPS 数据处理软件很多，大专院校、GPS 生产厂家都有，一般购买 GPS 接收机时都配有专业随机软件和相关说明书。

GPS 测量的结果为三维坐标，其 x、y 为北京坐标系或为相应地区的施工坐标系的坐标，所以监测成果整理与常规的大地测量方法的数据整理方式相同，在此不再重复。

※基本知识※

（四）引张线监测及引张线仪

1. 引张线的用途、种类及构成

（1）用途、种类。

引张线法是监测直线型或折线型大坝水平位移的最经济、精确的方法。引张线装置结构简单，适应性强，可布置在坝顶、坝体廊道或坝基廊道中。其端点和正、倒垂线相结合，可监测各坝段的绝对位移、与遥测引张线仪相配合，可实现大坝位移的自动化监测。

引张线法的原理是利用在两个固定的基准点之间张紧一根高强不锈钢丝或高强碳素钢丝作为基准线，用布设在大坝的各个监测点上的引张线仪或人工光学比测装置，对各测点进行垂直于偏离基准线的变化量的测定，从而可求得各监测点的水平位移量。

依据用途和测量方向不同可分为单向引张线和双向引张线，单向引张线用于测量水平位移，双向引张线既可测量水平位移，也可测量竖直位移。

（2）引张线装置的结构。

根据测量对象和精度的要求，引张线法有无浮托式引张线法（用于双向引张线）和浮托引张线法（或中间悬吊式引张线法），因坝体较长，一般测量大坝水平位移时用浮托引张线法。整个系统如图 10－10 所示，引张线法测量装置由张紧端点、测点、测线、保护部分、固定端五大部分组成。

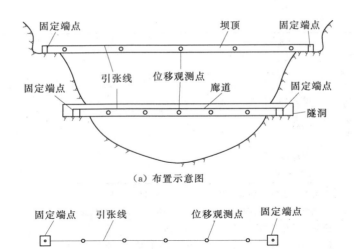

（a）布置示意图

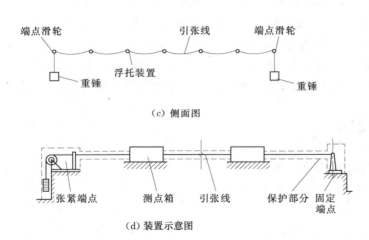

（b）平面图

（c）侧面图

（d）装置示意图

图 10－10 引张线测量装置示意图

※技能操作※

（3）引张线装置的埋设安装。

1）埋设、安装要求：

a）依据监测设计而设的测点部位，埋设安装相应的设备。

b）端点、测点埋设时需在先期的混凝土（或岩石）上插筋，处理接面，使端点的混凝土墩完全反映该点的状况。

c）张紧端夹线装置（图 10－11）的 V 形定位槽中心线要与引张线方向一致，且 V 形槽的水平高程应略高于滑轮顶端。同理，固定端固线装置中固线头的中心线必须与引张线的方向一致。

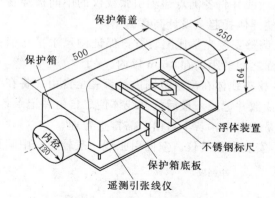

图 10-11 夹线装置示意图　　　图 10-12 引张线测点示意图（单位：mm）

d）测点部分的埋设必须可靠，能准确反映测点的变位。并且尽可能使测点在同一高程上，高程误差在±5mm 之内。如用人工比测装置，则要求测量标尺必须水平并且垂直于引张线方向。

e）测点、端点及线体必须有保护设施。保护管要置于支架上，相邻两管用管箍或法兰连接，测点保护与管道之间连接要考虑防风。

f）引张线系统要考虑电缆的保护。

2）埋设、安装步骤：

a）先放出端点、测点及管道支架的平面位置，并测出其相对高差，以便按设计尺寸埋设时调整部件的高度。

b）如事先未留二期混凝土或连接物，得用风钻或人工打孔预埋测点的插筋，再埋设安装各测点保护箱底板，要求底板保持水平。测点保护箱尺寸如图 10-12 所示。

c）埋设二端点的混凝土墩及埋设件，保证端点部件的底板水平。端点尺寸分别如图 10-13 和图 10-14 所示。

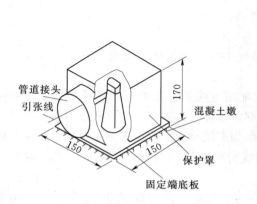

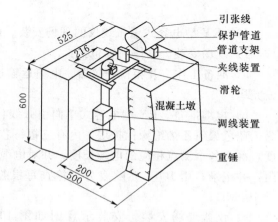

图 10-13 固定端点保护示意图（单位：mm）　　图 10-14 引张线张紧端点示意图（单位：mm）

d）安装保护管道及端点的保护箱。

e）放线并将各测点遥测引张线仪的中间极穿在线上，将钢丝张紧，在浮箱中加防冻溶液，使浮体托起至设计高程。

f）调整安装光学比测装置，保证测尺水平与引张线垂直。调整标尺的高程，使线体到标尺面之间的距离在1mm以内。

g）检查线体在测量范围内是否完全自由，将在某点线体人为给定一位移，分别测读各测点读数并记录。最后放开线体使之自由并记录各测读数，重复三次。分析监测数据判断线体是否自由，若不自由，需排查处理。

h）安装引张线仪。双向引张线一般较短，中间无浮托，为一完整的悬链线。

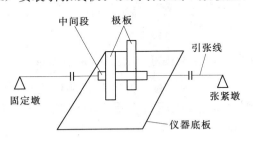

图 10-15　RY 型电容式单向引张线仪原理示意图

2. RY 型电容式引张线仪

（1）RY 型电容式引张线仪性能特点。

1）RY 型电容式引张线仪灵敏度高，测量精度好，温度附加误差小，抗干扰能力强，感应部件经过绝缘防潮处理工艺，仪器能在潮湿环境下长期稳定地工作，如图 10-15 所示。

2）仪器结构简单，安装、使用维护方便。

3）引张线线体系统浮液采用特制的防冻溶液及恒液位方法，在工程实际使用中冬季 -35℃不冻结，一年多在冬夏温差达 80℃的情况下保持液位恒定不蒸发，不用添加浮液，仪器不用温度修正，使引张线自动化测量实用化。

4）在基础廊道温度恒定、线体较短时，布设 SRY 型电容式双向引张线仪，能实现水平位移和沉陷量的自动化监测，代替了传统的用引张线测水平位移，用连通管静力水平测沉降量的监测方法，简化了监测设施，易于保证精度。

※技能操作※

（2）RY 型电容式引张线仪的现场安装、调试。

1）现场安装。具体内容包括：

a）准备工作。开箱检查仪器、电缆运输过程中是否有损坏，检查各点埋设件是否埋设完毕。

b）电缆准备。RY 型电容式单向引张线仪配用电缆是特制的三芯屏蔽电缆。最外层为天蓝色聚氯乙烯绝缘保护层，内有三根每芯都单独屏蔽的芯线。按监测设计所设定的长度，准备各个测点相应的电缆长度，并对电缆做如下检查：用万用表测量每根线的芯线电阻，并记录；用 100V 兆欧表分别检查每根芯线与屏蔽层间的绝缘电阻值，要求阻值大于 100MΩ。

c）仪器现场安装。安装示意图如图 10-16 所示，测点保护箱底板上留有相距 250mm×130mm 的 4 个 M6 螺孔，用于安装仪器底板，调节螺杆高度，使引张线距离仪器为 58mm；并保证仪器底板的中心和引张线在同一铅垂面内，且保证仪器底板水平。

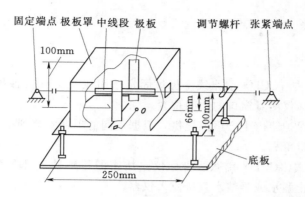

图 10-16　RY 型电容式单向引张线仪结构及安装示意图

　　将二极板的引线头烫锡，并安装在底板上，保证二极板相距 50mm，二极板均平行于引张线。安装固定极板部件的螺钉拧紧时要适量，以免连接瓷子被压坏。各测点中间极在放线时就安装在线体上，中间极的位置与二极板中心联机左右对称。两头用夹头芯塞紧。

　　将与仪器连接的电缆端穿过仪器底板上的电缆孔，固定后与相应的极板引线焊接。接头部分进行绝缘处理并检查绝缘性能。

　　2）调试标定。为了确保仪器质量，仪器在出厂前均按下述方法做标定试验，确定其主要参数。每个工程都可配备一套标定设备，用户可在现场用该设备和 5mm、10mm 的量块检查仪器的性能。

　　仪器在出厂前方法为：将仪器安装在标定设备底板上，把引张线（中间极）夹在标定设备的引张线上，在水平面内移动，用仪表检测找出仪器测量范围的中间位置（电容比接近 0），将仪器测量范围（20mm）均分成 5～10 挡进行标定，共完成正、反三个行程的测量，将所得数据经计算得仪器的非线性误差、重复性误差和迟滞误差。

　　现场仅用标定部件和量块进行仪器灵敏度标定。

　　引张线仪测值方向应符合规范的规定，如不一致，可通过调换接入测量模块的桥压线位置解决。

　　3. 光电式（CCD）引张线仪

　　光电式（CCD）引张线仪是采用 CCD 器件实现的一种非接触式自动化位移测量设备，能够测量引张线在水平方向的位移。这里主要介绍 NGDY 型光电式（CCD）引张线坐标仪。

　　（1）NGDY 型光电式（CCD）引张线坐标仪的结构。

　　NGDY 型光电式（CCD）引张线坐标仪由光路系统、电荷耦合器（Charge - Coupled Device，CCD）、测量及数据处理电路、电源以及密封壳体组成。

　　（2）主要技术参数及性能特点。

　　NGDY 型光电式（CCD）引张线坐标仪主要有 NGDY-20、NGDY-35、NGDY-50 三种型号，其他技术指针及性能特点与前述 RY 型一样。

※技能操作※

（3）现场安装。

NGDY 型光电式（CCD）引张线坐标仪固定于引张线坐标仪保护箱内的底板上，引张线线体放置于坐标仪测量窗口的中间位置。

引张线坐标仪保护箱由生产厂家提供，根据不同的现场安装到待测部位，要求保护箱与待测部位连接稳定可靠。

NGDY 型光电式（CCD）引张线坐标仪是精密的传感器，可在潮湿环境下使用，但需有保护设施，防止漏水或凝结水直接流入仪器。

NGDY 型光电式（CCD）引张线坐标仪固定好后，将电源及通信电缆接入到采集箱中即可。

4. 步进电机式引张线坐标仪

步进电机式引张线坐标仪的原理同前述步进电机式垂线坐标仪，使用要求也基本一致。

（五）真空激光准直系统

基准线法是监测直线型建筑物水平位移的重要方法。由于激光具有良好的方向性、单色性和较长的相干距离，同时，光电探测还具有远高于人眼分辨率的特性，在此基础上发展出了激光照准法技术用于大坝水平位移的监测，增加了准直距离，也大大提高了测量精度。

真空激光准直系统是以激光准直光线为基准，测出各测点相对于该基准光线（轴）的位移变化。测值反映了各测点相对于系统的激光发射端和接收端的位移变化。因此一个完整的真空激光准直大坝位移监测系统还应包含激光发射端及接收端的位移监测部分（一般用正倒垂线组、双金属管标或静力水平测量系统）。

※基本知识※

1. 真空激光准直系统的组成

激光准直系统由激光点光源、波带板（菲涅耳透镜）和翻转控制、执行机构、CCD坐标仪及一套真空管道系统等构成，如图 10-17 所示。

图 10-17　激光准直系统设备连接示意图

真空管一般为无缝钢管，其内径大于波带板最大通光孔径的 1.5 倍，或大于测点最大位移量引起像点位移量的 1.5 倍，两者取大者。管道内的气压一般控制在 66Pa 以下。

2. 真空激光准直主要技术指标（表10-5）

表 10-5　　　　　　　　　真空激光准直主要技术指标

准直距离		＜1000m 或根据要求设计
CCD 坐标仪测量范围/mm	水平位移	100～200
	垂直位移	100～200
最小读数/mm		0.01
测量精度		0.1mm 或 $0.5×10^{-7}L$
真空管道工作真空度/Pa		20～40
真空管道漏气率/（Pa/h）		5～10

※技能操作※

3. 真空系统的安装

（1）真空管道的放样。

严格按设计位置进行真空管道的发射端、接收端、测点测墩以及管道的支墩放样和施工；按真空管道中心轴线的高程控制各墩安装面的高程；对于长距离准直，必须考虑地球曲率对各墩高程要求的影响，分别给予修正，修正值按下式计算：

$$\delta_h = L^2/(2R) \tag{10-8}$$

式中　δ_h——放样点高程修改值；

　　　L——放样点到起点的距离；

　　　R——地球半径，取 $R=6371.11km$。

一般可以用位于激光准直系统中间部位的测墩中心线位置为基准，计算距测墩不同距离的各墩高程修正值 δ_h。

用高精度经纬仪（1″或高于1″的仪器）进行真空管道轴线的放样。控制各测墩中心线对轴线位置的偏差小于 3～5mm。用钢带尺丈量各测墩中心线间距，相邻测墩间距偏差控制在 ±3mm 内。整个系统长度的总偏差也应控制在 10～20mm 内。对于较长的准直距离，可以取较大的偏差值。

用1、2等精密水平仪控制各墩的安装面高程。测墩与设计值的偏差应控制在 ±3mm 内，各支墩的偏差可适当放宽。待支墩底板安装完毕后，再用水平仪校测，求得各支墩的实际偏差，然后用钢垫柱补偿（在控制支墩的高程时应扣除钢垫柱的名义尺寸 ϕ 值）。

（2）真空管道的焊接与安装。

1）每两测点间选用 2～3 管整段钢管焊接，钢管对焊端应在焊接前打 30°坡口，采用双层焊。

2）每段钢管焊成后，应单独进行充气，用肥皂水或其他方法检漏，不得有渗漏。

3）钢管内壁必须进行除锈清洁处理。

4）在高精度经纬仪的检测下，进行钢管的安装定位，测点箱的安装定位及钢管与测点箱、波纹管的对接。

5）根据真空泵的容量选用相应口径的抽气钢管，确保钢管与真空管道对接处的焊接品质。

6）对组成的真空管道进行密封试验。用压缩空气或气泵将管道充气至0.15MPa，涂抹肥皂水进行检漏，包括密封圈部分。确保管道测箱密封达到要求后再进行测点仪器的安装。

（3）真空泵的安装调试。

1）按附图将真空泵及其冷却系统的电缆接入控制箱，检查无误后，将控制箱面板上的工作方式选择开关打在手动位置。

2）启动水泵开关（按电磁阀按键）检查，应确保排水循环管有水排出。

3）启动真空泵开关（按真空泵按键）并注意带轮是否按正确方向旋转（按箭头方向）。如旋转方向相反，则应立即停止真空泵启动，并关掉控制箱内三相电源。将三相中两根相线位置互换，再重复启动真空泵开关操作。

4）真空泵启动后，即进行计时，并观察节点真空表上的读数，一般表上指标应有明显变化，若变化很小，则应关真空泵，检查真空管道的密封性，检查各种阀门是否处在正常位置，排除了漏气的可能再进行抽真空调试。如真空泵启动3min后，指标尚未达到－0.092MPa，此时即停止真空泵工作。几分钟后，再进行抽气工作。要防止真空泵在高气压的情况下工作时间超过3min，以避免真空泵不必要的损伤。正常情况下，一般在10～15min后，即可将真空管道内的气压由1个大气压抽至20～40Pa，在管道较短的情况下，真空度可达1～5Pa。管道内的真空度用麦氏水银真空表测量。

5）真空度达到要求后，即关好各个阀（麦氏表、接点真空表的阀），关真空泵和水泵，记时间，检查漏气状况。气压上升应不超过5～10Pa/h。

（4）波带板翻转机构的调整。

1）调整激光源位置，发出的激光束应均匀地照明像屏，对于准直距离较长的真空管道，在大气状况下，由于温度梯度较自由空间更大，对光束转输的影响更大，在调整位置时应充分考虑其对位置调整的影响。

2）同样在调整波带板及翻转机构位置时，应考虑到管内气压和温度梯度对位置调整的影响，一般在白天，在大气压下传输比高真空度下传输形成的光斑位置要偏下。粗调以后，再根据高真空度下形成的光斑位置按系统各测点的放大倍率计算出翻转机构及波带板精确调整的位置进行精调。

一般所形成的光斑偏离理想的位置可控制在几毫米范围内。

（5）保护措施。

应采取保护措施，防止渗水、雨水直接滴入激光发射端及接收端，一般激光系统的两端均设置在室内，并备有保护箱。

完成各种功能的操作：对系统进行定时，单点测量，多次重复测量。

四、外部变形监测中的垂直位移监测

※基本知识※

监测规范规定垂直位移监测的正负号规定为：下沉为正，上抬为负。

垂直位移监测设施包括：水平基点、工作基点、监测点（均为按水平测量要求埋设的水平点）。监测方法有水平测量、三角高程测量、静力水平测量等。

（一）高程控制网的建立

要进行水利水电工程外部变形监测工作中的垂直位移监测。首先要建立高程基准，即建立测区的高程控制网（即水平网）。

高程控制网的布设可根据高程控制网布设技术方案，在稳定区域进行水平标点造埋。图10-18所示为水平标志埋设示意图。

高程控制点埋设与造埋要求可参照 GB/T 12897—2006《国家一、二等水准测量规范》、SL 52—2015《水利水电工程施工测量规范》等规范的规定。

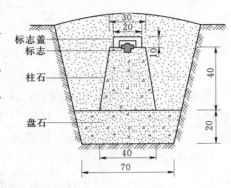

图 10-18 水准标志埋设
示意图（单位：cm）

（二）外部垂直位移监测

垂直位移监测的监测点一般均按水平点的埋设要求埋设。对采用三角高程方法进行监测的则采用混凝土标墩。

垂直位移监测的方法主要有水平测量、三角高程测量、静力水平等。

1．水平测量

水平测量是进行垂直位移监测时最通用的方式。

（1）水平测量的方式。在进行水利水电工程外部变形监测项目垂直位移监测时，一般采用水平测量的方法，从水平基点或工作基点起测，将各个监测点贯穿于整个水平线路中，最后回到工作基点或水平基点，形成附合或闭合水平线路。外业成果合格后，再按水平线路平差方式，计算出各监测点的高程，再根据监测点的高程与初始高程、上次测量高程进行比较，求得各监测点的累计垂直位移变化量和期内变化量。

（2）水平测量进行垂直位移监测的内业计算。通过水平测量的外业作业，在满足监测技术要求的外业限差后，将外业成果作为计算依据，通过水平测量平差工作，可计算出每一个监测点的高程，再根据每个点的高程可以计算出每一个监测点的垂直位移期内变化量和累计变化量。可用以下公式进行计算：

期内变化量 $$\Delta H_i = H_{i-1} - H_i \tag{10-9}$$

累计变化量 $$\Delta H = H_0 - H_i \tag{10-10}$$

式中　H_i——本次高程；

H_{i-1}——上次高程；

H_0——初始高程。

这里应注意：垂直位移量计算与水平位移量计算是符号相反的，这与垂直位移监测的符号规定有关（以下沉为正、上抬为负）。

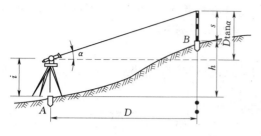

图 10-19 三角高程测量示意图

2. 三角高程测量

三角高程测量往往在一些进行水平测量比较困难、监测精度相对较低的外部变形监测项目中使用。光电测距三角高程测量一般可以代替三、四等水准。光电测距三角高程测量采用的仪器和作业要求应符合 SL52—2015《水利水电工程施工测量规范》的要求。

（1）三角高程测量的基本原理。

三角高程测量的基本原理如图 10-19 所示。

如图所示，A 点为已知高程点，B 点为待求高程点。在 A 点架设全站仪，在 B 点架设棱镜。量取 A 点仪器高为 i，量取 B 点棱镜高为 s。通过全站仪测量 A 点至 B 点距离 D（平距）、A 点至 B 点垂直角 α。则通过三角关系和几何关系可建立以下公式。

三角高程测量计算公式为

$$H_B = H_A + h = H_A + D\tan\alpha + i - s \tag{10-11}$$

三角高程测量精度在很大程度上取决于大气垂直折光影响。因此在进行三角高程测量计算时应加入大气折光改正。所以式（10-11）应改为

$$h = i + f_1 + D\tan\alpha - f_2 - s$$

$$= i + D\tan\alpha - s + (f_1 - f_2) \tag{10-12}$$

$$f_1 = D^2/(2R) \tag{10-13}$$

$$f_2 = D^2/(14R) \tag{10-14}$$

$$f = f_1 - f_2 \approx 0.43D^2/R \tag{10-15}$$

式中 f_2——大气折光系数；

     R——参考椭球的曲率半径（地球半径 6371km）。

三角高程测量精度还取决于边长的精度，应在边长监测时进行气象改正（温度和气压）、测距仪的加常数和乘常数的改正。

（2）三角高程测量的实施。

在进行外部变形垂直位移监测时，应在已联测等级水平高程的控制点（一般为安有强制对中装置的混凝土标墩）上架设全站仪、精确整平，并精确量出仪器高程；在监测点上架设棱镜、并精确量出棱镜高（对一些垂直面的监测点，也可以用粘贴式反光靶来代替棱镜）。将全站仪望远镜精确瞄准棱镜中心，测定控制点至监测点的垂直角和距离，就可以根据式（10-11）计算出监测点的高程。

计算出监测点的高程后，其垂直位移变化的计算与水平测量相同，此处不再重复。

3. 静力水平

静力水平是一种专用设备，静力水平通常为液体静力仪。

液体静力水平仪又称连通管水平仪（图 10-20），是测量基础和建筑物各个测点间相

对高程变化的专用设备，主要用于大型建筑物如水电站厂、坝、高层建筑物、核电站、水利枢纽工程岩体等各测点间不均匀沉陷测量。利用连通管原理制造的液体静力水平仪的种类很多，主要区别在于测读液面高度的方法和手段不同，除了目视人工测读液面的高度外，为了实现遥测和自动化，目前国内使用的静力水平仪均已改用浮子升降来进行液面高度的自动测量，如图 10-21 所示。

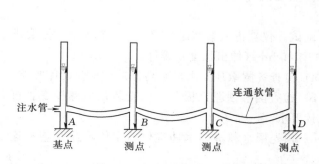

图 10-20 静力水准法竖向位移测量系统示意图　　图 10-21 静力水准仪结构示意图

（1）RJ 型电容式静力水平仪主要技术指标。

电容式静力水平仪主要技术指标如下：

测量范围：0～10mm、0～20mm、0～40mm、0～50mm、0～100mm。

最小读数：0.01mm。

基本误差：≤0.5%F·S。

环境温度：-20～60℃；相对湿度：≤95%。

温度附加误差：<0.05%F·S/℃。

配用电缆：三芯屏蔽电缆（专用）。

（2）RJ 型电容式静力水平仪性能特点。

1）采用电容感应方式，实现了非接触测量，没有摩擦、阻力而造成的误差。静力水平系统传递精度高。

2）测量范围大，防潮性能好，传感器主要性能（线性、温度系数等）明显优于同类产品。

3）结构简单，仪器安装方便。

4）静力水平液体采用防冻液，可防冻、防霉等，提高了系统的可靠性。

※技能操作※

（3）仪器安装。

RJ-S 型电容式静力水准仪可以安装在连通管液体静力水准仪测量系统上。

1）连通管静力水准装置安装。连通管静力水准系统由布置在各个测点部位的静力水准测量装置和连接它们的连通管路组成，用以监测各测点之间的相对垂直位移。如果在某个测点处设置绝对垂直位移基点，则可求得各测点的绝对垂直位移变化。

基点应是垂直方向上的相对不动点，一般需设置在坝顶或廊道有延伸至岸坡岩体的平洞内，或者可采用钻孔方法达到一定深度，并设置双金属管标将深处的不动点引导可实施测量的部位作为基点，同时在旁边设置静力水准点，该测点和双金属标点组合也属于基点。

测点是采用相对测量方法，并利用基点进行补偿以求得绝对垂直位移测值，可实现无人值守的高精度遥测。

连通管采用 $\phi 25mm$ PVC 软管。对测点处的静力水准仪应填以保温材料并加外罩保护，连通管许用保温材料包裹。

2）RJ 型电容式静力水平仪安装、调试。仪器的安装尺寸如图 10-22 所示，按要求在测点预埋安装部件上有三个均布的 M8×40mm（伸出长度）螺杆。

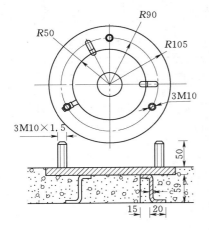

图 10-22 静力水平仪安装
示意图（单位：mm）

a）检查各测墩顶面水平及高程是否符合设计要求。

b）检查测墩预埋钢板及三根安装仪器螺杆是否符合设计要求。

c）预先用水和蒸馏水冲洗仪器主体容器及塑料连通管。

d）将仪器主体安装在测墩钢板上，用水平器在主体顶盖表面垂直交替放置，调节螺杆螺钉使仪器表面水平及高程满足要求。

e）将仪器及连通管系统连接好，从末端仪器徐徐注入防冻液，排除管中所有气泡。连通管需有槽架保护。

f）将浮子放于主体容器内。

g）将装有电容传感器的顶盖板装在主体容器上。

仪器及静力水平管路安装完毕后，用专用的 4 芯屏蔽电缆按照相同颜色芯线与电容传感器电缆焊接接长电缆，接头可采用热缩管密封电缆接头技术进行绝缘处理，如图 10-23 所示。

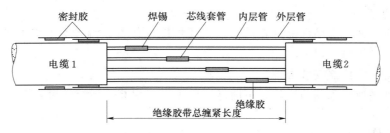

图 10-23 RJ-S 型电容式静力水准仪电缆接长示意图

仪器主要性能已在出厂前由厂家标定给出，现场仅在 2～5mm 内标定检查系统性能。

RJ-S 型电容式静力水准仪安装定位后应及时测量仪器初值，根据仪器编号和设计编号做好记录并保存，严格保护好仪器的引出电缆。

（4）运行维护。

1）静力水平管路一般应进行保护，尤其在坝顶等外露部位应采用隔热材料进行保温，避免温度变化对监测值的影响。

2）同样测点仪器也应进行隔热保护，同时防止泥水进入以及免遭破坏。

3）应定期检查接头等处是否存在漏水情况。

（三）垂直位移监测的资料整理

垂直位移监测数据整理与水平位移监测一样，应将监测成果输入数据库进行管理，生成位移量表、位移过程线图，还可以通过各监测点的垂直位移变化情况、绘制等沉陷图。通过上述图表可以了解建筑物上每个监测点的垂直位移变化情况、点与点之间的变化规律、总体位移变化规律等信息。

任务二　土石坝内部变形监测

※技术应用※

一、土石坝内部变形监测设计

内部变形监测包括分层竖向位移、分层水平位移、界面位移及深层应变监测等。

1. 分层竖向位移

（1）监测断面应布置在最大横断面及其他特征断面（原河床、合龙段、地质及地形复杂段、结构及施工薄弱段等）上，一般可设 1～3 个断面。

（2）每个监测断面上可布设 1～3 条监测垂线，其中一条宜布设在坝轴线附近。监测垂线的布置应尽量形成纵向监测断面。

（3）监测垂线上测点的间距，应根据坝高、结构形式、坝料特性及施工方法与质量等而定，一般为 2～10m。一条监测垂线上的测点，一般宜设 3～15 个。最下一个测点应置于坝基表面，以兼测坝基的沉降量。

（4）水管式沉降仪的测点，一般沿坝高横向水平布置三排，分别在 1/3、1/2 及 2/3 坝高处。对软基及深厚覆盖层的坝基表面，还应布设一排测点。一般每排设测点 2～5 个，测点的分布应尽量形成监测垂线。

2. 分层水平位移

（1）分层水平位移的监测布置与分层竖向位移监测相同。监测断面可布置在最大断面及两坝端受拉区，一般可设 1～3 个断面。监测垂线一般布设在坝轴线或坝肩附近，或其他需要测定的部位。

（2）测点的间距，对于活动式测斜仪为 0.5m 或 1.0m；对于固定式测斜仪，可参考分层竖向位移监测点间距，并宜结合布设。

（3）引张线式水平位移计的埋设，可参考水管式沉降计，并应结合布置。

3. 界面位移和深层应变

（1）界面位移测点，通常布设在坝体与岸坡连接处、组合坝型不同坝斜交界及土坝与混凝土建筑物连接处，测定界面上两种介质相对的法向及切向位移。

（2）深层应变监测测点，通常布设在两坝端受拉区，上、下游坝肩受拉区，以及斜墙心墙的受拉区和最大横断面上。

土石坝内部监测布置设计如图 10-24 所示。

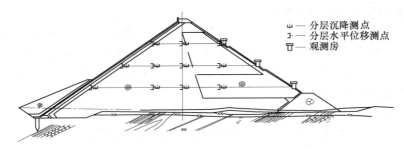

图 10-24　土石坝内部变形监测布置图

4. 混凝土面板挠度监测

混凝土面板挠度监测的布置，一般在最大坝高、最长面板或地质条件复杂的坝段设 1～3 个横断面，在横断面上 1/3、1/2、2/3 坝高处及正常高水位附近布设 2～4 排。

二、内部位移监测方法

※基本知识※

（一）竖向位移监测方法

1. 水管式沉降仪

水管式沉降仪适用于长期监测土石坝、土堤、边坡等土体内部的沉降，是了解被测物体稳定性的有效监测设备。水管式沉降仪是利用液体在连通管内的两端处于同一水平面的原理而制成的，在监测房内所测得的液面高程即为沉降测头内溢流口液面的高程，液面用目测的方式在玻璃管刻度上直接读出。被测点的沉降量等于实时测量高程读数相对于基准高程读数的变化量，再加上监测房内固定标点的沉降量即为被测点的最终沉降量。监测房内固定标点的沉降量由视准线测出。

（1）水管式沉降仪结构与测量方法。

水管式沉降仪由沉降测头、管路、测量柜等组成，如图 10-25 所示。

测量时，关闭排水阀，打开进水阀，依次打开各溢流管的阀门，向其充水排气；排尽气泡后，打开各玻璃测管的阀门，使其水位略高于测头的高程，关闭进水阀；待玻璃测管内的水位稳定后，读出玻璃测管上的水位刻度值，即为测量高程值。应定期用视准线测量测量柜所在标点的高程，计算被测结构物的沉降量。

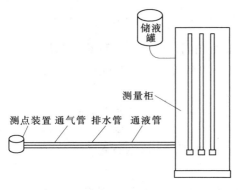

图 10-25　水管式沉降仪结构

沉降仪的一般计算公式为

$$S=(H_o-H)\times1000+S_o \tag{10-16}$$

式中　　S——被测结构物的沉降量，mm；

　　　　H_o——沉降测头内溢流管口埋设时高程值，m；

　　　　H——监测时所测得沉降测头内溢流管口高程值，m；

　　　　S_o——监测标点的沉降量，mm。

※技能操作※

（2）水管式沉降仪埋设与安装。

水管式沉降仪的埋设方法为沟槽埋设（坝体内）。

1）沟槽基床的定位与平整。

a）在坝面填筑到测点设计高程以上约40cm时，开挖至埋设高程以下20cm，开始平整基床做埋设准备。

b）按设计要求选择好埋设管线位置后，应精心平整基床，在细粒料坝体中，整平压实达埋设高程；在粗粒料坝体中，应以反滤层做基础填平，人工压实到埋设高程，压实度应与周围的坝体相同，整平后的基床不平整度应不大于±5mm，并应向监测房方向坡降1％～3％。

2）沉降仪的安装。

a）定位：按设计要求将测头位置准确定位，并浇筑厚约10cm、直径约50cm（或50cm×50cm方形）的混凝土基床，基床不平度不大于2mm。

b）排列管路：将各管路一起套入保护管内，沿已平整后的基床蛇形平放，一直到监测房内。

c）沉降测头的安装：将沉降测头平置于已凝固的混凝土基床上，可靠连接各管路、阀门等。加压（约0.25MPa）检查各管路、阀门有无泄漏。

d）测量柜安装：将测量柜固定在已浇筑好并已凝固的混凝土台上，用膨胀螺钉固定。把带刻度的玻璃管小心安装在测量柜上，各管路与相应的管、阀连接，并检查是否正常，即可进行初步的测试。

e）浇筑与回填：首先对各个安装环节进行全面检查，再进行一次初步的测试，确认合格后可进行浇筑和回填。其步骤是：首先用不小于10cm厚的钢筋混凝土可靠包裹沉降测头。再进行管线四周回填。管线四周回填应十分仔细，必须压实到与四周坝体相同的密度，在压实中要防止冲击保护管。回填应采用原坝料，靠近管线周围应用细粒料填充密实。当回填超过仪器顶面1.8m，即可进行大坝的正常施工填筑。

在寒冷地带，可使用防冻液或特别配制的SG溶液。SG溶液配制方法如下：将蒸馏水煮沸15min之后，按蒸馏水：甘油：苯甲酸钠＝1：1：0.0005比例混合搅匀即可。

2. 振弦式沉降仪

振弦式沉降仪可自动测量不同点之间的沉降，它由储液罐、通液管和传感器组成，如图10-26所示，储液罐放置在固定的基准点并用两根充满液体的通液管把它们连接在沉降测点的传感器上，传感器通过通液管感应液体的压力，并换算为液柱的高度，由此可以实现在储液罐和传感器之间测量出不同高程的任意测点的高度。通常可以用它来测量堤坝、公路填土及相关建筑物的内外部沉降。

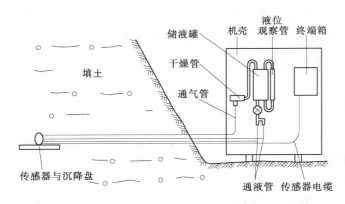

图 10-26　振弦式沉降系统示意图

图 10-26 示意了使用典型装置来测量在坝体内部的沉降，传感器通过电缆连接到数据采集装置。传感器内包含有一个半导体温度计与一个防雷击保护器，使用通气电缆将传感器连接到储液罐上方以使整个系统达到自平衡，以确保传感器不受大气压变化的影响，安装在通气管末端的干燥管用来防止传感器内部受潮。

振弦式沉降仪大多安装在填土和坝体内，传感器和电缆都被埋设在内部。如沉降点在地表面，可将传感器直接安装在结构体上。储液罐的安装高程应比任何传感器和通液管都要高一些。

振弦式沉降仪典型的安装如图 10-27 所示。

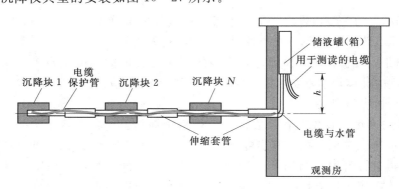

图 10-27　振弦式沉降系统安装示意图

（1）传感器的安装。

传感器通常固定在沉降盘上。在回填平整的情况下，沉降盘可用螺栓直接固定在结构体上。平底槽应深 300～600mm，将沉降盘放在槽底平面上然后用小颗粒土料回填，用于回填的材料应去除粒径大于 10mm 的颗粒，用这种材料应当围绕传感器夯实到槽口平面高程为止。

在安装过程中，应当用规范的测量技术来测量沉降盘的高程，同时确认传感器在夯实后没有遭到损坏。

（2）电缆和通液管的安装。

电缆和通液管应埋设在 300～600mm 深的沟槽里，沟槽不能上下起伏。

电缆和通液管应各自单独埋设，且不能相互接触和扭在一起（也可将电缆及通液管用同一钢管或较厚的 PVC 管保护后埋设），在任何地方导管都不能高于储液罐。

回填沟槽之前应检查有无气泡的迹象，如发现任何气泡，都需要在初始读数之前冲洗通液管。围绕在电缆周围沟槽里的材料，不允许有大的有角的石块直接靠在电缆上，为了防止水沿着沟槽形成渗流通道，应分段在沟槽的空隙中填入膨润土。

在土坝坝体内的沟槽禁止完全穿透黏土核心部分（如防渗墙），在电缆上的填土，当埋层超过 600mm 厚时即可正常回填。在电缆外露的地方，电缆应适当地沿着其延长方向加固防止弯曲，电缆也应避免阳光直射，可通过注入聚苯乙烯泡沫或氨基甲酯酸泡沫等来绝热防止温度变化对液体的影响。

（3）储液罐的安装。

储液罐应安装在稳定的地面上或监测房的墙面上，储液罐的高程应在安装过程中进行测量和记录。松开储液罐顶部螺钉给储液罐注入去气防冻液直至监测管显示半满状态，储液罐不能直接暴露安装在阳光直射处。

当连接从传感器到储液罐的通气管时不允许空气驻留在通管内，同时应确保连到传感器上的通气管无堵塞。这可以用真空泵将通气管抽取成真空，同时监测传感器在读数仪上的读数来校核，连接通气管到通气管的汇集处，并在干燥管中添加新昀干燥剂。

建议在储液罐液面上加少许轻油（推荐用挥发性较弱的硅油），它能够阻止液体表层的挥发，同时应注意干燥管与储液罐之间的连接管确无堵塞。

将传感器电缆与需要加长的电缆对应芯线连接，各电缆分别接至终端集线箱相连。

（4）初始数据。

初始读数的读取应格外小心，它是以后所有数据的基准数据。通液管必须在恒定的温度下，若通液管非全埋式，数据应在温度相对恒定的时候读取。确定读数时通液管必须没有暴露在阳光直射下。同时在通液管里应无气泡存在，管中如有气泡往往会造成读数的不稳定。若监测到气泡，在进行初始读数之前应冲洗通液管。若有任何怀疑，则反复冲洗通液管并重复读数，直到读数稳定为止，同时记录环境温度。

注意测量储液罐的液面高度，并做一个标记或记录测尺读数，以用于迅速监测液面出现的任何波动，用其改变量来修正后面沉降位移的计算。

储液罐液面的波动可能是温度或气压的变化或液体渗漏。

3. 连杆式分层沉降仪

连杆式分层沉降仪是在坝体内埋设沉降管，在沉降管不同高程处设置沉降盘，沉降盘随坝体的沉降而移动，可采用电磁式、干簧管式测量仪表来测量沉降盘的高程变化，从而得到坝体的分层沉降值。

沉降管随坝体填筑埋设时，可采用坑式埋设法和非坑式埋设法，如图 10-28 所示。

对于软基及已建水坠坝，可采用带叉簧片的沉降环，用钻孔法埋设。

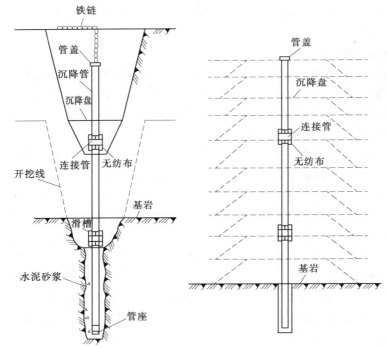

（a）沉降管坑式埋设过程示意图　　（b）沉降管非坑式埋设过程示意图

图 10 - 28　沉降管埋设示意图

（二）水平位移监测方法

※**基本知识**※

1. 测斜仪

测斜仪广泛适用于测量土石坝、混凝土坝、面板坝、边坡、土基、岩体滑坡等结构物

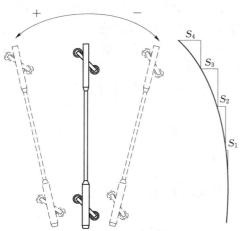

图 10 - 29　测斜仪工作原理

的水平位移，该仪器配合测斜管可反复使用。

（1）结构。

测斜仪由倾斜传感器、测杆、导向定位轮、信号传输电缆和读数仪器等组成。

（2）工作原理。

在需要监测的结构物体上埋设测斜管，测斜管内径上有两组互成 90°的导向槽，将测斜仪顺导槽放入测斜管内，逐段一个基长（500mm）进行测量。测量得出的数据即可描述出测斜管随结构物变形的曲线，以此可计算出测斜管每 500mm 基长的轴线与铅垂线所成倾角的水平位移，经算术和即可累加出测斜管全长范围内的水平位移，如图 10 - 29 所示。

测斜仪以铅垂线为轴，偏向导向轮高端一侧读数增大，倾向另一侧读数减小（含符号）。

※技能操作※

（3）埋设与安装。

测斜仪为一种可重复使用的测量仪器，测斜仪的测量方法是测量测斜管轴线的倾斜度。所以测量前必须先埋设测斜管，方可实现测量。

1）测斜管安装。先将测斜管装上管底盖，用螺钉或胶固定。将测斜管按顺序逐根放入钻孔中，测斜管与测斜管之间有接管连接，测斜管与接管之间必须用螺钉固定。测斜管在安装中应注意导槽的方向，导槽方向必须与设计要求定准的方向一致。将组装好的测斜管按顺序逐节放入钻孔中，直至孔口。当确认测斜管安装完好后即可进行回填，回填一般用膨润土球或原土沙。回填时每填至 3～5m 时要进行一次注水，注水是为了使膨润土球或原土沙遇水后，与孔壁结合的牢固，以此方法直至孔口。露在地表上的测斜管应注意做好保护，盖上管盖，防止物体落入。测斜管地表管口段应浇筑混凝土，做成混凝土墩台以保护管口和管口转角的稳定性。墩台上应设置位移和沉降监测标点。

安装完成后的测斜管应先用模拟测斜仪试放，试放时测斜管互成 90° 的两个导向槽都应从下到上试放到，保证模拟测斜仪顺测斜管能从上到下、并从下到上都很平稳顺畅通过，以此测斜管安装为完好。

2）测斜仪组装。首先检查测斜仪的导轮是否转动灵活、扭簧是否有力、密封圈有否损伤。将测杆与电缆连接头连接在一起，为防止测斜仪进水影响测值的稳定，连接一定要牢固可靠，最好用扳手将电缆连接头与测杆拧紧。

将电缆从电缆绕盘上放下测孔深度的长度来，再将读数仪的测量线拧在电缆绕盘的插座上。打开读数仪，将测斜仪在测量平面上转动，检查输出读数是否正常（以测斜仪竖直为基准偏向导向轮高端一侧读数增大，偏向另一侧读数减小，并做好测量前的准备。

3）测量。将测斜仪置入测斜管内，并使导向轮完全进入导向槽内。方向应为导向轮的正向与被测位移坐标（＋X）一致时测值为正，相反为负。之后根据电缆上标明的记号，每 500mm 单位长度测读一次测斜管轴线相对铅垂线的倾角。

测斜仪测量时可先将测斜仪放入管底，自下而上测量，亦可从管口开始由上至下测量。

参考方法：当测斜管下部可靠固定在基岩中（埋入深度应大于 500mm），可认为基岩没有位移。此时测量可自下而上每 500mm 长度测读一次，直至管口。

当测斜管底部悬挂（底部未深入基岩），此时可由上至下进行测量。

4）测值。为提高测量精度，消除系统误差，每个方向应逐段正、反方向各测读一次，取其测值差的一半，计算各段位移量。即

$$S_x = (S_{+x} - S_{-x})/2 \tag{10-17}$$

$$S_y = (S_{+y} - S_{-y})/2 \tag{10-18}$$

每根测斜管所有同高程上正、反方向两次测值和的一半计算值，应为测斜仪的理论铅垂状态下的读数值，此 S'_x 与 S'_y 应近似为定值。即

$$S'_x = (S_{+x} + S_{-x})/2 \tag{10-19}$$

$$S'_y = (S_{+y} + S_{-y})/2 \qquad (10-20)$$

若测值 S'_x 与 S'_y 有离散性，主要原因是：①测斜仪前、后两组导轮的几何形心的连线在正、反两次测量时不完全平行；②导向轮与导向槽的配合不好；③导向轮与轮架之间的间隙过大；④测斜管与土体固结不好。

测量时，当 4 个导向轮在某一个测量段面没有完全进入导向槽时，和值 S'_A 与 S'_y 会出现较大的变化。因此在测量时一定要使 4 个导向轮完全进入导向槽中，在测管的接头处可反复多测几次。如果某一两处的和值与正常值明显偏差过大，可剔除不用，一般这都是由于一头导向轮不在导向槽中引起的，这多发生在管接头处，所以此数据原本意义不大，可剔除不用。

5）其他注意事项。测量结束后，应先拧开测杆与电缆之间的接头，并将测杆与电缆接头处的四芯插头、插座擦拭干净，将测杆放入便携箱中。将读数仪的测量线从电缆绕盘上拧下，并将电缆线在绕盘上盘好以备下次再用。

上述方法是人工监测方式，为实现自动化监测，可在测斜仪两端加装连接杆，连接杆长度一般为 1.5～3.0m，然后将测斜仪固定在测斜管中，用电缆线将每支测斜仪连接到集线箱和数据采集装置，可实现自动化测量。

※基本知识※

2. 钢丝水平位移计

钢丝水平位移计适用于长期监测土石坝、土堤、边坡等土体内部的位移，是了解被测物体稳定性的有效监测设备。钢丝水平位移计可单独安装，亦可与水管式沉降仪联合安装进行监测。

（1）结构。

钢丝水平位移计由锚固板、铟合金钢丝、保护钢管、伸缩接头、测量架、配重机构、读数游标卡尺等组成，如图 10-30 所示。

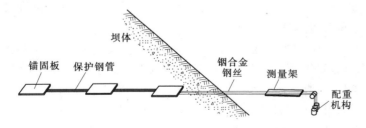

图 10-30　钢丝水平位移计示意图

（2）工作原理。

当被测结构物发生水平位移时将会带动锚固板移动，通过固定在锚固板上的钢丝卡头传递给钢丝，钢丝再带动读数游标卡尺上的游标，用目测方式很方便地将位移数据读出。测点的位移量等于实时测量值与初始值之差，再加上监测房内固定标点的相对位移量。监测房内固定标点的位移量由视准线测出。

（3）计算方法。

1）当外界温度恒定、监测房内固定标点没有位移时，位移计与被测结构物的变形具有如下线性关系：

$$L = \Delta d \qquad (10-21)$$

$$\Delta d = d - d_o \qquad (10-22)$$

式中　　L——位移计的相对位移量，mm；

　　　　Δd——位移计的位移相对于基准值的变化量，mm；

　　　　d——位移计的实时测量值，mm；

　　　　d_o——位移计的基准值（初始测量值），mm。

2）当被测结构物没有发生变形时，而温度增加 ΔT，将会引起钢丝的变形并产生测值的变化，这个测值仅仅是由温度变化而造成的，因此在计算时应予以扣除。

实验知 $\Delta d'$ 与 ΔT 具有如下线性关系：

$$L'' = \Delta d' - bh\Delta T = 0 \qquad (10-23)$$

$$\Delta d' = bh\Delta T \qquad (10-24)$$

$$\Delta T = T - T_o \qquad (10-25)$$

式中　　b——位移计铟合金钢丝的线膨胀系数，为 $(0.8\sim1.35)\times10^{-6}/℃$；

　　　　ΔT——温度相对于基准值的变化量，℃；

　　　　T——温度的实时测量值，℃；

　　　　T_o——温度的基准值（初始测量值），℃；

　　　　h——位移计钢丝的有效安装长度，mm。

3）埋设在坝体内的位移计，受到的是位移和温度的双重作用，同时要累加上监测房内固定标点的相对位移量。因此，位移计的一般计算公式为

$$L_m = \Delta d - bh\Delta T + \Delta D \qquad (10-26)$$

$$\Delta D = D - D_o \qquad (10-27)$$

式中　　L_m——被测结构物的位移量，mm；

　　　　ΔD——监测房内固定标点相对于基准值的变化量，mm；

　　　　D——监测房内固定标点的实时测量值，mm；

　　　　D_o——监测房内固定标点的基准值（初始测量值），mm。

※技能操作※

（4）埋设与安装。

钢丝水平位移计的埋设有两种方法：一种为挖沟槽埋设方法（坝体内）；另一种为不挖沟槽埋设方法（坝体表面）。

1）定位与基床平整。钢丝水平位移计采用沟槽埋设方法（坝体内）为：在坝面填筑到测点设计高程以上约80cm时，开挖至埋设高程以下30cm，开始平整基床做埋设前准备。

不挖沟槽埋设方法（坝体表面）为：在坝面填筑到测点设计高程以下30cm时，开始平整基床做埋设准备。

当按设计要求选择好埋设管线位置后，应精心平整基床，在细粒料坝体中，整平压实达埋设高程；在粗粒料坝体中，应以反滤层做基础填平，人工压实到埋设高程，压实度应与周围的坝体相同。整平后的基床不平整度应不大于±5mm。

2）位移计的安装。

a）定位。将测量架安置在监测房内的设计位置上，使测量标尺方向对准埋设管路的预留孔。从监测房的预留孔开始排列保护钢管，并使保护钢管伸进房内距离测量标尺前端约20cm。

b）排列保护钢管。排列保护钢管时，两段钢管在伸缩接头中应相隔约30cm，在伸缩接头中安装分线盘及相应的配套零件。当排列到设计测点时，应增加安装锚固板及对应编号的分线盘和钢丝夹头。以此法安装至最后一个测点。

c）排放钢丝。钢丝排放时应先检查钢丝质量，钢丝外表不应有伤痕、折弯、缩径及其他缺陷。在钢丝排放过程中不得使其扭转和受伤，在施放时应用专用的引线器牵引。

将钢丝固定于引线器上，利用引线器使钢丝穿过保护钢管、挡泥圈、伸缩接头（甲）、锚固板、伸缩接头（乙）……当钢丝到达测点位置时在分线盘（测点）上安装钢丝夹，将钢丝夹死并使余头再用压板固定在分线盘上。

d）伸缩接头安装。伸缩接头中要安装分线盘及轴承，在测点位置两伸缩接头之间安装锚固板。伸缩接头上的红线标记应向上，以保证钢丝在伸缩接头中处于水平位置。

e）管线调整。管线定位后要调整其水平度和直线度，可用拉紧的钢丝作准线将管线理直。水平度和直线度均应在±5mm范围内。管线调整完成后即将所有螺钉紧定死，不得有丝毫的松动。

f）测量架安装。管线调整完成后即可进行测量架安装。先将测量架固定在已浇筑好并已凝固的混凝土台上，用膨胀螺钉固定测量架。测量架底框下的混凝土台座可低于底框，为扩大位移范围预留。然后将钢丝经尺架绕在砝码盘的小盘上，并用压线板将钢丝固定在砝码盘的小盘上。吊重钢丝绳绕在砝码盘的大盘上，并用压线板将钢丝绳固定在砝码盘的大盘上。钢丝和钢丝绳在大、小盘上应各绕三圈。测尺安装好后，即可检查钢丝的联动是否正常，并可进行初步的测试。

g）浇筑与回填。首先对各个安装环节进行全面检查，再进行一次初步测试，确认合格后可进行回填。回填的步骤是：首先在锚固板埋设处也就是测点处，立模浇一个能全包住锚固板的钢筋混凝土块体。块体尺寸应能将锚固板及两端法兰盘全部包进块体内，并捣实。施工中应防止混凝土砂浆进入伸缩接头与保护钢管之间的缝隙，否则将影响伸缩接头的滑动。混凝土块体拆模后，即可进行管线四周回填。管线四周回填应十分仔细，必须压实到与四周坝体相同的密度，在压实中要防止冲击保护钢管。回填应采用原坝料，靠近仪器周围应用细粒料填充密实。当回填超过仪器顶面1.8m，即可进行大坝正常施工的填筑。

h）试测。一切安装正常后，即可进行测试。试测先在砝码盘的大盘上吊重 60kg 的砝码，对钢丝进行预拉直（此工作亦可在回填前进行），24h 后改为正常测试的吊重 45kg 的砝码。反复多次地加卸荷测试读数值，其重复读数小于 2mm，即可认为安装完成。

3）测量。钢丝位移计的钢丝不应长期承受荷载，否则钢丝会产生疲劳变形。每次测量完成后，即应取下部分砝码，留 10～20kg 砝码在砝码盘上，正常测试的吊重砝码应为 45kg。增减砝码应轻拿轻放，不得冲击钢丝。

4）其他注意事项。应定期用视准线测量钢丝位移计测架所在标点的位移量。测量时给每个测点加砝码至 45kg，加砝码 30min 后（测值稳定）方可开始读数。每隔 15min 读数一次，最后两次读数一致即为测量的真值。读数可精确到 0.05mm。

※基本知识※

（三）混凝土面板挠度监测方法

混凝土面板挠度监测可采用斜坡测斜仪或水管式沉降仪。

水管式沉降仪测头埋设在面板之下的垫层中，采用坑式埋设法。斜坡测斜仪由测斜传感器和测斜管组成，测斜管道宜采用铝合金管。测斜管道的安装一般将管道直接安设在面板表面，并将其下端固定于趾板上。在寒冷地区，也可将管道设于面板之下，但在浇筑面板时应严加保护。

斜坡测斜仪的安装方式如图 10-31 所示。

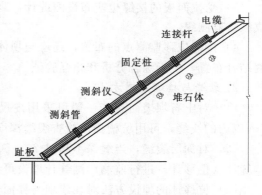

图 10-31 斜坡测斜仪安装示意图

（四）界面位移和深层应变监测方法

界面位移和深层应变监测一般采用埋入位移计的方法进行监测，位移计宜采用坑式埋设法，对于测定坝体与岸坡交界面切向位移，宜采用表面埋设法，如图 10-32 所示。

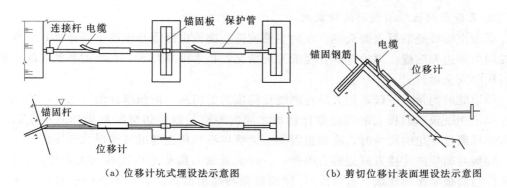

（a）位移计坑式埋设法示意图　　（b）剪切位移计表面埋设法示意图

图 10-32 界面位移和深层应变位移计埋设示意图

※基本知识※

三、土石坝裂缝与接缝监测

1. 土石坝裂缝监测设计

(1) 对已建坝的表面裂缝（非干缩、冰冻缝），凡缝宽大于5mm的、缝长大于5mm、缝深大于2m的纵、横向缝，都必须进行监测。

(2) 对在建坝，可在土体与混凝土建筑物及岸坡岩石接合处易产生裂缝的部位，以及窄心墙及窄河谷坝拱效应突出的部位埋设测缝计。

(3) 混凝土面板堆石坝接缝监测布置。

1) 监测点一般应布设在正常高水位以下。

2) 周边缝的测点布置，一般在最大坝高处布置1~2个点；在两岸坡大约1/3、1/2及2/3坝高处各布置2~3个点；在岸坡较陡、坡度突变及地质条件差的部位应酌情增加测点。

3) 受拉面板的接缝也应布设测缝计，高程分布与周边缝相同，且宜与周边缝测点组成纵横监测线。

4) 接缝位移监测点的布置，还应与坝体竖向位移、水平位移及面板中的应力应变监测结合布置，便于综合分析和相互验证。

2. 裂缝与接缝监测方法

(1) 对土石坝表面裂缝一般可采用皮尺、钢尺及简易测点等简单工具进行测量。对2m以内的浅缝，可用坑槽探法检查裂缝深度、宽度及产状等。

(2) 对深层裂缝，当缝深不超过20~50m时，宜采用探坑或竖井检查，必要时埋设测缝计（位移计）进行监测。测缝计埋设可参见项目十一任务二中的相关内容。

(3) 位移计的埋设方法对在建坝与界面位移及深层应变监测相同，对已建坝在探坑或竖井中埋设可采用将锚固板插入裂缝两边土体内的埋设方法。

※基本知识※

3. 混凝土面板堆石坝周边缝监测

混凝土面板是混凝土面板堆石坝的主要构件，面板由趾面与岸坡牢固连接，面板与趾板之间为周边伸缩缝。周边缝开合度的发展情况，止水可靠与否，直接关系到混凝土面板堆石坝的安全运行。

周边缝的测量，一般采用大量程测缝计构成的二向或三向测缝计组（图10-33）。

固定在趾板和面板上的测缝隙计钢板之间的距离是以周边缝的结构形式决定的，因此，设计测缝计组的尺寸时，应根据混凝土面板堆石坝周边缝的结构形式确定。

趾板与面板的连接方式通常有两种：一种是趾板与面板平面连接（无台阶）；另一种是趾板与面板非平面连接（有台阶），周围趾板均高出面板。若为非平面连接，必须在面板上做一个安装墩。

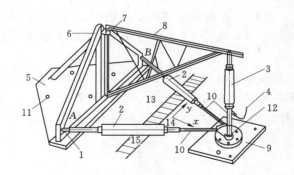

图 10 - 33　三向测缝计结构及埋设示意图

1—万向轴节；2—监测张开和滑移的测缝计；3—监测沉降的测缝计；4—输出电缆；5—趾板上的固定支座；
6—支架；7—不锈钢活动铰链；8—三角支架；9—面板上的固定支座；10—调整螺杆；
11—固定螺孔；12—测缝计支座；13—趾板；14—面板；15—周边缝

※技能操作※

测缝计组的安装步骤如下：

（1）制备安装基座和预留安装螺孔。

（2）将测缝计的两个固定板分别置于趾板和面板的确定位置，从固定板螺孔中穿出地脚螺杆至趾板和面板内，浇筑环氧水泥砂浆固定地脚螺杆，移去固定钢板，待环氧水泥砂浆凝固。

（3）在整好的有插入螺杆的基床面上分别安装相应的测缝计固定钢板，将其调整于同一平面上，拧紧固定螺母，安装测缝计，调整可测的量程，检查其电气和技术性能，均应满足设计要求。

（4）盖上测缝计保护罩，将传输电缆置于电缆沟内，通至监测房。

※基本知识※

四、近坝岸坡位移监测

对于危及大坝、输泄水建筑物及附属设施安全和运行的新老滑坡体或潜在滑坡体必须进行监测。

岸坡位移监测包括表面位移、裂缝、位错及深层位移的监测。有条件的应增设地下水位监测。

※技术应用※

（一）近库岸位移监测设计

（1）表面位移测点布置，以能控制滑坡体范围及位移分布规律为度。通常顺滑坡方向布设 2～4 个监测断面，包括主滑断面及其他特征断面；每个断面宜在裂缝外侧（上方）布设 1 个测点，在内侧（下方）布设 1～3 个测点。当滑坡范围大且复杂时，断面及测点可酌情增加。

（2）裂缝监测点，可布设在最大裂缝处及可能的破裂面部位。

（3）深层位移监测，可结合表面位移监测，在预计滑动区内设 1～3 个监测断面，每个断面布置 1～3 条测线，用来揭示内部变形（深层水平位移）规律及确定潜在的滑动面。

※基本知识※

（二）近库岸位移监测方法
（1）岸坡表面位移监测的仪器和设施及安装见"表面变形监测"。

（2）岸坡裂缝监测可采用简易的监测装置，有条件时也可采用电测缝计。

（3）深层水平位移监测可采用测斜仪，测斜管道宜采用铝合金管，也可采用多点位移计进行监测。

（三）多点位移计
多点变位计适用于长期测量水工建筑物或其他混凝土建筑物基础裂隙的开合度（变形），亦可用于测量土坝、土堤、边坡、岩体等结构物的位移、沉陷、应变、滑移，并可同步测量埋设点的温度。

1. 结构

多点变位计由位移传感器、不锈钢测杆及护管、传感器保护筒、信号传输电缆等组成，如图 10-34 所示。

锚头　　　　　支撑盘　测杆及护管　　传感器护筒　　观测电缆

图 10-34　多点位移计结构及埋设示意图

2. 工作原理

当被测结构物发生变形时，将会通过多点变位计的锚头带动测杆，测杆拉动位移计产生位移变形，变形传递给传感器，变形信号经电缆传输至读数装置，即可测出被测结构物的变形量。

※技能操作※

3. 埋设与安装

多点变位计使用场合很广，埋设安装的部位和环境也各有不同，埋设方法有水平埋设、倾斜埋设、垂直埋设，有安装在坝体的廊道内、坝体的坝肩上、隧道内、山体的边坡上、土坝上、路堤上等。这些仪器的工作状况各不相同，所以埋设安装方法有所不同，下面主要对埋设在大坝上，测量坝体与基础裂隙变形的埋设安装方法作一些简述，其他埋设安装方法可参照进行。

（1）钻孔。根据设计要求确定埋设高程、方位、角度，在设计定位的地方打孔，准备埋设测量杆。多点位移计的埋设孔有两个尺寸，测杆埋设最小孔径约为 65mm，深度按设计要求；保护筒埋设最小孔径约为 135cm，深度约为 470mm。按设计要求造好孔后，进行清孔并做好埋设前的准备工作。

（2）附件的埋设。埋设前先将锚头与测杆连接，测杆外套塑料护管，测杆连接长度约 2m 时即可放入孔中，随后逐级接长逐级下放。下放到第二根测杆高程时，将已连接好锚头、测杆、塑料护管的第二根测杆顺序放下，在下放的同时每隔 2m 将测杆相互之间捆扎一次或用分隔盘固定。其他各级测杆照此依次放下，到孔口高程以上，注意测杆与测杆之间的连接一定要牢靠不可松动。将传感器保护筒的底筒放入大孔中，测杆从中心孔中穿过，底筒一定要放置牢固。确认测杆放置到位后，可进行回填砂浆固结。回填砂浆时先将灌浆管插入孔底，从灌浆管内注入砂浆，砂浆要由下向上泛浆，使孔内不会产生空隙，逐级灌浆逐级拔出灌浆管。在插入灌浆管时应同时插入排气管，排气管与灌浆管相差一个灌浆高程，在灌浆的同时排出孔内的气体，使砂浆顺利上泛。逐级拔出灌浆管的同时，也应逐级拔出排气管，直至灌浆到保护筒的底部。砂浆泛到保护筒的底部后，即可将灌浆管和排气管拔出。

（3）位移计的安装。先将一支位移计放入保护筒底筒，就位后压上分配盘，拉出位移计滑动轴至设定量程的零点，装上连接块及短节丝杆。实际测量一下连接块与测杆及短节杆的位置，划上线准备截断测杆。将位移计拿出，截断测杆，测杆的塑料护管应截在分盘以下。将位移计按编号放入保护筒底筒，压上分配盘，装上连接块，测杆从分配盘的孔穿出，拉出位移计滑动轴至设定量程的零点，将测杆固定在连接块上，连接块与测杆螺母压死。最后再检查一下各部位安装是否牢固，将保护筒筒盖盖上。

在拧连接块与位移计滑动轴上的螺母时，一定要用粗钢丝穿在位移计滑动轴上的孔中，以防止用力过大将位移计的滑动轴拧坏，标定和安装时都应注意。将电缆按设计走向埋设固定好，集中引出。电缆也可在保护筒内将几支仪器的电缆汇接为一根输出，汇接要做好防水处理。

（4）其他注意事项。多点变位计安装定位后应及时测量仪器初值，根据仪器编号和设计编号做好记录并存档，严格保护好仪器的引出电缆。

任务三　土石坝渗流监测

※基本知识※

一、渗流监测概述

1. 渗流监测目的和内容

大坝在上下游水位差作用下，会产生渗流场，渗流监测是通过人工或仪器手段监测大坝整体或局部的渗流场变化情况，用以掌握大坝在水压力、扬压力及温度等环境量作用下的渗流规律，了解大坝在施工和运用期间是否稳定和安全，以便采取正确的运行方式或进行必要的处理和加固，保证工程安全。同时，将监测成果与设计成果进行对比，以检验理论计算结果及提高将来的设计水平。

土石坝渗流监测内容主要包括坝体浸润线、渗流压力、绕坝渗流、渗流量及渗流水质等。坝体、坝基渗流（压）监测主要是了解土石坝体和坝基渗透压力。

土石坝坝体渗流压力监测包括监测断面上的压力分布和浸润线位置的确定。

绕坝渗流监测，通常布置在大坝的两岸坝肩及部分山体，以及深入到两岸山体的防渗齿墙或灌浆帷幕前、后等关键部位，以掌握地下水动态，评价其防渗效果。

地下水位的监测，对评价近坝区滑坡体（岸坡）稳定性十分重要，一般采用测压管监测。

2. 渗流监测一般要求

（1）大坝各项渗流监测应配合进行，并应同时监测上、下游水位。

（2）土石坝的浸润线和渗流压力可采用测压管或埋入式渗压计进行监测。测压管的迟后时间主要与土体的渗透系数 k 有关。当 $k \geqslant 10^{-3}$ cm/s 时，可采用测压管，其迟后时间的影响可以忽略不计；当 10^{-5} cm/s $\leqslant k \leqslant 10^{-4}$ cm/s 时，采用测压管要考虑迟后时间的影响；当 $k \leqslant 10^{-6}$ cm/s 时，由于迟后时间影响较大，不宜采用测压管。

（3）混凝土坝采用压力表量测测压管的水头时，应根据管口可能产生的最大压力值，选用量程合适的精密压力表，使读数在 1/3～2/3 量程范围内，精度不得低于0.4 级。

（4）采用渗压计量测渗流压力时，其精度不得低于满量程的 5/1000。

（5）渗流量的监测可采用量水堰或体积法。当采用水尺法测量量水堰堰顶水头时，水尺精度不低于 1mm；采用水位测针或量水堰计量测堰顶水头时，精度不低于 0.1mm。

※技术应用※

二、土石坝渗流压力监测布置

坝体、坝基部位渗流检测布置一般按以下要求进行：

（1）坝基渗流渗压监测一般根据建筑物的类型、规模、坝基地质条件和渗流控制的工程措施等进行设计布置，通常纵向监测断面 1～2 个，1 级、2 级坝横向断面至少 3 个。

横向断面宜选择在最高坝段、地形或地质条件复杂地段，并尽量与变形、应力应变监测断面相结合。横断面间距一般为 50～100m，如坝体较长、坝体结构和地质条件大体相同，则可以加大横断面间距。横断面测点一般不少于 3 个。

（2）监测横断面上的测点布置，应根据坝型结构、断面大小和渗流场特征，设 3～4条监测铅直线，一般位置是：

1）均质坝的上游坝肩、下游排水体前缘各 1 条，其间部位至少 1 条。

2）斜墙（或面板）坝的斜墙下游侧、底部排水体前缘和其间部位各 1 条。

3）宽塑性心墙坝，墙体内可设 1～2 条，心墙下游侧和排水体前缘各 1 条。窄塑性或刚性心墙坝，墙体外上、下游侧各 1 条，排水体前缘 1 条，必要时经论证方可在墙体轴线处设 1 条。

（3）监测铅直线上的测点布置，应根据坝高和需要监视的范围、渗流场特征，并考虑能通过流网分析确定浸润线位置，沿不同高程布点。一般原则如下：

1）在均质坝横断面中部，心墙坝、斜墙坝的强透水料区，每条铅直线上可只设 1 个监测点，高程应在预计最低浸润线之下。

2）在渗流进、出口段，渗流各相异性明显的土层中，以及浸润线变幅较大处，应根据预计浸润线的最大变幅，沿不同高程布设测点，每条铅直线上的测点数一般不少于 2～3 个。

（4）需监测上游坝坡内渗压力分布的均质坝、心墙坝，应在上游坡的正常高水位与死水位之间适当增设监测点。

必要时可根据渗流场理论计算成果进行布设。几种不同坝型的坝体渗流压力监测布置如图 10-35～图 10-38 所示。

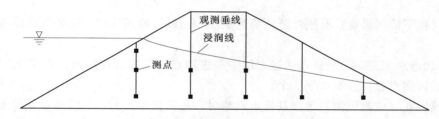

图 10-35　均质坝坝体渗流压力监测布置

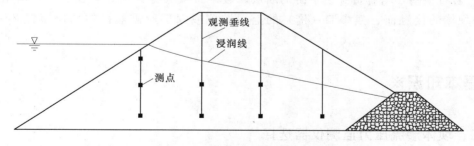

图 10-36　有排水棱体均质坝坝体渗流压力监测布置

（1）监测横断面的选择，主要取决于地层结构、地质构造情况，断面数一般不少于 3 个，并宜顺流线方向布置或与坝体渗流压力监测断面相重合。

（2）监测横断面上的测点布置，应根据建筑物地下轮廓形状、坝基地质条件以及防渗和排水形式等确定，一般每个断面上的测点不少于 3 个。

1）均质透水坝基，除渗流出口内侧必设一测点外，其余视坝型而定。有铺盖的均质坝、斜墙坝和心墙坝，应在铺盖末端底部设一测点，其余部位适当插补测点；有截渗墙（槽）的心墙坝、斜墙坝，应在墙（槽）的上、下游侧各设一测点，当墙（槽）偏上游坝

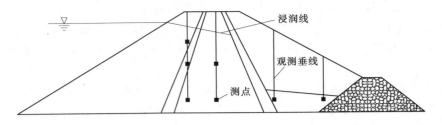

图 10-37 心墙坝坝体渗流压力监测布置

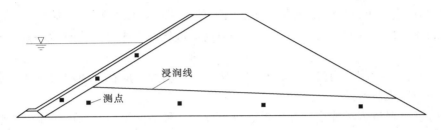

图 10-38 面板堆石坝坝体渗流压力监测布置

踵时,可仅在下游侧设点;有刚性防渗墙与塑性心(斜)墙相接时,需在接合部适当增设测点。

2)层状透水坝基,一般只在强透水层中布置测点,位置宜在横断面的中下游段和渗流出口附近,测点数一般不少于 3 个。

当有减压井(或减压沟)等坝基排水设施时,还需要在其上、下游侧和井间布设适量测点。

3)岩石坝基,当有贯穿上下游的断层、破碎带或其他易溶、软弱带时,应沿其走向在与坝体的接触面、截渗墙(槽)的上下游侧或深层所需监视的部位布置 2~3 个测点。

※基本知识※

三、坝体渗流压力监测仪器选择

坝体渗流压力监测方法因不同坝体情况采用不同的仪器进行。坝体渗流压力监测仪器,应根据不同的监测目的、土体透水性、渗流场特征以及埋设条件等,选用测压管或渗压计。一般情况是:

(1)作用水头小于 20m 的坝,渗透系数 $k \geqslant 10^{-4}$ cm/s 的土中、渗流压力变幅小的部位、监视防渗体裂缝等,宜采用测压管。

(2)作用水头大于 20m 的坝,渗透系数 $k < 10^{-4}$ cm/s 的土中、监测不稳定渗流过程以及不适宜埋设测压管的部位(如铺盖或斜墙底部接触面等),宜采用埋设渗压计,其量程应与测点实际压力相适应。

四、测压设备及其安装

(一) 测压管及其安装

※基本知识※

1. 测压管组成及工作原理

测压管主要由导管、进水管、沉淀管三部分组成（图10-39），管材可选用金属管或硬质塑料管，一般内径不宜大于50mm。管口有压时安装压力表，用压力表读取水压力，管口无压时用电测水位计（图10-40）监测水位。压力表要选用量程合适的精密压力表，使读数在1/3~2/3量程范围内，精度不低于0.4级。电测水位计根据水能导电的原理设计，当金属测头接触水面两电极使电路闭合，信号经电缆传到触发蜂鸣器和指示灯，此时可从电缆或标尺上直接读出水深。

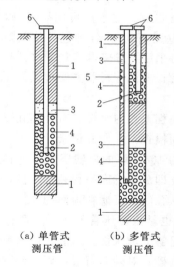

（a）单管式
测压管

（b）多管式
测压管

图10-39 测压管结构示意图
1—水泥砂浆或水泥膨润土浆；2—有孔管头；3—细砂；
4—砾石反滤料；5—聚氯乙烯管；6—管盖

图10-40 电测水位计

测压管的一般要求如下：

（1）测压管宜采用镀锌钢管或硬塑料管，一般内径不宜大于50mm。

（2）测压管的透水段一般长1~2m，当用于点压力监测时应小于0.5m，外部包扎足以防止周围土体颗粒进入的无纺土工织物，透水段与孔壁之间用反滤料填满。

（3）测压管的导管段应顺直，内壁光滑无阻，接头应采用外箍接头，管口应高于地面，并加保护装置，防止雨水进入和人为破坏。

（4）测压管的埋设，除必须随坝体填筑时埋设者外，一般应在土石坝竣工后，蓄水前用钻孔埋设。

（5）随坝体填筑施工埋设时，应确保管壁与周围土体结合良好且不因施工遭受破坏。

※技能操作※

2. 安装埋设

（1）造孔。在坝高或埋深小于10m的壤土层中埋设测压管时，可采用人工取土器钻孔；深度大于10m，或在混凝土或基岩中钻孔，应采用钻机造孔。

在岩体比较完整、裂隙不是很发育处钻孔，孔径一般为50～70mm即可，在覆盖层或风化较剧烈、裂隙发育的基岩钻孔，为有足够的空隙填充封孔材料，孔径不宜小于100mm。埋设多管时，应根据装管数量及直径，自下而上逐级扩径，原则上每增加一根测压管，相应直径至少扩大一级。自上而下逐级成孔，自下而上逐管埋设。

无论是覆盖层或是基岩钻孔，严禁用泥浆固壁。需要防止塌孔时，可采用套管护壁，如估计难以拔出，应事先在钻孔部位的套管壁上钻好透水孔。终孔后应测量孔斜，以便精确确定测点位置。

（2）测压管制作要求。测压管由透水段和导管组成，透水段可用导管管材加工制成，面积开孔率为10%～20%（孔眼须排列均匀、内壁无毛刺），外部包扎足以防止颗粒进入的无纺土工织物，管底封闭，不留沉淀管段。也可采用与导管等直径的多孔聚乙烯过滤管或透水石作透水段，透水段与导管牢固相连。导管长度视管材和方便埋设而定，两端接头处宜用外丝扣，用外箍接头相连。

（3）下管埋设。埋设前应对钻孔埋深、孔底高程、孔内水位、有无塌孔以及测压管加工质量、各管段长度、接头、管帽情况等进行全面检查，并做好记录。

对于覆盖层钻孔，在下管前应先在孔底填好约10cm厚的反滤层料。下管过程中必须连接严密，吊系牢固，保持管身顺直。就位后应立即测量管底高程和管水位，并在管外回填反滤料，逐层填实，直至设计进水段的高度。从孔底至反滤料顶面的孔段长度，才是真正的测压管进水段（可大于测压管管体透水段），也是该测压管的实际监测范围。对反滤料的要求：既能防止细颗粒进入测压管，又具有足够的透水性。一般其渗透系数宜大于周围土体的10～100倍，对黏壤土或砂壤土可用纯细砂；对砂砾石层可用细砂到粗砂的混合料，回填前需洗净、风干，缓慢入孔。

（4）封孔。凡不需要监测渗透的孔段（即非反滤段），原则上均应严密封闭，以防降水等客水干扰，尤其在一孔埋设多个分层测点者，更需注意各测点间的隔离止水质量。必要时需在导管外套橡皮圈或毛毡圈2～3层，管周再填封孔料，以防水压力串通。

封孔材料宜采用膨润土球或高崩解性黏土球，要求在钻孔中潮解后的渗透系数小于周围土体的渗透系数。土球应由直径5～19mm的不同粒径组成，应风干，不宜日晒、烘烤。封孔时需逐粒投入，必要时可掺入10%～20%的同质土料，并逐层填实，切忌大批量倾倒，以防架空，管口下1～2m范围内应用夯实法回填黏土。

封至设计高程后，向管内注水，至水面超过泥球段顶面，使泥球崩解膨胀。

在坝基岩体完整性较好、裂隙不是很发育的地段，通常不设埋管。

（5）灵敏度检验。测压管安装、封孔完毕后，应进行灵敏度检验。

在覆盖层中采用注水试验，在坝基岩体中采用压水试验。在覆盖层中试验前先测定管中水位，然后向管内注水。若进水段周围为壤土料，注水量相当于每米测压管容积的 3～5 倍；若为砂砾料则为 5～10 倍。注入后不断监测孔内水位，直至恢复到或接近注水前的水位。对于黏壤土，注水水位在五昼夜内降至原水位为灵敏度合格；对于砂壤土，一昼夜降至原水位为灵敏度合格；对于砂砾土，1～2h 降至原水位或注水后水位升高不到 3～5m 为合格。在坝基岩体中，通常采用压水试验，压水试验通常以透水率大于 0.1Lu 为合格。

当一孔埋多根测压管时，应自上而下逐根检验，并同时监测非注水管的水位变化，以检验它们之间的封孔止水是否可靠。

（6）管口保护。灵敏度合格后，应尽快安设管口保护装置。一般可采用混凝土预制件、现浇混凝土或砖石砌筑，但均要求结构简单、牢固，能防止雨水流入和人畜破坏，并能锁闭、开启方便。尺寸和形式应根据测压管水位和测读方便而定。当采用自计或遥测装置时，还应满足测量仪表的各种需求。

（7）原始资料考证。在从造孔至灵敏度检验合格止的全过程中，应随时记录和描述有关情况及数据，竣工时需提交完整的测压管钻孔柱状图和埋设考证表，并存档妥善保管。

测压管埋设示意图如图 10-41 所示。

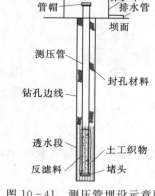

图 10-41　测压管埋设示意图

（二）渗压计及其安装

※基本知识※

1. 渗压计组成及工作原理

渗压计用于监测岩土工程和其他混凝土建筑物的渗透水压力，适用于长期埋设在水工建筑物或其他建筑物内部及其基础，测量结构物内部及基础的渗透水压力，也可用于水库水位或边坡地下水位的测量。

渗压计根据传感器不同，可以分为钢弦式、差阻式和压阻式等，目前国内常用的为钢弦式渗压计和差阻式渗压计。

（1）钢弦式渗压计。钢弦式渗压计由透水石、承压膜、压力传感器、线圈、壳体和传输电缆等部分组成（图 10-42）。水压力经透水石传递至仪器内腔作用到承压膜，承压膜连带传感元件一同变形，即可把液体压力转化为等同的电信号测量出来。通过预先率定仪器参数即可计算出渗透压力。

（2）差阻式渗压计。差阻式渗压计是渗透水压力自进水口经透水石作用于感应弹性

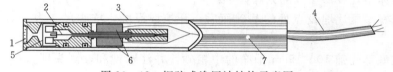

图 10-42　钢弦式渗压计结构示意图

1—透水石；2—钢弦；3—不锈钢体；4—引出电缆；5—膜片；6—激励及接收线圈；7—内密封

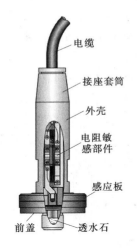

图 10-43 差阻式渗压
计结构示意图

膜片上，引起感应膜片位移，从而使其敏感组件上的两根电阻丝电阻值发生变化，其中一根 R_1 减小（增大），另一根 R_2 增大（减小），相应电阻比发生变化，通过电阻比指示仪测量其电阻比变化而得到渗透压力的变化量。渗压计可同时测量电阻值的变化，经换算即为测点处的温度测值（图 10-43）。

※技能操作※

2. 安装埋设

（1）渗压计在埋设前必须进行室内检验率定，合格后方可使用。按设计要求接长电缆（或仪器出厂前按设计要求长度定制电缆），做好电缆接头的密封处理，并做绝缘度检验，电缆接长后须用测读仪进行测量，并作记录。

（2）安装前需将渗压计在水中浸泡 24h 以上，使其达到饱和状态，再将测头放入装有干净饱和细砂的袋，防止水泥浆或黏土细颗粒进入渗压计内部，堵塞进水。

（3）在土石坝坝基表面埋设，可采用坑式埋设法。在坝内埋设时，当坝面填筑高度超出测点埋设高程 0.3m 时，在测点挖坑，坑深约 0.4m，采用砂包裹体的方法，将渗压计在坑内就地埋设。砂包裹体由中粗砂组成，并以水饱和。然后采用薄层辅料、专门压实的方法，按设计回填原开挖料。埋设后的渗压计，仪器以上的填方安全覆盖厚度不小于 1m。

土石坝坝体内埋设渗压计有两种方法：一种是随坝体的填筑直接埋设；另一种是钻孔埋设。渗压计埋设前，取下仪器端部的透水石，在钢膜片上涂一层黄油或凡士林以防生锈（但要避免堵孔）。安装前需将仪器在水中浸泡 24h 以上，使其达到饱和状态。埋设方法如图 10-44 和图 10-45 所示。

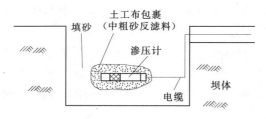

图 10-44 渗压计坝体中埋设示意图

1）在坝体中埋设渗压计的方法如下：

a）清理好渗压计埋设点处的基础面后，开挖埋设坑，坑底尺寸为 15cm×40cm，深度 40cm。

b）在坑底部先铺 10~15cm 干净的中粗砂，并注水饱和，测头埋入后，周围回填中粗砂，注水饱和，并小心用人工击实。

c）中粗砂以上可填筑坝体土料，坑深高度以内用人工分层夯实，其压实密度和含水量同坝体填土。

d）在反滤层粗砂和砂砾料排水带中，以及河槽砂卵石坝基表面埋设渗压计方法基本同上，依反滤关系，侧头周围填料亦可用粗砂填筑。

2）钻孔中埋设渗压计的方法如下：

a）在埋设点位置垂直钻孔至预定深度以下 15～30cm，孔径 ϕ110mm。安装渗压计的钻孔均不得采用泥浆钻进。

b）冲洗钻孔后，在孔底用干净的细砂回填至渗压计端头以下 15cm。

c）将渗压计封装在饱水的透水砂袋中，放入钻孔内预定深度，用干净的砂回填至测头以上 30cm，记录埋设高程并确定仪器正常后，上部用膨胀泥球回填封孔。

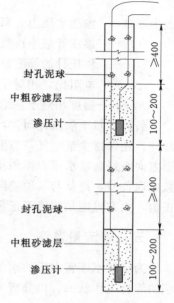

图 10-45　渗压计钻孔埋设示意图（单位：cm）

※基本知识※

（三）监测方法

1. 测压管水位监测方法

当测压管水位低于管口时，采用电测水位计量测测压管水位。首先将水位计测头缓慢放入管内，在指示器和蜂鸣器开始反应时，测量出管口至孔内水面的距离。应先后监测两次，两次读数之差不应大于 1cm。

当测压管水位高于管口时，采用压力表测量管内水压。原则上应首先排出管内积存气体，待压力稳定后才能读数。压力值应读到压力表的最小估算单位，每年应对压力表进行一次校验。

无论是测压管内水位高于或低于管口，均可采用渗压计进行测读。

2. 坝基渗流压力监测方法

坝基渗流压力监测设施及其安装一般情况同本节前述"测压管及其安装"。但当接触面处的测点选用测压管时，其透水段和回填反滤料的长度宜小于 0.5m。

3. 渗压计监测方法

（1）钢弦式渗压计水压力 P 计算公式。

$$P_t = K(R_0 - R_t) + C(T_t - T_0) \qquad (10-28)$$

式中　P_t——t 时刻测量的渗压力，MPa；

K——仪器系数，MPa/digitl；

R_t——t 时刻仪器读数，digitl；

R_0——初始仪器读数，digitl；

C——温度系数，MPa/℃；

T_t——t 时刻温度读数，℃；

T_0——初始温度读数，℃。

（2）差阻式渗压计水压力 P 计算公式。

$$P = f\Delta Z - b\Delta t \tag{10-29}$$

式中　　P——渗透水压力，MPa，受压为负值；

　　　　f——渗压计最小读数，MPa/0.01%；

　　　　b——渗压计的温度修正系数，MPa/℃；

　　　　ΔZ——电阻比，相对于基准值的变化量比值，仪器压力升高，ΔZ 为负；

　　　　Δt——温度相对于基准值的变化量，温度升高为正，降低为负，℃。

另外，对于渗压计而言，由于在装有感应部件的密封室内除了灌充中性油用于保护钢丝外，还保留少量空气，当温度升高后，空气和油都会膨胀，引起承压板向外变形，其变形方向刚好与渗水压力作用相反，使实测水压力减小，故计算渗水压力时，其温度补偿系数应取负号，这是与其他差阻式仪器不同之处。渗压计反映的水压力应为负值，如果出现正值，则有可能是测值不正常或温度修正系数 b 取值不合理造成的。

五、渗流量监测

为了解水库蓄水后的水量损失，更重要的是由于渗流量的变化能直观、全面地反映大坝的综合工作状态，以分析大坝在运行期的安全性，必须进行渗流量监测，同时还应监测渗水温度。

大坝的渗流量由三部分组成：坝体的渗流量、坝基的渗流量、通过两岸山体绕渗或两岸地下水补给的渗流量。

为了监测各部分的渗透稳定性，各分区的渗流量应尽量分别进行监测，应特别重视坝基浅层、心墙和斜墙的渗流量监测。

在进行渗流量监测时，应结合进行上下游水位、气温、水温及降水量的监测。对渗透水，可根据需要定期取水样进行透明度监测和水质的化学分析。

※技术应用※

（一）渗流量监测布置

1. 总渗流量监测布置

对于坝下游有渗出水，一般在坝脚下游能汇集的地方设置集水沟，在集水沟的出口处布置量水堰，如集水沟后接有排水沟，量水堰也可设置在排水沟内。这种布置监测的渗流量是出逸总水量，还有一部分从坝基内向下游渗出的水量（潜流），但由于地下潜流的渗流坡降随水库水位的变化不大，可以将潜流流量视为常数，监测渗流量加潜流流量即为总渗流量。

2. 土石坝分区渗流量监测布置

（1）用横向不透水的隔水墙将各段分开。

（2）在各坝段心墙或斜墙下游的基槽内铺设排渗管，分别将各坝段的渗流量引至下游排水沟内，用量水堰进行监测。排水管内应为无压流。

（3）为避免渗水排向下游坝壳或下游水位回水的影响，可在心墙或下游基槽的下游侧设置纵向不透水隔墙，墙顶应高于下游最高水位。

※技能操作※

（二）安装埋设

（1）量水堰一般设在排水沟的直线段上，堰身采用矩形断面，堰板应为不锈钢材料。

（2）堰槽段的尺寸及其与堰板的相对关系应满足如下要求：堰槽段全长应大于堰口水头的 7 倍，但不小于 2m，其中堰板上游应大于堰口水头的 5 倍，但不得小于 1.5m，堰槽宽度应不小于堰口最大宽度的 3 倍。

（3）堰板应为平面，局部不平处不得大于 ±3mm，堰口的局部不平处不得大于 ±1mm。

（4）堰板顶部应水平，两侧高差不得大于堰宽的 1/500，直角三角堰的直角误差不得大于 30″。

（5）堰板和侧墙应铅直，误差不得大于 30″。

（6）两侧墙应平行，局部的间距误差不得大于 10mm。

（7）水尺或水位计装置应该在堰板上游 3～5 倍堰口水头处。

（8）量水堰安装后，应详细填写考证表。

※基本知识※

（三）监测方法

渗流量监测根据渗流量的大小和汇集条件，选用如下几种方法：当流量小于 1L/s 时采用容积法；当流量为 1～300L/s 时采用量水堰法；当流量大于 300L/s 或不能设量水堰时，将渗漏水引入排水沟中，采用流速法或超声波流量计测量，这种方法在实际工程中应用较少。

1. 容积法

监测流量时，需将渗流水引入容器内（如量筒等），测定渗流水容积和充水时间（一般为 1min，且不得少于 10s），即可求得渗流量。

2. 量水堰法

常用的有三角堰、梯形堰和矩形堰，常用的为三角堰，各种量水堰的堰板一般采用不锈钢板制作，各种量水堰与堰板结构如图 10 - 46 所示。

（1）直角三角形量水堰。适用流量为 1～70L/s，三角形堰缺口为一等腰三角形，底角为直角，堰上水头为 50～300mm。

（2）梯形量水堰。适用流量为 10～300L/s，常用 1 : 0.25 的边坡，底（短）边宽度 b 应小于堰口水头 H 的 3 倍，一般为 0.25～1.5m。

（3）矩形量水堰。适用流量大于 50L/s，堰口 b 应为堰上水头 H 的 2～5 倍，一般为 0.25～2.0m。矩形堰分为无侧向收缩和有侧向收缩两种。

用于监测堰上水头的仪器设备有：水尺、水位测针或量水堰水位计。水尺精度不低于 1mm，水位测针或量水堰水位计精度不低于 0.1mm。

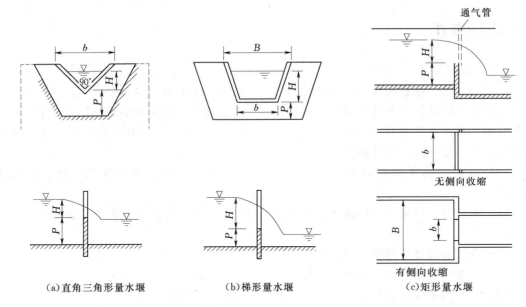

（a）直角三角形量水堰　　（b）梯形量水堰　　（c）矩形量水堰

图 10-46　量水堰结构示意图

测流速法监测渗流量的测速沟槽应是长度不小于 15m 的直线段，且断面一致，保持一定纵坡，不受其他水干扰。

3. 流速法

监测渗流量的测速沟槽应是长度不小于 15m 的直线段，且断面一致，保持一定纵坡，不受其他水干扰。

（四）监测与计算

1. 量水堰法

当测量量水堰堰顶水头时，应读到最小估读单位，量水堰的流量 Q（m³/s）计算公式如下：

（1）直角三角形量水堰。

$$Q = 1.4H^{5/2} \tag{10-30}$$

式中　H——堰上水头，m。

（2）梯形量水堰。堰口应严格保持水平，1：0.25 的梯形堰流量 Q 计算公式为

$$Q = 1.86bH^{3/2} \tag{10-31}$$

（3）矩形量水堰。矩形量水堰计算较为复杂，无侧向收缩矩形量水堰流量 Q 计算公式为

$$Q = mb\sqrt{2g}H^{3/2} \tag{10-32}$$

其中　　　　　　　　　　$m = 0.402 + 0.054H/P$

其余符号如图 10-47 所示。

2. 容积法

直接测定渗漏水的容积和充水时间（一般为 1min，且不得小于 10s）。

3. 水质分析

水质分析所需水样应在规定的监测孔、排水孔或廊道排水沟内取得。在监测孔中取样时，也应在水库内同时取水样，以便分析比较。坝体混凝土中或基岩中的析出物，应取样进行分析，检查是否有化学管涌或机械管涌发生。

水质分析包括物理指标和化学指标两部分，有全分析和简分析，一般情况下仅作简分析项目。

全分析项目包括：

（1）水的物理性质：水温、气味、混浊度、色度。

（2）pH 值。

（3）溶解气体：游离二氧化碳、侵蚀性二氧化碳、硫化氢、溶解氧。

（4）耗氧量。

（5）生物原生质：亚硝酸根、硝酸根、磷、铁离子、氨离子、硅。

（6）总碱度、总硬度及主要离子：碳酸根、重碳酸根、钙离子、镁离子、氯离子、硫酸根、钾和钠离子。

（7）矿化度。

简分析项目包括：色度、水温、气味、混浊度、pH 值、游离二氧化碳、矿化度、总碱度、硫酸根、重碳酸根及钙、镁、钠、钾、氯等离子。

六、绕坝渗流监测

大坝的两岸山体一般由岩石、岩石风化层和坡积土构成。若山体岩石裂隙、节理和岩溶发育，或有断层通过，或堆积层透水，且强度较低，则绕坝渗流除影响两岸山体本身的安全外，对坝体和坝基的渗流也可能产生不利的影响。因此应进行绕坝渗流监测。

1. 绕坝渗流监测设计

绕坝渗流监测，包括两岸坝端及部分山体、土石坝与岸坡或混凝土建筑物接触面，以及防渗齿墙或灌浆帷幕与坝体或两岸接合部等关键部位。

绕坝渗流的测点布置应根据地形、枢纽布置、渗流控制设施及绕坝渗流区渗透特性而定。

（1）大坝两端的绕渗监测，宜沿流线方向或渗流较集中的透水层（带）设 2～3 个监测断面，每个断面上设 3～4 条监测铅直线（含渗流出口），如需分层监测应做好层间止水。

（2）土石坝与刚性建筑物接合部的绕渗监测，应在接触轮廓线的控制处设置监测铅直线，沿接触面不同高程布设监测点。

（3）在岸坡防渗齿槽和灌浆帷幕的上下游侧各设 1 个监测点。

2. 绕坝渗流监测方法

绕坝渗流的监测方法与坝体渗流的监测方法相同，可采用测压管或埋入渗压计等方法进行监测。测压管深度或渗压计埋入深度应深入死水位或筑坝前的地下水位以下。

七、边坡工程

边坡工程一般在对大坝安全有较大影响的滑坡体或高边坡进行渗流监测，应尽量应用地质勘察孔做地下水位监测孔。

对查明有滑动面者，宜沿滑动面的倾斜方向布置 1~2 个监测断面。监测孔应深入滑动面以下 2m，若滑坡体内有隔水岩层时，应分层布置测压管，同时做好层内隔水。若地下水埋深较深，可利用勘察平洞或专设平洞设置测压管进行监测。

任务四　土坝应力（压力）监测

※基本知识※

一、应力（压力）监测概述

1. 应力（压力）监测项目

土石坝的压力（应力）监测主要包括孔隙水压力、土压力（应力）、接触土压力以及混凝土面板应力等。

2. 应力（压力）监测一般要求

（1）应力、应变及温度监测应与变形监测、渗流监测项目相结合，重要的物理量可布设互相验证的监测仪器。

（2）应同时监测上下游水位、降水量等项目。

（3）应力监测的正负号应遵守以下规定：压应力为正，拉应力为负。

二、孔隙水压力监测

※技术应用※

（一）孔隙水压力监测设计

孔隙水压力监测一般仅适用于饱和土及饱和度大于 95% 的非饱和黏性土。均质土坝、冲填坝、尾矿坝、松软坝基、土石坝土质防渗体、砂壳等土体内需进行孔隙水压力的监测。

1. 监测断面

（1）孔隙水压力监测断面布置，应根据工程的重要程度、坝体尺寸、结构形式、地形、地质及施工方法等情况而定。

（2）孔隙水压力监测横断面，应设于最大坝高、合龙段、坝基地质地形条件复杂处，并应尽量与变形、渗流、土压力监测断面相结合。

（3）孔隙水压力监测断面，一般设 2～3 个横断面，且其中一个为主监测断面。1、2级工程可另增设 1～2 个监测纵断面。

2. 监测点

（1）测点的布置应根据坝型和具体尺寸而定，以能给出所需的孔隙水压力等压线为原则。

（2）孔隙水压力测点在横断面、纵断面上的布置，应尽量与渗流监测点结合，可分布在 2～3 个高程上。坝身与坝基交界面应布设一排测点，其上排与排的高差约为 1/4 坝高，位置应尽量与变形测点在同一高程。1、2 级工程和高坝可酌情增加。

（3）对均质坝，在主要监测横断面内，应在坝坡稳定分析弧区域和靠近坝基部位多布设一些测点。

（4）对心墙坝，在心墙中的测点布置，一般为心墙轴线及其两边不同填筑材料交界处各布置一个测点。心墙宽度较大时，应在距心墙轴线上、下游 1/4 宽度处各增加一个测点。

（5）孔隙水压力监测，可在同一测点布设不同类型的孔隙水压力计，进行校测。对重要部位可平行布置同类型孔隙水压力计进行复测。

均质坝孔隙水压力监测布置示意图如图 10 - 47 所示。

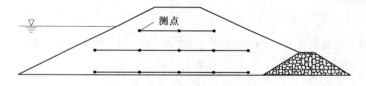

图 10 - 47　均质坝孔隙水压力测点布置示意图

（二）孔隙水压力监测方法

孔隙水压力一般采用水管式、测压管式和振弦式孔隙水压力计等方法进行监测。水管式孔隙水压力计由于操作和埋设复杂、容易损坏等原因，目前很少应用。

1. 测压管式孔隙水压力计

测压管式孔隙水压力计的结构形式与渗流监测测压管基本相同。

※基本知识※

（1）测压管式孔隙水压力计结构。

1）测压管式孔隙水压力计由导管、测压管式测头、横梁十字板及管口保护设备等组成，如图 10 - 48 所示。

2）导管采用内径 25～50mm 的塑料管或无缝镀锌钢管，每节 2～3m，由管箍连接而成。

3）测压管式测头长 20cm，其结构与渗流监测测压管相同。测头以下预留 50cm 的沉淀管。如果测头采用直径 4cm、长 20cm 的透水石，则不需要沉淀管。

4）为了固定测头位置及保证垂直安装，在距测头中心位置以上 0.6 m 处，焊有水平的横梁十字板，可兼作测头的竖向位移和两管测点间的位移监测用。

5）导管管口应做带有通气孔的管帽，外加测压管管口保护罩。

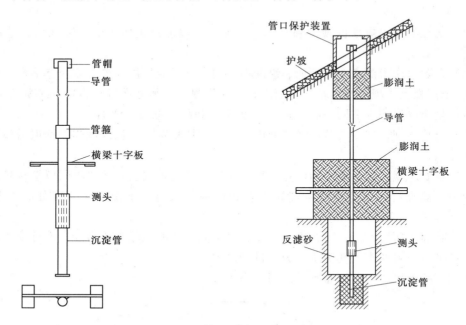

图 10 - 48　测压管式孔隙水压力计结构示意图　　图 10 - 49　测压管式孔隙水压力计埋设安装示意图

※技能操作※

（2）测压管式孔隙水压力计的埋设。测压管式孔隙水压力计可采用坝体填筑过程中埋设和钻孔埋设方式。

1）坝体填筑过程中埋设。当坝体填筑到设计的监测点高程时，在填土表面挖一个孔，孔径 30～50cm，深 60～90cm，孔底以上 30cm 充填密实的膨润土，其上铺填符合反滤要求的干净砂砾料，厚度 20cm。

将测头末端放入孔内后，周围填砂，测量测头中心部位的高程，然后在砂土上部沿导管回填膨润土，厚 1m。

随着填土的上升，用管箍将管接高，管壁外围用小锤夯实，严防从接口和管壁漏水。

横梁十字板应水平地安装在坚实的土层上，要经常校正，使测压管位置固定且垂直。

当导管接到坝面时，安装管口保护设备，如果管内水溢出，则在管顶上安装压力表。测压管埋设安装示意图如图 10 - 49 所示。

2）钻孔埋设。测压管式孔隙水压力计钻孔埋设的方法与渗流监测测压管相同，但回填材料不同，在测头砂层以上先填 1m 厚的膨润土，然后用水泥砂浆回填，离坝面 1m 用黏土加填。

测压管埋设后，应进行注水试验。

※基本知识※

2. 振弦式孔隙水压力计

孔隙水压力计的选型，应优先选用振弦式仪器。当黏土的饱和度低于95％时，应选用带有细孔陶瓷滤水石的高进气压力孔隙水压力计。

孔隙水压力计埋设时，一般应在埋设点附近适当取样，进行土的干密度、级配等物理性质试验，必要时还应取样进行有关土的力学性质试验。

※技能操作※

振弦式孔隙水压力计可采用坝体填筑过程中埋设和钻孔埋设方式。

（1）坝体填筑过程中埋设。

土石坝内、坝基表部孔隙水压力计的埋设，可采用坑式埋设法。在坝内埋设时，当坝面填筑高程超出测点埋设高程约0.3m时，在测点挖坑，坑深约0.4m，采用砂包裹体的方法，将孔隙水压力计在坑内就地埋设。

砂包裹体由中粗砂组成，并以水饱和。然后采用薄层铺料、专门压实的方法，按设计回填原开挖料。

埋设后的孔隙水压力计仪器以上的填方安全覆盖厚度应不小于1m。

孔隙水压力计的连接电缆可沿坝面开挖沟槽敷设。当横穿防渗体敷设时，应加阻水环；当在堆石坝壳内敷设时，应加保护管。当进入监测房时，应以钢管保护。

连接电缆在敷设时，必须留有裕度，并禁止相互绞绕。敷设裕度依敷设的介质材料、位置、高程而定，一般为敷设长度的5％～10％。

连接电缆、水管以上的填方安全覆盖厚

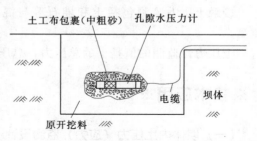

图10-50　孔隙水压力计填筑过程中埋设

度，在黏性土填方中应不小于0.5m，在堆石填方中应不小于1m。振弦式孔隙水压力计坝体填筑过程中埋设示意图如图10-50所示。

（2）运用期埋设。

运用期孔隙水压力计的埋设，应采用钻孔埋设法。钻孔孔径依该孔中埋设的仪器数量而定，一般直径采用$\phi108\sim150$mm。成孔后应在孔底铺设中粗砂垫层，厚约20cm。

孔隙水压力计的连接电缆，必须以软管套护，并铺以铅丝与测头相连。埋设时，应自下而上依次进行，并依次以中粗砂封埋测头，以膨润土干泥球逐段封孔。封孔段长度应符合设计规定。回填料、封孔料应分段捣实。

孔隙水压力计埋设与封孔过程中，应随时进行检测，严禁损坏仪器测头与连接电缆，一旦发现，必须及时处理或重新埋设。

振弦式孔隙水压力计钻孔埋设示意图如图 10-51 所示。

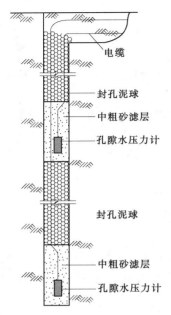

图 10-51　孔隙水压力计钻孔

3. 孔隙水压力计监测

（1）孔隙水压力计的测读方法，依所选用仪器类型而定，振弦式孔隙水压力计通过测读其自振频率的变化以确定其反映的孔隙水压力的变化。

（2）孔隙水压力的监测测次，依坝的类型和监测阶段而定，除满足规范要求外，应遵守下列规定：

1）在施工期，每当填方升高 5～10m 或每隔 10～15d 应监测一次，同时必须测记监测断面填方的填筑高程变化。

2）对于已运行的坝，如新建监测系统，在第一个高水位周期，应按初蓄期的规定进行监测。

三、土压力（应力）监测

土压力（应力）监测包括坝体内土压力和接触土压力监测。

坝体内土压力监测包括土与堆石体的总应力（即总土压力）、垂直土压力、水平土压力，和大、小主应力等的监测。

土或堆石的大、小主应力，通过具有不同埋设方向土压力计组的监测间接确定。

接触土压力监测包括土和堆石等与混凝土、岩面或圬工建筑物接触面上的土压力监测。

土压力计监测的值是土的总压力，总压力减去监测点孔隙水压力即为有效应力。

※技术应用※

（一）坝体内土压力（应力）监测设计

1. 监测断面

坝体内土压力监测，可设 1～2 个监测横断面，1～2 个监测纵断面，特别重要工程或坝轴线呈曲线形的工程可增设一个监测断面。监测断面的位置，应与坝内孔隙水压力、变形监测断面相结合。坝体内土压力监测点布置示意图如图 10-52 所示。

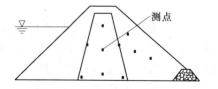

图 10-52　土压力监测点布置示意图

2. 监测点

（1）坝体内土压力监测断面上的测点，一般可布设 2～3 个高程，必要时可另增加。测点在横断面、纵断面上的布设可不对称。

（2）监测断面内每一测点处的土压力计一般成组布置，每组 2～3 个，必要时可布置 4～6 个。

（3）土压力计测点的布置，应与孔隙水压力测点成对，并应考虑同竖向位移、水平位移测点结合。同一测点区内各监测仪器之间的距离不宜超过 1m。

※基本知识※

（二）坝体内土压力（应力）监测方法

1. 土压力计结构和工作原理

（1）土压力计结构。

土压力计由压力盒、压力传感器和电缆等组成，如图 10-53 所示。

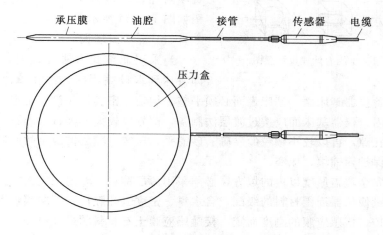

图 10-53　土压力计结构图

压力盒由两块圆形、等厚的不锈钢板焊接而成，两板间构成一个厚度约 1mm 的空腔，腔内充满硅油介质，用一根不锈钢管与传感器连接，形成一个封闭的承压系统。

（2）土压力计工作原理。

土压力作用于压力盒的承压膜上时，使压力盒内油腔体积发生变化而产生压力，通过连接管将此压力传递到传感器上，传感器信号通过电缆传输到采集仪表，从而量测出土的压力。

土石坝的土压力计应选用振弦式土压力计，其相应测读仪依其类型选用。

※技能操作※

2. 土压力计的埋设

土压力计的埋设，应特别注意减小埋设效应的影响。必须做好仪器基床面的制备、感应膜的保护和连接电缆的保护，及其与终端的连接、确认、登记。

土压力计埋设时，一般在埋设点附近适当取样，进行干密度、级配等土的物理性质试验，必要时还应适当取样进行有关土的力学性质试验。

组成各土压力计的中心位置高程，应符合设计埋设高程。土压力计组的埋设，依成组土压力计的数量，可采用就地分散埋设法。分散式各土压力计之间的距离不应超过 1m。其水平向以外的土压力计的定位、定向，借助模板或成型体进行。

土压力计埋设后的安全覆盖厚度，即能恢复正常施工必需的填方覆盖厚度，依填方材料、施工机械、仪器类型等而异。

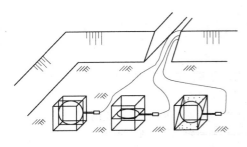

图 10-54　土压力计埋设示意图

一般地，在黏性土填方中应不小于 1.2m，在堆石填方中应不小于 1.5m。土压力计有非坑式和坑式两种埋设方法。一般土压力计的埋设宜按非坑式埋设方法进行，在堆石坝内埋设时最宜采用。土压力计埋设示意图如图 10-54 所示。

（1）非坑式埋设。

当采用非坑式方法埋设时，在填方高程即将达到埋设高程时，即在填筑坝面上的测点位置直接制备仪器基床面。基床表面必须平整、均匀、密实，并符合规定的埋设方向。

在堆石体内，仪器基床面应按过渡层法制备，即先以较大的砾石（碎石）填充埋设点处堆石的表面孔隙，再以较小颗粒的砂砾、砂铺平、压实。随之按规定的监测方向安设土压力计，掩埋保护，铺填、压实。

仪器周围安全覆盖厚度以内的填方，必须采用薄层铺料、专门压实的方法，确保仪器安全，并应尽量使仪器周围材料的级配、含水量、密度（孔隙比）等同邻近填方接近。仪器感应膜的保护，依感应膜的刚度而定。接触感应膜土石材料的最大粒径以不损伤感应膜并能均匀感应上压力为限，一般宜采用中细砂。在黏性土中宜先以薄层砂保护，在堆石体内的土压力计，应按上述过渡层法保护。

（2）坑式埋设。

当采用坑式方法埋设时，依填方材料的不同，在填方高程超过埋设高程约 1m 时，在埋设点开挖坑槽进行埋设。

在黏性土中坑槽深约 1.2m，坑底尺寸约 1m×1.2m，以能方便工作为准。对于按分散方法水平埋设的土压力计，宜在坑底中心刻挖仪器承台，承台高约 0.2m，利用承台制备仪器基床面。

仪器就位后，将开挖的土料筛除大于 5mm 的碎石，薄层回填，专门压实。对于铅直向与倾斜向埋设的土压力计，按要求方向在坑底挖浅槽。槽深约等于土压力计的半径，宽为仪器厚度的 2~3 倍。回填方法同非坑式埋设。

在堆石中，坑槽深约 1m，应按要求制备基床面，进行感应膜保护，然后回填、压实。

※技术应用※

（三）接触土压力监测设计

（1）接触土压力监测点沿刚性界面布置，一般布置在土压力最大、受力情况复杂、工程地质条件差或结构薄弱等部位。

（2）接触土压力监测，必要时可用同一类型的接触土压力计进行平行布置。

（3）在承受填土侧压力的建筑物部位，如岸坡挡土墙、溢洪道侧墙等，应选择受力最大的1～2个断面布置测点。测点在挡土建筑物墙高1/2以下布置应密一些，上部可稀一些。

（4）在建筑物基础部位，应在基底或垫层上选择1～3个断面进行测点布置。断面应布置在基础和垫层承受压力最大和强度较低处。

（5）为监测混凝土防渗墙承受的土压力大小，可选择1～3个混凝土防渗墙承受压力最大的断面进行测点布置。

（6）在水工建筑物淤积部分，为监测淤泥对建筑物产生的土压力，应在建筑物可能形成最大淤积处，选择1个断面，测点沿高程布置。

接触土压力监测点布置如图10－55所示。

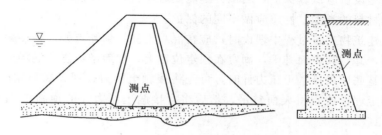

图10－55　接触土压力监测点布置示意图

（四）接触土压力监测方法

※基本知识※

1. 接触土压力计结构

接触土压力计的结构形式有立式和分离式，由压力盒、压力传感器和电缆等组成，如图10－56所示。

立式接触土压力计结构没有连接管；分离式接触土压力计是单侧受荷，压力盒的两块不锈钢板不等厚，不承压的一面钢板较厚。

接触土压力计应选用振弦式接触土压力计，其相应测读仪依其类型选用。

※技能操作※

2. 接触土压力计的埋设

接触土压力计埋设时，应在埋设点预留孔穴，孔穴的尺寸应比接触土压力计略大，并保证埋设后的土压力计感应膜与结构物表面或岩面齐平。

当在混凝土结构内埋设时，应在埋设点混凝土浇筑28d后进行。

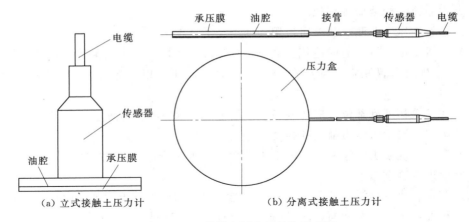

（a）立式接触土压力计　　　　　　　（b）分离式接触土压力计

图 10-56　接触土压力计结构示意图

土压力计埋设后应认真保护，当填方不能及时掩盖时，应加盖保护罩。当填方即将掩盖时，依覆盖材料的类型、性质应做不同的保护。

在混凝土建筑物浇筑过程中埋设时，应在混凝土浇筑到测点处，将接触土压力计承压膜面朝向表面，并与其表面齐平，固定在预定位置上，然后继续浇筑混凝土。

在建筑物基底埋设接触土压力计时，可先将接触土压力计埋设在预制的混凝土块内。清基后，在预定埋设位置将表面整平，然后将含接触土压力计的预制块放上（承压膜朝下），并引出电缆。

思　考　题

1. 土石坝变形监测的外部监测有哪些监测？

2. 进行水平位移与垂直位移监测有哪些方法？

3. 如何进行土石坝表面监测点的布设？

4. 什么是土石坝水平位移监测的大地测量方法？

5. 什么是视准线法监测？

6. 引张线有哪些种类？

7. 真空激光准直系统有哪些组成部件？

8. 静力水准测量的仪器构成如何？静力水准仪有何作用？

9. 土石坝内部位移变形监测包括哪些方面？如何布置？

10. 内部位移监测中竖向与水平位移的监测方法各有哪些？

11. 试述连杆式分层沉降仪的安装方法。

12. 水平位移监测方法有哪些？

13. 试述测斜仪与钢丝水平位移计安装方法。

14. 如何监测混凝土面板的挠度？

15. 土石坝渗流监测包括哪些方面的内容？

16. 土石坝渗流压力监测如何布置？

17. 测压管与渗压计各适用于何种情况？
18. 如何安装测压管？有哪些要求？
19. 渗压计有哪些形式？
20. 渗压计如何安装？有哪些要求？
21. 如何进行渗流监测布置？
22. 如何进行绕坝渗流监测？
23. 土石坝应力监测有哪些要求？
24. 孔隙水压力监测如何布置？监测断面与监测点的布设有何要求？
25. 孔隙水压力的监测方法有哪些？如何进行监测？
26. 振弦式孔隙水压力计如何埋设？
27. 土压力监测如何布设？如何埋设压力计？
28. 接触压力监测如何布置？压力计如何埋设？

技 能 训 练

1. 进行引张线装置安装。
2. 进行渗压计埋设安装。
3. 进行压力计埋设安装。

技术应用能力提升

选择一土石坝工程设计图，在其平面图与断面图中布置水平位移与垂直位移监测点。

项目十一　混凝土坝安全监测

导学： 变形、应力及渗流等是混凝土坝安全监测的重要内容，其中监测布置、监测仪器构成与原理、监测方法及监测仪器安装是最基本的内容，在各监测项目中检测方法与使用的仪器设备密切相关，仪器的结构组成、工作原理、性能特点是应知道的基本知识，仪器设备在坝体上的布置及仪器设备的安装与使用是监测岗位常遇到的技能性较强的工作，应能熟练操作，应特别重视。外部体现水平位移的挠度监测应围绕各类垂线仪的应用开展，内部变形的倾斜监测应与倾斜仪的应用相结合，混凝土坝的渗流监测应重点放在渗压计的应用上，应力应变监测应重点注视应变计的应用。

任务一　混凝土坝外部变形监测

※基本知识※

混凝土坝外部变形监测工作的主要内容也涉及水平位移监测、垂直位移监测、挠度监测和裂缝监测等，其中挠度监测是混凝土坝变形监测中一项重要内容。使用的仪器设备与土石坝用的都基本相同，但在基准线法中较多地以引张线法、激光准直法为主，在大地测量法中更多地使用精密导线法。

混凝土坝变形监测精度的要求见表 11-1。

表 11-1　　　　　　　　　混凝土坝变形监测中误差限值

项　　目		位移量中误差限值
水平位移	重力坝	±1.0mm
	拱坝径向	±2.0mm
	拱坝切向	±1.0mm
	拱坝坝基（径向、切向）	±1.0mm、±0.5mm
垂直位移	重力坝、拱坝	±1.0mm
挠度	重力坝、拱坝	±0.3mm
		±1.0mm
倾斜	重力坝（坝体、坝基）	±2.0″、±1.0″
	拱坝（径向、切向）	±2.0″、±1.0mm
接缝、裂缝	重力坝、拱坝	±0.1mm

※技术应用※

一、混凝土坝外部变形监测的设计布置

1. 混凝土坝

混凝土大坝是用钢筋混凝土浇筑而成，是刚性块体。它的水平位移变化量远小于土石坝，而它的水平位移变化受温度影响又比较大，因而对混凝土坝段更重视它的挠曲变化。如果是混凝土拱坝，则两个拱肩是受力的重要部位，是监测重点。对于混凝土坝来讲，由于其上下游坡相对于土石坝坡要陡很多，一般不设马道，因此像土石坝坡一样在坝坡上布设测点一般很困难，所以对混凝土坝段的水平位移外部变形监测一般着重于坝顶（对拱坝而言拱肩更是重点），对混凝土坝的垂直位移着重于坝的基础廊道内和坝顶的沉降变化。

混凝土坝安全监测一般以深埋于基础深处的倒垂为监测工作基准，通过正倒垂结合测定坝体内不同高程测点的水平位移变化，而确定坝体的挠曲变化。

混凝土坝的外部变形监测点的埋设方法和技术要求和土石坝外观监测点相近，一般均为安装有强制对中装置的混凝土标墩，并附有水准测量标志。

2. 其他类型坝

大坝根据建筑材料不同还有砌石坝、混凝土面板堆石坝、碾压混凝土坝等，坝型也各不一样，因此外部变形监测的重点也不一样，但外部变形监测主要是测定被监测部位监测点三维坐标变化，按大地坐标讲，即 x、y、h 方向；而对枢纽建筑物而言，一般要将大地坐标换算成施工坐标（即平行于坝轴线方向、垂直于坝轴线方向、垂直方向）。

在外部变形监测工作中，一般基准点采用的都是大地坐标，用基准点测定监测点的坐标也是大地坐标，因此需要将大地坐标系的监测结果转换成施工坐标系中的监测成果。当然也可以将大地坐标系的基准点坐标在监测前就换算成施工坐标系的坐标，再用施工坐标系的基准点直接测定监测点的施工坐标系坐标。

坐标转换可以根据需要进行。但要注意当一个基准用于两个或两个以上的施工坐标系时，必须选择正确合理的坐标，切忌混淆以致造成错误。

检测方法、仪器设备及安装等可参考土石坝部分与之相关的内容。

※基本知识※

二、垂线监测及垂线坐标仪

垂线是监测挠度的一种常用手段。常用的垂线有正垂线和倒垂线两种。正垂和倒垂经常组合使用，可求得建筑物整个高度各测点的绝对水平位移量，图 11-1 所示为正倒垂线系统示意图。

正垂线监测系统包括专用竖井、悬挂端点、线体、重锤、垂线坐标监测设备等。线体通常采用 1.5～2mm 的高强不锈钢丝。正垂线测量装置的固定点悬挂于欲测部位的上部，

垂线下部设重锤，重锤一般为 20～40kg，使该线体始终处于铅垂状态，作为测量的基准线，垂线监测设备则设置在沿线体布置的监测点上。正垂线可测量相对于顶部悬挂点的位移变化，如图 11-2 所示。

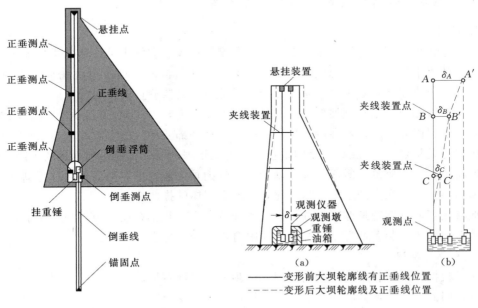

图 11-1　正倒垂线系统示意　　　图 11-2　挠度监测——正垂线

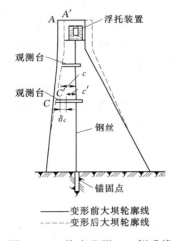

图 11-3　挠度监测——侧垂线

倒垂线监测系统一般由倒垂锚块、线体、浮筒、监测墩、垂线坐标监测设备等组成。倒垂测量装置的锚固点设在基岩下一定深度，线体上引至地面，利用浮筒的浮力将线体拉直并保持一定的张紧力，浮筒置于被测物件上并随其一起位移，但垂线借助于浮力仍始终保持为铅直，故该垂线可以认为是基准线。倒垂线锚固点的深度通常要求达到基岩的相对不动点，因此倒垂上部测点的位移可认为是绝对位移，如图 11-3 所示。

垂线坐标仪是垂线测量装置中的测量仪器。目前国内使用最多的遥测垂线坐标仪为差动电容式双向坐标仪，此外还有步进电机式坐标仪，以电荷偶合器件为敏感组件的 CCD 型坐标仪也在工程中得到应用。

（一）RZ 型电容式垂线坐标仪

1. RZ 型电容式垂线坐标仪的类型

RZ 型电容式垂线坐标仪按其用途及测量方向可分为双向垂线坐标仪和三向垂线坐标仪（有时亦用 RZS 型加以区分），如图 11-4 与图 11-5 所示。双向垂线坐标仪主要是用于水平面内挠度的变位监测。三向垂线坐标仪除可测量水平面内挠度的双向变位外，还可以测量沉陷方向的位移。

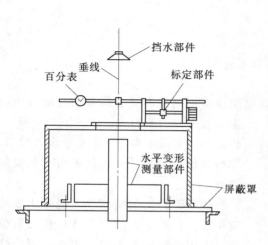

图 11-4 电容式双向垂线坐标仪
结构示意图

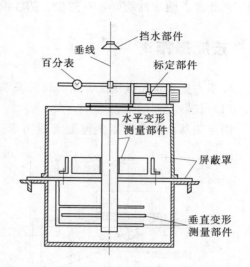

图 11-5 电容式三向垂线坐标仪
结构示意图

2. RZ 型电容式垂线坐标仪的技术参数

电容式双向垂线坐标仪的型号及规格指针见表 11-2。

表 11-2　　　　　　　　　　　　电容式双向垂线坐标仪主要参数

型号规格		RZ-25	RZ-50	RZ-100
测量范围 /mm	X 向	25	50	100
	Y 向	25	50	50
主要参数	最小读数/mm	0.01		
	精度，≤	0.3%F·S		
	温度系数，≤	0.01%F·S/℃		
	环境温度/℃	−20～60		
	相对湿度/%	95		

3. RZ 型电容式垂线坐标仪的性能特点

（1）电容感应式垂线坐标仪无机械传动和跟踪结构，用非接触测量方式实现了垂线的自动监测，具有精度高、长期稳定可靠的优点。

（2）仪器结构简单，仪器的关键部件仅由安装在测点的感应极板和安装在线体上的中间极组成，没有任何传动部件，也无一电子元器件，故障环节少，可靠性高。

（3）仪器适应环境能力强，用于坝工监测的仪器与其他工业传感器相比，有两大特性：其一要求长期稳定；其二要求适应高低温（－35～60℃）、高湿度（相对湿度 95％），电容感应式垂线坐标仪温度系数极小，性能优越。感应部件中的感应极经过了特殊绝缘防潮工艺处理，防潮性能好，对防尘、防沙没有特别要求。

※技能操作※

4．RZ 型电容式垂线坐标仪的现场安装、标定

（1）仪器支架的准备。

固定架从监测点混凝土壁上支撑出来。固定架也可根据仪器安装位置做在混凝土墩上，或做成钢架形式，如图 11－6 所示。仪器固定架最根本的要求是稳定、可靠，与待测部位固结，并能代表所测位置的变形。

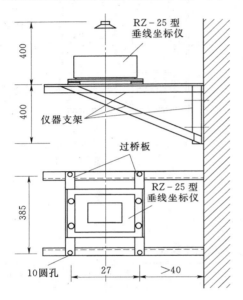

图 11－6 RZ－25 型坐标仪安装示意图（单位：mm）

固定架的支架端部埋入混凝土要稳定可靠，在固定架浇筑 15d 后再安装仪器。固定架按图所示尺寸要求，以线体为中心加工 4 个 $\phi 10$mm 的过眼。固定架埋设时需用水平尺调平。

RZ－25 型电容式双向坐标仪安装支架 4 个 $\phi 10$mm 孔间距为 385mm×274mm。

电容式垂线坐标仪是精密的传感器，可在潮湿环境下使用，但需有保护设施，防止漏水或凝结水直接流入仪器。

（2）电缆准备。

垂线自动监测系统中共采用两种类型电缆，均为电容感应式仪器特制的专用电缆。RZ 型坐标仪采用五芯屏蔽电缆连接。

在现场安装前应对电缆做如下检查：

1）用万用表测量每根线的芯线电阻，并记录。

2）用 100V 兆欧表分别检查每根芯线与屏蔽层的绝缘电阻值，并记录，要求阻值大于 100MΩ。

（3）电容式双向垂线坐标仪的现场安装。

在准备好的支架上，先安装仪器底板，再安装四块极板，要求两组平行极板分别平行于坝体左右岸方向和坝体上下游方向，固定极板部件的螺钉拧紧要适量，以免连接件瓷子被破坏。再将各极板引线头烫锡。

中间极感应都是由一个圆柱形极板组成的，由两块半圆环形的夹块固定在垂直线，对于 RZ－25 型坐标仪，中间极安装尺寸为：由底板到上部为（100±2）mm，RZ－50 型电容式双向坐标仪为（140±2）mm。中间极安装时一定要固紧在线体上，防止因重力作用下中间极缓慢下滑而影响测值。

（4）电缆连接及绝缘处理。

将屏蔽电缆线穿过仪器底板的过线孔，每根芯线固定在其相应的位置，与感应极引线焊接。焊接后接头部分进行绝缘处理，并检查绝缘性能。

（5）现场性能标定。

为确保仪器使用质量，并使用户在现场能检查仪器性能，每个工程配置了一套标定部件，用于检查仪器输出数值是否正常，可用标定部件在坐标上标定，如标定出数据正常，就要对坝体出现异常进行分析，采取相应措施。

仪器出厂前在专用标定台上按以下方法做标定试验，将测量范围均分 5～10 挡进给位移，共完成三个正、反行程测量，将所得数据经计算得仪器在左右、上下方向的线性误差，重复性误差和迟滞误差。

电容式双向垂线坐标仪的线性标定、温度附加误差试验，一般现场不具备一定条件和设备，可不做此试验，一般现场仅做灵敏度标定。在左右方向和上下游方向分别找到中间位置（0 位置）后按满量程进行标定，确定灵敏度。

为了便于计算，垂线坐标仪的测值方向应符合 SL 601—2013《混凝土坝安全监测技术规范》的要求，即坝体向下位移为正，坝体向左位移为正；若不一致，在模块接线端子处将该组二桥压线进线的位置互相调换使其一致。

5. RZ 型电容式垂线坐标仪的监测

用数据采集装置自动测量，可直接显示或打印本次测值与基准值间的相对变位或坐标值。

6. RZ 型电容式垂线坐标仪的使用维护

（1）垂线线体装置要稳定可靠。如有些倒垂线在基岩锚固处固结不牢、因垂线孔倾斜引起线体碰孔壁、在坝体中因串风引起线体摆动、线体卡住等引起的故障要排除，否则测值不可靠。

（2）坐标仪系列中感应部件经过特殊防潮工艺处理，能在相对湿度 95% 的坝体内长期可靠工作，在恶劣环境下，需采取一定措施确保垂线坐标仪极板上水介质均匀，使仪器测值可靠。

（3）为适应在大坝恶劣环境下可靠工作，坐标仪内无一电子元器件。当坐标仪在现场安装调试完后，一般不会出现故障，不需经常采取维护措施。中间极引出线是一根线径仅 0.05～0.1mm 的细漆包线，要注意防止将其碰断。

（二）MZ-1 型垂线瞄准仪

※基本知识※

MZ-1 型垂线瞄准仪结构简单、性能可靠、价格低廉，适合于中小型工程安全监测用，并可作为自动化电测仪器的校核装置（用于人工比测）。

1. MZ-1 型垂线瞄准仪的用途

安装在正、倒垂线装置的测点处可以人工目测水平面双向位移变化。

2. MZ-1 型垂线瞄准仪的主要技术指标

测量范围：X 向 $-15 \sim +15$mm（上下游向），Y 向 $-10 \sim +10$mm（左右向）。

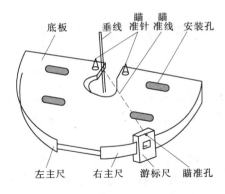

图 11-7　MZ-1型垂线瞄准器结构图

最小分辨率：0.1mm。

测量误差：0.30mm。

外形尺寸：50mm×630mm×330mm。

3．MZ-1型垂线瞄准仪的结构、测量原理、计算方法

仪器由瞄准针、主尺、游标尺及地板组成，如图 11-7 所示。

测量原理：移动游标尺，通过瞄准孔用目视线将瞄准孔与垂直钢丝及瞄准针三点瞄准排列在一条直线上。即可利用左右标心的刻度值来确定垂线位置的坐标值。

垂线测点移动方向与测值"正""负"号：X_A 为正值时垂线测点向下游移动，Y_A 为正值时垂线测点向左岸移动（以仪器安装时将圆弧面指向上游向为例）。

※技能操作※

4．MZ-1型垂线瞄准仪的安装

（1）支撑架安装设置。

安装支撑架结构如图 11-8 所示。支撑架可预埋在廊道侧壁上，或者埋在廊道地面上的墩座上。支架上表面离地面高度为 1.2～1.5m。仪器安置方向是圆弧面指向上游向时，圆弧面与廊道壁有圆弧壁留有足够空间（间距≥0.8m），以便监测人员操作。

在瞄准针上方应安装照明灯。

（2）仪器固定。

选择适宜的起始点，一把在年平均气温时安装（4—5月或 10—11月），此时，仪器底板圆弧中心与垂线位置相重合。若在其他时间安装，应考虑垂线监测点今后变化范围及方向。对于倒垂线，冬季坝体向下游移动，钢丝向游标处靠

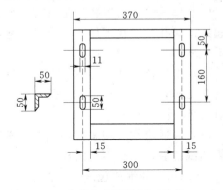

图 11-8　安装支架结构图（单位：cm）

近。而夏季钢丝向仪器的大边靠近。在冬季安装时，应调整瞄准仪，使钢丝处在 X 轴的负半平面内。夏季安装时，应调整瞄准仪，使钢丝处在 X 轴的正半平面内。春秋季节安装时，垂线基本处于变化的中间位置。

利用仪器底板及安装支架上的长孔调节仪器与垂线的相对位置，并注意底板的水平度，用螺栓固定牢固。固定后，复查游标尺在主尺上移动应灵活，瞄准针尖部无污、无变形，盖上保护罩。

进行测量时，先打开照明灯，读数前应检查垂线是否处于稳定状态，打开保护罩检查瞄准针的完好性。然后瞄准，瞄准过程是先移动右游标尺，与垂线建立瞄准线，测读右标

心的刻度 $L_右$ 并记录，再移动左游标尺与垂线建立瞄准线，测读左尺的刻度 $L_左$ 并记录。左右标尺读数都应从左向右移动后进行。瞄准后进行读数。在左右主尺上读得厘米及毫米数，在游标尺上读出 1/10mm。读数后应将保护罩套在瞄准器上，并应经常检查线体、重锤、油桶及倒摆浮筒，如有异常要及时排除，保证线体良好。

读数资料应及时整理，并抄录在记录表格内。

※基本知识※

（三）光电式（CCD）垂线坐标仪

光电式（CCD）垂线坐标仪是采用 CCD 器件实现的一种非接触式自动化位移测量设备，能够测量垂线在平面内 X、Y 两方向的位移。原理如图 11-9 所示。

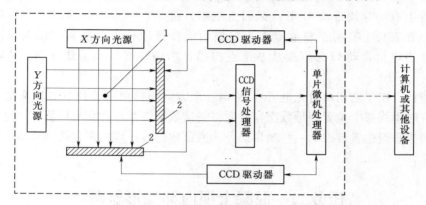

图 11-9 光电式（CCA）垂线坐标仪原理框图
1—垂线；2—CCD

1. 性能特点

（1）采用 CCD 作为感光组件，寿命长，体积小。

（2）非接触式测量。

（3）分辨率高，精度高。

（4）稳定性好。

（5）温度影响小。

（6）具有现场显示功能，测读方便。

（7）数字量输出，抗干扰性能强。

（8）兼容性强，可与其他系统连接。

（9）可作为分布式自动化系统前置节点接入系统。

※基本技能※

2. 现场安装

NGDZ 型光电式（CCD）垂线坐标仪通过过桥板与仪器固定架连接，三者必须连接牢固。仪器固定架原则上由设计单位和工程单位根据工程特点进行设计、加工。固定架从监测点混凝土壁上支撑出来。固定架也可根据仪器安装位置做在混凝土墩上，或做成钢架形式。仪器固定架最根本的要求是稳定、可靠，与待测部位固结，并能代表所测位置的变形。

NGDZ 型光电式（CCD）垂线坐标仪是精密的传感器，可在潮湿环境下使用，但需有保护设施，防止漏水或凝结水直接流入仪器。

NGDZ 型光电式（CCD）垂线坐标仪固定好后，将电源及通信电缆接入采集箱中即可。

（四）步进电机式垂线坐标仪

步进电机驱动光电跟踪式遥测垂线坐标仪是意大利国家电力局发输电局 DPT 所属一地区管理中心 SOIC 在 20 世纪 70 年代年代研制的，仪器由步进电机带动精密丝杆转动，在丝杆上有一导块带动 U 形（截面为矩形）框架，框架内有两对光电管以扫描垂线的位置。在底板上有两个校准点作为扫描垂线位置的校正基准和扫描起点读数。每次读数时步进电机带动 U 形框架从基准点扫描，由编码器得到垂线在 X、Y 轴方向的位置。

该仪器特点在于它用两对光电管在 X 向一个方向扫描而得垂线 X、Y 两个方向的坐标值。测量时垂线每个位置测量数次，然后将测试数据储存，计算平均值。这可以部分消除测量中扫描垂线位置带来的一些测量误差。测量数据由计算处理直接显示 X、Y 两个方向的坐标值。

任务二 混凝土坝内部变形监测

※技术应用※

一、混凝土坝内部变形监测设计

混凝土坝内部变形监测主要包括坝体挠度和倾斜。

1. 坝体挠度

（1）监测垂线。坝体挠度监测垂线应布置在地质或结构复杂的坝段、最高坝段、具有代表性的坝段以及位移基点等处；对于拱坝，应布置在拱冠和拱端处，拱坝较长时，还应在 1/4 拱处增设测线。

（2）监测点。根据坝高的不同，在每条垂线上应布置不同数量的监测点，每条垂线应不少于 3 个测点，一般应布置在靠近坝顶、坝基及垂线与廊道相交处。

2. 倾斜

坝体和坝基倾斜监测一般应布置在最大坝高、两坝肩或其他地质条件较差的部位，从基础到坝顶应布置 3～5 个监测面，坝体和基础倾斜监测面应尽量设置在同一垂线上。

坝体倾斜监测面应尽量设置在廊道内，也可设置在坝体下游面。

二、混凝土坝内部变形监测方法与仪器安装

※基本知识※

1. 挠度监测

混凝土坝的挠度可采用垂线法和测斜仪进行监测，见本项目任务一。

2. 倾斜监测

混凝土坝的倾斜可采用静力水准法和倾斜仪法进行监测。倾斜仪适用于长期测量混凝土坝倾斜角的变形量，可方便地实现倾斜角测量的自动化。

（1）倾斜仪结构。倾斜仪由倾斜传感器、不锈钢护筒、安装定位底座、信号传输电缆等组成，如图 11-10 所示。

（2）工作原理。结构物产生的倾斜变形，通过安装定位底座传递给倾斜传感器。传感器内装有电解液和导电触点，当传感器发生倾斜变化时，电解液的液面始终处于水平，但液面相对触点的部位会改变，由此导致输出电量的改变。倾斜仪随结构物的倾斜变形量与输出的电量呈对应关系，以此可测出被测结构物倾斜角度，同时它的测量值可显示出以零点为基准值的倾斜角变化的正负方向。

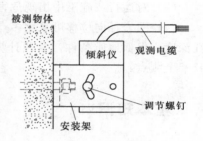

图 11-10　倾斜仪安装

（3）计算方法。当被测结构物发生倾斜变形时，倾斜仪将同步感受变形，其倾斜角度 θ 与输出的电量读数 F 具有如下关系：

$$\theta = (KF + B)/3600 \tag{11-1}$$

式中　θ——被测结构物的实时倾斜角度，（°）；

　　　K——倾斜仪测量倾斜角度的最小读数，$''/F$；

　　　F——倾斜仪的实时电量测量值，F；

　　　B——计算修正值，（$''$）。

※技能操作※

（4）埋设与安装。先打磨设计安装部位，使其尽量平整。将倾斜仪的安装底座固定于被测物体的打磨部位上，然后把倾斜仪固定在安装底座上。调整安装底座上的螺钉，首先一定要使倾斜仪的轴线安装垂直，之后调整倾斜仪使其测值接近出厂时的 0 点，或自定倾斜角的正负变化范围。

（5）测量。倾斜仪安装定位好后应及时测量仪器初值，以备作为基准值。根据仪器编号和设计编号做好记录并存档，严格保护好仪器的引出电缆。特别应注意测量读数仪接入线的颜色，与倾斜传感器输出线的颜色要一致，接错将会造成传感器的

永久损坏。

三、裂缝与接缝监测

※技术应用※

（一）混凝土坝裂缝与接缝监测设计

（1）表面接缝和裂缝的变化，可选择有代表性的部位，埋设单向或三向机械测缝标点或遥测仪器进行监测。

（2）混凝土坝伸缩缝监测，一般可在最大坝高、地质情况复杂或进行应力应变监测坝段的伸缩缝上布置测点。测点位置一般可设在坝顶、坝面和廊道内，一条伸缩缝上的测点应不少于2个。

（3）对运行或施工中出现危害性的裂缝，宜增设测缝计进行监测。

（4）围岩径向位移可采用多点位移计监测。多点位移计宜布置在围岩顶部及两侧，钻孔深度应根据地质条件，参照计算成果，达到变形可忽略处。一般一个孔内从里到外设4～5个测点。

※基本知识※

（二）测缝计观测

测缝计适用于长期埋设在水工建筑物或其他混凝土建筑物内或表面，测量结构物伸缩缝或周边缝的开合度（变形）。加装配套附件可组成基岩变位计、表面裂缝计等测量变形的仪器。

1. 测缝计结构及工作原理

（1）结构。测缝计由前后端座、保护筒、信号传输电缆、传感器等组成，如图 11 - 11 所示。

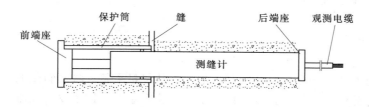

图 11 - 11 单向测缝计结构及埋设示意图

（2）工作原理。当结构物发生变形时将引起测缝计的变化，通过前、后端座传递给传感器使其产生位移变化，变化信号经电缆传输至读数装置，即可测出被测结构物的变形量。

※技能操作※

2. 测缝计埋设与安装

测缝计使用场合很广，仪器经加装一些附件可以组成裂缝计、基岩变位计、多点变位计、锚杆计等测量变形的仪器，这些仪器的工作情况及安装条件各不相同，所以埋设安装方法有所不同。下面主要对埋设在大体积混凝土内测缝计埋设安装方法作一些简述，其他仪器的埋设安装方法可参照进行。

（1）附件的埋设。首先检查测缝计是否完好，将仪器接上读数仪，用手握住仪器两端，向两头拉或压，看读数仪读数是否正常。当确认测缝计完好后，将保护筒拆下来，先定位安装保护筒。根据设计要求确定埋设高程、方位，在设计定位的工作缝一侧模板的内侧上固定安装护管盖，之后将护管及前端座旋在护管盖上。附件安装一定要牢固，以免混凝土浇捣及拆模时保护筒移位。之后即可浇捣混凝土。

（2）测缝计的埋设安装。拆模后在工作缝的外侧拧下护管盖，按设计编号将对应的测缝计（已接长电缆并旋上后端座）小心地旋紧在前端座上（用手旋紧）。调整测缝计的埋设零点，将电缆按设计走向埋设固定好，集中引出。

（3）基岩变位计的埋设安装。首先将测杆连接头焊在锚杆上，将锚杆固结在基岩孔中，按设计编号将对应的测缝计（已接长电缆并旋上后端座、保护筒）经过底座小心地旋紧在连接头上（用手旋紧）。调节固定在底座上的保护筒，调整测缝计的埋设零点。将电缆按设计走向埋设固定好，集中引出。

（4）其他注意事项。测缝计安装定位后应及时测量仪器初值，根据仪器编号和设计编号做好记录并存档，严格保护好仪器的引出电缆。

任务三　混凝土坝渗流监测

混凝土坝渗流监测项目主要包括扬压力、渗透压力、绕坝渗流、渗流量及渗流水质等。混凝土坝的接缝渗漏和坝基扬压力，通常采用渗压计和测压管监测。

※技术应用※

一、渗流监测布置

1. 坝基扬压力监测设计

（1）坝基扬压力监测应根据建筑物的类型、规模、坝基地质条件和渗流控制的工程措施等设计布置。一般应设纵向监测断面1～2个，横向监测断面至少3个。

纵向监测断面宜布置在第一道排水幕线上，每个坝段至少应设1个测点；地质条件复杂时，测点数应适当增加，遇大断层或强透水带时，可在灌浆帷幕和第一道排水幕之间增设测点。

横向监测断面宜选择在最高坝段、岸坡坝段、地质构造复杂的谷岸台地坝段及灌浆帷幕转折的坝段。横断面间距一般为 50～100m；如坝体较长，坝体结构和地质条件大体相同，则可加大横断面间距。对支墩坝，横断面可设在支墩底部。横断面上一般设 3～4 个测点，测点宜布置在各排水幕线上。地质条件复杂时，测点可适当加密。在防渗墙或板桩后宜设测点。必要时可在灌浆帷幕前设少量测点。有下游帷幕时，应在其上游侧布置测点。

（2）扬压力监测孔在建基面以下的深度，不宜大于 1m；必要时可设深层扬压力孔。扬压力监测孔与排水孔不应互相代用。

（3）坝基扬压力一般埋设测压管进行监测，必要时，亦可在管内放置渗压计进行监测。

（4）坝基若有影响大坝稳定的浅层软弱带，应增设测点。采用测压管时，测压管的进水管段应埋设在软弱带以下 0.5～1m 的基岩中，应做好软弱带处导水管外围的止水，防止下层潜水向上渗漏。

（5）地质条件良好的薄拱坝，经论证后可少做或不做扬压力监测。

（6）坝后厂房的建基面上，宜设置扬压力测点。

混凝土坝扬压力监测测压管布置如图 11-12 所示。

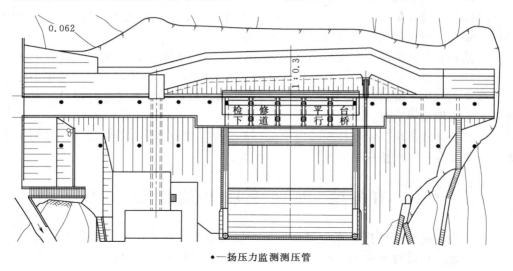

•—扬压力监测测压管

图 11-12　混凝土坝扬压力监测测压管布置

2. 坝基渗透压力监测设计

（1）监测横断面的选择，主要取决于地层结构、地质构造情况，断面数一般不少于 3 个，并宜顺流线方向布置或与坝体渗流压力监测断面相重合。

（2）监测横断面上的测点布置，应根据建筑物地下轮廓形状、坝基地质条件以及防渗和排水形式等确定，一般每个断面上的测点不少于 3 个。

3. 坝体渗透压力监测设计

（1）监测坝体水平施工缝上的渗透压力，宜采用渗压计。

（2）测点应设在上游坝面至坝体排水管之间。测点间距自上游起，由密渐稀。靠近上游面的测点，与坝面的距离不应小于 0.2m。

（3）埋设截面宜与坝体应力监测截面相结合。

二、渗流监测

※基本知识※

（一）坝基扬压力监测方法

混凝土坝坝基扬压力监测一般采用安装测压管方式。测压管可选用金属管或硬工程塑料管。进水管段必须保证渗漏水能顺利地进入管内。当有可能塌孔或产生管涌时，应加设反滤装置，管口有压时，应安装压力表；管口无压时，应安装保护盖，亦可在管内设置渗压计。扬压力测压管有单管式和多管式。

1. 单管式测压管及其安装

单管式测压管有预埋式和钻孔式两种，帷幕附近不宜采用预埋式测压管。

安装单管式测压管时，应尽量使导管段和进水管段处于同一铅垂线上。若需要埋设水平管段时，水平管段应略有倾斜，靠近进水管端应略低，坡度约为5％。管口应引到不被淹没处。

采用钻孔式测压管时，应对混凝土与基岩接触段进行灌浆处理，亦可下套管至建基面，套管与孔壁间的间隙应以砂浆填封。

在完整的基岩中安装测压管时，则不需要进水管和导管，仅安设管口装置。单管式测压管安装埋设参见图10-39。

（1）埋设在坝底基岩面下的单管式测压管。

1）测压管孔宜在坝基帷幕灌浆后于基础廊道内钻设。在设计确定的位置打孔，孔径一般为50mm；孔底在建基面下0.5~1.0m。

2）钻孔时应严格控制深度和垂直度，如有倾斜，应测出其斜度，以便准确计算底部高程。

（2）深孔单管式测压管。

1）在设计定位处钻孔，孔径100~110mm，孔深依据设计的要求而定，孔壁应力求完整光滑。

2）在钻孔底部灌注15cm厚的水泥砂浆或水泥膨润土浆。

3）把内径50mm的塑料管（下部管端应钻小孔）放入孔内。

4）先填入约40cm厚、粒径10~20mm砾石，再填入20cm厚的细砂。

5）上部全灌注水泥砂浆或水泥膨润土浆。

6）管顶加盖保护。

※技能操作※

2. 多管式测压管及其安装

多管式测压管的埋设与深孔单管式测压管的埋设方法基本相同，钻孔的直径应由埋入的塑料管的根数决定，孔内反滤料、细砂及水泥浆的颁布情况参见图 10-40 所示。应注意做好各岩层进水管之间封闭隔离工作。

3. 测压管进水管的反滤保护装置

（1）将微孔塑料管（多孔聚氯乙烯管）外包土工布，置入有可能塌孔的钻孔，如断层破碎带中的钻孔内，作为保护装置。

（2）组装式过滤体以聚氯乙烯硬质管为进水管段，其外包涤纶过滤布，过滤布外套上专用的泡沫软塑料做孔壁撑体，用土工布将泡沫软塑料缠紧，使其外径小于钻孔直径，并用胶粘紧，以便放入孔内，粘胶遇水自动脱开，组装过滤体则紧靠孔壁。这种装置适用于可能产生管涌的断层破碎带内。

4. 测压管管口装置及保护

管口装置应根据测压管水位的测量方式，选择适用于无压、有压和自动化监测的要求进行设置。

管口保护装置要求结构简单、牢固，能防止雨水流下和人蓄破坏，并能锁闭且开启方便。

（二）混凝土坝渗透压力监测

坝基渗透压力监测，包括坝基天然岩土层、人工防渗和排水设施等关键部位渗流压力分布情况的监测。

※ 技能操作 ※

1. 渗压计安装

渗压计用于监测岩土工程和其他混凝土建筑物的渗透水压力，适用于长期埋设在水工建筑物或其他建筑物内部及其基础，测量结构物内部及基础的渗透水压力，也可用于水库水位或边坡地下水位的测量。混凝土坝中渗压计的安装与土石坝中渗压计的安装有相同的地方，也有不同之处。

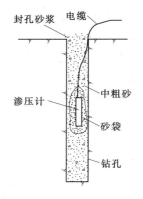

图 11-13 基岩面与混凝土界面
渗压计埋设

渗压计根据传感器不同，可以分为钢弦式、差阻式和压阻式等，目前国内常用的为钢弦式渗压计和差阻式渗压计。渗压计的组成与工作原理见项目十任务三土石坝部分的内容。

（1）渗压计的准备。参考土石坝渗流监测相关内容。

（2）在混凝土浇筑面及基岩面埋设，可采用浅孔埋设方法。在埋设部位预留（混凝土）或钻孔，孔径视渗压计而定，孔深 30～100cm（图 11-13）。

（3）在混凝土浇筑层面埋设渗压计。

1）应在浇筑下一层混凝土时，在埋设位置的层面预留一个深 30cm、直径 20cm 的孔。

2）在孔内铺一层细砂，将渗压计放在砂垫层上。

3）用细砂将渗压计埋好，孔口放一盖板，再浇筑混凝土，如图 11－14 所示。

（4）在基岩面上埋设渗压计。

1）在渗压计埋设的基岩位置钻一个孔深 100cm、孔径 5cm 的集水孔。

2）将装入细砂袋（体积为 1000cm³）内的渗压计放到集水孔上。

3）砂袋用砂浆糊住，砂浆终凝后，即可在砂袋上浇筑混凝土，如图 11－15 所示。

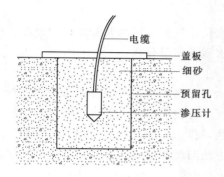

图 11－14　浇筑层面渗压计埋设方法

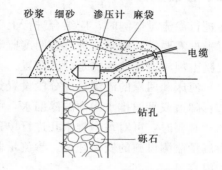

图 11－15　基岩面上渗压计埋设方法

（5）在水平浅孔内埋设渗压计。

1）在埋设渗压计的位置钻一个孔深 50cm、孔径 15～20cm 的浅孔，如孔无透水裂隙，可根据需要的深度，在孔底套钻一个 3cm 的小孔。

2）在小孔内填入砾石，再在大孔内填细砂。

3）将仪器埋在细砂中，并将孔洞口用盖板封住，盖板用砂浆密封，待砂浆终凝后，就可浇混凝土，如图 11－16 所示。

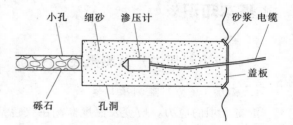

图 11－16　水平浅孔内埋设渗压计

（6）在坝基深孔内埋设渗压计。

1）在坝基深孔内埋设渗压计时，深孔直径应不小于 100mm。

2）埋设前测量好孔深，先将仪器装入能放入孔内的砂包中，包中装细砂，向孔内倒入 40cm 厚的砾石，其粒径约为 10mm，然后将装有仪器的砂包吊入孔底。如孔太深，砂包及电缆自重超过电缆强度时，可用钢丝吊住砂包，并把电缆绑在钢丝上进行吊装，以免电缆损坏。

3）再在上面填入 40cm 厚细砂，然后填 20cm 厚、粒径 10～20mm 的砾石，再在余孔段灌入水泥膨润土浆或预缩水泥砂浆。

（7）电缆敷设。渗压计埋设完后，按设计要求走向敷设电缆，为防止沿电缆走向渗水，电缆应尽可能分散敷设，必要时设立止水环。在过接缝时，宜套管（钢或塑料）保护。在变形较大地段，宜弯曲敷设，使电缆留有变形余地，以防止变形过大而拉断。电缆尽可能向高处引，通过露天处需进行保护。

※基本知识※

2. 监测方法

具体请参考土石坝渗流监测相关内容。

三、渗流量监测

在进行渗流量监测时，应结合进行上下游水位、气温、水温及降水量的监测。对渗透水，可根据需要定期取水样进行透明度监测和水质的化学分析。

混凝土坝渗流量监测也是分区布置：

（1）河床和两岸的渗流量应分段设置集水沟，在集水沟出口处设置量水堰进行监测。

（2）廊道或平洞排水沟内的渗漏水，可分区、分段设置量水堰进行观测。

（3）必要时，可对每个排水孔进行单独量测，排水孔的渗漏水可用容积量测。

渗流量监测设施的安装埋设、渗流量监测方法与绕坝渗流监测请参考土石坝渗流量监测相关内容。

任务四　混凝土坝应力（压力）、应变及温度监测

※基本知识※

一、应力（压力）监测概述

1. 应力（压力）监测项目

混凝土坝的应力、应变及温度监测主要包括坝体（坝基）应力、应变、锚杆（锚索）应力、钢筋应力、钢板应力及温度等。

2. 应力（压力）监测一般要求（同土石坝）

（1）应力、应变及温度监测应与变形监测、渗流监测项目相结合，重要的物理量可布设互相验证的监测仪器。

（2）在布设应力、应变监测项目时，应对所采用的混凝土进行热学、力学及蠕变、自身体积膨胀等性能试验。

（3）应同时监测上下游水位、降水量等项目。

（4）应力监测的正负号应遵守以下规定：压应力为正，拉应力为负。

二、混凝土应力、应变监测

混凝土应力、应变监测应与变形和渗流监测项目相结合布置，重要的物理量可布设互相验证的监测仪器。在布置应力、应变监测项目时，应对所采用的混凝土进行热学、力学及徐变等性能试验。设计采用的仪器设备和电缆，其性能和质量应满足监测项目

的需要。

※技术应用※

（一）混凝土应力和应变监测设计

混凝土的应力和应变监测布置，应根据坝型、结构特点、应力状况及分层分块的施工规划，合理地布置测点，使监测成果能反映结构应力分布及最大应力的大小和方向，以便于计算成果及模型试验成果进行对比，以及与其他监测资料综合分析。

测点的应变计数量和方向应根据应力状态而定。空间应力状态宜布置 7～9 向应变计，平面应力状态宜布置 4～5 向应变计，主应力方向明确的部位可布置单向或两向应变计。

每一应变计组旁 1.0～1.5m 处应布置一只相应的无应力计。

坝体受压部位可布置压应力计，以便与应变计组相互比较，压应力计和其他仪器之间应保持 0.6～1.0m 的距离。

1. 重力坝的应力和应变

（1）重力坝的应力和应变监测，应根据坝高、结构特点及地质条件选定重点监测坝段。

（2）在重点监测坝段可布置 1～2 个监测断面；在监测断面上，可在不同高程布置几个水平监测截面。水平监测截面宜距坝底 5m 以上，必要时在混凝土与基岩结合面附近布置测点。

（3）同一浇筑块内的测点应不少于 2 个，纵缝两侧应有对应的测点；通仓浇筑的坝体其监测截面上一般布置 5 个测点。

（4）坝踵和坝趾应加强监测，除布置应力、应变监测仪器外，还应配合布置其他仪器。

（5）监测坝体应力的应变计组与上、下游坝面的距离宜大于 1.5～2.0m（在严寒地区还应大于冰冻深度），纵缝附近的测点宜距纵缝 1.0～1.5m。

（6）边坡陡峻的岸坡坝段，宜根据设计计算及试验的应力状态布设应变计组。

（7）表面应力梯度较大时，应在距坝面不同距离处布置测点。一般布设单向或两向应变计。

重力坝应力和应变监测布置如图 11-17 所示。

2. 拱坝的应力和应变

（1）拱坝的应力和应变监测，应根据拱坝坝高、体形、坝体结构及地质条件，可在拱冠、1/4 拱弧处选择铅直监测断面 1～3 个，在不同高程上选择水平监测截面 3～5 个。

（2）在薄拱坝的监测截面上，靠上、下游坝面附近应各布置 1 个测点，应变计组的主平面应平行于坝面。

（3）在厚拱坝或重力拱坝的监测截面上，应布置 2～3 个测点。拱坝设有纵缝时，测点可多于 3 个。

（4）监测截面应力分布的应变计组距坝面不小于 1m。测点距基岩开挖面应大于 3m，必要时可在混凝土与基岩结合面附近布置测点。

（5）拱座附近的应变计组数量和方向应满足监测平行拱座基岩面的剪应力和拱推力的需要，在拱推力方向还可布置压应力计。

（6）坝踵、坝趾及表面应力和应变监测的布置要求与重力坝相同。

拱坝应力和应变监测布置如图 11-18 所示。

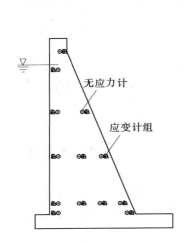

图 11-17　重力坝监测布置示意图

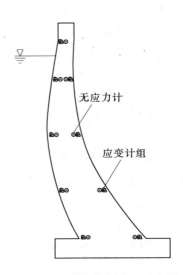

图 11-18　拱坝监测布置示意图

3. 支墩坝的应力和应变

（1）支墩坝重点监测坝段、监测断面、监测截面和测点布置可参照重力坝进行设计。

（2）支墩坝挡水部分的应力和应变监测，应根据应力计算和试验成果布置测点。

4. 混凝土面板的应力和应变

（1）面板混凝土应变监测的测点按面板条块布置，并宜布置于面板条块的中心线上。设置测点的面板条块不宜少于 3～5 个，其中 1 个应为面板中部最长的条块。

无应力监测点的布置，一般仅限于相应应力监测的面板中部最长的条块，且测点数不少于 3～5 个，其布置高程应同相应应力测点对应。当坝顶较长时，可适当增加无应力观测的面板条块。

（2）Ⅰ、Ⅱ级工程或当有特殊需要时，可在面板条块预计拉应力区顺面板坡向布置钢应力测点。

（3）面板混凝土应变监测，各测点的监测仪器应成组布置，并位于与面板平面平行的一平面内。一般应布置两向仪器组，其中一个顺坡方向，一个呈水平方向，两者呈 90°。

混凝土面板应力和应变监测布置如图 11-19 所示。

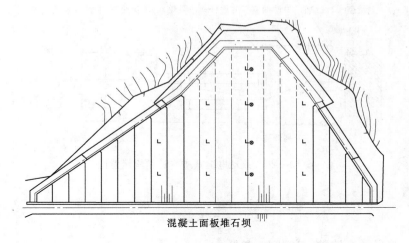

混凝土面板堆石坝

图 11 - 19　混凝土面板应力和应变监测布置示意图

└─应变计组；●─无应力计

5.无应力计的布置

无应力计与相应的应变计组距坝面的距离应相同。无应力计与应变计之间的距离一般为5m；无应力计筒内的混凝土应与相应的应变计组处的混凝土相同，其温度和湿度条应相同。

无应力计的筒口宜向上；当温度梯度较大时，无应力计轴线应尽量与等温面正交。

（二）混凝土应力和应变监测方法

混凝土应力和应变监测是采用应变计监测混凝土应变，通过力学计算，得出混凝土结构的应力及变形值。

目前常用的应变计主要有差动电阻式、振弦式、差动电感式、电阻应变片式和差动电容式应变计等。国内采用较多的是差动电阻式和振弦式应变计。

※基本知识※

1.差动电阻式应变计

（1）仪器结构。

差动电阻式应变计由电阻传感器部件、外壳和电缆组成，电阻传感器部件由两组差动电阻钢丝、高频绝缘瓷子和两根方铁杆组成。两根方铁杆组成一个弹性框架，其两端分别固定在上接座和接线座上。方铁杆上各装两只高频瓷子，杆端为半圆开瓷子，杆中部为圆形瓷子。在一对半圆形瓷子上绕三圈半钢丝，形成外圈钢丝电阻。在一对圆形瓷子上绕四圈半钢丝，形成内圆钢丝电阻。弹性波纹管与上接座及接线座焊接。接线座、接线套筒、橡皮圈组成密封室，仪器整个外壳构成一个可以伸缩的密封油室，内部充满中性油，如图11 - 20所示。

（2）工作原理。

1）当仪器温度不变，轴向受到应变量为 ε' 的变形时，仪器的电阻比变化量 ΔZ 与 ε'

265

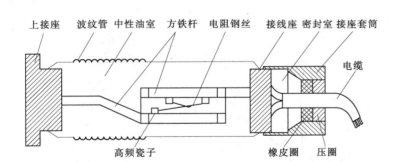

图 11-20　差动电阻式应变计结构示意图

的关系为

$$\varepsilon' = f\Delta Z \qquad (11-2)$$

式中　f——仪器最小读数，$10^{-6}/0.01\%$。

2）当仪器两端距不变，温度发生 Δt 变化时，仪器电阻比变化量 ΔZ 与由于温度变化而产生的仪器应变量 ε'' 之间的关系为

$$\varepsilon'' = f\Delta Z \qquad (11-3)$$

由实验知

$$\varepsilon'' = f\Delta Z = -b\Delta t \qquad (11-4)$$

式中　b——温度修正系数，$10^{-6}/℃$。

3）埋设在混凝土建筑物中的应变计，受变形和湿度的共同作用，即

$$\varepsilon = f\Delta Z + b\Delta t \qquad (11-5)$$

式中　ε——混凝土应变量，10^{-6}。

4）仪器内部总电阻 $R_t = -R_1 + R_2$ 与仪器 t 有如下关系：

当 $60℃ \geqslant t > 0℃$ 时　　　　　　$t = \alpha'(R_t - R_0')$ 　　　　　(11-6)

当 $0℃ \geqslant t \geqslant -25℃$ 时　　　　$t = \alpha''(R_t - R_0')$ 　　　　　(11-7)

式中　t——埋设点的温度，℃；

　　　R_t——仪器总电阻，Ω；

　　　R_0'——仪器计算冰点电阻，Ω；

　　　α'——仪器零上温度系数，℃/Ω；

　　　α''——仪器零下温度系数，℃/Ω。

由上可知，测出应变计的电阻值 R 和电阻比 ΔZ，即可计算出混凝土的应变量。

2. 振弦式应变计

（1）仪器结构。振弦式应变计由端头、应变管、振弦、热敏电阻、电磁激励线圈和电缆等组成，如图 11-21 所示。应变计中间有一根张紧的钢丝，钢丝固定在两个端头上。中部安装有激励与接收线圈，用以产生激振使钢丝发生振动，并接收钢丝的振动频率。

（2）工作原理。一定长度的钢丝张拉在两个端块之间，端块固定于混凝土中，并与混

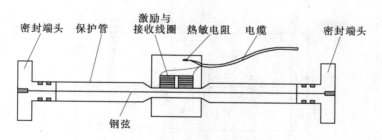

图 11-21　振弦式应变计结构示意图

凝土紧密嵌固。

当混凝土发生变形时，带动两个端块也发生相应位移，导致钢丝的张力发生改变，这种张力的改变使钢丝的谐振频率产生变化。通过测量钢丝谐振频率的变化量，可计算出混凝土 的变形。仪器工作时，激励线圈使钢丝发生振动，其谐振频率通过接收线圈和信号电缆传输给测量表。

※技能操作※

3. 应变计的埋设

（1）一般要求。

1）根据设计确定应变计的埋设位置和方向，埋设位置误差应小于 2cm，埋设角度误差应小于 1°。

2）埋设时，应使仪器保持正确位置和方向，及时对仪器进行检测，发现问题应及时修理或更换。埋设仪器周围的混凝土回填时，要小心填筑，去除大于 8cm 的骨料，人工分层振捣密实，混凝土下料时应距仪器 1.5cm 以上，振捣时振捣器与仪器的距离大于振动半径，一般不小于 1.0m。

3）当施工机构化程度高、浇筑强度大时，可采用预置埋设槽的方法。该方法是在混凝土浇筑后 48h 内拆除埋设的槽模板，清理冲毛，将仪器埋入槽内，然后回填混凝土。

4）埋设后，应做好标记，以防人或机械损坏仪器，仪器顶部已终凝的混凝土厚达 60cm 以上时，守护人员方可离开。

（2）应变计埋设方法。

1）单向应变计。可在混凝土振捣后，及时在埋设部位造孔埋设。

2）两向应变计。两应变计应保持相互垂直，相距 8~10cm。两应变计的中心与结构表面的距离应相同。

3）应变计组。应变计组应固定在支座及支杆上埋设，如图 11-22 所示，以保证在浇筑混凝土过程中仪器有正确的位置和方向。支杆伸缩量应大于 1.5mm，支座定向孔应能固定支杆的位置和方向。根据应变计组在混凝土内的位置，应分别采用预埋锚杆或带锚杆预制混凝土块固定支座位置和方向。埋设时，应设置无底保护木箱，并随混凝土的升高而逐渐提升，直至取出。

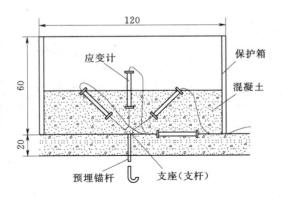

图 11-22　应变计组埋设示意图（单位：cm）

（3）无应力计埋设方法。无应力计埋设在坝内部时，应将无应力计筒的大口向上。无应力计位置靠近坝面时，应尽量使无应力计筒的轴线与等温面垂直。埋设时，在无应力计筒内填满相应应变计组附近的混凝土，人工振捣密实。无应力计筒的加工及埋设，如图11-23所示。

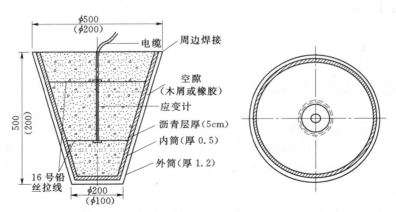

图 11-23　无应力计结构及埋设示意图（单位：mm）

三、坝基、坝肩及岩体应力、应变监测

坝基、坝肩及近坝边坡岩体应力、应变监测是为了解近坝岩体变形、应力和应变的变化规律及其发展趋势。

坝基、坝肩及近坝边坡岩体应力、应变的监测布置应根据大坝基岩及围岩的力学性质和结构进行合理设计。

※技术应用※

（一）坝基和坝肩监测布置

（1）坝基、坝肩的应力、应变监测断面应选择在地质条件、结构形式、受力状态等具有代表性或关键的部位，宜选择一个主监测断面，在其附近设辅助监测断面 1～2 个。重点监测断面宜与混凝土应力和应变监测断面相结合布置。

（2）重力坝的监测布置重点是在坝踵和坝趾处，可选择重点坝段布置 1～2 个监测断面。

（3）拱坝的监测布置重点是在应力变化较大的两岸坝肩部位。

（4）岩体表面应变测点宜采用基岩应变计，基岩应变计的标距应为 1～2m，可选择单向或 2～3 向布置。

（5）岩体深层应变测点可选用多点位移计。

（6）在受力条件明确的部位可直接布置压应力计。

（二）近坝区岩体监测布置

（1）近坝区岩体的应力和应变监测主要包括高边坡和滑坡体，其监测布置应根据高边坡和滑坡体的地质条件、结构和受力情况进行合理设计，主要是了解岩体变形、应力和应变的变化规律及其发展趋势。

（2）近坝区岩体的应力和应变监测一般采用多点位移计和岩石变位计，其监测方向应根据岩体变形的梯度方向确定。锚固点应布置在不连续面的两侧，最深的锚固点应布置在变形忽略不计处。

（3）对边坡岩体采用锚杆、预应力锚索等加固措施时，可布置锚杆应力计和锚索测力计进行监测。

锚杆监测宜选择有代表性的部位和各种形式的锚杆抽样进行，监测数量应根据实际需要确定，每根锚杆宜布置 3～5 个测点。

预应力锚索监测宜对各种吨位的锚索抽样进行，监测数量应根据实际需要确定，每个典型地质地段或每种锚索应监测 2～3 根。

※技能操作※

（三）基岩应变计的埋设

（1）基岩应变计标距长度应为 1～2m。

（2）埋设孔径应大于仪器最大直径 4～5cm，仪器应位于埋设孔中心，如图 11-24 所示。

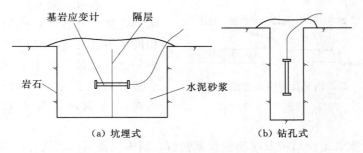

图 11-24　基岩应变计埋设示意图

（3）孔内杂质要清除，并冲洗干净，排除积水。

（4）埋设时，应用膨胀水泥砂浆填孔，如用普通水泥，需掺适量膨胀剂。

（5）为了防止砂浆对仪器变形的影响，应在仪器中间嵌一层厚2mm的橡皮或油毛毡。

（6）仪器方向的误差应不超过±1°。

四、钢筋和钢板应力、应变监测

※技术应用※

（一）钢筋应力和应变

1. 测点布置

（1）在重要的钢筋混凝土建筑物内应布置钢筋应力测点。

（2）监测钢筋应力的钢筋计应焊接在同一轴线的受力钢筋上。当钢筋为弧形时，其曲率半径应大于2m，并须保证钢筋计中间的钢套部分不受弯曲。

（3）有条件时，可在钢筋计附近布设应变计及无应力计，同时监测钢筋和混凝土的受力状态。

※技能操作※

2. 钢筋计的安装、埋设

钢筋计使用场合很广，仪器经加装一些附件可以组成锚杆测力计、基岩应力计等，这些仪器的工作情况及安装条件各不相同，所以埋设安装方法有所不同。下面主要对埋设在混凝土内的钢筋计的埋设安装方法做一些简述，其他场合仪器埋设安装方法可参照进行。

（1）钢筋计的选型。按钢筋直径选配相应的钢筋计，如果规格不相符，可选择与钢筋直径相近的钢筋计。

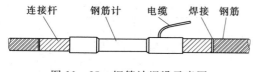

图11-25　钢筋计埋设示意图

（2）钢筋计的安装。先将钢筋计两端的连接拉杆拧下，选配与钢筋计规格相同的钢筋与连接拉杆焊接在一起。将钢筋计（已接长电缆）与已焊好钢筋的连接拉杆旋拧紧，钢筋计与连接拉杆的螺纹拧紧时应附胶，如图11-25所示。

（3）钢筋计安装定位后应及时测量仪器初值，根据仪器编号和设计编号做好记录并存档，严格保护好仪器的引出电缆。

（二）钢板应力和应变

※技术应用※

1. 测点布置

（1）对于影响大坝和电站运行安全的钢结构应布置钢板应力监测断面。

（2）在圆形监测断面上，一般至少布置 3 个测点。蜗壳或其他水工钢结构上可根据应力分布的特点布置测点。

（3）每一测点宜布置环向和轴向的小应变计，用专用夹具定位，布置测点处钢板的曲率半径不宜小于 1m。

※技能操作※

2. 钢板应变计的安装、埋设

（1）首先将配好对的安装夹具固定在安装试棒上，安装试棒固定在夹具上后两夹具的内标距应力 65mm，夹具上两个夹紧螺钉的标距应为 83mm。

（2）安装时两夹具的底部应水平，之后整体焊接在被测钢结构上，冷却后拆下安装试棒。焊接时应严格控制安装夹具的标距，因为仪器的标距将影响计算结果准确性。两夹具的焊缝应沿着夹具的两外边沿进行焊接，焊缝应为一条长度 18mm 的连续焊缝。如图 11 - 26 所示。

（3）将应变计（已接长电缆）从夹具的一端放入，直到应变计没有电缆的一端与夹具外边沿平齐为止。

（4）应变计安装时应根据设计要求调整测量范围（在仪器的后端座上有一个 M6 的螺杆，可用 M6 螺杆进行拉、压调整。调整时先将有电缆一端的夹具拧紧，松开另一端夹，进行拉、压调整），调整完成后将夹具拧紧并拧下螺杆。最后安装保护罩，同时按设计走向固定好。

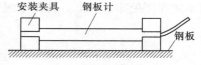

图 11 - 26　钢板应变计埋设示意图

（5）钢板应变计安装定位后应及时测量仪器初值，根据仪器编号和设计编号做好记录并存档，严格保护好仪器的引出电缆。

※基本知识※

五、混凝土坝温度监测

1. 布置原则

（1）温度监测坝段应为监测系统的重点坝段，其测点分布应根据混凝土结构的特点和施工方法而定。

（2）坝体温度测点应按温度场的状态进行布置。在温度梯度较大的坝面附近或孔口附近测点宜适当加密。坝体温度测点应结合安全监控预报模型需要而设置，不做预报模型的坝段，温度测点可适当减少。在能兼测温度的其他仪器处，不应再布置温度计。

（3）在布置坝体温度测点时，宜结合布置坝面温度和基岩温度测点。

2. 坝体温度

（1）在重力坝监测坝段的中心断面上，宜按网格布置温度测点，网格间距为 8～15m。若坝高 150m 以上的高坝，间距可适当增加到 20m，以能绘制出坝体等温线为原则。宽缝重力坝和重力坝引水坝段的测点布置应顾及空间温度场监测的需要。

（2）在拱坝监测坝段，根据坝高不同可布设 3～7 个监测截面。在截面和中心断面的每一条交线上可布置 3～5 个测点。在拱座的应力监测截面上可增设必要的温度测点。

（3）在重力坝纵缝和拱坝横缝面每个灌区宜布设温度计和测缝计。

（4）支墩坝应在监测坝段不同高程的 3～5 个截面上布置测点。挡水部位的测点数宜适当增加。当支墩空腔下游面密封时，可在不同高程适当布置测点，监测室腔内的温度。

3. 坝面温度

（1）可在距上游坝面 5～10cm 的坝体混凝土内沿高程布置测点，间距一般为 1/15～1/10 的坝高，死水位以下的测点间距可加大一倍。多泥沙河流的库底水温受异重流影响，该处测点间距不宜加大。该表面温度计在蓄水后可作为坝前库水温度计。

（2）在受日照影响的下游坝面可适当布置若干坝面温度测点。当拱坝两岸日照相差很大时，宜分别布置测点。

4. 基岩温度

在温度监测断面的底部，靠上、下游附件各设置一排 5～l0 的深入基岩的钻孔，在孔内不同深度处布置测点，并用水泥砂浆回填孔洞。

思　考　题

1. 混凝土坝外部监测涉及哪些方面的监测？

2. 混凝土外部监测如何布设？

3. 垂线法监测有哪些形式？

4. 正垂线与倒垂线有哪些异同点？

5. 垂线坐标仪有哪些类型？

6. RZ 电容式垂线坐标仪、MZ－1 型垂线瞄准仪、光电式垂线坐标仪是如何安装的，请说明。

7. 混凝土内部变形监测主要从哪些方面进行？

8. 倾斜仪监测是如何进行的？试述监测工作方法。

9. 倾斜仪是如何埋设的？

10. 混凝土测缝计应如何埋设？

11. 混凝土渗流监测包括哪些方面的内容？

12. 混凝土坝渗流监测如何布置？

13. 混凝土坝基扬压力采用什么方法监测？

14. 混凝土坝渗透压力监测中渗压计如何埋设安装？

15. 混凝土应力应变及温度监测主要进行哪些方面的监测？

16. 如何布设混凝土应力应变监测仪器？重力坝应力应变监测布置有何要求？

17. 如何埋设应变计？应注意什么？

技　能　训　练

1. 安装 RZ 电容式垂线坐标仪。

2. 安装渗压计。

技术应用能力提升

请选择一混凝土坝工程，进行安全监测布置。

项目十二　地下洞室安全监测

导学： 地下洞室监测包括变形监测、应力应变监测和渗流监测。地下洞室外部变形主要针对施工期的收敛变形与应用期的沉降变形，应力应变监测是针对施工期开挖及衬砌体进行的监测，渗流也是主要针对施工期进行的监测。监测设施仪器的布置是核心内容。

任务一　地下洞室变形监测

※**基本知识**※

地下洞室施工在水利水电工程建设中是很常见的。枢纽工程建设中引水发电洞、泄洪洞、交通洞、排水洞、地下式发电厂房等都属于地下洞室建筑物。

地下洞室外部变形监测的重点一般是收敛变化和沉降变化。

收敛变化主要是为了监测地下洞室开挖后，由于应力变化而引起的岩体变化。对圆型洞室一般沿洞径方向布置测点组，矩形洞室一般在同一高程的两壁上布置测点组。收敛监测每组设两个点，通过监测两个点间的距离变化了解洞室开挖后洞壁的变化。

沉降变化监测一般布置洞室底部，以了解地下洞室开挖后基础的沉降（或抬升）变化。收敛监测点根据所采用的不同监测方法的需要进行设置，也可以是标墩上加挂尺杆或棱镜连接杆，也可以标墩上加反光靶等。

沉降监测点一般采用水准点的方式进行设置，水准标志应为不锈钢的，避免锈蚀而降低监测精度。

任务二　地下洞室应力（压力）与应变监测

※**技术应用**※

一、近坝区岩体监测布置

（1）近坝区岩体的应力和应变监测主要包括高边坡和滑坡体，其监测布置应根据高边坡和滑坡体的地质条件、结构和受力情况进行合理设计，主要是了解岩体变形、应力和应变的变化规律及其发展趋势。

（2）近坝区岩体的应力和应变监测一般采用多点位移计和岩石变位计，其监测方向应根据岩体变形的梯度方向确定。锚固点应布置在不连续面的两侧，最深的锚固点应布置在变形忽略不计处。

（3）对边坡岩体采用锚杆、预应力锚索等加固措施时，可布置锚杆应力计和锚索测力计进行监测。

锚杆监测宜选择有代表性的部位和各种形式的锚杆抽样进行，监测数量应根据实际需要确定，每根锚杆宜布置 3～5 个测点。

预应力锚索监测宜对各种吨位的锚索抽样进行，监测数量应根据实际需要确定，每个典型地质地段或每种锚索应监测 2～3 根。

二、地下洞室监测布置

（1）地下洞室应力和应变监测布置应按工程的需求、地质条件及施工条件，选择有代表性的部位，作为永久监测断面，必要时可增设临时监测断面。

（2）监测断面布置应合理，注意时空关系。应考虑表面与深部结合、重点与一般结合、局部与整体结合，使断面、测点、测站形成一个系统，能控制整个工程的各关键部位。

（3）测点布置应在考虑围岩应力分布、岩体结构和地质代表性的基础上，依据其变化梯度来确定测点数量。梯度大的部位，点距小；梯度小的部位，点距大。

（4）当洞室围岩采用锚杆支护时，应根据围岩条件和洞室结构布置锚杆应力计测点，可布置单测点或多测点。监测锚杆数量应根据实际需要确定。当需要了解应力分布情况时，一根锚杆至少应布置 3 个测点。

（5）当采用预应力锚索加固岩体时，可布置锚索测力计，监测锚索数量应根据实际需要确定。

（6）在大型洞室顶拱设钢筋混凝土衬砌结构时，可根据顶拱受力方向在断面上沿拱圈外缘和内缘布置单向混凝土应变计测点。受力方向不明确时，宜采取成组布置，每组 2 支，分别沿洞轴向和切向布置。围岩内的应变计一般呈径向和切向布置。

（7）压应力计应布置在围岩与支护结构的接触界面上，拱部的压应力计布置应与应变计相同，围岩内部和结构内部的压应力计应根据压力分布和方向布置。

※ 技能操作 ※

三、基岩应变计的埋设

（1）基岩应变计标距长度应为 1～2m。

（2）埋设孔径应大于仪器最大直径 4～5cm，仪器应位于埋设孔中心。

（3）孔内杂质要清除，并冲洗干净，排除积水。

（4）埋设时，应用膨胀水泥砂浆填孔，如用普通水泥，需掺适量膨胀剂。

（5）为了防止砂浆对仪器变形的影响，应在仪器中间嵌一层厚 2mm 的橡皮或油毛毡。

（6）仪器方向的误差应不超过 ±1°。

任务三　地下洞室渗流监测

※基本知识※

地下洞室主要进行隧洞内水外渗或是外水内渗以及隧洞外水压力的监测，它的布置主要根据水文及工程地质情况而定，通常在隧洞围岩的顶部、腰部及底部紧贴混凝土衬砌的围岩中布设。

※技术应用※

对查明有滑动面者，宜沿滑动面的倾斜方向布置 1～2 个监测断面。监测孔应深入滑动面以下 2m，若滑坡体内有隔水岩层时，应分层布置测压管，同时做好层内隔水。若地下水埋深较深，可利用勘察平洞或专设平洞设置测压管进行监测。

思　考　题

1. 地下洞室变形监测的内容有哪些？
2. 地下洞室应力应变监测如何布置？
3. 地下洞室渗流监测如何布置？

技术应用能力提升

搜集一隧洞工程图纸，进行监测布置。

项目十三　水　力　学　监　测

导学：水力学监测涉及动水压力、流态与水面线监测、流速与流量监测、空蚀和掺气监测、消能与冲刷监测等方面。其各种监测的方法与所用仪器的类型、构成等是应熟悉的基本知识，各类观测测点的布设是重要的技术应用，应理解并能针对特定工程进行布设工作。动水压力观测中测压管及压力传感器的安设与观测，流速流量观测中浮标法、转子式流速仪法、超声波测流法以及毕托管测流法相关仪器的操作是最基本的技能，应能熟练进行操作。

※**基本知识**※

水利工程输、泄水建筑物的水力学监测项目主要包括动水压力、水流流态、水面线、流速、泄流量、空蚀及消能等。

水力学监测一般要求如下：

（1）水力学监测的项目应根据输、泄水建筑物的结构形式、工程或试验研究的需要进行选择。

（2）输、泄水建筑物进出口水位差超过 80～100m 时，应进行水力学监测。

（3）监测点的布置要考虑便于与计算和模型试验比较和验证。

（4）各监测项目和测点应相互配合，以便综合分析。

任务一　动　水　压　力　监　测

动水压力监测包括时均压力、瞬时压力和脉动压力。脉动压力监测主要是测量水流脉动时的振幅和频率，闸坝、输水管道建筑物的振动均是由脉动压力引起的。

※**技术应用**※

一、动水压力监测布设

（1）输、泄水建筑物的动水压力监测布置应能反映过水表面压力分布特征，满足监测工程安全运行要求。

（2）动水压力监测断面的设置一般沿水流方向，布设在溢流堰面、闸底板中线、闸墩下游中线、消力池底板和边墙、挑流鼻坎反弧段和边墙体型突变等部位，并尽可能与模型试验相对应。

（3）对于泄水孔、洞，应测量其边壁压力。

（4）对于有压隧洞，应选择若干控制断面，测量洞壁动水压力，以确定压坡线。

（5）在脉动压力周围，应设置 1～2 个测压管，以便测量时均压力，相互验证。

※基本知识※

二、动水压力监测方法

动水压力一般采用测压管和压力传感器等方法进行监测。

1. 测压管

测压管式动水压力计的原理是通过一根连通管，将测点处的压力转换成测压管水头进行监测，一般采用测压管水银比压计和压力表进行测量。动水压力测压管埋设安装如图13-1所示。

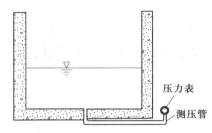

图13-1　动水压力测压管埋设示意图

※技能操作※

安装时，测压管的测头表面应与底面或壁面齐平。测压管管径既要防止泥沙颗粒进入，也要防止孔径过大而引起水流漩涡使测压值失真。在平时不进行测验时，可用薄金属板将测头盖紧。测压管装好后应进行编号，测定位置、高程应进行详细记录并绘入布置图表中。

测压管水银比压计和压力表的安装位置应低于测压孔进口高程，比压计的液面高程和压力表的高程需精确测定。压力表须经率定后方可使用。

2. 压力传感器

监测动水压力的传感器一般选用电阻式或压阻式传感器。安装时，需在施工期预先埋设电缆和传感器底座。水力学底座及埋设安装如图13-2所示。

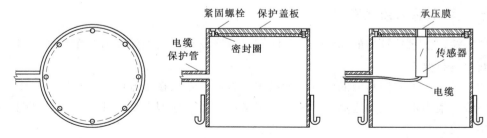

图13-2　水力学底座及埋设安装示意图

瞬时压力和脉动压力采用自动记录仪或采集仪进行监测，瞬时压力的平均值即为时均压力。

任务二 水流流态和水面线监测

※基本知识※

一、水流流态监测

（1）泄水、引水、过坝建筑物的进口流态监测包括水流侧向收缩、回流范围、漩涡漏斗大小和位置、波浪高度、水流分布情况等。

（2）泄水建筑物汇槽流态监测包括水流形态、折冲水流、冲击波、弯道水流及其产生的横比降、闸墩和桥墩的绕流流态等。

（3）泄水建筑物出口流态监测包括上下游水面衔接形式、底流、面流、戽流、挑流等消能工流态等。

（4）泄水建筑物下游河道流态监测包括水流流向、回流形态和范围、冲淤区、波浪及水流分布对岸边和其他建筑物的影响等。

（5）水流流态可采用文字描述、摄影、录像等进行记录。

二、水面线监测

（1）在泄水建筑物运用初期和运用后遇有超历史水位时，应对泄水建筑物有水面线的部分进行水面线监测。

（2）水面线监测包括明流溢洪道水面、明流泄洪隧洞水面、挑射水舌轨迹线及水跃波动水面等。

（3）明流溢洪道等有边壁可供绘制网格的泄水建筑物，其衔接水面线及沿程水面线，可用直角坐标网格法、水尺法或摄影法进行监测。

（4）挑流水舌轨迹线，可用经纬仪测量水舌出射角、入射角、水舌厚度，也可用立体摄影测量平面扩散等。

（5）水跃监测需测量水跃长度及平面扩散的水面线。

（6）明流泄洪洞应用水尺或预涂粉浆法测量最高水面线，也可用电测远传水位计测量水面线，测点间距 5～20m。

任务三 流速和流量监测

※技术应用※

一、监测布置

1. 流速

流速监测应根据排漂、漩涡、空蚀、磨蚀、掺气及消能冲刷等需要，确定测量部位。一般布置在挑流鼻坎末端、溢流坝面、渠槽底部、局部突变处、下游回流及上下游航道等部位。

2. 流量

泄水建筑物流量监测须在工程建成后，积累过流的水位与流量关系的资料，直至可绘出水位与流量关系曲线，在有控制闸阀门时，应绘制闸阀门不同开度下的水位-流量关系曲线。

流量监测一般按测试需要分为固定测流断面和临时测流断面。固定测流断面应选择断面稳定的地段；临时测流断面视泄水建筑物具体情况确定，若用浮标法需同时选定投标断面和测量断面。

※ 基本知识 ※

二、监测方法

流速监测可用浮标、流速仪、超声波、毕托管等。流量可根据过水断面面积和流速进行计算。

（一）浮标法

浮标法适于监测水流表面流速，对不同的浮标，其修正系数也不同，应事先通过率定再正式使用。

监测浮标的方法有：目测法、普通摄影法、连续摄影法、高速摄影法、经纬仪立体摄影法和经纬仪交会测量法等。

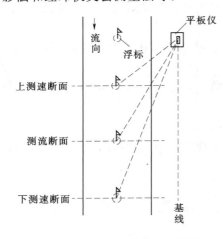

图 13-3　浮标法测流速示意图

浮标是漂浮在水面上的一个标志，浮标随水的流动漂移。它的运动速度可认为与水面流速一致，测出浮标的移动速度，就测量出了水面的流速。

采用浮标法测量流速时，在测流断面上、下游确定两个浮标测速断面，岸边顺流向确定一条测速基线，在两个测速断面和基线的上做好标志，如图 13-3 所示。测流前，将平板仪安装在基线的端点上，并整平。先在平板仪的图纸上确定平板仪的位置，将平板仪对准基线，然后在图纸上定出基线、两个测速断面和测流断面。

测量时，首先在上测速断面的上游施放浮标，使用平板仪的测量员一直用平板仪跟踪浮标，当浮标通过两个测速断面和测流断面时，记下通过断面的时间，可计算出流速。

（二）转子式流速仪法

转子式流速仪是水文测验中使用最广的常规测量仪器。转子式流速仪由旋转、发信、身架、尾翼和悬挂等部件组成，如图 13-4 所示。

转子式流速仪是根据水流对转子的动量传递进行工作的，将水流直线运动能量通过转

子转换成转矩。在一定的流速范围内，流速仪转子的转速与水流速度呈近似线性关系，即

$$v = Kn + C \qquad (13-1)$$

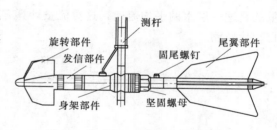

图 13-4　转子式流速仪结构示意图

式中　v——水流流速，m/s；

n——流速仪转子的转率，r/s；

K——流速仪转子倍常数；

C——常数。

流速的 K、C 通过流速仪检定水槽得到。采用转子式流速仪进行泄水建筑物流速监测时，一般要在测量断面设置安装支架，如图 13-5 所示。安装支架应有足够的强度，安全可靠。流速仪在正常使用情况下，检定成果稳定期一般为 1 年或累计工作 300d，按水文测验规范要求，超过稳定期后，应立即送检。

（三）超声波测流法

超声波测流法是利用超声波在水中的传播特性来测定水的流速的方法。超声波测速按其测量原理分为时差法和多普勒法。

1. 超声波时差法

（1）测速原理。超声波时差法测速是利用超声波在静水和动水中的传播速度差来测定水的流速，假定超声波在静水中的传播速度为 C，水流速度为 v。在水中顺流传播时，其传播速度应为 $C+v$；在水中逆流传播时，其传播速度应为 $C-v$。则测出顺流与逆流传播的时间差，就可求出水的流速。若超声波传播距离为 L，则顺水流传播时间 T_1 和逆水流传播时间 T_2 分别为

图 13-5　流速仪安装测流示意图

$$T_1 = L/(C + v\cos\theta) \qquad (13-2)$$

$$T_2 = L/(C - v\cos\theta) \qquad (13-3)$$

式中　θ——超声波路径与水流流向之间的夹角，(°)。

由式（13-2）、式（13-3）得水流速度 v 为

$$v = 1/2\cos\theta(1/T_2 - 1/T_1) \qquad (13-4)$$

※技能操作※

（2）安装与测量。超声波流速仪由换能器和控制记录仪组成，两个换能器分别安装有测量断面的两岸边，图 13-6 所示两个换能器应安装在同一高程上，两岸的换能器应相互对准，对向误差不得大于 50，水流流向与超声波传播方向的夹角应为 45°左右，换能器距底面高度和距水面深度应大于 0.2m。对于水深较大的断面，应在不同深度安装多对换能器，一般要设 3~4 层。由于超声波的传播速度受整个断面的这一层水流影响，所以它测

量的是这一层水的平均流速，这对流量计算有利。超声波流速仪具有自动测量功能，利于自动化监测。

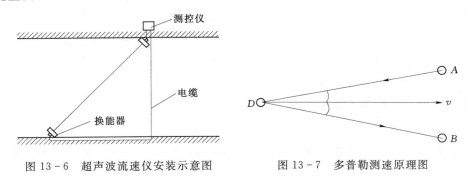

图 13-6　超声波流速仪安装示意图　　图 13-7　多普勒测速原理图

※基本知识※

2. 超声波多普勒法

（1）测速原理。超声波多普勒法是利用多普勒效应原理进行测速的。多普勒效应：当频率为 f 的振源与观察者之间相对运动时，观察者接收到的来自振源的辐射波频率会发生频移为 f'。测出由于相对运动而产生的频移，就可测定被测物体的运动速度。如图 13-7 所示，A、B 分别代表超声波发射端和接收端，是固定的，D 为被测物，以速度 v 运动。当 A 发射频率为 f 的辐射波时，辐射波经物体 D 的反射产生频移后，接收端 B 接收的频率为 f'。多普勒频移 f'' 为

$$f'' = f' - f = f''(v/C)(\cos\theta_A - \cos\theta_B) \tag{13-5}$$

式中　　C——超声波的传播速度，m/s；

θ_A、θ_B——运动方向与 AD、BD 连线的夹角。

A、B 点固定后，C、f、θ_A、θ_B 均为已知，由式（13-5）得

$$v = [C/f(\cos\theta_A + \cos\theta_B)]f'' = Kf'' \tag{13-6}$$

由式（13-6）可知，物体速度与频移之间呈线性关系。在测量水体流速时，是将水中的悬浮物或气泡作为反射体，测出其运行速度，即可测出水的流速。

多普勒超声波流速仪由换能器、发射器、接收器和控制处理仪组成。其安装方式与转子式流速仪基本相同，也是测量水体中的点流速。

（2）多普勒剖面流速仪。多普勒剖面流速仪（acoustic doppler current pro - file AD-CP）利用多普勒测速原理，在水面或河底，向下或向上发射超声波，并接收不同水深处返回的声波，根据不同水深处的多普勒频率，采用矢量合成方法，测出一条测速垂线上各点的流速。在测速断面上布置多条测速垂线，可测得整个断面的流速分布。ADCP 自动化程度很高，便于接入自动化监测系统。

（3）电波流速仪。电波流速仪也是利用多普勒效应原理进行测速的。超声波多普勒流速仪的传输介质是水，而电波流速仪的传输介质是空气。由于超声波在空气中传播的衰减很快，所以电波流速仪传播的是电磁波，频率高达 10GHz，属微波，衰减较小。电波流

速仪属非接触式测量仪器，使用时将流速仪架设在桥上或岸上，使用方便，应用广泛。

（四）毕托管测流法

毕托管测速法是利用水力学伯努利能量方程的原理进行水流流速测量的一种方法。伯努利方程为

$$v=\pm\alpha\sqrt{2gH} \quad Gh=K\sqrt{H} \tag{13-7}$$

式中　v——水流速度，m/s；

$\quad\quad g$——重力加速度，m/s²；

$\quad\quad H$——动力压力与静水压力之差，m；

$\quad\quad K$——系数，由实验室率定。

毕托管由动静水压力感应孔、压力传递管、压力接出口和压力测量仪组成，如图 13-8 所示。

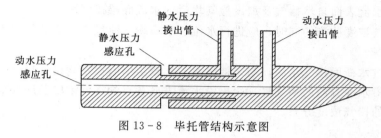

图 13-8　毕托管结构示意图

任务四　空蚀及掺气监测

一、空蚀监测

※技术应用※

1. 测点布置

（1）空蚀监测的重点主要是在边界曲率突变或水流发生分离现象的下游处、扩散处、弯道岔道、消力墩背水面及底部。

（2）隧洞、闸门门槽和门框、溢流面反弧段、挑流鼻坎、辅助消能工。

（3）高水头底孔出流与坝面溢流交汇处，水流受到干扰而流速达到 15m/s 的区域。

（4）施工不平整、人工突体处。

（5）模型试验中容易发生空蚀的部位。

2. 监测方法

（1）在可能出现空穴处，用水下噪声探测仪监听空泡溃灭时噪声强度变化进行空蚀监测。

（2）用地面近景摄影测量的方法测出空蚀量，大型空蚀应量测空蚀的面积和深度，计算空蚀量。

（3）监测空蚀的平面分布，在整个空蚀破坏范围内，设置各种标记，用照相机、录像

机拍摄记录空蚀破坏全貌，同时记录相应的水流条件（上下游水位、流量、闸门开度等）。

※基本知识※

二、掺气监测

1. 监测内容

（1）掺气发生点及其发展过程。

（2）掺气坝后水流底层的掺气浓度，研究掺气浓度分布规律，探索掺气防蚀保护范围。

（3）应加密水舌落点和冲击力的测点，测出沿水深方向的含气浓度，并延伸测至上游空腔中，其目的是测出水舌落点附近的最大掺气浓度和冲击力。

（4）明渠水流表面自然掺气及加设检气坎后的水流底层掺气浓度。

（5）在掺气浓度监测的同时，应进行水位、水面线、流量、流速和压力等监测。

2. 监测要求

（1）测量过水断面掺气水深，与未掺气水深比较给出断面平均掺气量。

（2）量测沿水深方向的掺气量，给出沿水流方向各点的掺气浓度及底部掺气浓度，也给出沿垂线上的掺气浓度分布。

3. 监测方法

（1）取样法。一般常用负压取样器，通过对样品的水、气分离处理测得掺气量。

（2）电测法。一般有电阻法、电容法等，常用电阻法。其工作原理系用水和空气的电导率不同，水气混合后的导电能力随水中掺气量的多少而异，可用下式表示其关系：

$$C=\left[(R_t-R_\alpha)/(R_t-R_\alpha/2)\right]\times100\% \tag{13-8}$$

式中　　C——水流的体积掺气浓度，%；

　　　　R_t——掺气水流两极间的水电阻，Ω；

　　　　R_α——清水时两电极间的水电阻，Ω。

（3）同位素法。利用放射性同位素的 λ 射线通过水和空气吸收值不同的特点，可测量分层掺气量。

任务五　消能及冲刷监测

※基本知识※

一、消能监测

消能监测包括底流、面流和挑流各类水流形态的测量和描述。其中对自由挑流需测量水舌剖面轨迹、平面扩散覆盖范围，碰撞挑流加测撞击位置。

监测方法用目测法和摄影法，也用单经纬仪交会法和双经纬仪交会法。

计算过坝水流的总消能率时，需测量通过下游标准河床断面的水位和流量。

1. 底流消能

（1）底流消能监测的重点是明槽水流从急流状态变到缓流状态时水面产生水跃的水力现象，包括水跃长度及其前、后水深，水跃的形式、形态和流速等。

（2）水跃长度及水深，可通过设于侧墙上的方格网及水尺组，用目测法或摄影法测量。

（3）当消力池中流速大于 15m/s 时，应监测消能设施和底板有无空蚀发生。

2. 面流消能

（1）面流消能监测重点是涌浪及平面回流。涌浪可用目测，可辅以网格或水尺，监测记录水舌涌高及跃后涌浪并详细记录。

（2）平面回流监测要求详细记录回流位置、范围和回流流速。

（3）在需要了解面流消能效果时，需在下游河段中选择开始恢复正常紊动的断面，测量稳定河床断面的水位和流量，再推算消能率。

（4）所有测量成果，均应详细记录整理分析，发现对安全有影响的现象时，应及时上报并采取改善措施。

3. 挑流消能

（1）挑流消能监测分为挑流测量和水垫消能测量两部分。

（2）挑射水舌测量可应用单经纬仪交会法、双经纬仪交汇法及摄影法等。

（3）射流跌入下游尾水后，应监测水舌入水位置、平面水流流态、激溅水体影响范围、水面波动影响范围等。

（4）在需要分析消能效果时，与面流消能采取同样监测方法。

二、冲刷监测

泄水建筑物的冲刷监测，重点在溢流面、闸门下游底板、侧墙、消力池、辅助消能工、消力戽及泄水建筑物下游泄水渠道和护坦底板等处有无冲刷破坏。水上部分可直接目测和量测，水下部分采用抽干检查法、测深法、压气沉柜检测法及水下电视检查法等。

1. 局部冲刷

局部冲刷监测，要求准确测定冲坑位置、深度、形态及范围。水下部分测点和断面的间距，一般为 3～10m，在地形陡变部位，测点应适当加密。最终成果应能提出冲刷坑地形等高线及有关分析意见。

当采用抽干检查法时，还应对冲刷岩石的节理裂隙、断层等情况进行描述记录。

2. 局部淘刷

在采用面流、戽流等消能工时，需对鼻坎齿槽、冲坑底部与其他建筑物衔接处易受旋滚及挟带砂石淘刷的部位进行检查监测，并详细记录淘刷部位、范围、深度，绘制平面图及剖面图。

3. 淤积物

在泄水工程下游，根据基础条件、泄流条件选择若干条有代表性纵横断面，可每隔 10～20m 设一测量点。在测量点区域内量测岩石块的平均尺寸及最大岩块尺寸并详细记录。还需测量淤积厚度、分布状况和淤积数量。

思　考　题

1. 水力学监测包括哪些方面？
2. 动水压力监测方法有哪些？如何布置？
3. 水流流态与水面线监测如何观测？
4. 如何进行流速与流量的监测？有哪些方法？
5. 如何进行空蚀与掺气监测？
6. 如何进行消能与冲刷监测？

技　能　训　练

用转子式流速仪测流速。

技术应用能力提升

1. 搜集一泄洪（溢流堰）工程建筑物图，进行动水压力监测布置。
2. 在河渠中选定流速测点。

项目十四　环境量及地震反应监测

导学：水位监测、水温监测、波浪监测以及地震监测是水利工程管理中必需的工作，应该知道这些方面的知识，也应具备这些方面监测技能。水位监测、水温监测、波浪监测以及地震监测的监测点布置，监测方法是重点知识，监测设施及监测是重要的技能，应会操作。

※基本知识※

环境监测包括以下项目和要求：

（1）环境量监测的目的是掌握环境量的变化规律，及其对大坝变形、渗流和应力应变等的影响。

（2）环境量监测主要包括大坝上下游水位、降雨量、气温、水温、波浪、坝前淤积和冰冻等。

（3）环境量监测应遵循 GB/T 50138—2010《水位观测标准》、SL 21—2015《降水量观测规范》、SL 58—2014《水文测量规范》、SL 59—2015《河流冰情观测规范》等水文、气象标准和规范的要求。

（4）环境量监测设施应在水库蓄水前完成施工。

地震监测包括以下项目和要求：

（1）地处地震基本烈度Ⅶ度及其以上地区的1、2级大坝，经过论证，可进行坝体地震反应监测。

（2）大坝的地震反应监测，应按地震强震监测与大坝动力反应监测分别进行，强震监测应同专门地震网点相结合。

（3）土石坝的动力反应监测，分为动孔隙水压力、动土压力与动位移监测，除动孔隙水压力以外，现实不宜进行动土压力与动位移监测。

任务一　水　位　监　测

※技术应用※

一、测点设置

水位站的站址选择应满足监测的目的和监测精度的要求，水位监测断面宜选在岸坡稳定、水位有代表性的地点。

水位监测的水准基面应与水工建筑物的水准基面一致。

1. 上游（水库）水位监测

（1）水位监测站应设在水面平稳、受风浪和泄流影响较小、便于安装设备和监测的地点。

（2）应设置在岸坡稳固处或永久性建筑物上。

（3）应设置在能代表坝前平稳水位的地点。

2. 下游（河道）水位监测

（1）下游（河道）水位监测站应与测流断面统一布置。

（2）应布置在水流平顺、受泄流影响较小、便于安装设备和监测的地点。

（3）当各泄水口泄流分道汇入干道时，除在干道上必须设置测点外，可在各分道上也布设测点。

（4）河道无水时，下游水位用河道中的地下水位代替。监测方法宜根据大坝下游地形、地质情况设置测压管或监测井，并尽量与渗流监测相结合。

※基本知识※

二、监测方法

根据水位测点的地形、水流条件等，水位监测一般可采用水尺、浮子式水位计、压力式水位计和超声波水位计等方式。

（一）水尺

每个水位测点必须设置水尺进行水位监测，即使采用其他水位监测方式，也应设置水尺，它是水位测量基准值的来源，也可以定期进行比对和校测。

水尺通常由搪瓷板、合成材料或木材制成，长度为1m，宽约10cm，水尺刻度分辨率为1cm。水尺要求具有一定的强度、不易变形，具有耐水性，温度伸缩性应尽可能小。水尺刻度应清晰、醒目，为了便于夜间监测，水尺表面应有荧光涂层。

水尺设置的位置应便于监测人员接近直接观读水位，并应避开涡流、回流、漂浮物等影响，在风浪较大的地区，必要时应采用静水设施。水尺布设的范围应高于最高、低于最低水位0.5m，相邻两根水尺的监测范围宜有0.1～0.2m的重合，当风浪经常较大时，重合部分可适当放大至0.4m。

根据水尺安装使用方式的不同，可分为直立式水尺、倾斜式水尺和矮桩式水尺。

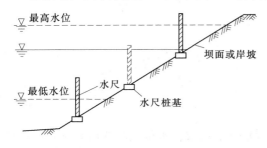

图14-1 直立式水尺安装示意图

1. 直立式水尺

直立式水尺是沿水位监测断面的坡面不同高程设置若干水尺桩，并将水尺固定在水尺桩上，如图14-1所示。

水尺桩可由混凝土、金属或木材制成，桩基一般由混凝土制成，并与岸坡牢固结合。水尺桩上固定的水尺板应不超过2m，相邻两水尺的水位刻度应有一定的重合。安装后，应用精密水准测量方法确定每根水尺的零点高程。水尺读数加上该水尺的零点高程即为水位高程。

当测量断面建筑物有合适的直立面时，也可沿建筑物直立面直接安装水尺板。

2. 倾斜式水尺

有些水位监测断面具有平直的斜坡，如大坝坝面，可采用倾斜式水尺。设置时，在水位监测断面上，采用精密水准测量的方法，测出各水位高程对应的位置，并按直立水尺的模式，用油漆或荧光漆画出清晰的刻度，刻度数字底板的色彩对比应鲜明，且不易褪色、不易利落。水位高程可在倾斜面尺上直接读出。

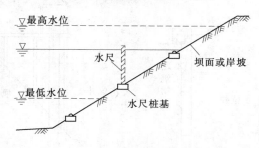

图 14-2　矮桩式水尺安装示意图

3. 矮桩式水尺

矮桩式水尺的安装埋设与直立式水尺基本相同，如图 14-2 所示。桩基要高出岸坡地面，在桩基面上安设一圆形水准基点。测量时，监测人员在被水淹没的桩基上放置专用水尺，水尺读数加上桩基基点高程，即为水位高程。由于测量时监测人员必须靠近水边，才能将水尺安放在桩基上，所以在岸坡较为平缓时，不宜采用，否则就要求大量的桩基。

水尺设置完成后，对设置的水尺必须统一编号，各种编号的排列顺序应为组号、脚号、支号、支号辅助号。水尺编号应标在直立式水尺的靠桩上部、矮桩式水尺的桩顶上或倾斜式水尺的斜面上的明显位置。

（二）浮子式水位计

浮子式水位计是世界上应用最广的水位量测仪器之一，具有简单可靠、精度高、易于维护等特点。但使用浮子式水位计时，必须建设水位测井，有些场合建水位井较为困难，或造价很高，使其在使用上受到一定限制。

1. 浮子式水位计结构

浮子式水位计由浮子、重锤、悬索、水位轮、转动部件和水位编码器（或记录仪）组成，如图 14-3 所示。浮子漂浮在水位井内，随着水位的升降而升降。绕过水位轮的悬索一端固定在浮子上，另一端固定一个平衡锤，平衡锤自动控制悬索的张紧和位移。悬索带动水位轮旋转，由转动部件将水位轮的旋转传递给水位编码器（或记录仪）。

2. 浮子式水位井结构

水位井可根据监测现场的具体情况进行设计。如果测量断面建筑物有合适的直立面，可沿建筑物直立面直接安装水值监测井，如图 14-4（a）所示；对于斜坡断面，按水位井的结构形式可分为岛式、岸式或岛岸结合式，如图 14-4（b）、（c）所示。

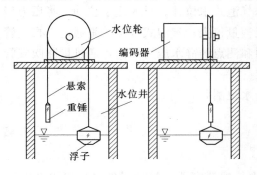

图 14-3　浮水式水位计示意图

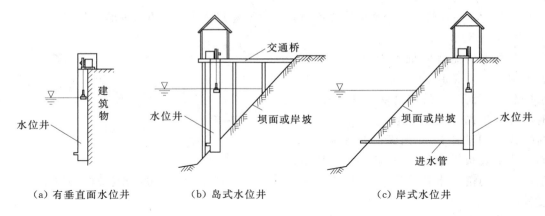

（a）有垂直面水位井　　　　（b）岛式水位井　　　　　　（c）岸式水位井

图 14－4　浮子式水位井示意图

水位测井不应干扰水流的流态，测井截面可建成圆形或椭圆形。井壁必须垂直，井底应低于设计最低水位 0.5～1m，测井口应高于设计最高水位 0.5～1m。水位测井井底及进水管应设防淤和清淤设施，卧式进水管可在入水口建沉沙池。测井及进水管应定期清除泥沙。

水位测井可用金属管、钢筋混凝土、砖或其他适宜的材料建成。测井截面应能容纳浮子随水位自由升降，浮子与井壁应有 5～10cm 间隙，水位滞后不宜超过 1cm，测井内外含沙量差异引起的水位差不宜越过 1cm，并应使测井具有一定的削弱波浪的性能。

进水管、管道应密封不漏水，进水管入水口应高于河底 0.1～0.3m，测井入水口应高于测井底部 0.3～0.5m。有封冻的地区，进水管必须低于冰冻线。

进水管可用钢管、水泥管、瓷釉管等材料制作，根据需要可以设置多个不同高程的进水管。

（三）压力式水位计

压力式水位计是通过量测静水压力来实现水位测量的监测仪器。它直接将静水压力转换成电信号，再经测量仪表将电信号转换成水位值。

压力式水位计按压力传递方式分为投入式和气泡式水位计。投入式水位计是将压力传感器直接安装于水下，通过通气电缆将信号引至测量仪表；气泡式水位计是通过一根气管向水下的固定测点吹气，使吹气管内的气体压力和测点的静水压力平衡，通过量测吹气管内压力实现水位的测量，其传感器置于水面以上。

压力式水位计的优点是安装方便，无需建造水位测井。

※ 技能操作 ※

压力式水位计的安装如图 14－5 所示，压力传感器宜置于设计最低水位以下 0.5m，当受波浪影响时，可在二次仪表中增设阻尼装置。当设一个传感器量程不够时，可根据情况分级设置多个传感器。压力传感器的感压面应与流线平行，不应受到水流直接冲击。

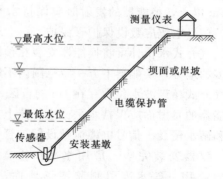

图14-5　压力式水位计安装示意图

传感器的底座及安装应牢固，传感器的高程可按水尺零点高程测量的要求测定。传感器测得的水的高差加上传感器高程即为水位高程。

通气电缆可顺坝面或岸坡引出水面，电缆应加保护管可靠保护，其出口必须高出最高水位。

通气电缆与普通电缆的连接应采用专用干燥接线盒。

※基本知识※

（四）超声波水位计

超声波水位计是利用声学和电子技术进行测距的水位量测仪器。根据安装方式和传播介质的不同，超声波水位计分为液介式和气介式。

超声波水位计的工作原理是：声波在一种介质中以一定的速度传播，当遇到不同密度的介质分界面时，可以发生反射，测出声波传播的时间，可计算出其传播的距离，即可得出水位值。

超声波水位计的安装如图14-6所示。

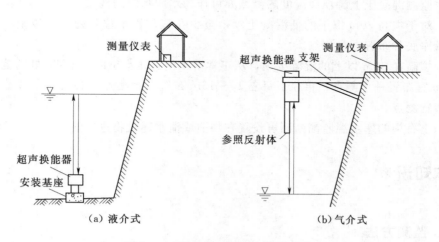

（a）液介式　　　　　　　　　　（b）气介式

图14-6　超声波水位计安装示意图

超声波水位计的现场安装非常重要。

液介式水位计的安装基墩应设在基岩或不会发生沉降处，换能器应牢固安装在基墩上。由于液介式超声波水位计存在0.5m的盲区，所以换能器的安装位置应低于最低水位

0.5m 以上，换能器的发射面应保持水平。换能器不能安装在有漩涡、水草或淤积的地方。信号电缆应敷设保护管保护。

　　气介式水位计可将换能器安装在预制的支架、桥墩或坝体上。应避免安装在水面漂浮物多的地方，换能器下方一定范围内不应有其他物体，以免造成反射，产生测量错误。由于气介式超声波水位计存在 1m 的盲区，所以换能器的安装位置应高于最高水位 1m 以上，换能器的发射面应保持水平。换能器上方应加遮挡阳光和雨水的保护罩，避免阳光直接暴晒和雨水侵袭。信号电缆应敷设保护管保护。

　　仪器安装完毕，应用水平尺检查器口是否水平，用测尺检查安装高度是否符合规定，用五等水准引测监测场地面高程，如附近无水准点可在大比例尺地形图上查得。

任务二　气温和水温监测

※技术应用※

一、监测布置

　　（1）水库大坝坝区附近至少应设置一个气温监测点。

　　（2）库水温监测，应在靠近上游坝面的库水中布置测温垂线，其位置宜与重点监测坝段一致。监测混凝土上游坝面温度的测点亦可作为水库水温的测点。

　　（3）对于坝高 30m 以下的低混凝土坝，至少在正常蓄水位到死水位以下 20cm、1/2 水深处及库底各布置一个测点。

　　（4）坝高在 30m 以上的混凝土坝，从正常蓄水位到死水位以下 10cm 处的范围内，每隔 3～5m 宜布置一个测点，再往下每隔 10～15m 布置一个测点，必要时正常蓄水以上也可适当布置测点。

　　（5）土石坝的库水温监测断面可设置在坝前或泄水建筑物进口前。

※基本知识※

二、监测方法

　　（1）温度监测一般采用铂电阻温度计、铜电阻温度计和半导体温度计等。

　　（2）气温监测仪器应设在专用的百叶箱内。百叶箱的设置应符合有关气象监测规范和标准。百叶箱内应设直读式温度计，以便比测。

　　（3）库水温监测应将温度计牢固固定在设计测点，电缆应敷设套管保护。

任务三　波浪、坝前淤积和冰冻监测

※**基本知识**※

一、波浪监测

（一）库面波浪监测

1. 监测布置

（1）库面开阔区，波浪监测点距岸边不宜小于100m。

（2）波浪监测点应布置在水深大于该区可能出现的最大波长之半处或水下地形比较平坦的区域。

2. 监测方法

波浪的监测一般采用测波杆或测波器监测波浪高度和周期，采用漂浮波速尺监测波长和波速；也可采用布设成直角等腰三角形（其中一腰应与岸边平行）的三根测波杆监测波浪高度和周期，算出波速和波长；有条件时，可采用遥测自记测波标杆，采集风和浪的全部要素。

波浪监测应结合风力、风向一同监测。

（1）测波杆法。

1）单杆监测。系用一根标杆监测波高和周期。测出30～50个连续的波浪通过标杆的历时，除以相应的次数即得平均周期。

2）三点法监测。采用三根标杆，布设成直角等腰三角形，其中一腰应与岸边平行，如图14－7所示。

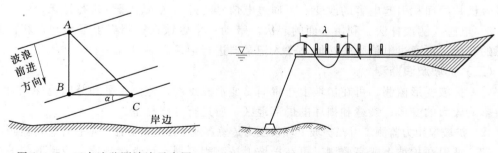

图14－7　三点法监测波浪示意图　　　　图14－8　浮动波速尺示意图

监测时，用秒表测出某一波峰通过标杆 A、B、C 的时间 t_1、t_2、t_3。波峰线与岸边的交角为 α，三角形腰长为 L，则可用下式求出波速 v：

当 $\alpha < 45°$ 时　　　　　　　　　　　　$v = L\cos\alpha/(t_2 - t_1)$　　　　　　　　　　　　（14－1）

当 $\alpha > 45°$ 时　　　　　　　　　　　　$v = L\cos\alpha/(t_3 - t_2)$　　　　　　　　　　　　（14－2）

波长 λ 可根据公式 λ＝TV 算出。

此外，还可用漂浮波速尺测读波长，如图 14-8 所示。用下式计算波速：

$$v＝\lambda/T \tag{14-3}$$

式中　v——波速，m/s；

　　　λ——波长，m；

　　　T——周期，s。

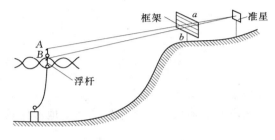

图 14-9　测波器监测波浪示意图

（2）测波器法。

在水面设置浮标，其上设一测标。浮标底部系一绳索，锚固于库底重物上。在岸上设框架和准星，框架上设等距离水平线条，如图 14-9 所示。

监测时用秒表直接测出历时，算出周期，并按下式计算波高：

$$H＝(D+d)k/d \tag{14-4}$$

式中　H——波高，即图中之 AB，m；

　　　k——监测波峰和波底时，视线在框架上所截间距。即图中的 ab，m；

　　　D——浮标至框架的距离，m；

　　　d——准星至框架的距离，m。

（3）遥测自记法。

1）电阻式测波杆法。由测波杆和信号转换器组成，其工作原理是利用水的导电性能，测波杆在水中的工作情况，相当于并联电阻数量的变化。水面上升，电阻减小，反之电阻增大。波浪的起伏反映为电阻的变化，通过电信号的转换，把电阻的变化转换为电压变化，送入电子示波仪或电子电位差计记录。

2）电容式测波杆法。利用水与空气的电介常数的不同，波浪的起伏使淹没在水中的两电容极片的面积引起电容的改变，再通过电信号转换，送入记录器进行记录。

3）电感式测波杆法。利用水面的起伏，带动一个磁铁在线圈里上下移动，获得线圈电感的变化，再通过电信号的转换，送入记录器进行记录。

（二）护坡波浪监测

（1）护坡变形监测。可在护坡上布置简易变形测点网，监测水平和竖向位移。对于受风浪影响较大的变形、裂缝和损坏的局部地区，应进行专门测量。

（2）护坡浪压力监测。可在护坡上埋设压力传感器或土压力计，用相应仪器进行监测。

（3）波浪在护坡上爬高监测。可在护坡上按高程刻划水尺直接测读，或量取斜坡浪迹长度折算成爬高。

二、坝前淤积监测

（一）监测布置

（1）在坝前至少设置一个监测断面。

（2）在库区应根据水库形状、规模，自河道入库区直至坝前设置若干监测断面。

（3）库岸设立相应的控制点。

（二）监测方法

（1）水下部分一般采用交会法定位，用测杆、测深锤或回声测深仪测深。水上部分采用普通测量方法。

（2）对于断面不能全部控制的局部复杂地形，应辅以局部地形测量。

（3）有条件时，可应用电磁波测距仪或激光测距仪定位或利用遥感照片分析水库淤积。

三、冰冻监测

（一）土壤冻结深度监测

（1）土壤冻结深度监测，至少选择向阳、背阴两处设监测点。

（2）每半月挖新坑直接监测。

（3）自地表至最大冻结深度以下20cm处，每20cm埋设一个地温计，冻结期内每5～10d监测一次。

（4）应同时对气温进行监测。

（二）冰盖位移监测

库水结冰后，在冰面上有代表性的地点设置位移监测点，由岸上控制点用交会法定期进行监测。

（三）冰压力监测

1. 静冰压力及冰温监测

（1）结冰前，在距坚固建筑物20m左右的水体中，对于冬季水位比较稳定的水库，可在坚固建筑物前缘，自水面至最大结冰厚度以下10～15cm处，每10～15cm设置一个土压计，并在附近相同深度处，设置一个电阻温度计同时进行监测。

（2）自结冰之日起开始监测，每天至少监测两次。在冰层胀缩变化剧烈时期，应连接三天每2～3h监测一次。

（3）应同时进行气温、冰厚监测。

2. 动冰压力监测

（1）消冰前根据变化趋势，在坚固建筑物前缘适当位置及时安设预先配备的压力传感器或土压力计进行监测。

（2）在风浪过程或流冰过程中进行连续监测。

（3）应同时进行冰情及风力、风向监测。

任务四　地震反应监测

※基本知识※

地处地震基本烈度Ⅶ度及其以上地区的1、2级大坝，经过论证可进行坝体地震反应监测。

大坝的地震反应监测，应按地震强震监测与大坝动力反应监测分别进行，强震监测应同专门地震网点相结合。

大坝的动力反应监测主要是动孔隙水压力监测。

一、地震强震监测

（一）监测设置

地震强震监测的测点布置，依坝的高度与重要性而异，可在最大断面处的坝顶、下游坝脚分别布置测点，或另在半坝高处增设测点。

地震强震监测，利用强震仪进行，强震仪包括强震加速度仪、峰值记录加速度仪等。强震监测的测次，依地震活动情况及时进行。

（二）地震监测站设置

1. 强震仪的安装

（1）地震反应测点应采用钢筋混凝土监测墩，监测墩露出部分尺寸为 40cm×40cm×20cm。

（2）监测墩浇筑前在大坝测点位置打孔预埋插筋，将面打毛，冲洗干净后再用砂浆混凝土现浇，并预留导线穿孔。

（3）监测墩上应设置拾震器底板，两者用环氧树脂黏结，保证牢固接触。

（4）拾震器安装后，再安装保护罩。

2. 电缆的埋设

（1）信号电缆应采用多芯屏蔽防水电缆。

（2）电缆宜沿坝内或坝面埋设，并加保护钢管。

（3）信号线与记录线的连接处应设置接线盒。

3. 记录仪的安装

（1）记录仪应牢固安装在监测室工作台上。

（2）监测室应有抗震设计，保证地震时记录仪能正常工作。室内应有独立的配电盘和过电压保护设施，并备有补充直流电源及照明电，室内温度应不低于 0℃。

（3）信号接通后，应确定拾震器的振动方向与记录图上振动波形方位的对应关系。应根据欲测地震的强度调整各记录道的灵敏度，使仪器处于待触发状态，一旦地震发生能自动记录。

二、动孔隙水压力监测

（1）动孔隙水压力监测的重点部位是土石坝的砂壳、松软坝基和高含水量黏土宽心墙等动孔隙水压力监测应结合地震监测进行。

（2）动孔隙水压力的监测布置可参照项目十中"孔隙水压力监测"有关内容进行。对于心墙砂壳坝，在靠近心墙的上游砂壳底部附近，应布置较密测点；对于松软坝基，当有较大的砂透镜体或砂夹层时，应增密测点。

（3）动孔隙水压力监测利用动孔隙水压力仪进行。

思 考 题

1. 环境监测与地震反应监测包括哪些内容？
2. 如何进行库水位监测？有哪些方法？
3. 用什么方法进行水库水文监测？监测点如何布置？
4. 如何进行水库波浪监测？都有哪些方法？
5. 地震监测点及监测站如何布设？

技 能 训 练

利用水尺、浮子水位计、压力水位计进行库水位监测。

项目十五　监测资料的管理与分析

导学：监测资料标准要求，各类资料整编与分析的内容，各阶段监测资料分析评价的内容及大坝安全监测控制指标的意义和作用作为最基本的知识应该知晓。

※基本知识※

大坝安全监测贯穿大坝建设与运行管理的全过程，一般可分为监测设计、安装埋设、数据采集（包括仪器监测、巡视检查及其数据传输与储存）、资料整理整编及初步分析、大坝性态的研究及评价五个环节。监测资料的管理与分析的工作内容涵盖了最后两个环节，是实现大坝安全监控的技术保障，因此是大坝安全管理的核心内容。

监测资料的管理与分析是按规程规范进行的。关于监测资料管理方面的规程规范主要有 SL 601—2013《混凝土坝安全监测技术规范》、SL 551—2011《土石坝安全监测技术规范》、DL/T 5209—2005《混凝土坝安全监测资料整编规程》、DL/T 5256—2010《土石坝安全监测资料整编规程》等。

从大坝安全管理的角度，对监测资料的管理与分析的要求是：对监测数据、检查资料及有关资料进行系统的整理整编，实现文档化及电子化信息管理，进行必要的定量和定性分析，对坝的工作性态做出及时的分析、解释、评估和预测，为有效地监控大坝安全、指导大坝运行和维护提供可靠的依据。

为实现资料的管理目标，必须做到以下几点：

（1）监测资料要准确、连续、系统。包括监测数据、检查资料及有关资料在内的监测资料应来源可靠、通过合理性检查和可靠性检验，识别和剔除粗差，消除或减小系统误差，分析方法应科学合理，计算方法及软件经过验证和认定，计算成果应经过审查；监测频次应符合要求，数据系列连续无间断；相关监测量资料齐备，便于互相印证和综合分析。

（2）监测信息管理系统要实用、可靠。

（3）资料整理和分析要及时。

（4）资料分析既要反映全面，又要突出重点。

（5）实现"人-资料-工具"结合。尽可能实现高素质的分析管理人员与准确的资料和可靠的分析管理工具（软件及硬件）的完美结合。

（6）加强人员管理。

（7）加强业务外委管理。

任务一　监测资料的整理与整编

※基本知识※

一、监测资料的收集

收集和积累资料是整理分析的基础。监测分析水平与分析者对资料掌握的全面性及深入程度密切相关。监测人员必须十分重视收集和积累资料，并爱护资料，熟悉资料。

为了做好监测分析工作，应收集、积累的主要资料有以下三个方面。

1. 监测资料

（1）监测成果资料，包括现场记录本、成果计算本、成果统计本、曲线图、监测报表、整编资料、监测分析报告等。

（2）监测设计及管理资料，包括监测设计技术文件和图纸，监测规程、手册，监测措施及计划、总结，查算图表，分析图表等。

（3）监测设备及仪器资料，包括监测设备竣工图，埋设、安装记录，仪器说明书，出厂证书，检验或率定记录，设备变化及维修、改进记录等。

2. 水工建筑物资料

（1）坝的勘测、设计及施工资料，包括坝区地形图，坝区地质资料，基础开挖竣工图，地基处理（帷幕灌浆、排水孔、断层破碎带加固等）资料，坝工设计及计算资料，坝的水工模型试验和结构模型试验资料，混凝土施工资料，坝体及基岩物理学性能测定成果（强度、弹性模量、泊松比、抗渗性、抗冻性、热学参数）等。

（2）坝的运用、维修资料，包括上下游水位、流量资料，气温、水温、降水、冰冻资料，泄洪资料，地震资料，坝的缺陷检查记录，维修加固资料等。

3. 其他资料

包括国内外坝工监测成果及分析成果，各种技术参考资料等。

资料收集、积累的范围与数量，应根据需要与可能性而定，厂部、分场和班组存档的分工，应便于使用并有利于长期管理和保存。

二、监测资料的整理与整编

从原始的现场监测数据，变成便于使用的成果资料，要进行一定的加工，这就是监测资料整理。它是资料分析的基础，常包括数据检验、物理量计算、监测数值的填表和绘图等环节。

监测资料整编就是汇集有关基本资料、监测成果图表、初步分析成果等汇编刊印成册，并生成规范要求的电子文档。

大坝监测资料整理、整编的具体工作应参照 DL/T 5209—2005《混凝土坝安全监测资料整编规程》以及 DL/T 5256—2010《土石坝安全监测资料整编规程》的要求执行。

1. 数据检验

对现场监测的数据或自动化仪器所采集的数据，应检查作业方法是否合乎规定，各项被检验数值是否在限差以内，是否存在粗差或系统误差。若判定监测数据超出限差，就立即重测。

任何测量过程都不可能得到与实际情况完全相符的测值，由于种种原因，测量中不可避免地引入偏差。测值与真值的差异称为测值的监测误差。误差源主要有：①仪器和量具的误差（含随时间产生的误差）；②人的误差（含测错、读错、记录错）；③自然条件引起的误差；④测量方法的误差。

系统误差：在相同的条件下，多次重复测量同一量时，误差的大小和符号保持不变，或按照一定的规律变化，这种误差称为系统误差。其误差的数值和符号不变的称为恒值系统误差；反之，称为变值系统误差。变值系统误差又可分为累进性的、周期性的和按复杂规律变化的几种类型。系统误差的原因包括检测装置本身性能不完善、测量方法不完善、测量者对仪器使用不当、环境条件的变化等。注意：同条件多次重复测量消除不了系统误差。

随机误差：在相同条件下，多次测量同一量时，其误差的大小和符号变化时大时小时正时负，没有确定的规律，也不可预见，但具有抵偿性的误差。等精度监测的误差服从正态分布规律：①在一定条件下，随机误差的绝对值不会超过某一界限；②绝对值小的误差比绝对值大的误差出现的概率大；③绝对值相等的正误差与负误差出现的概率大致相等；④随机误差的算术平均随着监测次数的无限增加而趋于零。随机误差是测量过程中，许多独立的、微小的、偶然的因素引起的综合结果。在任何一次测量中，只要灵敏度足够高，随机误差总是不可避免的。而且在同一条件下，重复进行的多次测量中，它或大或小，或正或负，既不能用实验方法消除，也不能修正。

对于随机误差，要通过重复性量测数据用计算均方偏差的方法评定其实测值监测精度，并且通过对各监测环节的精度分析及误差传递理论推算间接量测值的最大可能误差。

粗差：明显歪曲测量结果的误差称为粗大误差，又称过失误差。粗大误差主要由人为因素造成。例如，测量人员工作时疏忽大意，出现了读数错误、记录错误、计算错误或操作不当等。另外，测量方法不恰当，测量条件意外的突然变化，也可能造成粗大误差。

对粗差（疏失误差），应采用物理判别法及统计判别法，根据一定准则（如拉依达准则、肖维涅准则、格茹布斯准则、狄克逊准则等）进行谨慎的检查、判别、推断，对确定为监测异常的数据要立即重测，已经来不及重测的粗差值应予以剔除。

2. 物理量计算

经检验合格的监测数据，应按照一定的方法换算为监测物理量，如水平位移、垂直位移、扬压力、渗漏量、应变、应力等。当存在多余的监测数据时（如进行边角网测量、环线或附合水准测量等），应先作平差处理再换算物理量。物理量的正负号应遵守规范的规定。规范没有统一规定的，应在监测开始时即明确加以定义且始终不变。相同类型的物理量（位移、应力、应变、渗压、渗漏等）的正负号、单位应统一，尤其是不同监测手段获得的位移应尽可能采用相同的坐标系、正负号和单位。

数据计算应方法合理、计算准确。采用的公式要正确反映物理关系，使用的计算机程序要经过考核检验，采用的参数要符合实际情况。

监测基准值将影响每次监测成果值，必须慎重准确地确定。内部监测仪器的初值应根据混凝土的特性、仪器的性能及周围的温度等，从初期各次合格的监测值中选定。变形监测的位移、接缝变化等皆为相对值，基准值是计算监测物理量的相对零点。一般宜选择水库蓄水前数值或低水位期数值。各种基准值至少应连续监测两次，合格后取均值使用。一个项目的若干同组测点的基准值宜用同一测次的，以便相互比较。

3. 监测数值的填表和绘图

所有监测物理量（包括环境因素变量及结构效应变量）数值都应填入相应的表格或存入计算机。应根据工作需要经人工填写或通过计算机生成各种成果表及报表，包括月报表、年报表、重要情况下的日报表以及经过系统整理的各种专项成果表等。表格应有统一的格式和幅面尺寸，人工填写的表格要字体端正、清楚，用钢笔书写。有错时应以横线划掉后在其上方填上正确数字。有疑问的数字，应在其左上角标上注记号，并在备注栏内说明疑问原因及有关情况。监测资料中断时，应在相应格内以缺测符号"—"，在备注栏内说明中断原因。

各种监测数据应做成必要的图形来表示其变化关系。一般常绘制效应监测量及环境监测量的过程线、分布图、相关图及过程相关图。

监测曲线图可手工绘制或用计算机绘制。图幅的大小要合适，以能清楚地表达数值的范围及变化为宜。能用较小图幅表达的就不用较大图幅，一般采用小于 16 开（或 B5 纸）的图幅，以便和文字、表格一同装订并便于翻阅。图的纵横比例尺要适当。图上的标注要齐全。图号、图名、坐标名称、单位及标尺（刻度）都应在图上适宜位置标注清楚，必要时附以图例或图注。

在计算机上制作的图表，除存入计算机的存储器外，还应拷入软磁盘作备份，并打印出硬拷贝供脱机使用。

4. 监测资料整编

监测资料整编一般以一个日历年为一整编时段，每年整编工作须在下一年度的汛期前完成。整编对象为水工建筑物及其地基、边坡、环境因素等各监测项目在该年的全部监测资料。整编工作包括汇集资料，对资料进行考证、检查、校审和精度评定，编制整编监测成果表及各种曲线图，编写监测情况及资料使用说明，将整编成果刊印等。

对监测情况检查考证的项目一般有：各监测点位坐标的查证，各种仪器仪表率定参数及检验结果的查证，水位基面和高程基面的考证，水准基点和水尺零点高程的考证，位移基点稳定性考证，扬压力测孔孔口高程及压力表中心高程的考证等。

整编时对监测成果所作的检查不同于资料整理时的校核性检查，而主要是合理性检查。常常通过将监测值与历史测值对比，与相邻测点对照以及与同一部位几种有关项目间数值的对应关系检查来进行。对检查出的不合理数据，应给出说明，不属于十分明显的错误，一般不应随意舍弃或改正。

对监测成果校审，主要是在日常校审基础上的抽校及对时段统计数据的检查、成果图表的格式统一性检查、同一数据在不同表中出现时的一致性检查以及全面综合审查。

整编时须对主要监测项目的精度给出分析评定或估计，列出误差范围，以利于资料的正确使用。

整编中编写的监测说明，一般包括监测布置图、测点考证表，采用的仪器设备型号、参数等说明，监测方法、计算方法、基准值采用、正负号规定等的简要介绍，以及考证、检查、校审、精度评定的情况说明等。整编成果中应编入整编时段内所有的监测效应量和原因量的成果表、曲线图以及现场检查成果。

对整编成果质量的要求是：项目齐全、图表完整、考证清楚、方法正确、资料恰当、说明完备、规格统一、数字正确。成果表中应根除大的差错，细节性错误的出现率不超过 0.5‰。

任务二　监测资料的初步分析

※基本知识※

监测资料的初步分析是在对资料进行整理后，采用绘制过程线、分布图、相关图及测值比较等方法对其进行初步的分析与检查。

一、常用的初步分析方法

1. 绘制测值过程线

以监测时间为横坐标、所考察的测值为纵坐标点绘的曲线称为过程线，它反映了测值随时间而变化的过程。由过程线可以看出测值变化有无周期性，最大、最小值是多少，一年或多年变幅有多大，各时期变化梯度（快慢）如何，有无反常的升降等。

2. 绘制测值分布图

以横坐标表示测点位置，纵坐标表示测值所绘制的台阶图或曲线称为分布图，它反映了测值沿空间的分布情况。由图可看出测值分布有无规律，最大、最小值在什么位置，各点间特别是相邻点间的差异大小等。

当测点分布不便用一个坐标来反映时，可用纵横坐标共同表示测点位置，把测值记在测点位置旁边，然后绘制测值的等值线图来进行考察。

3. 绘制相关图

以纵坐标表示测值、以横坐标表示有关因素（如水位、温度等）所绘制的散点加回归线的图称为相关图。它反映了测值和该因素的关系，如变化趋势、相关密切程度等。

有的相关图上把各测值依次用箭头相连并在点据旁注上监测时间，又可在此种图上看出测值变化过程，测值升和降对测值的不同影响以及测值滞后于因子程度等，这种图也称过程相关图。

有的相关图上把另一影响因素值标在点据旁（如在水位-位移关系图上标出温度值），可以看出该因素对测值变化影响情况，当影响明显时，还可绘出该因素等值线，这种图称为复相关图，表达了两种因素和测值的关系。

由各年度相关线位置的变化情况，可以发现测值有无系统的变动趋向，有无异常迹象。由测值在相关图上的点据位置是否在相关区内，可以初步了解测值是否正常。

4．对测值作比较对照

（1）和上次测值相比较，看是连续渐变还是突变。

（2）和历史极大、极小值比较，看是否有突破。

（3）和历史上同条件（水库水位、温度等条件相近）测值比较，看差异程度和偏离方向（正或负）。比较时最好选用历史上同条件的多次测值作参照对象，以避免片面性。除比较测值外，还应比较变化趋势、变幅等方面有否异常。

（4）和相邻测点测值作比较，看它们的差值是否在正常范围之内，分布情况是否符合历史规律。

（5）在有关项目之间作比较，如扬压力与涌水量、水平位移和挠度、坝顶垂直位移和坝基垂直位移等，看它们是否有不协调的异常现象。

（6）和设计计算、模型试验数值比较，看变化和分布趋势是否相近，数值差别有多大，测值是偏大还是偏小。

（7）和规定的安全控制值相比较，看测值是否超出安全范围。

（8）和预测值相比较，看出入大小是偏于安全还是偏于危险。

二、基本因素

分析监测值的变化规律及异常现象时，必须了解有关影响因素。一般来说，有监测因素、荷载因素、结构因素等。

1．监测因素

监测值不可避免地会存在误差，误差又可分为疏失误差、系统误差和偶然误差三类。

2．荷载因素

作用在混凝土坝上的荷载，主要有坝的自重、上下游静水压力、溢流时的动水压力、波浪压力、冰压力、扬压力、淤沙压力、回填土压力、地震力、温度变化影响等。它们是大坝变化的外力，分析监测成果时，要把测值和它们的变化联系起来考察。

3．结构因素

荷载因素是坝变化的条件，结构因素则是坝变化的根据，荷载是通过结构而起作用的。分析监测资料时，必须深入地掌握坝的结构情况，把测值当作荷载作用于结构的产物来考察。

这里说的结构因素包括坝基和坝体两个部分。

（1）坝基结构因素主要是地质条件和基础处理情况。基础处理条件包括坝基开挖、固结灌浆、帷幕灌浆、排水以及软弱破碎带的处理情况等，这些措施的目的是防止基础出现滑动、开裂、压坏、不均匀沉陷、大的渗漏、冲蚀、管涌、软化和坝肩或边坡失去稳定等。处理较彻底的，变形及渗漏较小，应力状况较好；反之，则较差。了解基础处理情况，对正确分析监测成果很有帮助。此外，在坝投入运用后对基础所做的维修、加固工作，如帷幕补充灌浆、排水孔的清疏等，也要及时了解，它们对监测值也会产生影响。

（2）坝体结构因素主要是坝的尺寸和构造，混凝土的质量和特性，坝在运用中的结构变化等。

※技术应用※

三、混凝土坝温度资料的初步分析

坝体混凝土温度是坝体热状态的表征。坝体温度场的变化，会引起温度应力变化，分析坝的应力、水平位移、垂直位移、转角接缝开合及裂缝出现和发展等问题，必须掌握坝体温度场的情况。坝体温度变化引起的缝的开合还影响坝的渗漏，分析渗漏问题时也需要了解坝的温度状况，因此，坝体混凝土温度资料是反映大坝工作条件的一项基本资料。

混凝土坝在施工期和投入运用以后，其温度不断发生变化，影响温度变化的因素有三个方面：施工因素、外部边界条件、内部热物理性能。

四、变形资料的初步分析

（一）引起变形的原因

外部变形监测的项目包括水平位移、垂直位移（沉陷）、接缝的错动和开合等，它们可能是如下三种原因引起的变形造成的：

（1）水库水的静水压力引起的弹性变形，与水库水位的变化有关。

（2）坝体的温度变形与外界气温、水库水温以及混凝土的水化热等的变化有关。

（3）坝体混凝土和基础坝体的时效变形，是因水库的水压和坝体自重的作用产生的，随时间变化。

（二）变形的变化规律

1. 水平位移的变化规律

（1）水平位移变幅随坝高而加大，对于同一坝级，挠曲成抛物线状，测点高的位移变幅大，坝底最小。对于不同坝段，坝段高的坝顶位移变幅大，一般是岸坡坝段变幅小，河床坝段变幅大。

（2）坝基软弱、破碎的坝段比坝基坚硬、完整的坝段水平位移变幅大。

（3）坝体混凝土弹性模量高、整体性好的坝段比弹性模量低、纵缝未成整体、存在裂缝的坝段位移变幅小。

（4）在夏季水位高、冬季水位低的情况下，水压产生的位移和温度位移的方向相反。

（5）坝体的温度位移滞后于气温变化。

（6）温度对位移的影响往往比水位的影响大。

2. 垂直位移和倾斜的变化规律

（1）坝的高度越大，垂直位移及倾斜变幅越大。一般岸边坝段数值较小，河床坝段数值较大。对于同一坝段，测点高的垂直位移及倾斜变幅大，坝顶垂直位移及倾斜的变幅要比坝基大。

（2）坝基软弱的坝段，沉陷及倾斜较大。

（3）对于坝体上部特别是坝顶，温度和水位的变化都是垂直位移的主要影响因素。温度高时坝体膨胀而升高，温度低时则收缩而沉降。坝体夏秋季因温度梯度的影响向上游倾斜，冬春季向下游倾斜。

（4）对于坝基，水位变化是垂直位移和倾斜的主要因素，温度影响几乎没有。由于水库水对坝体的水平作用和水库水自重引起的坝基变形方向相反，使得垂直位移和倾斜同水位的关系不太明显。有的坝是水位升高，倾斜向上游，沉陷加大，例如丹江口坝；有的则是水位升高，倾斜向下游，位移向上，例如丰满坝。

3. 接缝的变化规律

（1）直线形重力坝的横缝开合（沿坝轴线方向），与坝体混凝土温度有关，以年为周期成正弦曲线变化，比气温有一些滞后，拱坝的横缝开合还与水位有关。

（2）横缝上下游方向及沿垂直方向的错动大致有同位移变化相同的规律。

五、渗流资料的初步分析

（一）坝基扬压力

1. 扬压力影响因素

坝基扬压力是在一定的坝基防渗条件下，由于上、下游水位高于坝基而产生的一种地下渗流现象，它的影响因素主要是上、下游水位和坝基防渗条件。

2. 扬压图形绘制和分析

（1）过程线。

研究扬压力随时间发展变化的情况，绘制和分析过程线是一种常用的方法。过程线以时间为横坐标，扬压值（扬压水位、扬压水柱、扬压系数或扬压力等）为纵坐标，将测值点绘在坐标系中并依次相连形成扬压过程线，通常把几个互有联系的扬压过程线，如一个横断面上各孔 Z_i 值过程线，一个坝段内纵向各孔 h_i 过程线，几个坝段的 W 值过程线等，同绘在一张图上，以便对比分析。一般也常把水库水位、下游水位过程线画在图上，便于考察水位对扬压的影响。

扬压值随时间的变化，一般有下列特点：

1）随着上、下游水位的涨落而升降，对于水头较高的坝，当上游水位变幅较下游水位变幅大时，扬压力值主要受上游水位影响，越靠近上游侧的测点受上游水位变化的影响越明显。当水库水位有年周期变化时，扬压过程线也是年周期变化。

2）扬压值的变化，有的滞后于水位的变化，有的则无滞后现象。

3）扬压水位的变幅，在坝底上游边缘处等于水库水位变幅（当坝前淤积防渗作用显著时，可小于水库水位变幅），在坝的下游边缘段等于下游水位变幅，中间各点的扬压水位变幅均小于水库水位变幅，且越靠下游变幅越小。

4）坝基防渗条件改变，扬压变化过程也受影响。

（2）分布图。

常用的扬压分布图有两种：一种是纵向分布图，横坐标为纵向（顺坝轴线方向）距离，纵坐标为扬压水位 z 或扬压水柱 h，也可以是扬压系数 α，或者是坝段扬压力 W；另一种是横向分布图，横坐标为横向（顺河向）距离，纵坐标为扬压水柱 h 或扬压系数 α。

扬压分布图上一条分布线表示一次监测成果，常把多次监测成果用多条分布线画在同一张图上，以进行对比。根据国内外一些坝的情况，坝基扬压力分布有以下特点：

1）纵向分布与坝的高度大体相适应（亦即和坝底高程起伏大体相适应），扬压水位 z 两岸高，河床部位低，扬压水柱 h 和扬压力 W 则两岸小，河床部位大。

2）纵向扬压力系数 α 的分布取决于坝基防渗条件（地质、帷幕、排水），条件好的 α 小，条件差的 α 大。

3）横向扬压力的分布，大体是上游侧高，下游侧低，中间呈折线变化。

（3）相关图。

扬压相关图就是考察扬压值与其影响因素关系的一种图形。

最常用的扬压相关图是扬压与水库水位的相关图，取水库水位 $z_上$ 为横坐标，扬压水位 z_i 为纵坐标，画上各监测点据后，再绘出相关线；除取纵坐标扬压水位 z_i 外，还可取扬压水柱 h、渗压水柱 h'、扬压力 W、渗透压力 W' 等；横坐标除用水库水位 $z_上$ 外，也可用上游水 $H_上$，当下游水位变幅较大时，最好取上下游水柱差（水头）$H = H_上 - H_下$。

把扬压相关图上各点据旁标明监测时间，然后依时序连接各点并打上箭头，这种图称为过程相关线。它可以反映扬压随水位升降而变化的过程。

根据一些坝的实测资料，扬压相关图有下列特点：

1）h 与 H 大体成直线关系，H 大时 h 也大，h 的变幅小于 H 的变幅。

2）z_i 随 $z_上$ 的变化有的滞后，过程相关线呈套状，上升线与下降线不重合。

3）坝基防渗条件变化如排水系统逐渐淤堵，实测点据和相关线的位置也移动。

4）渗压系数 α 通常应是常数，不随水库水位而变，但实际上 α 也有变化，需要通过对各坝的具体分析来认识。

（二）坝体孔隙压力

1. 孔隙压力影响因素分析

坝体混凝土是一种弱透水性材料，在水的压力作用下，会产生渗透现象，出现渗透水的扬压力和漏水量。这种渗透可分为两种类型：

（1）均匀渗透。当坝体混凝土质量良好，密实均匀，接缝都做了防渗处理，工作正常时，水只通过微细的孔隙入渗。这种微细孔隙大多为封闭和中断的，故密实的混凝土渗透系数很小，可以小到 0.2×10^{-11} cm/s，渗透流速很慢，扬压力逐渐发展的历时可长达数年。

（2）不均匀渗透。当坝体混凝土质量不良时，存在若干张开的、贯通的裂隙，形成一些不规则的渗漏途径，导致大量渗透，产生高的扬压力和较多漏水。

影响坝体孔隙压力的内因为坝体结构因素，外因为荷载因素，主要有：①上游水库水位；②下游水位；③坝体混凝土温度。

2. 孔隙压力图形绘制和分析

绘制坝体孔隙压力的过程线、相关线和分布图，来认识孔隙压力的状况和分析其规律，坝体孔隙压力的变化和分布有下列特点：

（1）坝内各点孔隙压力值随水库水位的涨落而升降，当水库水位有年度周期时，孔隙压力变化也有年周期。

孔隙压力水柱 h_i 和上游水柱 $H_上$ 一般保持一定比例，当坝体防渗、排水条件不变时，坝内一个测点的渗压系数 α_i 值大体是个常数。在有的情况下 α_i 值不保持常数。

（2）坝内孔隙压力变化滞后于水库水位的变化。

（3）近上游侧的孔隙压力变化还受混凝土温度变化影响。

（4）在横向分布上孔隙压力的数值和年变幅，随着测点到上游面距离的增加而减小，也有的因不均匀渗透而造成扬压分布图中部凸起现象。

（5）孔隙压力的大小和坝体抗渗性能有密切关系。

（6）纵向孔隙压力的分布是不均匀的，即与上游面距离相等的测点，孔隙压力不相等。

（三）坝体及坝基漏水

1. 漏水影响因素分析

坝的漏水通常有下列几部分：

（1）从上游坝面渗入坝体经坝体排水管排出的漏水。

（2）经过基岩与坝体接触面以及透过基岩并绕过和穿过帷幕渗漏，再经坝基排水孔涌出的漏水。

（3）沿着防渗处理不佳的横缝、水平浇筑缝及上游坝面串通的裂隙入渗，并沿廊道或下游坝面渗出的漏水。

（4）绕过坝底防、排水设施，从基岩排向下游的漏水。

（5）绕过坝两端由岸坡岩石渗向下游的漏水。

对于第一、二种漏水，一般通过对排水管或量水堰监测可得知漏水量；第三种漏水除一部分集中渗出者可引管测流外，只能进行表面渗湿或水情况调查；第四、五种漏水不直接监测，必要时才作调查或估算，此处讨论的漏水是指前三种漏水。

压力和漏量都是渗透现象的反映，既有联系又有区别。应注意以下几点：

（1）外界因素（上、下游水位，气温，水温等）对扬压和漏量的影响是一致的，如上游水位高时扬压大、漏量也大，水温高时坝面裂隙开度减小，扬压和漏水都减少等。

（2）坝体混凝土（或坝基岩石）的渗透系数越小，漏量也越小。渗透系数的绝对值大小影响漏量大小，但不影响扬压值大小，沿渗透流向某一点的扬压值，只与整个渗透流程上各处渗透系数相对比值有关。

（3）防渗措施（坝基帷幕、齿墙、坝体防渗面层等）既使渗透系数绝对值变小，又改变了沿断面渗透系数相对比值，故使扬压力和漏量都减小。

（4）排水措施（自流排水、人工抽水）可降低扬压力，但增大漏水量。

2. 渗漏量图形绘制和分析

为了了解漏水的变化规律、分布情况与有关因素的关系，常绘制测值过程线、分布图和相关图，绘制方法与扬压力相似。

（1）漏水随水库水位的升降而增减，以年为周期变化。漏水量和水库水位的关系，有的为直线，有的为曲线，水位越升高，漏水量增大越快。

（2）漏水和混凝土（岩石）温度状况有关，温度低时，裂隙张大，漏量加多，也呈年周期变化。

（3）当入渗裂隙处于坝体上部，高水位时淹没，低水位时暴露于大气中时，坝体漏水还受干湿变替的影响，表现为水位上升期漏水量比水位下降期漏水量大，在 Q-$z_{\pm}$ 过程关系线上出现绳套状。

（4）随着时间的发展，有的排水管漏量可能变小，甚至不漏，有的则明显加大，漏面和廊道内出渗部位也会因时间而改变。

（5）发生地震时，漏水量可能出现变化，如 1975 年 2 月 4 日海城、营口 7.3 级地震时，蓂窝重力坝位于Ⅶ度地震影响区，坝体出现了裂缝，横缝有的张开，坝内廊道顺某些横缝有水大量射出，有的排水孔涌出黑水，也有的孔涌水量比震前明显减少。

（6）结构状况对漏水量有重要影响，主要表现在：

1）坝基渗透系数小的部位，包括微裂隙和无裂隙岩石或被泥化物质充填的断层破碎带，漏水量小；节理发育、风化严重的岩石漏水量大。

2）坝基帷幕质量好的坝段，坝基漏水量小，帷幕劣化时漏水增加，帷幕补强后漏水减少。

3）排水系统畅通时，漏水量小，堵塞时排水受阻而漏水增加。如云峰坝 17 号坝段上部 4 个排水孔全被淤堵，致使坝体排水不良，造成该坝段下游面漏水。

4）坝体混凝土质量好则漏水少，质量差则漏水多，采用防渗措施能减少入流量。

5）结合不佳的水平浇筑缝和止水不严密的横缝常是漏水的通道。

（7）漏水量的分布和变化除与上述结构诸因素有关外，还和排水位置有关。

任务三　混凝土应力应变分析

※基本知识※

根据 DL/T 5178—2003《混凝土坝安全监测技术规范》，混凝土应力应变监测对于 1 级混凝土大坝为必设项目，2 级混凝土坝是可选项目。混凝土应力应变监测的目的是了解坝体的实际应力分布，寻找最大应力（拉应力、压应力和剪应力）的位置、大小和方向，以便评估大坝的强度安全程度，为大坝的运行和加固维修提供依据。

混凝土应力应变分析具有理论和实践结合紧密的特点，需要充分考虑到结构特点、材料因素、施工及运行状况以及计算理论的合理性才能得到理想的成果。

一、无应力计分析

大坝混凝土在不受外力作用时发生的变形称为自由体积变形，主要包括由于温度变化引起的热胀冷缩变形、湿度变化引起的湿胀干缩变形以及水泥水化作用引起的自生体积变形。一般有以下三种方法：

（1）利用无应力计资料可以计算得到混凝土温度线膨胀系数。

（2）利用无应力计应变测值和温度测值的相关曲线计算。

（3）统计模型分析。对无应力计测值进行统计模型回归分析确定。

二、混凝土实际应力的计算

1. 混凝土弹模及徐变试验资料处理

可根据获得的监测数据，理论推算确定所检测的混凝土弹模徐变规律，混凝土松弛系数。

2. 应变计组平衡检查

混凝土内的应变状态必须满足点应变平衡原理。

对于4向、5向应变计，4向、5向应变计组的各向应变计测值应满足相关要求，将不平衡量在各支应变计间进行分配，使总体误差最小。对于7向应变计组的各向应变计测值应满足要求，使总体误差最小的不平衡量按要求进行分配。对于9向应变计组的各向应变计测值应满足有关规定，使总体误差最小的不平衡量分配符合要求。

在进行平衡检查中应注意以下几点：

（1）应变计组如某支存在过失误差，需要寻找来源加以修正或剔除，不能直接参与不平衡量分配，否则会影响其他支仪器的应力计算并会向后期传递。

（2）4（5）向、7向、9向不平衡量调整实际是分别在一、二、三个平面内进行。应变计组如某支或某些支损坏，可能导致由三个平面退化为两个或一个平面，两个平面退化为一个平面内进行。

（3）应变计组如处于应力梯度或温度梯度很大的部位，可能有一向或几向应变计受到骨料、裂缝或其他因素影响使应变计组的温度和应力不能成为点状态。实际上，大应变计组是在一个直径约0.8m的球形内，并非一个点，因此应力梯度或温度梯度很大的部位或混凝土不均匀的部位有可能形成很大的应变不平衡量，此时各支应变计只能分别按单支仪器计算。

（4）应变计组中应互相垂直的应变计如未能保持垂直，也会导致较大的不平衡量的出现。

任务四　综合分析与大坝安全评价

※基本知识※

一、概述

在大坝的勘测、设计、施工、运行过程中，人们获得了大量关于大坝工作性态的资料。为获得对大坝真实工作性态的认识，达到监控大坝安全、指导运行维护的目标，必须在充分掌握有关基础性资料的基础上，采用适当的工具和方法进行"去伪存真、去粗取精、由表及里、由此及彼"的综合分析。

综合分析的对象包括对同一项目多个测点监测值的综合分析，对同一个部位多种监测项目的综合分析，同一建筑物各个部位监测成果的综合分析。

综合分析必须注意大坝的一般性运行规律与具体大坝的特殊工作条件相结合，仪器监测与巡视检查相结合，定性分析与定量分析相结合。综合分析的目标是辨别监测量的数据异常，排除仪器系统的异常，确定结构异常现象及异常程度。

二、各类水工建筑物的重点分析内容

　　1. 混凝土坝

　　混凝土坝重点分析内容有以下两个方面：

　　（1）坝基及坝肩稳定性态。通过扬压力和渗流量监测数值，分析坝基、坝肩防渗情况，评价固结灌浆、帷幕、排水及断层破碎带处理的效果和工作状况。通过基岩内及坝体底部布设的倒垂、引张线、三向测头、伸缩仪、多点位移计、基岩变形计、深埋钢管标及静力水准仪等监测数据，分析坝基、坝肩变形性态，判断坝基、坝肩稳定性。对基岩内缓倾角结构面发育区、断层交汇带、节理密集带及有软弱夹层部位以及坝基开挖面向下游倾斜部位的稳定情况，要作为重点对象进行分析。

　　（2）坝体强度性状。通过坝体应变计组、压应力计、钢筋计等监测数据，分析坝体应力状况，特别是孔口较多、结构较复杂的泄洪坝段及引水坝段等部位的应力情况；通过坝体引张线、视准线、垂线、真空激光变形监测装置、水准测点、测缝计等监测数据，分析坝体变形性态；根据上列分析来判断坝的强度、刚度及整体状况。

　　对于碾压混凝土坝或坝体碾压混凝土部位，还应着重通过渗压计资料分析其抗渗性态，通过垂线、应变计及测缝计资料评价其施工缝面抗剪断安全性态，通过测缝计、裂缝计分析常态混凝土与碾压混凝土竖向接合面的连接情况。

　　2. 土石坝

　　各种心墙土石坝重点分析内容也有两个方面：

　　（1）渗透稳定性态。根据孔隙水压力（或渗透压力）、浸润线等监测数据及下游渗水出逸点情况，绘制坝体及地基内的等势线分布图或流网图，计算坝坡出逸段及下游地基表面的出逸坡降及不同土层间的渗透比降，了解心墙、斜墙等防渗体的工作性能，判断渗透稳定性态。根据渗流量、渗透水透明度和水质监测资料及巡查结果，结合渗透比降情况，辨别有无管涌、流土、接触冲刷、接触流失等渗透稳定现象。

　　（2）结构稳定性态。通过坝面垂直位移、水平位移、坝基沉陷、坝体内部垂直位移、孔隙水压力等实测数值及外表检查结果，分析坝体和坝基的结构稳定状况，判断是否可能发生整体或部分的剪切破坏。

　　3. 水闸

　　重点分析闸室的稳定及结构安全性。还应根据巡视检查及变形、渗流、水力学监测结果，分析过流部分结构抗冲刷和抗气蚀、抗磨蚀的安全性。必要时，利用水力学监测结果，分析水闸实际过流能力。

　　4. 溢洪道

　　重点分析内容同混凝土坝及水闸。

　　5. 水工建筑物附近高边坡

　　着重分析高边坡岩体稳定性态。通过对高边坡岩体表层及深层变形量测值的分析及山坡内地下水位、渗压力和排水洞、排水孔排水量的分析（施工期还应结合动、静资料的对比分析），评价高边坡的稳定性及锚固工程效果（施工期还为边坡锚固支护措施的动态设计提供依据）。

三、各阶段的分析评价重点

资料分析的项目、内容和方法应根据实际情况而定。一般而言，大坝投入运行后，根据人们对大坝性态的认识程度、大坝运行时间与事故或恶化之间关系的统计，可将运行阶段作如下划分：

（1）首次蓄水阶段（水库开始蓄水至设计正常蓄水位为止）。第一次蓄水实际上是对大坝施加荷载的阶段。这阶段人们是无法知道建成的大坝能否满足设计的要求。据统计，多数事故是在这阶段发生的，其主要表现在坝基工况异常、渗漏量和扬压力过大、产生危害性裂缝等。基岩方面的事故约占70%，只有30%与坝体有关，这些事故大都是由于设计和施工上的缺陷所引起的。应将直接反映大坝工况的监测成果与设计预期效果（或设计规定的指标）相对照比较，以评价大坝的安全性。

（2）水库开始蓄满，大坝进入稳定运行阶段。据国外经验，在库水达正常水位后的2年左右，大坝性态趋于稳定。根据这阶段监测成果要确认大坝是否真正达到预期的稳定性，同时确认大坝的功能。

（3）大坝达到稳定状态后的阶段（大坝正式运行阶段）。这时对大坝的完好状态已有所了解。如果大坝能经受第一次满库正常水位的考验，大坝没有不利的变化，外部条件（环境）亦不向不利方面发展，那么大坝的安全运行是能得到保证的。根据国内外经验，资料分析仍应以能控制大坝安全的监测项目为主要对象。对于为改进设计方法等进行的资料分析，可按要求的目标进行专门性的分析研究。

（4）大坝处于老化阶段。综上所述，一般大坝运行40～50年后，事故（或性态异常）又开始上升，这主要是由于材料强度不足和老化原因所引起的。这阶段的资料分析要注意对大坝材料恶化（或老化）的检查资料作分析，并注意分析材料恶化对大坝性态的影响。

从上述情况来看，不同的运行阶段通过资料分析所要认识的问题是不同的，相应的分析方法及内容都需要作一定的调整，例如，首次蓄水期间监测资料难以建立有效的监控数学模型，此时，采用设计允许值作为检查监测量正常与否的主要指标。

※技术应用※

四、大坝工作性态评价

一般需要定期对监测结果进行分析研究，继而按下列类型对大坝的工作状态作出评估：

（1）正常状态。正常状态系指大坝（或监测的对象）达到设计要求的功能，不存在影响正常使用的缺陷，且各主要监测量的变化处于正常情况下的状态。

（2）异常状态。异常状态系指大坝（或监测的对象）的某项功能已不能安全满足设计要求，或主要监测量出现某些异常，因而影响正常使用的状态。

（3）险情状态。险情状态系指大坝（或监测的对象）出现危及安全的严重缺陷，或环境中某些危及安全的因素正在加剧，或主要监测量出现较大异常，因而按设计条件继续运行将出现大事故的状态。

相应地，参照不同规定，电力部门将大坝安全等级分为正常坝、病坝和险坝三级，水利部门称为一类、二类、三类坝。

五、大坝安全监测系统评价

根据规定，在定期检查时，还应对大坝安全监测系统进行鉴定和评价，主要是根据相关规范的规定和工程的重点部位和薄弱环节的情况，对现有监测系统、监测项目、仪器或者设备进行现场检查或率定，并将测值与历史监测数据进行对比分析，对各项监测设备的可靠性、长期稳定性、监测精度和采用的监测方法以及监测的必要性进行评价，提出监测仪器设备的封存、报废及监测项目的停测、恢复或者增设、改变监测频次和监测系统更新改造的意见和建议。

任务五　大坝安全监控

※基本知识※

一、第一次蓄水期的安全监控

第一次蓄水期或称初蓄期系指大坝开始蓄水到水库达到设计蓄水位的整个时期，可以是几个月或几年甚至十几年。

第一次蓄水期的监测资料分析通常是以经验为主的定性分析。常借助于监测值的过程线、分布图、相关图及成果表来作解释、对比、判断。考察在水位上升中测值变化是否连续、协调、合理，并与设计值相比较。分析研究的主要项目为渗漏量、扬压力（渗压力、孔隙水压力）及位移。对于异常现象或不正常监测值，要及时查明原因采取处理措施，必要时需专门进行分析研究。

二、运行期的定期检查鉴定

为了对大坝投入运用后一个较长时段内的性态进行全面的考察和评价，发现问题或隐患，提出改善意见和补救措施以保障大坝安全，对已建大坝需定期进行检查鉴定。

电力部门规定指出：大坝安全定期检查由主管单位负责和组织，运行、设计、施工、科研等有关单位参加，成立安全检查组，在对大坝设计、施工、运行进行复查评价和对现场进行检查的基础上，提出对大坝安全的评价并报部及部大坝安全监察中心。

经过复查和检查后，所作出的大坝安全评价分为正常坝、病坝、险坝三级。

三、大坝安全监控指标

1. 监控指标的含义及作用

大坝安全监控指标是对已建坝的荷载或效应量所规定的安全界限值。这种指标用以衡量坝的运用是否正常、安全。

拟定安全监控指标的目的是在大坝运行管理中得到实际应用，因此需要与大坝安全信息管理系统紧密结合，形成安全监控子系统，实现在线监控与预警。

2. 监控指标的对象选择

坝的监测项目和测点数量通常都很多，为了及时有效地进行安全监控，应选择一部分有控制作用的项目和有代表性的测点建立监控指标。一般来说，作为主要监控指标量来考虑的常有下列监测项目：

（1）混凝土坝的坝基扬压力和土坝的坝体、坝基渗透压力。它既是一种荷载，影响坝的应力和稳定，也是表征坝渗透性态的一种效应量，在监控坝的性态上十分重要。

（2）渗流量。它是坝体、坝基防渗排水性态的效应量，与坝的稳定、耐久性有密切关系。据报道，法国大坝异常情况的判断中有60％是由渗流量的异常而发现的。

（3）变形。是坝体坝基物理力学性态的一种效应量，能反映坝的刚度、整体性。大的变形常与破裂、失衡相联系。在水平位移、垂直（竖向）位移、倾斜、缝变化等变形量中，混凝土坝的水平位移和土石坝的竖向位移尤为重要。

（4）应力。也是坝的物理力学性态的一种效应量，能反映坝的强度状况，可直接与设计指标相比较。

在以上四种监控量中，位移和扬压力应是最重要的监控量。

同一监控量的多个测点中，还应考虑下列因素来选择代表点：

（1）不同类型的坝段（如非溢流坝段、溢流坝段、厂房引水坝段等）宜有各自的代表测点。

（2）同一类型的坝段中，宜选坝高度较大、地质条件较复杂坝段的测点作为代表点。

（3）测值变幅较大或趋势性变化较大的测点，宜选作代表点。

监控对象一般是单个测点，这样建立其数学模型及监控指标较方便。但单点监控有其局限性，在可能的条件下，宜尽量对那些互有联系的测点群建立多点监控指标。例如，对于混凝土坝一个坝段沿上下游方向的若干扬压力测点，最好建立横向扬压力总值（由各点所测得的扬压水柱所围成的面积求得）的监控指标；对于一条正倒垂线系统，最好建立一个包括所有测点的、自变量中有铅垂向坐标值的多测点数学模型及相应的监控指标方程。这类监控更具有代表性，可减少个别测点局部变动或监测误差带来的干扰，且可在更大的空间范围内对坝的性态作考察判断。

3. 监控标准

大坝安全监控的指标可以分为设计监控指标和运行监控指标两类。设计监控指标是指按设计规范要求所制定的大坝安全界限的指标，可视为先验标准；运行监控指标是根据监测量与环境量间的物理关系结合以往测值变化范围和规律所制定的大坝正常界限的指标，可视为后验标准。

4. 设计监控指标的拟定

坝的设计主要从稳定和强度这两个方面来控制坝的安全。我国现行重力坝、拱坝、土石坝的设计规范以安全系数法给出了对坝的稳定和强度的要求。

5. 运行监控指标的拟定

目前国内拟定运行期监控指标的几种主要方法如下：通过监测量的数学模型并考虑一定的置信区间所构成的数学表达式来确定；根据数学模型代入可能的最不利因变量组合并计入误差因素推求极限值，以极限值作为监控指标；通过符合稳定及强度条件的临界安全度或可靠度来反算出监测量的允许值作为监控指标。

思　考　题

1. 监测资料的管理有哪些目标要求？
2. 监测资料收集包括哪些方面？
3. 监测资料数据误差主要来源有哪些方面？数据误差有哪些类型？
4. 监测资料整编如何进行？应从哪些方面做好资料整编的质量控制？
5. 监测资料初步分析一般从哪些方面进行？
6. 说明混凝土温度资料、变形资料、渗流资料的初步分析内容包括哪些方面？
7. 各个阶段中监测资料分析评价的重点分别是什么？
8. 对大坝是如何进行安全监控的？大坝安全监控指标是根据什么确定的？有何作用？

项目十六 安 全 监 测 自 动 化

导学： 监测自动化的项目内容、自动化系统模式、自动化监测系统的功能、数据采集单元的组成及系统的通信方式是进行工程监测应具备的基础知识，对其应有正确的认识。

任务一 监测自动化的项目内容与自动化系统模式

※基本知识※

一、监测自动化的项目内容

（1）建筑物应力应变及温度自动化监测。内观仪器主要有差动电阻式和振弦式两个系列，包括应力计、应变计、测缝计、钢筋计、渗压计、温度计等。

（2）建筑物外部变形监测，包括水平位移和垂直位移两部分。水平位移主要采用各种原理的垂线坐标仪和引张线仪进行遥测，常用的有电容感应式、步进电机式、光电耦合（CCD）式、激光准直式。垂直位移自动化遥测仪器主要有激光准直及各种原理的静力水准仪。在地基及边坡测量中，则多用多点变位计及钻孔倾斜仪等。

（3）扬压力和渗漏量监测。扬压力监测传感器类型比较多，主要有钢弦式、差动电阻式、陶瓷电容式、电感式、压阻式等。监测渗漏量的主要仪器仍是各种类型的量水堰水位遥测仪。

（4）环境量监测，包括水位、气温、水温、降雨，所用的传感器类型也比较多。

二、自动化系统结构模式

自动化系统按采集方式分为集中式、分布式、混合式三种结构模式。

1. 集中式自动化监测系统

集中式自动化监测系统（图 16-1）是将现场数据采集自动化、数据运算处理自动

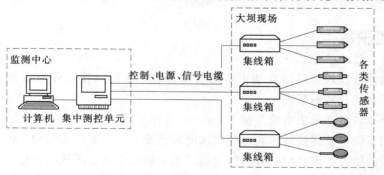

图 16-1 典型的集中式检测数据自动采集系统

化、资料异地传输均集中在专门设置的终端监控室内进行。布设在现场的传感器经集线箱或切换装置与监控室内的采集装置相连，通过集线箱切换对传感器进行巡测或选测。集线箱到采集装置之间是模拟量传输，抗干扰能力差，可靠性低。因此，集中式适用于仪器种类少、数量不多、布置相对集中和传输距离不远的中小型工程中。

2. 分布式自动化监测系统

分布式自动化监测系统（图16-2）是一种分散采集、集中管理的结构，是将称为MCU的测量控制单元分布在传感器附近，而MCU具有模拟量测量、A/D转换、数据自动存储、与上位机进行数据通信等功能。每个测量控制单元可看作一个独立子系统，各个子系统采用集中控制，所有监测数据经总线输入上位计算机集中管理。

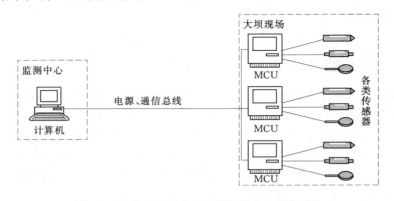

图16-2　典型的分布式检测数据自动采集系统

分布式系统的优点是：测控单元靠近传感器，缩短了模拟量传输的距离，而由测控单元上传的都是数字量，传输距离大大提高，即使一个子系统发生故障也不会影响整个系统运行，适合于工程规模大、测点数量多、测点布置分散的工程项目。

3. 混合式自动化监测系统

混合式是介于集中式和分布式之间的一种结构形式。

任务二　自动化监测系统设计

※基本知识※

目前国内外已投入运行的自动化监测系统很多，下面以智能分布式数据采集系统为例，简要介绍自动化监测系统。

智能型分布式数据采集系统是在 Windows 工作平台上开发的新一代工程安全监测系统。由于采用了微电子测量技术和通信技术的最新成果，并通过在结构上的模块化技术和虚拟仪器技术的结合，该系统具有功能更强、测量精度更高、系统组态更灵活、运行更可靠的特点。系统具有通用性，可应用于大坝及其他水工建筑物，包括高边坡、供水工程、建筑工程和交通工程的安全监测，适用于从中小型到大型、特大型自动化监测系统。

一、自动化监测系统的设计

1. 自动化监测系统的组成

由于工程监测自动化系统具有规模大、测点多，常年处于潮湿、高低温、强电磁场干扰环境下连续不间断工作的特点，对监测系统提出了功能强、可靠性高、抗干扰能力强、数据测量稳定的要求。集中式测量系统难以满足以上要求，因此，此处的自动化监测系统采用分布式，系统的基本组成框图如图 16-3 所示。

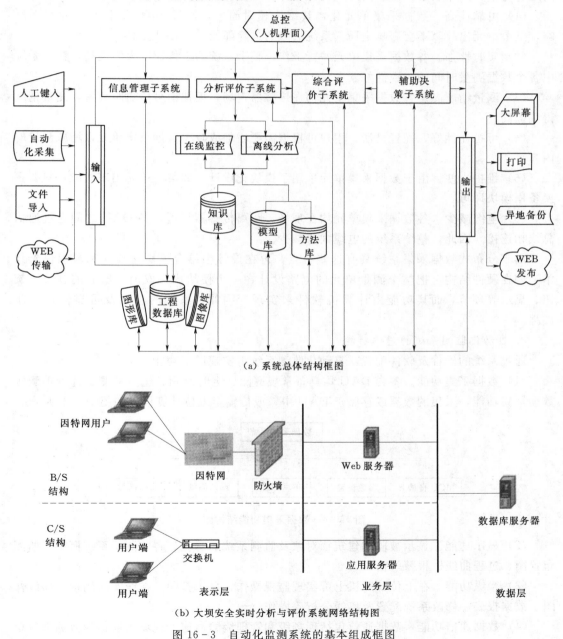

(a) 系统总体结构框图

(b) 大坝安全实时分析与评价系统网络结构图

图 16-3　自动化监测系统的基本组成框图

317

自动化监测系统由上位计算机及数据采集单元（DAU）组成。上位计算机可为一台通用微机、工控机或服务器；各个数据采集单元置于测量现场，数据采集单元自身具有自动数据采集、处理、存储及通信等功能，可独立于系统运行，是自动化监测系统中的关键部分。上位计算机与数据采集单元之间通过现场总线网络进行通信，用于命令和数据的传输，通信可采用普通双绞线、电话线、光纤、无线等多种形式。图 16-3 表示自动化监测系统的最基本形式，可以用多个基本系统组成大型或特大型分布式系统，各上位计算机之间通过通信方式相联系，可以用另一台上位计算机统一管理。分布式系统具有以下特点：

（1）可靠性高。数据采集单元化，其结构相对简单，而且各 DAU 相互独立互不影响，某一单元出故障不会影响全局。系统故障的危险降低，可靠性提高。

（2）实时性强。各数据采集单元并行工作，整个系统的工作速度大为提高，整个系统中各个数据测量时间的一致性好。

（3）测量精度高。各数据采集单元均在传感器现场，模拟信号传输距离短，测量精度得到提高。

（4）可扩充性好，配置灵活。用户可根据需要增加或减少数据采集单元以增减测量的内容。

（5）维护方便。由于数据采集单元采用了模块化设计，如某一单元出现故障，只要更换备用模块即可。

（6）电缆减少。各数据采集单元均在现场，距离传感器很近，各 DAU 之间通过通信总线相连接，因此，整个系统的电缆大为减少。

由于分布式数据采集系统具有这些特点，再在设计中结合模块化技术和虚拟仪器技术，即在硬件结构上把整个测量单元的电路设计在一个模块内，取消了所有的开关、旋钮、显示等环节，而其功能由计算机软件来实现。因此，系统的功能及可靠性进一步加强。

2. 自动化监测系统的总体功能

通过系统的硬件及软件配置，自动化监测系统可实现以下功能：

（1）数据采集功能。各台 DAU 均具备常规巡测、定时巡测、选点巡测、选点单测等数据采集功能，采集的数据或存储于 DAU 中，或传输至上位计算机，如图 16-4 所示。

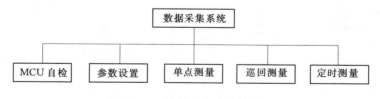

图 16-4 数据采集功能结构图

（2）显示功能。显示被监测建筑物对象及监测系统的总貌、各监测子系统概貌、监测布置图、过程曲线、报警等窗口。

（3）操纵功能。在上位计算机上可实现监视操作、显示打印、在线实时测量、曲线作图、数据报表、修改系统配置及离线分析等操作。

（4）数据通信功能。数据通信包括现场级和管理级的通信，现场级通信为数据采集单元（DAU）之间及 DAU 与监测管理中心上位计算机之间的双向数据通信；管理级通信为监测管理中心内部及其与上级主管部门计算机之间的双向数据通信。

（5）自检功能。系统具有自检功能，通过运行自检程序，可对整个系统或某台 DAU 进行自检，最大限度地诊断出故障的部位及类型，为及时维修提供方便。

（6）现场操作功能。在现场的每台 DAU 都备有与便携式操作仪或便携式微机的接口，能够实现现场仪器的标定、调试及数据采集等功能。

（7）防雷击、抗干扰功能。在系统中的电源系统、通信线接口、传感器引线接口的设计中的均采取了各种抗雷击措施，各单元采取隔离等措施及抗电磁干扰设计，使系统具备很强的防雷击、抗干扰能力。

（8）自动化监测系统的测量精度满足《混凝土坝安全监测技术规范》中的各项要求。

二、数据采集单元（DAU）的设计

1. 数据采集单元（DAU）的组成

数据采集单元（DAU）是分布式系统的重要组成部分，其性能是影响整个系统性能的关键。图 16-5 所示为数据采集单元（DAU）的组成框图。

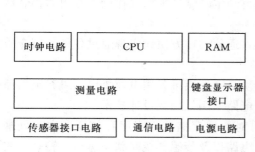

图 16-5　数据采集单元（DAU）的组成框图

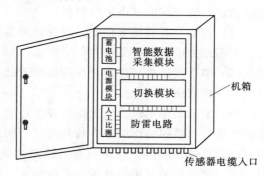

图 16-6　测量控制单元结构示意图

数据采集单元（DAU）由 NDA 智能模块、NDA 专用不间断电源、防潮加热器和多功能分线排等部分组成，安装在一个密封保护箱内。一个 DAU 内部可根据不同的监测对象配置不同类型及数量的 NDA 智能模块；NDA 专用不间断电源为 NDA 模块提供电源，内含免维护蓄电池和充电器，正常情况下，由市电或太阳能通过充电器给蓄电池充电，发生停电事件时，蓄电池可维持 NDA 模块工作，保证测量数据的连续性；多功能分线排用于将电源线和通信线合理地分接给 DAU 内的各个部分，分线排内含有保险丝和开关，为安装、调试及维护提供方便。防潮加热器用于在潮湿环境下保证 DAU 内部的相对干燥。NDA 内各部分互相独立，安装、维修十分方便。

2. NDA 系列模块的设计

NDA 系列模块是数据采集单元（DAU）的关键部分。智能模块通常由微控制器电路、实时时钟电路、通信接口电路、数据存储器、传感器信号调理电路、传感器激励信号发生电路、防雷击电路及电源管理电路组成，其组成框图如图 16-6 所示。

模块以微控制器为核心，扩展日历实时时钟电路。定时测量时间、测量周期均由时钟电路产生。时钟电路自带电池，保证模块掉电后时钟仍然走时正确。用于工程参数监测的传感器一般为无源传感器，通常需要施加具有一定能量的直流或交流激励信号。因此，不同模块根据不同类型的传感器产生恒电压源、恒电流源、正弦波或脉冲信号作为传感器的激励信号。信号调理电路将传感器的信号经过放大、滤波、检波等处理后转换为适合于模数转换器输入的标准电压信号，模数转换器再将此信号转换成数字量输入微控制器进行处理。另外，一个模块含有多个通道可接入多个传感器，模块内通过多路开关来选择不同通道进行测量。

由于每个模块都带有微控制器（单片机或 DSP 处理器），因此可以方便地实现故障自诊断。自诊断内容包括对数据存储器、程序存储器、中央处理器、实时时钟电路、供电状况、电池电压、测量电路以及某些传感器线路的状态进行自检查。

另外，由于工程安全监测系统要求能够抗雷击、停电不间断工作，因此在 NDA 智能模块中包括电源线、通信线、传感器接线的所有外接引线入口都采取了抗雷击措施，并且设计了专用的电源管理电路。

3. NDA 系列模块的主要功能特点

（1）实时时钟管理功能。模块自带实时时钟，可实现定时测量，自动存储，起始测量时间及定时测量周期可由用户设置。

（2）参数及数据掉电保护。所有设置参数及自动定时测量数据都存储于专用的存储器内，可实现掉电后的可靠保存。

（3）串行通信接口。命令和数据均通过串行口通信，可方便地实现通过各种通信介质与上位主机联络。

（4）电源备用系统。无论何时发生停电，模块自动切换至备用电池供电，可充电的免维护蓄电池可供模块连续工作较长时间。因此，电路采用低功耗设计技术。

（5）自诊断功能。模块具有自诊断功能，可对数据存储器、程序存储器、中央处理器、实时时钟电路、供电状况、电池电压、测量电路以及传感器线路状态进行自检查，实现故障自诊断。

（6）抗雷击。模块电源系统、通信线接口、传感器引线接口等均采取了抗雷击的措施。

（7）高可靠性、强抗干扰、免维护。由于采用了全封闭模块化结构，可靠性、抗干扰能力大为提高。如果模块失效，只需更换模块，用户免于维护。

另外，模块具备对传感器测点的选择设置、选择单个测点连续多次测量、定时测量周期查询、定时测量的测量次数、测量时间和测量数据的查询及清除等基本功能。

三、NDA 系列模块的种类及其主要技术指标

分布式系统中的 NDA 系列模块除了含有上述的主要功能特点外，根据所测量的传感器信号的不同可分为以下几种类型。

1. 电阻式模块

用于测量差动电阻式（卡尔逊式）传感器或电阻式温度计信号，其主要技术指标为：

（1）通道容量：16。

（2）精度：电阻比 0.0002，电阻和 0.02Ω。

（3）分辨率：电阻比 0.0001，电阻和 0.01Ω。

2. 电感式模块

用于测量差动电感式仪器信号，其主要技术指标为：

（1）通道容量：8。

（2）精度：0.05%F·S。

（3）分辨率：0.01%F·S。

3. 电容式模块

用于测量差动电容式仪器信号，其主要技术指标为：

（1）通道容量：8。

（2）精度：0.1%F·S。

（3）分辨率：0.01%F·S。

4. 振弦式模块

用于测量振弦式仪器信号，其主要技术指标为：

（1）通道容量：8/16。

（2）时基精度：0.01%。

（3）分辨率：0.001μs。

（4）测温精度：0.5℃。

（5）测温分辨率：0.1℃。

5. 电压电流信号模块

用于测量变送器输出的电压电流信号，其主要技术指标为：

（1）通道容量：16。

（2）精度：0.1%F·S。

（3）分辨率：0.01%F·S。

6. 二线制变送器信号模块

用于测量与传感器配套的二线制变送器输出的电流信号。

7. 电位器式模块

用于测量各种电位器式传感器信号，其主要技术指标为：

（1）通道容量：12。

（2）精度：0.05%F·S。

（3）分辨率：0.01%F·S。

四、系统的通信方式

通信是分布式系统的重要环节。数据采集单元 DAU 与上位计算机之间，要求建立一个一点对多点或多点总线式的双向数字通信系统。在 DAMS-IV 型系统中，设计了多种通信方式，可以根据现场环境和用户要求来选择有线、无线、光纤通信等多种介质的方式，这几种通信方式均可通过基于 RS485 或 CANbus 现场总线来实现。DAU 具备与以上几种通信方式的直接接口能力。下面以最常用的 RS485 方式为例介绍系统的通信方式。

1. 有线通信方式

有线通信方式是系统最常用的方式，通常采用双绞屏蔽电缆作为通信介质，按 RS485 通信接口方法构成二线平衡式半双工通信系统；这种通信系统，配置经济方便，工作可靠，不加中继在 9600bit/s 的通信速率下的有效通信距离为 1.2km，降低通信速率可加长有效通信距离；可同时接 32 个 NDA 模块，加中继器可同时延长有效通信距离及增加接入的 NDA 模块数量。其组成中的 NDA3200 为 RS485 中继器，NDA3100 为 RS232/485 转换器，用于将 RS485 通信总线转换后和计算机的 RS232 串行口相连接。

2. 光纤通信方式

光纤通信属于有线通信的范畴，只是通信介质为光导纤维，通信媒体为激光。系统通过配有 RS485 接口的光端机 NDA3400 可方便地进行光纤通信。NDA3400 光端机使用 LD 或 LED 光发射器及 PIN 光接收器作为光电转换器件，选用短波长，多模光缆，有效通信距离大于 5km，通信速率可达 1Mb/s。

在光纤通信方式中，由于通信各方在电气上处于完全隔离和绝缘状态，因此，具有较强的抗电磁干扰和雷电袭击能力。在特殊环境下采用光纤通信方式可有效地排除上述干扰。

3. 无线通信方式

在监测中心距测量现场的 DAU 较远以及在雷电活动频繁的地区，可采用无线通信方式。在系统中，可配置 NDA3300 无线通信模块进行点对点或一点对多点的无线通信。NDA3300 模块为配有 RS485 接口的无线收发电台，使用的通信频率属甚高频（VHF）范围，如可用国家无委会批准分配给防汛遥测专用的频率 230MHz，发信功率限制为 10W（40dBm），开阔地区有效通信距离可达数十千米。另外，NDA3300 可设置为低功耗节电工作模式，适用于无市电而采用太阳能电提供能源的应用场合。

4. 公用电话网通信方式

在系统中配置具有自动摘机功能的 MODEM 通过电话终端接入公用电话网可进行远距离通信，实现远程直接操作。

思 考 题

1. 监测自动化包括哪些内容？
2. 自动化模式系统有哪几种形式？
3. 自动化监测系统有哪些功能？
4. 数据采集单元有哪些组成部分？
5. 监测系统的通信方式有哪些？

参 考 文 献

［1］ 顾慰慈. 水利水电工程管理. 北京：水利电力出版社，1994.

［2］ 愈衍升. 中国水利百科全书水利管理分册. 北京：中国水利水电出版社，2004.

［3］ 梅孝威. 水利工程管理. 北京：中国水利水电出版社，2005.

［4］ 王志良. 现代水库管理理论与实践. 郑州：黄河水利出版社，2004.

［5］ 管理编委会. 引水工程管理标准. 北京：中国水利水电出版社，2003.

［6］ 陈浩. 水利工程管理. 北京：中国水利水电出版社，1996.

［7］ 崔建中等. 黄河水利工程管理技术. 郑州：黄河水利出版社，2005.

［8］ 牛运光. 防汛与抢险. 北京：中国水利水电出版社，2003.

［9］ 李岚. 中国水利水电行业管理实务书. 北京：中国大地出版社，1999.

［10］ 沈磊. 中国水力发电工程运行管理卷. 北京：中国电力出版社，2000.

［11］ 郦能惠. 土石坝安全监测分析评价预报系统. 北京：中国水利水电出版社，2003.

［12］ 董哲仁. 水利技术标准汇编灌溉排水卷，节水设备与材料. 北京：中国水利水电出版社，2002.

［13］ 张朝等. 水闸枢纽管理. 郑洲：黄河水利出版社，2002.

［14］ 赵志仁. 大坝安全监测设计. 郑州：黄河水利出版社，2003.

［15］ 何勇军，刘成栋，向衍，等，大坝安全监测与自动化. 北京：中国水利水电出版社，2008.

［16］ 冯广志. 灌区建筑物加固改造. 北京：中国水利水电出版社，2004.

［17］ 张启岳. 土石坝加固技术. 北京：中国水利水电出版社，2000.

［18］ 水利电力部水文水利管理司. 水工建筑物养护修理工作手册. 北京：水利出版社，1980.

［19］ 左东启，王世夏，林益才. 水工建筑物. 南京：河海大学出版社，1995.

［20］ 孙志恒，鲁一晖，岳跃真. 水工混凝土建筑物的检测、评估与缺陷修补工程应用. 北京：中国水利水电出版社，2004.

［21］ 顾辉. 水利水电工程技术. 北京：气象出版社，2003.

［22］ 董哲仁. 堤防抢险实用技术. 北京：中国水利水电出版社，1999.

［23］ 水利部水利管理司. 水工建筑物养护修理工作手册. 北京：水利出版社，1980.

［24］ 水利部水利管理司. 防汛与抢险. 北京：水利电力出版社，1994.

［25］ 王既民. 闸门与启备机. 北京：中国水利水电出版社，1998.

［26］ 娄岳. 水库调度与运用. 北京：中国水利水电出版社，1996.